U0232464

“十二五”国家重点图书出版规划项目

中国土系志

Soil Series of China

总主编　张甘霖

湖 北 卷

Hubei

王天巍　著

科学出版社
北　京

内 容 简 介

《中国土系志·湖北卷》在对湖北省区域概况和主要土壤类型全面调查研究的基础上，进行了土壤高级分类单元土纲-亚纲-土类-亚类和基层分类单元土族-土系的鉴定和划分。本书的上篇论述区域概况、成土因素、成土过程、诊断层和诊断特性、土壤分类的发展以及本次土系调查的概况；下篇重点介绍建立的湖北省典型土系，内容包括每个土系所属的高级分类单元、分布与环境条件、土系特征与变幅、代表性单个土体、对比土系、利用性能综述和参比土种以及相应的理化性质。最后附湖北省土系与土种参比表。

本书的主要读者为从事与土壤学相关的学科，包括农业、环境、生态和自然地理等的科学研究和教学工作者，以及从事土壤与环境调查的部门和科研机构人员。

图书在版编目（CIP）数据

中国土系志•湖北卷 / 王天巍著. —北京：科学出版社，2017.11
（中国土系志 / 张甘霖主编）
“十二五”国家重点图书出版规划项目
ISBN 978-7-03-054504-6

Ⅰ.①中… Ⅱ.①王… Ⅲ.①土壤地理-中国②土壤地理-湖北 Ⅳ. ①S159.2

中国版本图书馆 CIP 数据核字（2017）第 223248 号

责任编辑：胡　凯　周　丹　梅靓雅/责任校对：张凤琴
责任印制：张克忠/封面设计：许　瑞

科学出版社 出版
北京东黄城根北街 16 号
邮政编码：100717
http://www.sciencep.com

中国科学院印刷厂 印刷

科学出版社发行　各地新华书店经销
*
2017 年 11 月第　一　版　开本：787 × 1092　1/16
2017 年 11 月第一次印刷　印张：24 1/4
字数：575 000

定价：198.00 元
（如有印装质量问题，我社负责调换）

《中国土系志》编委会顾问

孙鸿烈　赵其国　龚子同　黄鼎成　王人潮
张玉龙　黄鸿翔　李天杰　田均良　潘根兴
黄铁青　杨林章　张维理　郧文聚

土系审定小组

组　长　张甘霖

成　员（以姓氏笔画为序）

王天巍　王秋兵　龙怀玉　卢　瑛　卢升高
刘梦云　杨金玲　李德成　吴克宁　辛　刚
张凤荣　张杨珠　赵玉国　袁大刚　黄　标
常庆瑞　章明奎　麻万诸　隋跃宇　慈　恩
蔡崇法　漆智平　翟瑞常　潘剑君

《中国土系志》编委会

《中国土系志·湖北卷》作者名单

主要作者 王天巍

参编人员 （以姓氏笔画为序）

王中敏　朱　亮　刘窑军　关熊飞　牟经瑞
李婷婷　杨　松　张海涛　陈　芳　陈家赢
胡天辉　柳　琪　姚　莉　秦　聪　廖晓炜

顾　　问 蔡崇法　王庆云　鲁明星

丛书序一

土壤分类作为认识和管理土壤资源不可或缺的工具，是土壤学最为经典的学科分支。现代土壤学诞生后，近150年来不断发展，日渐加深人们对土壤的系统认识。土壤分类的发展一方面促进了土壤学整体进步，同时也为相邻学科提供了理解土壤和认知土壤过程的重要载体。土壤分类水平的提高也极大地提高了土壤资源管理的水平，为土地利用和生态环境建设提供了重要的科学支撑。在土壤分类体系中，高级单元主要体现土壤的发生过程和地理分布规律，为宏观布局提供科学依据；基层单元主要反映区域特征、层次组合以及物理、化学性状，是区域规划和农业技术推广的基础。

我国幅员辽阔，自然地理条件迥异，人为活动历史悠久，造就了我国丰富多样的土壤资源。自现代土壤学在中国发端以来，土壤学工作者对我国土壤的形成过程、类型、分布规律开展了卓有成效的研究。就土壤基层分类而言，自20世纪30年代开始，早期的土壤分类引进美国C. F. Marbut体系，区分了我国亚热带低山丘陵区的土壤类型及其续分单元，同时定名了一批土系，如孝陵卫系、萝岗系、徐闻系等，对后来的土壤分类研究产生了深远的影响。

与此同时，美国土壤系统分类（soil taxonomy）也在建立过程中，当时Marbut分类体系中的土系（soil series）没有严格的边界，一个土系的属性空间往往跨越不同的土纲。典型的例子是Miami系，在系统分类建立后按照属性边界被拆分成为不同土纲的多个土系。我国早期建立的土系也同样具有属性空间变异较大的情形。

20世纪50年代，随着全面学习苏联土壤分类理论，以地带性为基础的发生学土壤分类迅速成为我国土壤分类的主体。1978年，中国土壤学会召开土壤分类会议，制定了依据土壤地理发生的“中国土壤分类暂行草案”。该分类方案成为随后开展的全国第二次土壤普查中使用的主要依据。通过这次普查，于20世纪90年代出版了《中国土种志》，其中包含近3000个典型土种。这些土种成为各行业使用的重要土壤数据来源。限于当时的认识和技术水平，《中国土种志》所记录的典型土种依然存在“同名异土”和“同土异名”的问题，代表性的土壤剖面没有具体的经纬度位置，也未提供剖面照片，无法了解土种的直观形态特征。

随着“中国土壤系统分类”的建立和发展，在建立了从土纲到亚类的高级单元之后，建立以土系为核心的土壤基层分类体系是“中国土壤系统分类”发展的必然方向。建立我国的典型土系，不但可以从真正意义上使系统完整，全面体现土壤类型的多样性和丰富性，而且可以为土壤利用和管理提供最直接和完整的数据支持。

在科技部基础性工作专项项目“我国土系调查与《中国土系志》编制”的支持下，以中国科学院南京土壤研究所张甘霖研究员为首，联合全国二十多所大学和相关科研机构的一批中青年土壤科学工作者，经过数年的努力，首次提出了中国土壤系统分类框架内较为完整的土族和土系划分原则与标准，并应用于土族和土系的建立。通过艰苦的野外工作，先后完成了我国东部地区和中西部地区的主要土系调查和鉴别工作。在比土、评土的基础上，总结和建立了具有区域代表性的土系，并编纂了以各省市为分册的《中国土系志》，这是继“中国土壤系统分类”之后我国土壤分类领域的又一重要成果。

作为一个长期从事土壤地理学研究的科技工作者，我见证了该项工作取得的进展和一批中青年土壤科学工作者的成长，深感完善这项成果对中国土壤系统分类具有重要的意义。同时，这支中青年土壤分类工作者队伍的成长也将为未来该领域的可持续发展奠定基础。

对这一基础性工作的进展和前景我深感欣慰。是为序。

中国科学院院士

2017 年 2 月于北京

丛书序二

土壤分类和分布研究既是土壤学也是自然地理学中的基础工作。认识和区分土壤类型是理解土壤多样性和开展土壤制图的基础，土壤分类的建立也是评估土壤功能，促进土壤技术转移和实现土壤资源可持续管理的工具。对土壤类型及其分布的勾画是土地资源评价、自然资源区划的重要依据，同时也是诸多地表过程研究所不可或缺的数据来源，因此，土壤分类研究具有显著的基础性，是地球表层系统研究的重要组成部分。

我国土壤资源调查和土壤分类工作经历了几个重要的发展阶段。20 世纪 30 年代至 70 年代，老一辈土壤学家在路线调查和区域综合考察的基础上，基本明确了我国土壤的类型特征和宏观分布格局；80 年代开始的全国土壤普查进一步摸清了我国的土壤资源状况，获得了大量的基础数据。当时由于历史条件的限制，我国土壤分类基本沿用了苏联的地理发生分类体系，强调生物气候带的影响，而对母质和时间因素重视不够。此后虽有局部的调查考察，但都没有形成系统的全国性数据集。

以诊断层和诊断特性为依据的定量分类是当今国际土壤分类的主流和趋势。自 20 世纪 80 年代开始的“中国土壤系统分类”研究历经 20 多年的努力构建了具有国际先进水平的分类体系，成果获得了国家自然科学二等奖。“中国土壤系统分类”完成了亚类以上的高级单元，但对基层分类级别——土族和土系——仅仅开始了一些样区尺度的探索性研究。因此，无论是从土壤系统分类的完整性，还是土壤类型代表性单个土体的数据积累来看，仅仅高级单元与实际的需求还有很大距离，这也说明进行土系调查的必要性和紧迫性。

在科技部基础性工作专项的支持下，自 2008 年开始，中国科学院南京土壤研究所联合国内 20 多所大学和科研机构，在张甘霖研究员的带领下，先后承担了“我国土系调查与《中国土系志》编制”（项目编号 2008FY110600）和“我国土系调查与《中国土系志（中西部卷）》编制”（项目编号 2014FY110200）两期研究项目。自项目开展以来，近百名项目参加人员，包括数以百计的研究生，以省区为单位，依据统一的布点原则和野外调查规范，开展了全面的典型土系调查和鉴定。经过 10 多年的努力，参加人员足迹遍布全国各地，克服了种种困难，不畏艰辛，调查了近 7000 个典型土壤单个土体，结合历史土壤数据，建立了近 5000 个我国典型土系；并以省区为单位，完成了我国第一部包含 30 分册、基于定量标准和统一分类原则的土系志，朝着系统建立我国基于定量标准的基层分类体系迈进了重要的一步。这些基础性的数据，无疑是我国自第二次土壤普查以来重要的土壤信息来源，相关成果可望为各行业、部门和相关研究者，特别是土壤质量提升、土地资源评价、水文水资源模拟、生态系统服务评估等工作提供最新的、系统的数据支撑。

我欣喜于并祝贺《中国土系志》的出版，相信其对我国土壤分类研究的深入开展、对促进土壤分类在地球表层系统科学研究中的应用有重要的意义。欣然为序。

傅伯杰

中国科学院院士

2017 年 3 月于北京

丛书前言

土壤分类的实质和理论基础，是区分地球表面三维土壤覆被这一连续体发生重要变化的边界，并试图将这种变化与土壤的功能相联系。区分土壤属性空间或地理空间变化的理论和实践过程在不断进步，这种演变构成土壤分类学的历史沿革。无论是古代朴素分类体系所使用的颜色或土壤质地，还是现代分类采用的多种物理、化学属性乃至光谱（颜色）和数字特征，都携带或者代表了土壤的某种潜在功能信息。土壤分类正是基于这种属性与功能的相互关系，构建特定的分类体系，为使用者提供土壤功能指标，这些功能可以是农林生产能力，也可以是固存土壤有机碳或者无机碳的潜力或者抵御侵蚀的能力，乃至是否适合作为建筑材料。分类体系也构筑了关于土壤的系统知识，在一定程度上厘清了土壤之间在属性和空间上的距离关系，成为传播土壤科学知识的重要工具。

毫无疑问，对土壤变化区分的精细程度决定了对土壤功能理解和合理利用的水平，所采用的属性指标也决定了其与功能的关联程度。在大陆或国家尺度上，土纲或亚纲级别的分布已经可以比较准确地表达大尺度的土壤空间变化规律。在农场或景观水平，土壤的变化通常从诊断层（发生层）的差异变为颗粒组成或层次厚度等属性的差异，表达这种差异正是土族或土系确立的前提。因此，建立一套与土壤综合功能密切相关的土壤基层单元分类标准，并据此构建亚类以下的土壤分类体系（土族和土系），是对土壤变异精细认识的体现。

基于现代分类体系的土系鉴定工作在我国基本处于空白状态。我国早期（1949 年以前）所建立的土系沿用了美国系统分类建立之前的 Marbut 分类原则，基本上都是区域的典型土壤类型，大致可以相当于现代系统分类中的亚类水平，涵盖范围较大。“中国土壤系统分类”研究在完成高级单元之后尝试开展了土系研究，进行了一些局部的探索，建立了一些典型土系，并以海南等地区为例建立了省级尺度的土系概要，但全国范围内的土系鉴定一直未能实现。缺乏土族和土系的分类体系是不完整的，也在一定程度上制约了分类在生产实际中特别是区域土壤资源评价和利用中的应用，因此，建立“中国土壤系统分类”体系下的土族和土系十分必要和紧迫。

所幸，这项工作得到了国家科技基础性工作专项的支持。自 2008 年开始，我们联合国内 20 多所大学和科研机构，先后组织了“我国土系调查与《中国土系志》编制”（项目编号 2008FY110600）和“我国土系调查与《中国土系志（中西部卷）》编制”（项目编号 2014FY110200）两期研究，朝着系统建立我国基于定量标准的基层分类体系迈近了重要的一步。自项目开展以来，近百名项目参加人员，包括数以百计的研究生，以省区为单位，依据统一的布点原则和野外调查规范，开展了全面的典型土系调查和鉴定。经过10多年的努力，参加人员足迹遍布全国各地，克服了种种困难，不畏艰辛，调查了近7000个典型土壤单个土体，结合历史土壤数据，建立了近5000个我国典型土系，并以省区为单位，完成了我国第一部基于定量标准和统一分类原则的土系志。这些基础性的数据，无疑是自我国第二次土壤普查以来重要的土壤信息来源，可望为各行业部门和相关研究者提供最新的、系统的数据支撑。

项目在执行过程中，得到了两届项目专家小组和项目主管部门、依托单位的长期指导和支持。孙鸿烈院士、赵其国院士、龚子同研究员和其他专家为项目的顺利开展提供了诸多重要的指导。中国科学院前沿科学与教育局、科技促进发展局、中国科学院南京土壤研究所以及土壤与农业可持续发展国家重点实验室都持续给予关心和帮助。

值得指出的是，作为研究项目，在有限的资助下只能着眼主要的和典型的土系，难以开展全覆盖式的调查，不可能穷尽亚类单元以下所有的土族和土系，也无法绘制土系分布图。但是，我们有理由相信，随着研究和调查工作的开展，更多的土系会被鉴定，而基于土系的应用将展现巨大的潜力。

由于有关土系的系统工作在国内尚属首次，在国际上可资借鉴的理论和方法也十分有限，因此我们对于土系划分相关理论的理解和土系划分标准的建立上肯定会存在诸多不足乃至错误；而且，由于本次土系调查工作在人员和经费方面的局限性以及项目执行期限的限制，文中错误也在所难免，希望得到各方的批评与指正！

张甘霖

2017年4月于南京

前言

2008 年起，在国家基础性工作专项“我国土系调查与《中国土系志》编制”（2008FY110600）支持下，由中国科学院南京土壤研究所牵头，联合全国 16 所高等院校和科研单位，开展了我国东部地区黑、吉、辽、京、津、冀、鲁、豫、鄂、皖、苏、沪、浙、闽、粤、琼 16 个省（直辖市）的中国土壤系统分类基层单元土族-土系的系统性调查研究。本书是该专项的主要成果之一，也是继 20 世纪 80 年代第二次土壤普查后，有关湖北省土壤调查与分类方面最新的成果体现。

湖北省土系调查研究经历了基础资料与图件收集整理、代表性单个土体布点、野外调查与采样、室内测定分析、土纲-亚纲-土类-亚类等高级单元的确定、土族-土系等基层单元的划分与建立等过程。整个工作历时近八年，累计行程近万公里，共调查了 202 个典型土壤剖面，测定分析了近 600 个发生层土样，拍摄了 1200 多张景观、剖面和新生体照片，获取了近 15 万个成土因素、土壤剖面形态、土壤理化性质方面的信息，最终共划分出 85 个土族，新建了 154 个土系。

本书中单个土体布点依据“空间单元（地形、母质、土地利用）+历史图件+专家经验”的方法，土壤剖面调查依据项目组制订的《野外土壤描述与采样手册》，土样测定分析依据《土壤调查实验室分析方法》，土纲-亚纲-土类-亚类高级分类单元的确定依据《中国土壤系统分类检索》（第三版），基层分类单元土族-土系的划分和建立依据项目组制订的《中国土壤系统分类土族与土系划分标准》。

本书作为一本区域性专著，全书两篇分八章。上篇（1～3 章）为总论，主要介绍了湖北省区域概况、成土因素与成土过程特征、土壤诊断层和诊断类型及其特征、土壤分类简史等；下篇（4～8 章）为区域典型土系，详细介绍了所建立的典型土系，包括分布与环境条件、土系特征与变幅、代表性单个土体形态描述、对比土系、利用性能综述和参比土种以及相应的理化性质、利用评价等。

湖北省土系调查工作的完成与本书的定稿，饱含着我国老一辈土壤专家、各界同仁和研究生的辛勤劳动。蔡崇法教授对本书编撰过程进行了全程指导，鲁明星研究员在前期资料收集整理和野外工作协调方面提供了热忱帮助，王庆云先生在审阅中提出了诸多宝贵意见，在此深表感谢。同时，感谢项目组诸位专家和同仁们多年来的温馨合作和热情指导！感谢参与野外调查、室内测定分析、土系数据库建立的各位同仁和全体研究生！感谢湖北省及各市、县、区土肥站同仁给予的支持与帮助！在土系调查和本书写作过程中参阅了大量资料，特别是《湖北省土系概要》一书提供了很大的参考价值，同时也借鉴了湖北省第二次土壤普查资料，包括《湖北土壤》和《湖北土种志》以及相关图件，在此一并表示感谢！

由于时间和经费的限制，本次土系调查研究没有囊括湖北全境，而是重点针对湖北省主要农产区的典型土系，鄂西北和鄂西南山区暂时未涉及。同时，对于重点调查区域，由于自然条件复杂、农业利用多样，肯定尚有一些土系还没有被观察和采集。因此，本书对湖北省土系研究而言，仅是一个开端，新的土系还有待今后的进一步充实。另外，由于编者水平有限，错误之处在所难免，希望读者给予指正。

王天巍

2017 年 2 月

目　录

丛书序一
丛书序二
丛书前言
前言

上篇　总　论

第 1 章　区域概况与成土因素……3
1.1　区域概况……3
1.1.1　地理位置……3
1.1.2　土地利用……3
1.1.3　社会经济基本情况……4
1.2　成土因素……5
1.2.1　气候……5
1.2.2　地质运动……10
1.2.3　地貌地形……12
1.2.4　成土母岩（质）……17
1.2.5　植被……21
1.2.6　人类活动……22
第 2 章　成土过程与主要土层……25
2.1　成土过程……25
2.1.1　泥炭化过程……25
2.1.2　腐殖化过程……25
2.1.3　水耕熟化过程……25
2.1.4　旱耕熟化过程……25
2.1.5　潜育化过程……26
2.1.6　氧化还原过程……26
2.1.7　漂白过程……26
2.1.8　螯合淋溶过程……26
2.1.9　富铁铝化过程……26
2.1.10　黏化过程……27
2.1.11　钙积过程……27
2.1.12　初育过程……27
2.2　土壤诊断层与诊断特性……27

2.2.1 诊断表层……28
2.2.2 诊断表下层……30
2.2.3 诊断特性……32
第 3 章 土壤分类……36
3.1 土壤分类的历史回顾……36
3.2 土系调查……45
3.2.1 依托项目……45
3.2.2 调查方法……45
3.2.3 土系建立情况……47

下篇 区域典型土系

第 4 章 人为土……51
4.1 铁聚潜育水耕人为土……51
4.1.1 滨东系（Bindong Series）……51
4.1.2 李公垸系（Ligongyuan Series）……53
4.1.3 下阔系（Xiakuo Series）……55
4.2 普通潜育水耕人为土……57
4.2.1 花园系（Huayuan Series）……57
4.2.2 万电系（Wandian Series）……59
4.2.3 连通湖系（Liantonghu Series）……61
4.2.4 沿湖系（Yanhu Series）……63
4.2.5 南咀系（Nanzui Series）……65
4.2.6 良岭系（Liangling Series）……67
4.2.7 黄家台系（Huangjiatai Series）……69
4.2.8 四河系（Sihe Series）……71
4.2.9 车路系（Chelu Series）……73
4.2.10 吴门系（Wumen Series）……75
4.2.11 关刀系（Guandao Series）……77
4.3 普通铁聚水耕人为土……79
4.3.1 西冲系（Xichong Series）……79
4.3.2 龙甲系（Longjia Series）……81
4.3.3 湘东系（Xiangdong Series）……83
4.3.4 楼子台系（Louzitai Series）……85
4.3.5 琅桥系（Langqiao Series）……87
4.3.6 石泉系（Shiquan Series）……89
4.3.7 蜀港系（Shugang Series）……91
4.3.8 中咀上系（Zhongjushang Series）……93
4.3.9 流塘系（Liutang Series）……95

4.3.10 白庙系（Baimiao Series）······97
4.3.11 茶庵岭系（Chaanling Series）······99
4.3.12 船叽系（Chuanji Series）······101
4.3.13 樊庙系（Fanmiao Series）······103
4.3.14 花山系（Huashan Series）······105
4.3.15 犁平系（Liping Series）······107
4.3.16 骆店系（Luodian Series）······109
4.3.17 南门山系（Nanmenshan Series）······111
4.3.18 跑马岭系（Paomaling Series）······113
4.3.19 双桥系（Shuangqiao Series）······115
4.3.20 瓦瓷系（Waci Series）······117
4.3.21 下津系（Xiajin Series）······119
4.3.22 井堂系（Jingtang Series）······121
4.3.23 柏树巷系（Baishuxiang Series）······123
4.3.24 胡洲系（Huzhou Series）······125
4.3.25 永丰系（Yongfeng Series）······127
4.3.26 长林系（Changlin Series）······129
4.3.27 豪洲系（Haozhou Series）······131
4.3.28 寿庙系（Shoumiao Series）······133
4.3.29 雷骆系（Leiluo Series）······135
4.3.30 刘家隔系（Liujiage Series）······137
4.3.31 汪李系（Wangli Series）······139
4.4 底潜简育水耕人为土······141
4.4.1 腊里山系（Lalishan Series）······141
4.4.2 长湖系（Changhu Series）······143
4.4.3 中林系（Zhonglin Series）······145
4.4.4 车坝系（Cheba Series）······147
4.5 普通简育水耕人为土······149
4.5.1 青山系（Qingshan Series）······149
4.5.2 陡堰系（Douyan Series）······151
4.5.3 潘家湾系（Panjiawan Series）······153
4.5.4 原种二场系（Yuanzhongerchang Series）······155
4.5.5 天新系（Tianxin Series）······157
4.5.6 柴湖系（Chaihu Series）······159
4.5.7 义礼系（Yili Series）······161
4.5.8 张集系（Zhangji Series）······163
4.5.9 黑桥系（Heiqiao Series）······165
4.5.10 盘石系（Panshi Series）······167

4.6 石灰-斑纹肥熟旱耕人为土 …… 169
4.6.1 辛安渡系（Xinandu Series） …… 169
第 5 章 富铁土 …… 171
5.1 表蚀黏化湿润富铁土 …… 171
5.1.1 港背系（Gangbei Series） …… 171
5.2 普通黏化湿润富铁土 …… 173
5.2.1 高冲系（Gaochong Series） …… 173
第 6 章 淋溶土 …… 175
6.1 腐殖-棕色钙质湿润淋溶土 …… 175
6.1.1 双泉系（Shuangquan Series） …… 175
6.2 普通钙质湿润淋溶土 …… 177
6.2.1 百霓系（Baini Series） …… 177
6.3 普通黏磐湿润淋溶土 …… 179
6.3.1 桥洼系（Qiaowa Series） …… 179
6.4 普通铝质湿润淋溶土 …… 181
6.4.1 郭屋吕系（Guowulü Series） …… 181
6.4.2 塘口系（Tangkou Series） …… 183
6.5 铁质酸性湿润淋溶土 …… 185
6.5.1 大田畈系（Datianfan Series） …… 185
6.6 红色铁质湿润淋溶土 …… 187
6.6.1 高铁岭系（Gaotieling Series） …… 187
6.6.2 杨司系（Yangsi Series） …… 189
6.6.3 刘家河系（Liujiahe Series） …… 191
6.6.4 庹家系（Tuojia Series） …… 193
6.6.5 后溪系（Houxi Series） …… 195
6.6.6 黄家营系（Huangjiaying Series） …… 197
6.6.7 邢川系（Xingchuan Series） …… 199
6.7 斑纹铁质湿润淋溶土 …… 201
6.7.1 余沟系（Yugou Series） …… 201
6.7.2 申畈系（Shenfan Series） …… 203
6.7.3 院子湾系（Yuanziwan Series） …… 205
6.7.4 孙庙系（Sunmiao Series） …… 207
6.8 普通铁质湿润淋溶土 …… 209
6.8.1 五保山系（Wubaoshan Series） …… 209
6.8.2 柏墩系（Baidun Series） …… 211
6.9 斑纹简育湿润淋溶土 …… 213
6.9.1 小惠庄系（Xiaohuizhuang Series） …… 213
6.9.2 白果树系（Baiguoshu Series） …… 215

6.9.3 香隆山系（Xianglongshan Series）…… 217
6.10 普通简育湿润淋溶土 …… 219
6.10.1 盘石岭系（Panshiling Series）…… 219
第7章 雏形土 …… 221
7.1 水耕淡色潮湿雏形土 …… 221
7.1.1 沙岗系（Shagang Series）…… 221
7.2 石灰淡色潮湿雏形土 …… 223
7.2.1 五三系（Wusan Series）…… 223
7.2.2 青安系（Qingan Series）…… 225
7.2.3 金家坮系（Jinjiatai Series）…… 227
7.2.4 马家寨系（Majiazhai Series）…… 229
7.2.5 刘台系（Liutai Series）…… 231
7.2.6 罗集系（Louji Series）…… 233
7.2.7 一社系（Yishe Series）…… 235
7.2.8 汈汊湖系（Diaochahu Series）…… 237
7.2.9 沙湖岭系（Shahuling Series）…… 239
7.2.10 月堤系（Yuedi Series）…… 241
7.2.11 中堡系（Zhongbao Series）…… 243
7.2.12 走马岭系（Zoumaling Series）…… 245
7.2.13 天新场系（Tianxinchang Series）…… 247
7.2.14 张家窑系（Zhangjiayao Series）…… 249
7.2.15 三合系（Sanhan Series）…… 251
7.2.16 渡普系（Dupu Series）…… 253
7.2.17 冯兴窑系（Fengxingyao Series）…… 255
7.2.18 畈湖系（Fanhu Series）…… 257
7.2.19 耀新系（Yaoxin Series）…… 259
7.2.20 滩桥系（Tanqiao Series）…… 261
7.2.21 游湖系（Youhu Series）…… 263
7.2.22 向阳湖系（Xiangyanghu Series）…… 265
7.2.23 民山系（Minshan Series）…… 267
7.2.24 阳明系（Yangming Series）…… 269
7.2.25 分水系（Fenshui Series）…… 271
7.2.26 高洪系（Gaohong Series）…… 273
7.2.27 梁桥系（Liangqiao Series）…… 275
7.2.28 林湾系（Linwan Series）…… 277
7.2.29 曹家口系（Caojiakou Series）…… 279
7.3 酸性淡色潮湿雏形土 …… 281
7.3.1 向阳系（Xiangyang Series）…… 281

7.3.2 郭庄系（Guozhuang Series）······ 283
7.4 普通淡色潮湿雏形土······ 285
7.4.1 新观系（Xinguan Series）······ 285
7.4.2 益家堤系（Yijiadi Series）······ 287
7.4.3 太平口系（Taipingkou Series）······ 289
7.4.4 皇装垸系（Huangzhuangyuan Series）······ 291
7.4.5 九毫堤系（Jiuhaodi Series）······ 293
7.5 棕色钙质湿润雏形土······ 295
7.5.1 殷家系（Yinjia Series）······ 295
7.5.2 李湾系（Liwan Series）······ 297
7.5.3 朱家湾系（Zhujiawan Series）······ 299
7.5.4 曲阳岗系（Quyanggang Series）······ 301
7.5.5 下坝系（Xiaba Series）······ 303
7.6 黄色铝质湿润雏形土······ 305
7.6.1 白螺坳系（Bailuoao Series）······ 305
7.6.2 天岳系（Tianyue Series）······ 307
7.7 红色铁质湿润雏形土······ 309
7.7.1 关庙集系（Guanmiaoji Series）······ 309
7.7.2 黄龙系（Huanglong Series）······ 311
7.7.3 肖堰系（Xiaoyan Series）······ 313
7.7.4 白羊山系（Baiyangshan Series）······ 315
7.7.5 皂角湾系（Zaojiaowan Series）······ 317
7.8 普通铁质湿润雏形土······ 319
7.8.1 李墩系（Liduan Series）······ 319
7.8.2 大堰系（Dayan Series）······ 321
7.8.3 麦市系（Maishi Series）······ 323
7.8.4 陈墩系（Chenduan Series）······ 325
7.8.5 白羊系（Baiyang Series）······ 327
7.8.6 隽水系（Juanshui Series）······ 329
7.8.7 金塘系（Jintang Series）······ 331
7.8.8 菖蒲系（Changpu Series）······ 333
7.8.9 推垄系（Tuilong Series）······ 335
7.8.10 杨湾系（Yangwan Series）······ 337
7.8.11 刘坪系（Liuping Series）······ 339
第 8 章 新成土······ 341
8.1 普通湿润冲积新成土······ 341
8.1.1 锌山系（Xinshan Series）······ 341
8.2 石灰红色正常新成土······ 343

8.2.1 凤山系（Fengshan Series）…… 343
8.3 钙质湿润正常新成土…… 345
8.3.1 马湾系（Mawan Series）…… 345
8.4 石质湿润正常新成土…… 347
8.4.1 魏家畈系（Weijiafan Series）…… 347
8.4.2 汪家畈系（Wangjiafan Series）…… 349
8.4.3 沙河系（Shahe Series）…… 351
8.4.4 椴树系（Duanshu Series）…… 353
8.4.5 小漳河系（Xiaozhanghe Series）…… 355
8.4.6 黄家寨系（Huangjiazhai Series）…… 357
参考文献…… 359
附录 湖北省土系与土种参比表…… 361

上篇　总　　论

第 1 章　区域概况与成土因素

1.1　区 域 概 况

1.1.1　地理位置

湖北省位于中国中部、长江中游、洞庭湖以北，地处北纬 29°05′～33°20′，东经 108°21′～116°07′，东连安徽，南邻江西、湖南，西连重庆，西北与陕西为邻，北接河南。东西长约 740 km，南北宽约 470 km，面积 18.59 万 km^2，占全国国土总面积的 1.95%。如图 1-1 所示，根据 2017 年统计年鉴，截至 2016 年年底，湖北省有 12 个省辖市（其中 1 个副省级城市）、1 个自治州、38 个市辖区、24 个县级市（其中 3 个直管市）、39 个县、2 个自治县、1 个林区；1231 个乡级行政区，其中包括 304 个街道、759 个镇（含 2 个民族镇）和 168 个乡（含 10 个民族乡）。

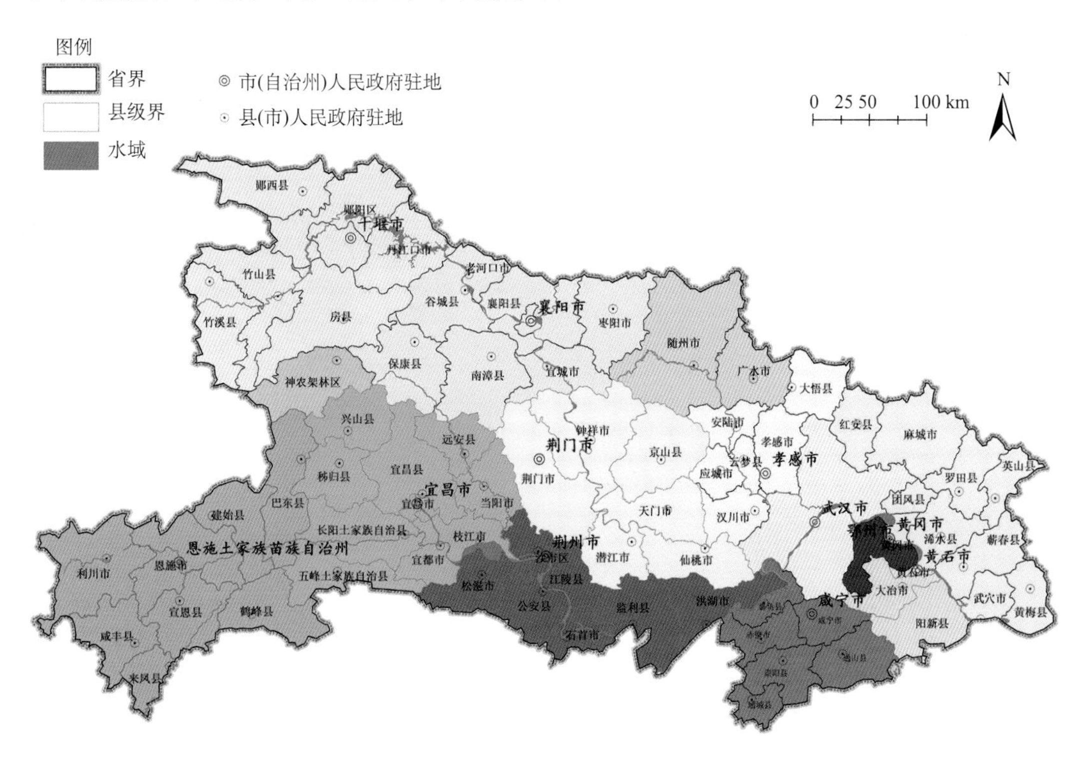

图 1-1　2016 年湖北省行政区划图

1.1.2　土地利用

据2015年年鉴数据，湖北省各类土地利用中，耕地占28.30%、园地占2.61%、林地占46.29%、牧草地占1.53%、城镇村庄及工矿用地占6.93%、交通用地占1.58%、水域占

11.07%、未利用土地占1.68%。全省耕地呈现“坡地多，平地少，旱地多，水田少”的特点。山地海拔多在500 m以上，主要分布在鄂西部，林地居多，耕地次之。丘陵岗地海拔多在100～500 m，分布在鄂北、鄂东北、鄂东南区域，耕地中水田和旱地各半，农林牧均有发展。平原海拔低于100 m，集中分布在鄂中南部，水田占耕地面积一半以上，水稻占粮食种植面积80%以上，是全省粮食、棉花、油料、猪、禽畜、水产的重要基地。其水域多位于海拔20 m以下区域，集中分布在荆州南部，农作物种植、猪、禽畜、水产养殖较为发达，具有明显的水产优势（图1-2）。

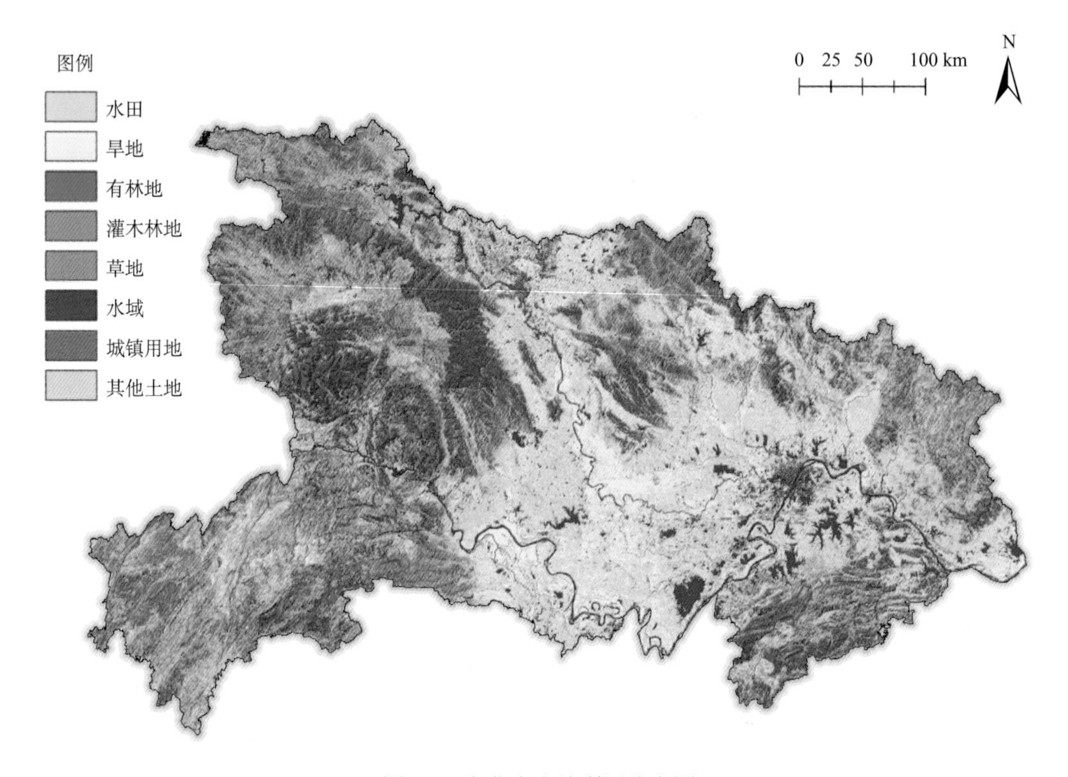

图 1-2　湖北省土地利用分布图

1.1.3　社会经济基本情况

2015年，全省常住人口5851.50万人，其中城镇人口3326.58万人，农村人口2524.92万人，城镇化率达56.85%。2010年第六次人口普查统计，全省共有少数民族人口246.85万人，占全省总人口的4.31%。

2015年，全省完成生产总值29 550.2亿元。其中，第一产业完成增加值3309.8亿元；第二产业完成增加值13 503.6亿元；第三产业完成增加值12 736.8亿元。全省地方一般公共预算收入完成3005.5亿元，全省一般公共预算支出6132.8亿元（含中央补助安排的支出）。全省粮食种植面积7952.36千hm^2，棉花种植面积264.74千hm^2，油料作物种植面积1524.19千hm^2。粮食总产量2703.28万吨，棉花总产量29.83万吨，油料产量339.60万吨，生猪出栏4363.23万头，水产品产量455.80万吨（参考2015年湖北省统计年鉴）。

1.2　成 土 因 素

1.2.1　气候

气候直接或间接影响母岩的风化以及土壤中物质转化、迁移、聚积和土壤有机质的合成、分解和转化。因此，气候与土壤的形成和属性关系极为密切。

1）气候特点

湖北省地处亚热带，属亚热带季风气候。热量丰富，雨水充沛，雨热同季，这对土壤形成、生物活动和农业生产非常有利。全省主要气候因素特性如下：

（1）年辐射量，85～114 kcal/（cm^2·h）。

（2）无霜天数，230～300 d。

（3）年平均气温，15～17 ℃。

（4）≥10 ℃积温，4700～5700 ℃。

（5）1 月平均气温，2～5 ℃。

（6）7 月平均气温，25～28 ℃。

（7）年降水量，800～1600 mm。

全省可划为 3 个气候区：①鄂北半湿润北亚热带；②鄂南湿润中亚热带；③山地常湿润带。

2）水热状况

湖北省气温的分布趋势是鄂南部高于鄂北部，平原高于山区（图 1-3）。处于高山屏障的三峡河谷为湖北省气温最高、热量最丰富的地区，≥10 ℃的积温在 5500 ℃以上（其中秭归县达 5690 ℃），是湖北省柑橘产区（图 1-4）。鄂西河谷地区≥3 ℃的持续时间可达 340～350 d。全省年日照时数分布如图 1-5 所示。

湖北省降水量时空分配不均、变率大。在空间分布上，南高北低，北部襄阳、十堰年降水量在800～900 mm；中部和南部多年平均降水量在1000 mm以上，其中咸宁地区年降水量在1500 mm 以上(图1-6)。在时间分布上，降水主要分布于4～10月，占常年降水量的80%左右；夏季降水最多，占全年降水量的40%以上；冬季降水量最少，仅鄂东南地区在10%以上，而鄂西北地区仅为5%。此外，全省降水变率大，易造成干旱、洪涝灾害。冬旱、秋旱和伏秋连旱，春秋出现连阴雨，在东部和东南部有十年二三遇，在江汉平原有十年三四遇。夏季常有暴雨发生，引起洪水泛滥和土壤侵蚀。

3）土壤水热状况

土壤的水热状况影响种子萌发和根系发育以及绿色植物的生长、死亡和分解。土壤的温度和水分状况与农事措施和土壤管理关系密切。

（1）土壤温度　国内外资料表明，大气和土壤之间的温度确有密切的联系。一般估算土壤温度为大气温度加 1 ℃。但在夏季耕作土壤 50 cm 处的温度较大气温度约低 0.6 ℃（图 1-7）。根据房县（海拔 434 m）22 年的观测资料表明，气温与土温是相似的，夏高

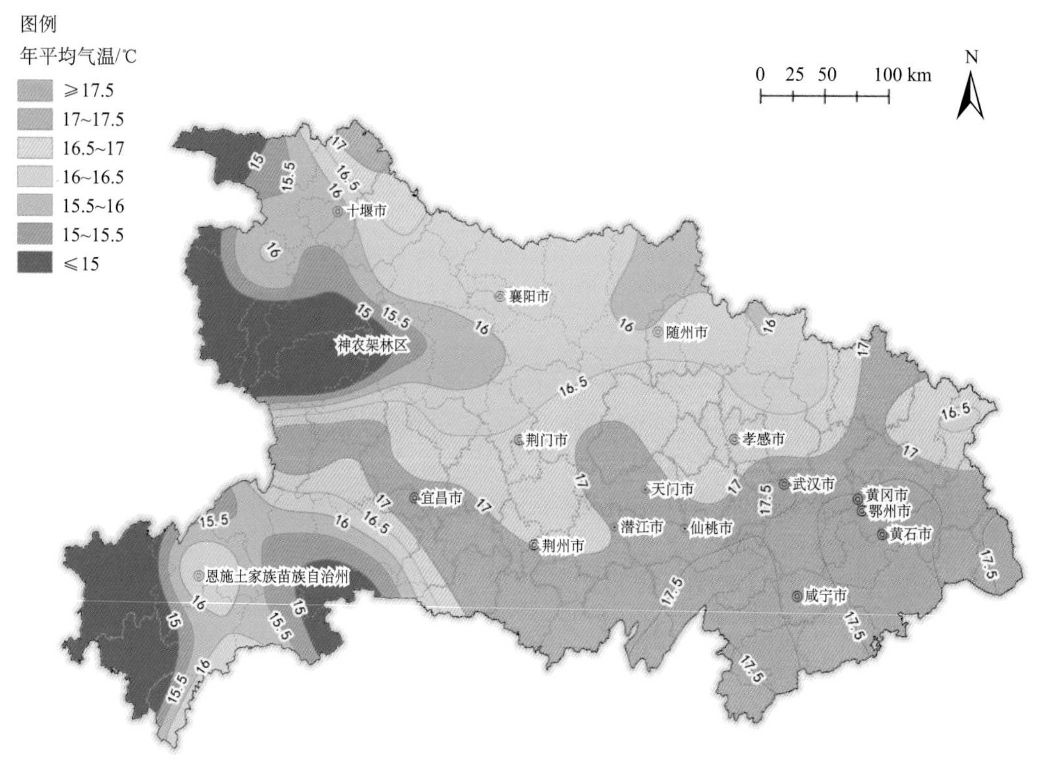

图 1-3　湖北省多年平均气温分布状况

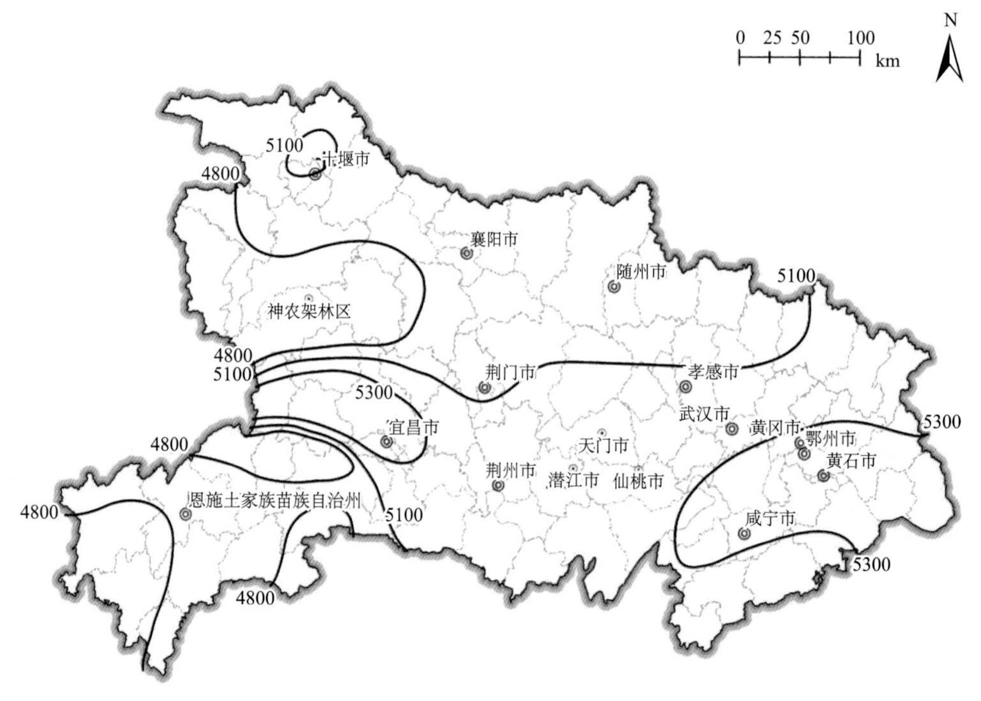

图 1-4　湖北省≥10 ℃积温分布图

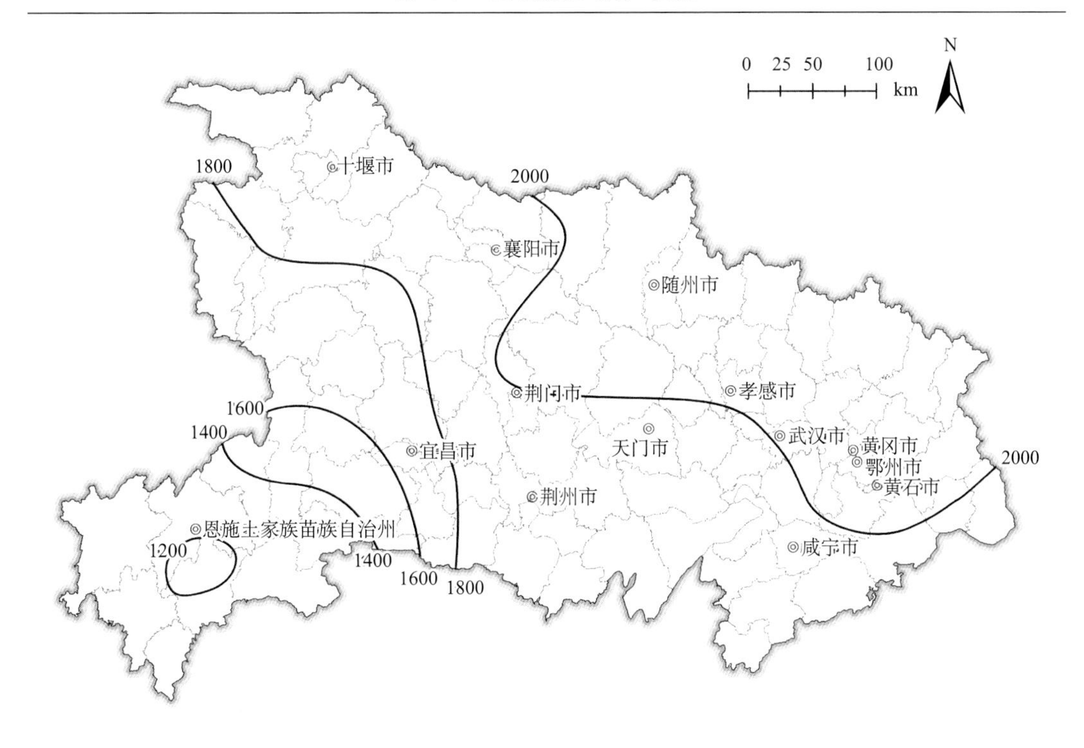

图 1-5 湖北省年日照时数分布图

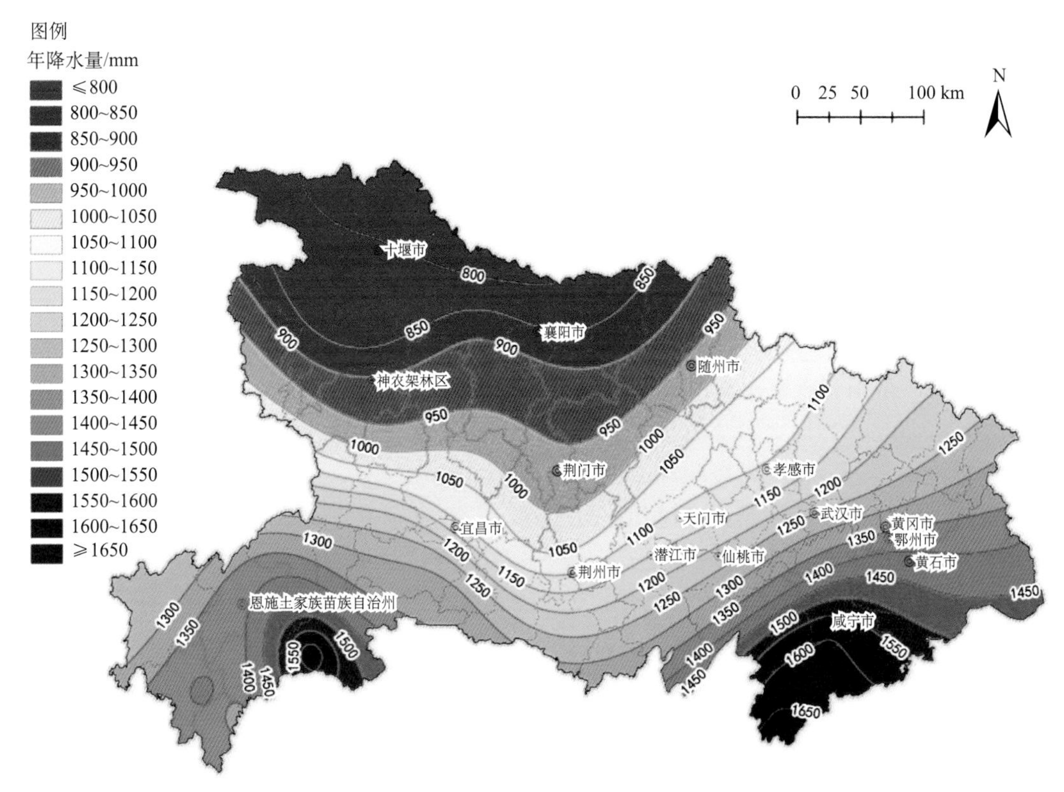

图 1-6 湖北省多年平均降水量分布图

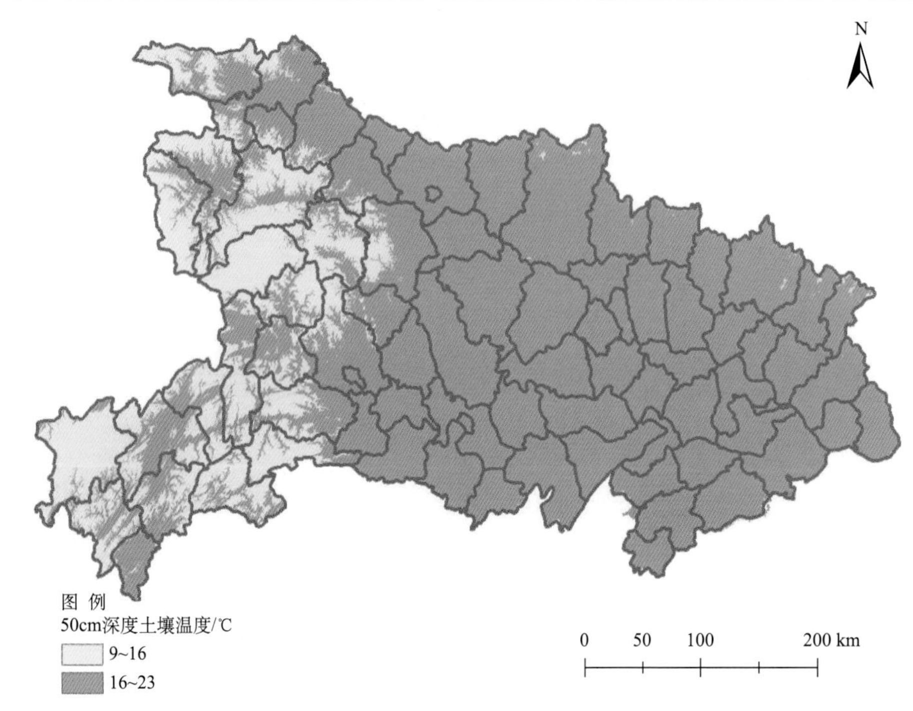

图 1-7　湖北省 50 cm 深度土壤温度分布图

冬低，年平均土温比气温约高 2 ℃。7 月地表温度最高，为 30.9 ℃；1 月地表温度最低，为 2.5 ℃。冬至以前，土层每下降 5 cm，平均土温降低 0.64 ℃；夏至以前，土层每下降 5 cm，平均土温递增 0.44 ℃，说明大气温度传递到土壤呈"春来早夏来迟"的特点。全省无霜期分布如图 1-8 所示。

（2）土壤水分　土壤水分状况不仅受土壤物理性质的影响，还受降水分布和强度的影响。根据以往气候记录表明，湖北省土壤水分收支接近平衡或收入略低于水分散失。由于水热状况的区域性差异，土壤水分状况有其特点。除平原湖区外，全省土壤水分状况可划分三个区域。

鄂北半湿润区主要分布于襄阳市、十堰市的北三县和南三县（竹溪县、竹山县、房县）的北部，是湖北省降水量最少的地区，常年降水量在 800～900 mm，而蒸发量高达 1300～1600 mm。降水主要分布于 4～10 月，占全年降水量的 85%以上。其西北部为湖北省暴雨中心之一，暴雨常发生在 7～9 月。

鄂南湿润区包括江汉平原孝感市、咸宁地区、黄冈市南部和宜昌市东部一带。雨量充沛，常年降水量在 1000 mm 以上，75%～86%的降水量集中于春、夏季（3～8 月）。该区在 3～4 月常出现连阴雨天气，有利于土壤水分储蓄，但降水伴随降温，对春耕极为不利。5～6 月是该区降水集中时期，占全年降水量的 45%左右，其中暴雨（常在 6 月）出现的雨量占 70%，对土壤保水、供水不仅无益，而且造成水土流失和水灾。6 月以后，气候趋向晴稳少雨，炎热，蒸发量大，土壤水分低至凋萎系数边缘，对秋收作物影响极大。冬季降水量很少，而气温低，蒸发也少，对夏收作物无不良影响。全省年蒸发量分布如图 1-9 所示。

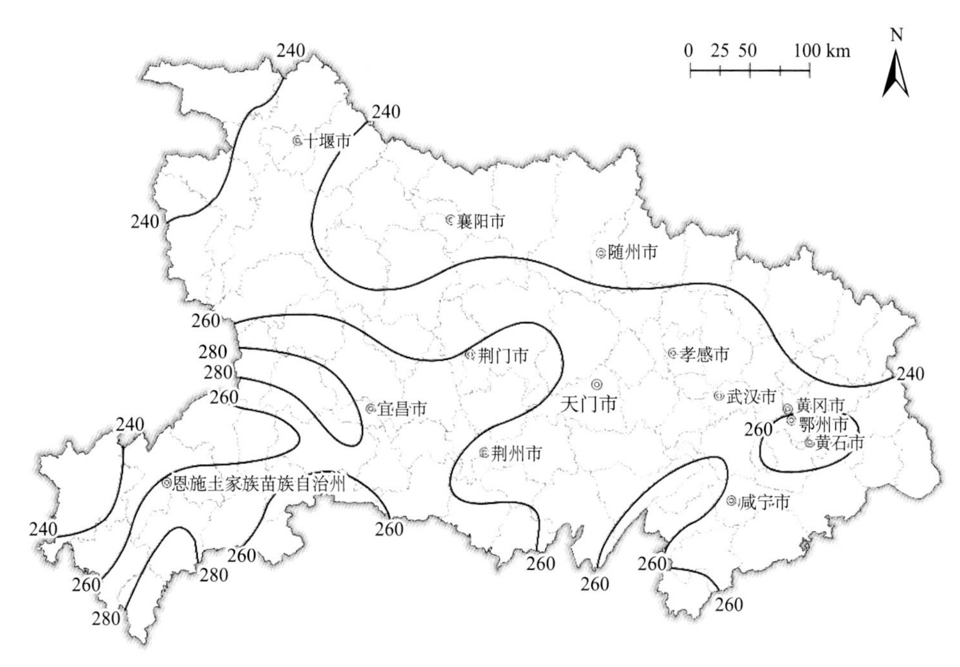

图 1-8　湖北省无霜期分布图

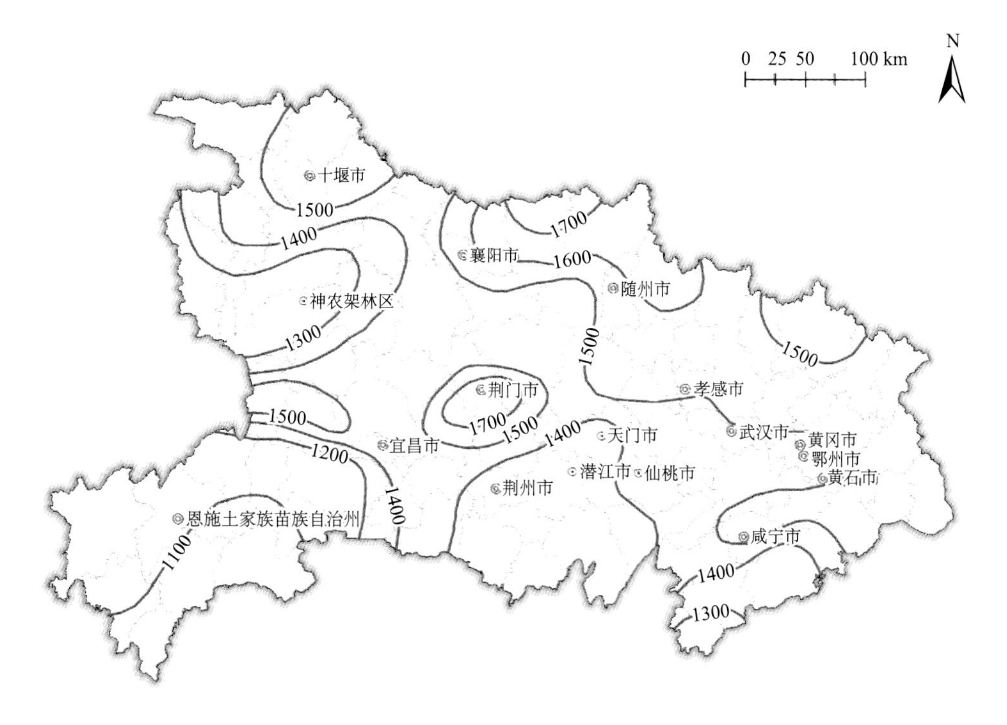

图 1-9　湖北省年蒸发量分布图

山地常湿润区主要分布于鄂西 1000 m 以上的中山区和山原地带，鄂东地区只在峰顶和峰脊有零星分布（图 1-10）。气候特点是雨多冷凉，潮湿或高湿，冬长夏短或无。无霜期短，不超过 200 d。降水集中于 4～9 月，约占全年降水量的 75%～80%，6 月下旬至 7 月上旬，常有暴雨发生，由于土体深厚、泡松，常发生所谓“下浸土”或“渣水坝”土壤水分过饱和现象。9月以后降水减少，而气温也下降，降水量仍高于蒸发量，土壤有充足的水分。山地潮湿土冷，二高山（1000～1500 m）比低山（500～1000 m）同期土温低 3～4 ℃，高山（1500～3000 m）土温更低。全省相对湿度分布如图 1-10 所示。

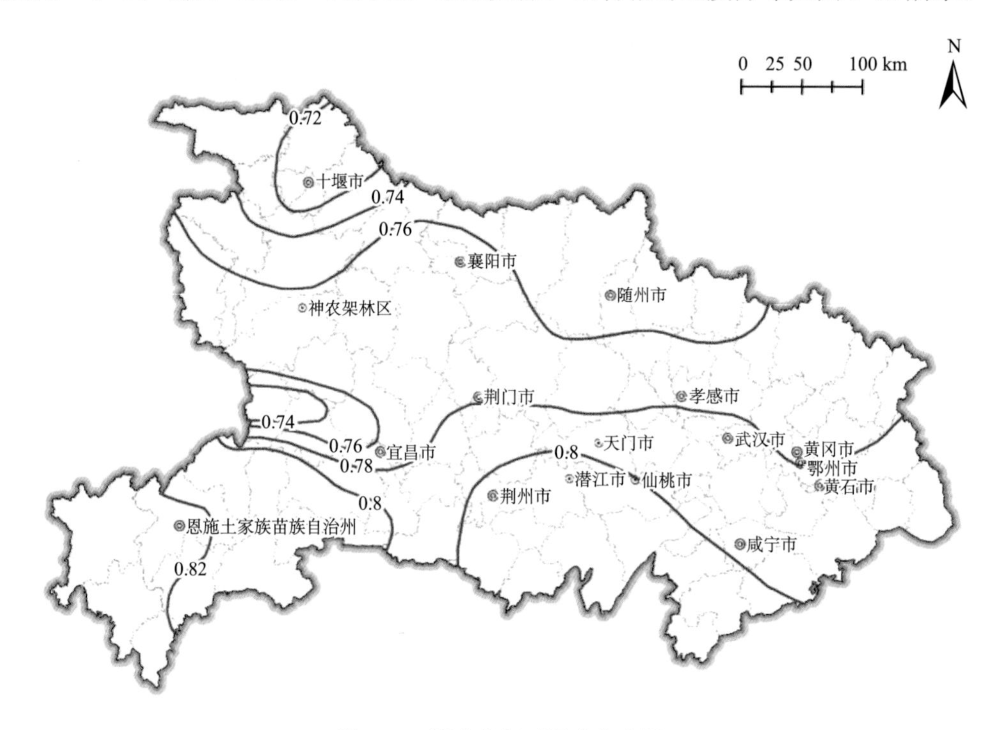

图 1-10　湖北省相对湿度分布图

根据华中农业大学在下蜀黄土母质发育的低丘（海拔 27～31 m）土壤水热状况周年动态观测结果（蔡崇法，1987），表明：

（1）表层 20 cm 土壤含水量变幅比 20 cm 以下大，表层变幅在 8%～36%，30 cm 为 18%～30%。熟化程度高的土壤比熟化程度低的保水供水能力强。

（2）3 种不同熟化程度的土壤含水量最低的时期都在 7 月、8 月和 9 月三个月，表层含水量常在 20%以下，暴雨后土壤水分很快蒸发，水分可降至 7%～10%（永久凋萎点的含水量为 12%～13%）。

（3）土壤含水量最高时期出现在 11 月和 12 月，表层含水量为 29%～32%，接近田间持水量（33%～39%）。

1.2.2　地质运动

湖北省位于秦岭褶皱系与扬子准地台的接触带上。荆山、大洪山以北主要属于秦岭褶皱系的武当—淮阳隆起带，是鄂北部武当山、桐柏山、大洪山和大别山形成的地质基础，鄂西北部与渝陕二省交界处主要属于大巴山褶皱带，构成了鄂西北的大巴山和荆山，这两个构造单元都属于古生代构造带。荆山、大洪山以南，自西而东分别属于燕山运动时期形成的上扬子台褶带和下扬子台褶带，前者是鄂西的武陵山、巫山形成的地质基础，后者是鄂东南幕阜山脉形成的基础，与赣北、皖南山地连成一体，横亘于长江南岸。江汉断坳镶嵌于上、下扬子二台地褶带之间，是白垩纪以来的陆相断陷盆地，后经长江、汉水合力冲积成为江汉平原（图 1-11）。

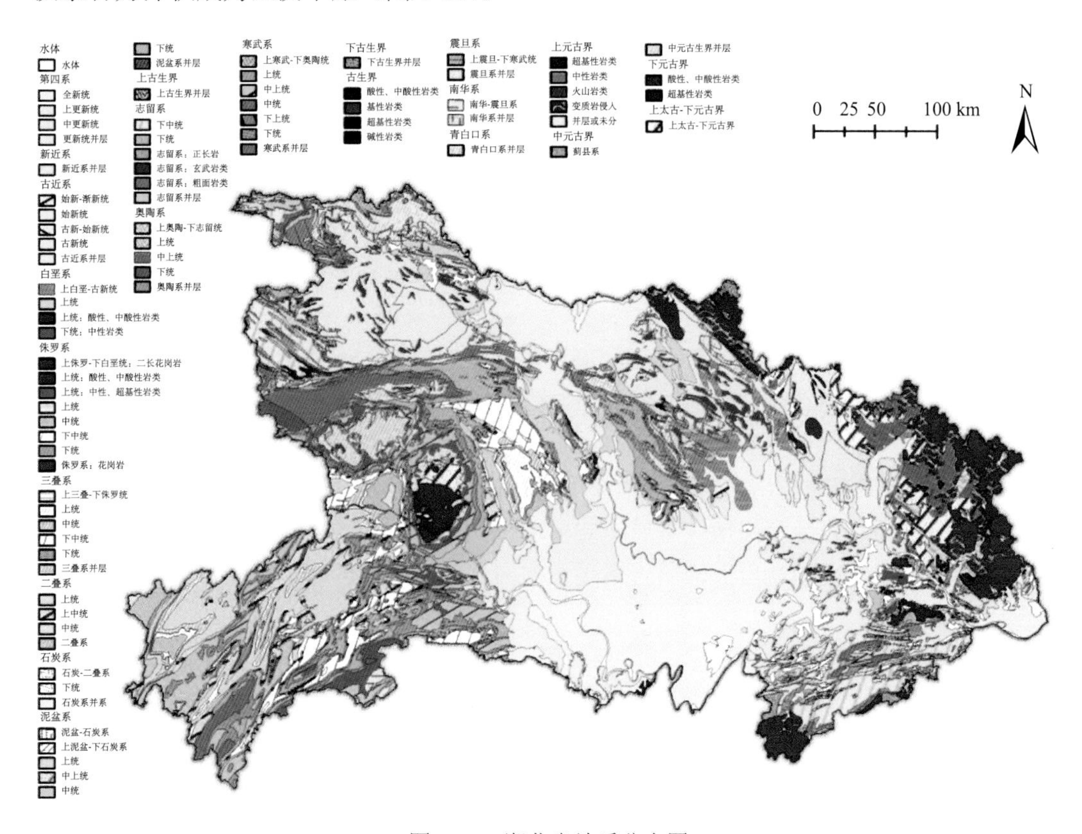

图 1-11　湖北省地质分布图

1）鄂西地区

（1）鄂西北山区以中、低山为主，谷深坡陡，北部以元古界区域变质岩地层为主，南部以古生界碳酸盐岩、碳酸盐岩夹碎屑岩地层为主。

（2）鄂西南山区以中山为主，坡陡谷深。地层从古生界到中生界皆有出露，以沉积岩为主，主要为碳酸盐岩、碳酸盐岩夹碎屑岩，溶蚀强烈。

2）鄂东南地区

（1）黄石地区以低山丘陵为主，地形相对高差 100～500 m；地层从古生界—新生界皆有出露，以沉积岩为主，主要为碳酸盐岩、碳酸盐岩夹碎屑岩，溶蚀强烈，伴有燕山期中酸性岩侵入，形成丰富的金属矿藏。

（2）北部的蔡甸区、江夏区、嘉鱼县以丘岗、平原地貌为主，地形起伏较小；以古生界碳酸盐岩、碳酸盐岩夹碎屑岩地层为主，大部分被黏性土层覆盖，少量露头，隐伏岩溶发育。武汉、鄂州、咸宁、赤壁以丘岗为主，地形起伏相对较小；以古生界碳酸盐岩、碳酸盐岩夹碎屑岩地层为主，多上覆黏性土层，隐伏岩溶发育，鄂州东部有中酸性岩侵入。

（3）南部边缘幕阜山北麓（通山、崇阳、通城）以低山丘陵为主，河谷切割较深，坡度较陡；通山、崇阳以古生界碳酸盐岩、碳酸盐岩夹碎屑岩地层为主，通城县为燕山期花岗岩侵入区，风化砂层较厚。

3）鄂东北地区

（1）大别山区的麻城市、浠水县、蕲春县、武穴市、黄梅县以低山丘陵为主，河谷切割较深，坡度较陡，武穴市、黄梅县过渡为岗地平原。基岩以元古界、太古界深变质火山岩、片麻岩为主，多有前寒武超基性岩零星出露和燕山期酸性岩成片出露，风化砂层较厚，武穴市、黄梅县大部分为第四系松散堆积层覆盖。

（2）中部地区（黄陂区、新洲区、安陆市、孝昌县、云梦县、黄州区、团风县、红安县）以平原丘岗地貌为主，地形起伏不大，以第四系老黏土和元古界变质岩为主。

4）鄂中地区

（1）大洪山及周边地区，低山、丘陵、平原均有分布，汉江从其中部通过。地层以古生界和中生界碳酸盐岩、碳酸盐岩夹碎屑岩、陆相碎屑岩为主，汉江两岸阶地上覆有松散堆积层。

（2）江汉平原遍布第四系松散堆积层。江汉平原西缘山前地带（宜昌市、宜都市、松滋市）以低山、丘陵、岗地、平原地貌依坡梯次而降，地形起伏由大到小；地层也由古生界碳酸盐岩、碳酸盐岩夹碎屑岩地层逐次向中生界陆相碎屑岩地层、第四系松散堆积层过渡。

5）鄂北岗地

桐柏山区的曾都区、广水市、大悟县以低山丘陵为主，桐柏山与大洪山之间地形起伏相对较小。地层以元古界变质岩为主，有前寒武纪基性岩和燕山期酸性岩侵入，桐柏山与大洪山之间多为白垩系陆相碎屑岩覆盖。地形开阔平缓，以第四系老黏土和一般黏性土为主。

1.2.3　地貌地形

湖北省位于我国地形第二阶梯向第三阶梯的过渡地带，总的地势为西高东低。长江自西向东流，横贯全省。西南部为岩溶山原，属云贵高原一部分，有武陵山余脉；西北部为变质岩组成的中高山，属秦岭山系的东缘部分，有武当山、荆山、桐柏山脉；神农顶海拔 3106.2 m，为华中第一峰，两者构成了第二阶梯的东缘部分。东北部的大别山脉和东南的幕阜山脉均属第三阶梯，形成了一个西、北、东三面环山、南向洞庭湖开口的不完整的巨型盆地。湖北省地质构造比较复杂，地势高差达 3000 m，地貌类型多，与土壤的形成和分布关系密切。主要地形地貌类型如下（图 1-12～图 1-17）。

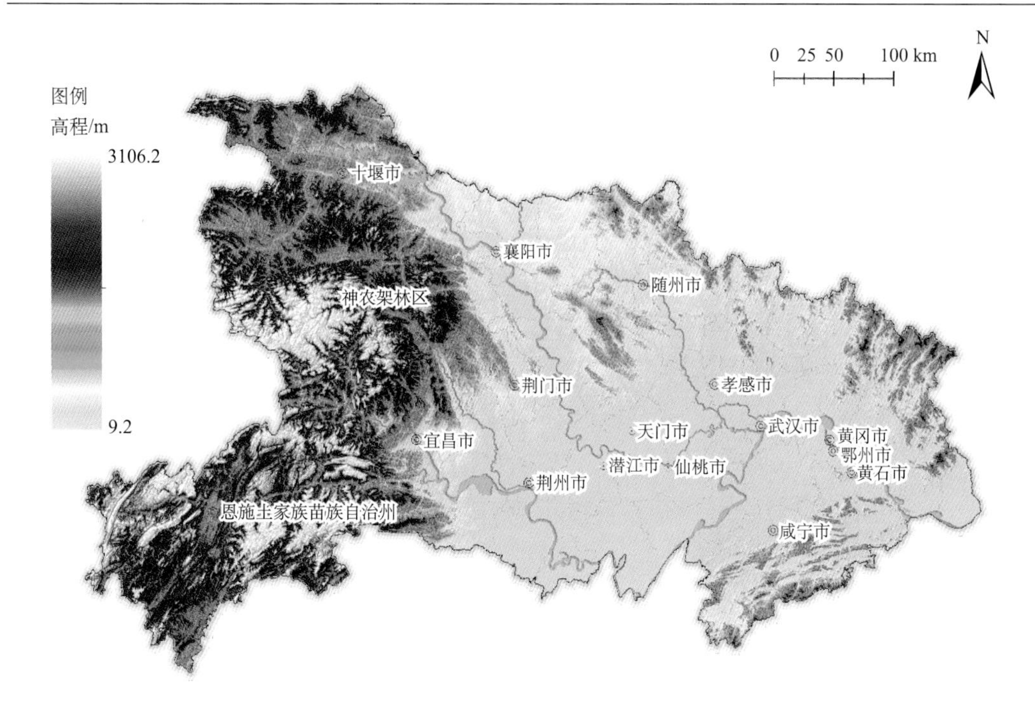

图 1-12　湖北省数字高程（DEM）图

图 1-13　湖北省沿等高线曲率图

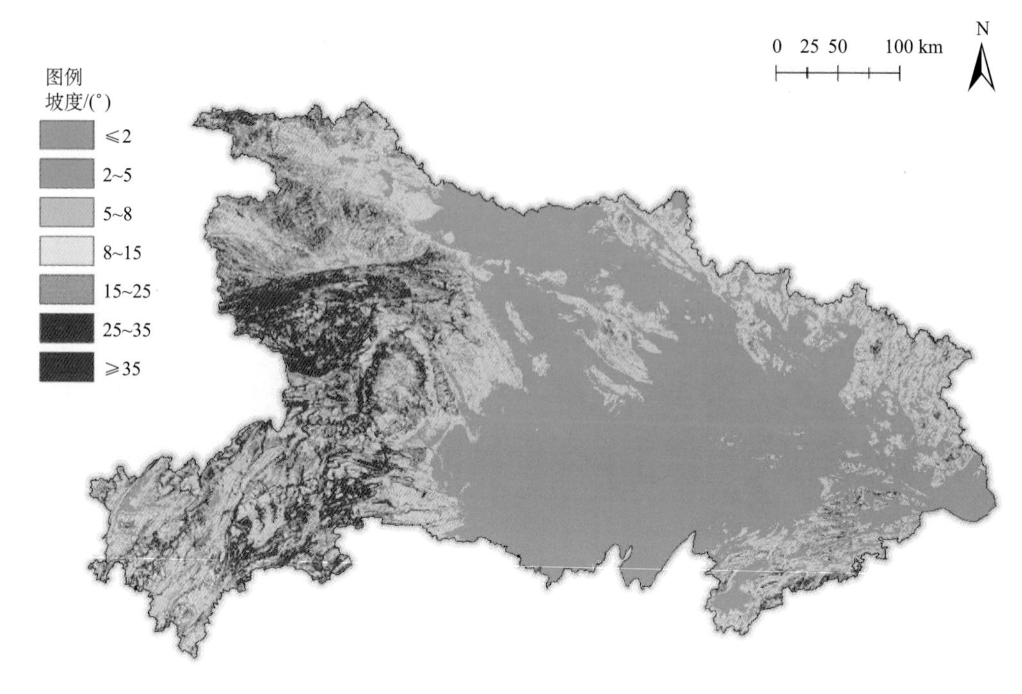

图 1-14　湖北省地形坡度图

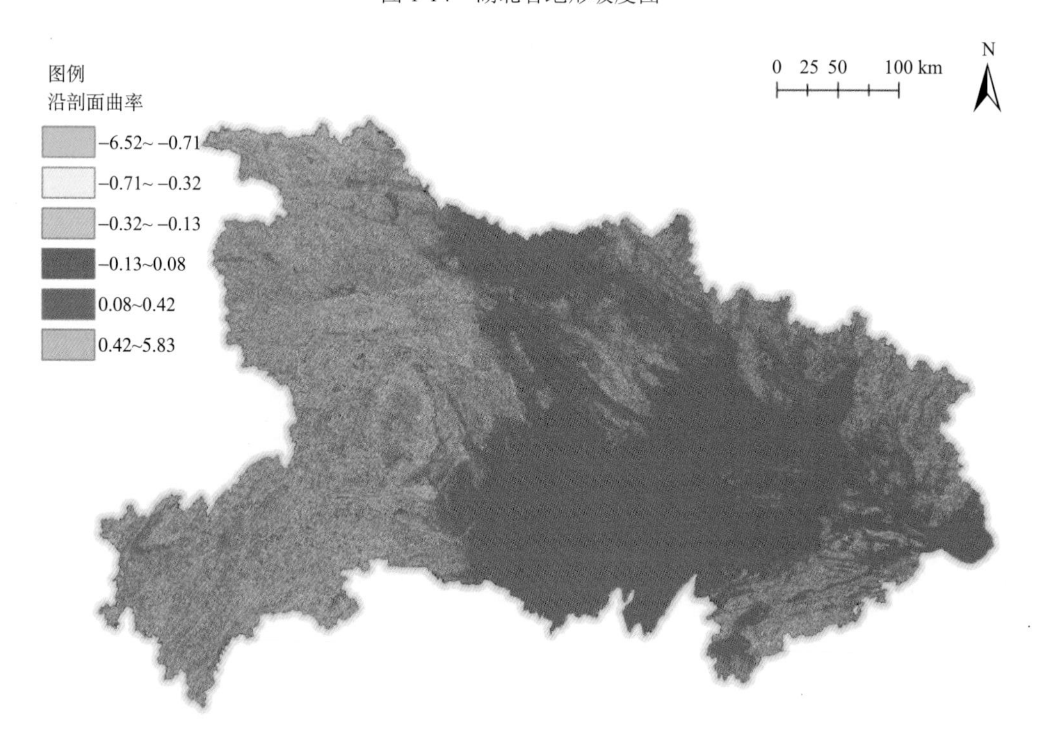

图 1-15　湖北省沿剖面曲率图

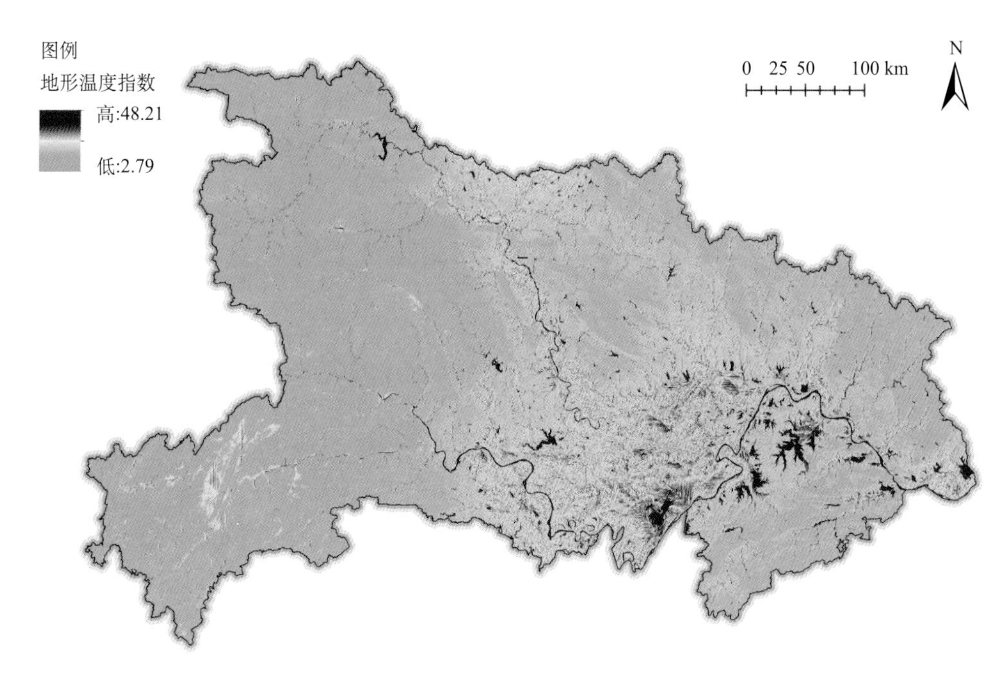

图 1-16　湖北省地形湿度指数

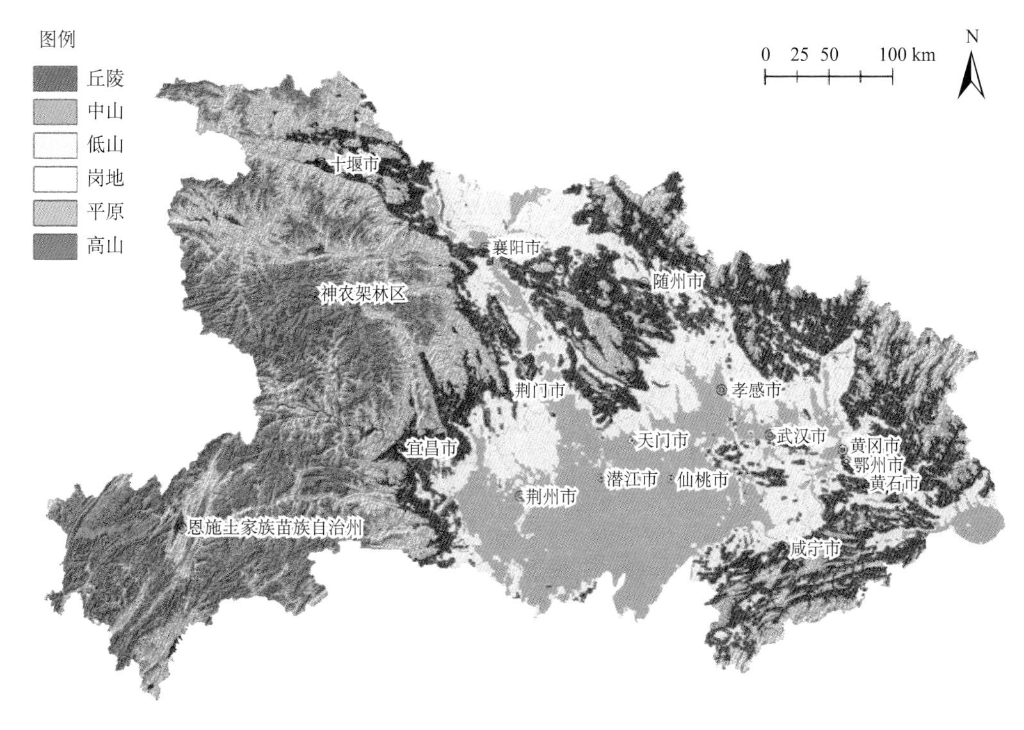

图 1-17　湖北省地貌分类图

1）河湖平原地貌

分布于江汉盆地，西起江陵、公安，北界天门、汉川，东抵洪湖、武汉，以及武汉以东沿江一带和二级水系的河谷平原。地势低平，海拔一般<50 m，为近代河湖相沉积物。河网纵横，湖泊密布。根据成因和性质可分为 3 个单元。

（1）湖泊洼地主要分布于大湖泊的周围，如洪湖周围、武汉市黄花涝、李家墩一带、涨渡湖西侧、保安湖西北侧，沿湖呈带状、环状分状，由灰黑色或灰黄色淤泥或粉砂组成，芦苇丛生。

（2）湖积平原分布于各大湖的周围，地表平坦，切割微弱，由黑灰色或黄灰粉砂或黏土组成，是湖北省主要稻区。

（3）波状河湖平原主要分布在江水决口，河湖变迁的地段，二级水系入长江的河口也有分布。由灰色或黄灰色细砂或粉黏土组成，是堆积物原始地形和现代地表水侵蚀的结果，地表微有起伏，具有“大平小不平”的特点。

2）河谷平原地貌

主要分布在长江、汉水和二级水系的河谷地带，海拔一般<50 m，经侵蚀残余的古老冲积阶地海拔可达 70～120 m。地形平坦，切割微弱，多呈狭窄的条带状出露于河谷的两侧。由松散的砂、砾、细砂或粉砂黏土等组成。根据地貌结构，可进一步划分为以下两个方面。

（1）河漫滩和心滩为分布于长江、汉水河曲凸岸地段的漫滩及江心滩。由松散的黄灰色、褐灰色细砂及砂、砾组成。夏水冬陆，为湖北省造纸原料芦、荻产地。

（2）冲（洪）积阶地为自全新世早期到更新世不同时期的冲（洪）积沉积物构成的江、汉两水及其二级水系的阶地，共有 5 级。早期形成的阶地，海拔较高，风化程度较深，土质黏瘠，阶面部切割呈坡状起伏的垄岗地形，形成垄水岗旱的种植格局。晚期形成的阶地，海拔较低，地形较平缓，风化程度较浅，以旱作为主。

3）剥蚀堆积丘陵地貌

大面积分布于鄂东大别山及鄂东南的山前地带，江汉盆地北缘的荆门、当阳以南的山前地带，海拔<200 m，相对高度 30～60 m。丘顶圆浑，呈波状起伏垄岗状，均为细粒土状堆积物所覆盖。表层岩性特征如下。

（1）黄褐色土层堆积丘陵主要分布于长江和汉水下游以北地区，晚更新世黄褐色粉砂或黏土沉积物，多呈指状分布，北部较宽，向南呈垄岗状。长江以南的江夏、汉川、梁子湖畔也有零散分布，多呈波状起伏的低丘，土体富含铁锰物质，其形态呈斑块和结核状。大部分已利用，水田约占 50 %。

（2）红色土层堆积丘陵中更新世红色网纹黏土丘陵。主要分布于江夏—梁子湖—大冶一线以南的低丘地带。府河、陨水河谷的京山—应城和安陆—云梦，以及江汉盆地西北缘的当阳、荆门一带，也有成片分布，成土性质酸、瘠、黏，适合发展林业、果园、茶场。

（3）黄褐色和红色土层混合型堆积丘陵主要分布于鄂南。由更新世黏土层构成的丘陵，一般具有双层或三层结构。在上层晚更新世土层剥蚀以后，下层中更新世红色土层出露，因此，常出现小范围内两种土层共存的现象，如江夏的牛山湖—汤逊湖一带，咸宁的斧头湖畔，嘉鱼的东南部，赤壁的西南部以及崇阳山间盆地等地区都有此现象。

4）剥蚀丘陵地貌

剥蚀丘陵多为基岩风化物覆盖的丘陵，海拔一般<500 m，相对高度<100 m。因东西部高差不同可分为 2 个亚单元。

（1）东部剥蚀低丘陵海拔<200 m，相对高度 50～70 m。分布于大别山、桐柏山、大洪山、幕阜山的山前地带，以及武汉市以南长江两岸的永安—奓山—大军山—神山—青龙山一线，构成鄂东地区的石质丘陵带。

（2）西部剥蚀高丘陵海拔 200～500 m，相对高度 100 m 左右。分布于汉江谷地两侧，汉江盆地西缘的荆门、远安以南，宜昌、长阳以东等地区。

5）构造剥蚀低山地貌

海拔在 500～1000 m，切割深度 100～500 m，主要分布于九宫山北麓，大洪山麓，鄂西北汉江谷地，清江长阳段谷地。山顶浑圆，平缓，常残留山原期（海拔 500～800 m）的平面。鄂东南通山、崇阳夷平面上（海拔 1000～1200 m）尚保留古岩溶面貌。由于新构造的抬升和近代的侵蚀作用，山坡较陡。受地质构造的制约，山脊延伸明显地与构造线方向一致。地表岩性由泥质岩类、碳酸盐岩类、岩浆岩类及其变质岩类组成。

6）构造侵蚀中山地貌

海拔在 1000 m 以上，切割深度>300 m。根据地形高度和地貌形态特点，可划分为低中山和高中山 2 个亚单元。

（1）低中山海拔在 1000～1500 m，切割深度 300～500 m。分布于鄂西北汉江谷地内侧，郧西、郧阳、竹山、房县和武当山周围，鄂东地区只在峰顶和岭脊有零星分布。

（2）高中山海拔在 1500～3000 m，切割深度>500 m。主要分布于鄂西山地和鄂西南的山原地带。构造侵蚀中山地势陡峻，河谷深切，因受地质构造的制约，沟谷长，山脊线直。山原地带主要由碳酸盐岩类组成，顶部较平缓，鄂西期（海拔 1500～2000 m）和周家亚期（海拔 1000～1200 m）古岩溶地貌十分发育，峰林、峰丛、溶蚀洼地（利川、鹤峰、建始、五峰）、岩溶洞穴和暗河等地貌较为常见。该地貌区域内除碳酸盐类外，还有泥质岩类、花岗岩类及其变质岩类等岩石。

1.2.4 成土母岩（质）

母质（母岩）是形成土壤的基本的原始物质，一般占土壤固体的 95%以上。母岩又是地形形成的重要因素，它不仅决定了第四纪沉积物的分布状况，而且控制着河湖水系的发育，直接或间接地影响土壤性质的发展和小气候的变化。

湖北省现有地表出露的岩石（或地层）是在漫长的地质年代中，几经海陆变迁、冷热交替、侵蚀和沉积而形成的。在燕山运动晚期至喜马拉雅期的断陷活动以后，确定了全省现有的地质格局（图 1-18）。

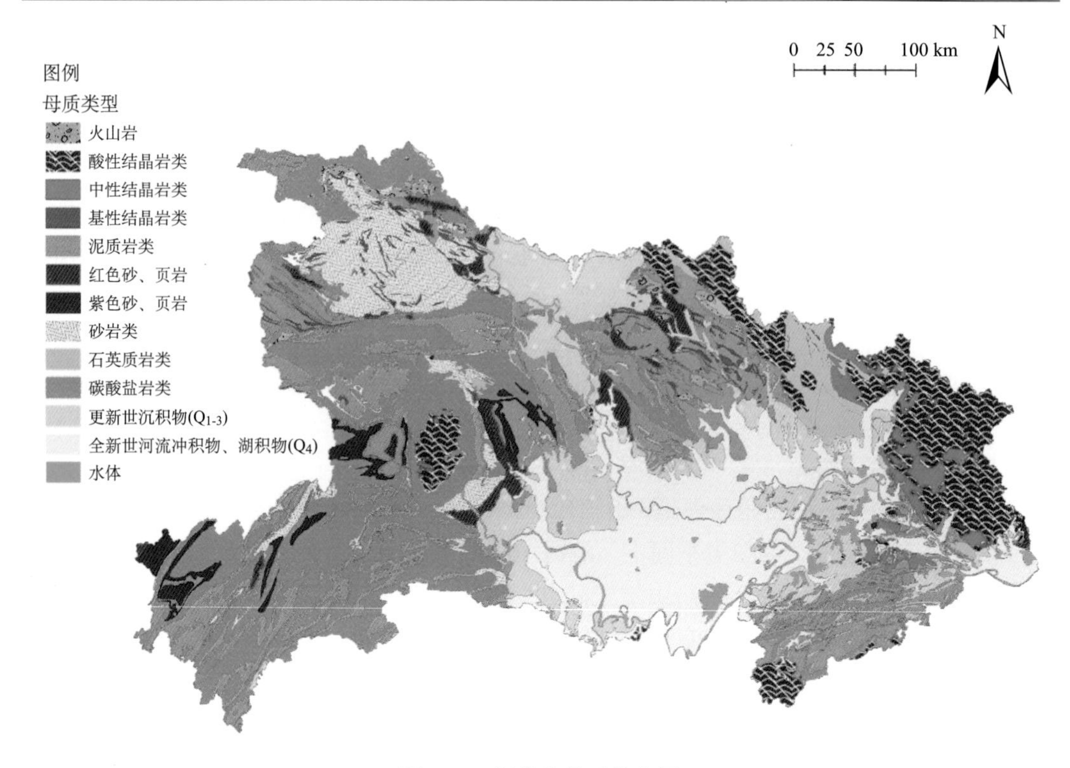

图 1-18　湖北省母质分布图

1）岩浆岩类及其风化物

湖北省岩浆岩活动强烈，主要岩浆岩形成于前寒武纪、加里东构造运动期和燕山构造运动期。不同类型的岩基、岩株、岩墙分布范围很广。

（1）花岗岩主要分布于鄂东北大别山区和鄂西黄陵背斜的核部，鄂东南的通城县也有分布，以酸性花岗岩为主，同时具有部分中性花岗闪长岩和闪长岩。大别山区花岗岩由多期岩浆活动形成，黄陵背斜花岗岩则形成于前寒武纪。由于岩基出露，地貌呈尖面而高的凸形正地形，易与围岩区别。

（2）闪长岩主要分布于鄂西北郧西一带和鄂东南鄂州—大冶地区，为中性岩。鄂西北岩体沿地层走向分布，成条带状，风化强度强于围岩。鄂东南岩体呈不规则的圆形，总体上呈现负地形的地貌特征。

（3）辉长岩零星分布于鄂西北、黄陵背斜地区，在随州、枣阳地区有较大面积的出露。岩体呈北西方向展布。地形相对低矮，植被差。

（4）辉石岩主要分布于鄂北随州、枣阳等变质岩地区，呈岩脉、岩株状，伴随辉石岩，曾发现超基性橄榄岩，多数为正地形。

（5）玄武岩主要分布于黄陂、安陆、江陵、阳新和武汉附近，多为岩株或岩脉。

湖北省岩浆岩以酸性花岗岩为主，在水土保持较好的地区，具有深厚的风化壳，砂粒含量高，尤其是海拔 500 m 以下侵蚀严重的地带，>0.2 mm 的颗粒含量可达 70 %以上，有明显的脱硅和富铝化特征。花岗石风化壳垂直变异较大，海拔升高，>0.2 mm 的砂粒明显减少，盐基淋溶作用增强。

2）砂页岩及其变质岩类的风化物

砂页岩及其变质岩千枚岩、板岩等在全省分布广泛，形成于元古、古生和中生各界。在物质组成上，有石英砂岩、粉砂岩、页岩、片岩、板岩、千枚岩等。形成过程中，常与碳酸盐岩类、紫红色砂页岩类和含煤层夹生或互层。砂页岩具有弱富铝硅铝型的风化壳的特点，微酸性，盐基饱和度 50%左右。由于砂页岩组成的复杂性，土壤的农化性状不仅有地区性的变异，而且局部性的差异也很大。

3）碳酸盐岩类风化物

碳酸盐岩类为含碳酸钙的各类岩石，如石灰岩、白云岩、白云质灰岩、泥质灰岩、硅质灰岩和泥灰岩等。碳酸盐岩类在湖北省分布极广，主要形成于古生代和中生代两地质时期。因含胶结物不同而呈各种颜色。碳酸盐岩以化学风化为主，碳酸钙被含 CO_2 的水溶解形成重碳酸钙后淋失，其他胶结物残留为风化层。因此风化壳一般有薄和黏的特点。湖北省碳酸盐岩类风化壳的共同特性为中性至微碱性反应，盐基饱和。脱硅富铝作用较弱，硅铝率比其他岩石的风化壳大，湖北省碳酸盐岩类风化壳从南到北逐渐增厚，B 层的硅铝率逐渐增加，土壤颜色的亮度逐渐变小，彩度逐渐降低，色调由红变棕。

4）紫红色砂页岩的风化物

紫红色砂页岩为形成较晚的沉积岩系，主要在侏罗纪、白垩纪和古近—新近纪 3 个地质时期形成的。紫红色砂页岩实际上是两套不同产状的地层。由于它们成岩时间短和风化物再沉积的特性，对成土过程和土壤属性有深刻的影响。紫红色砂页岩主要分布于江汉平原周围的丘陵和山间盆地的边缘，平原内部也有露头，如崇阳盆地，为红色砾岩，石灰性，地质学家认为是白垩地层。紫红色砂页岩组成复杂，但结构较为疏松，容易风化，工程上也很易开凿。紫红色砂页岩风化壳质地不一，有砂、粉砂和泥质之分，而成分也有含碳酸钙和无碳酸钙之别。

红色砂页岩一般为古近—新近系地层，分古近系（E）和新近系（N），岩层甚厚，其组成物质风化度较深，含铁量高，呈酸性。但存在含钙胶结物时，有石灰反应。紫红色砂页岩易于风化，也易遭侵蚀，土壤发育弱，土层分化不明显，仍保持着风化壳的性质。

5）第四纪地层

第四纪地层在湖北省分布面积很大，组成长江和汉水流域Ⅱ—Ⅳ级阶地的基座，因土体深厚，地势较低平，是湖北省耕地分布较集中的地区。第四纪地层是在一个较长的时期内形成的，根据形成时期把现在出露地表的土层分为 4 类。

（1）下（早）更新世地层（Q_1）　下更新世地层为更新世最早形成的土层。因为后期被覆盖，致使现在出露地面的面积很小，且呈零星分布。见于荆门丁家营、宜昌猇亭镇、阳逻半边山和江夏土地堂等处。其岩性为杂色的砂泥夹砾石层。砾石复杂，分选差，磨圆度不好，风化深。该土层理化性质不良，农用价值低，一般作为造林用地，主要林种为马尾松。

（2）中更新世地层（Q_2）　中更新世地层为下更新世以后的冲积、洪积或坡积物，距今约（55.3±6.63）万年，在宜昌—当阳、阳逻—黄州、襄阳—钟祥、咸宁—梁子湖、应城—孝感一带都有出露。构成长江和汉水第Ⅲ、第Ⅳ级阶地，它是一组呈黄色粉砂或黏土为主的土层，残坡积物区（见于咸宁）为棕红色含角砾的黏土。Q_2 的厚度变化较大，一般在 3 m 以上。Q_2 常覆盖在剥蚀丘陵的顶部，围绕在侵蚀丘陵的边坡，或者伏于上更新世地层之下。在完整的土体剖面中具有红白相间蠕虫状的网纹结构，铁锰含量高，上部为均匀的红色土体，以高岭石、水云母和石英等矿物为主。

中更新世地层为富铝化的古土层，在此地层上发育形成的土壤具有富铝湿润富铁土、铝质湿润淋溶土的性质，可风化的矿物少，土壤瘠薄、黏重、酸性强，改良难度大，在水利条件较好的地区可种稻水耕熟化，适合茶叶和喜温耐酸植物生长。

（3）上（晚）更新世地层（Q_3）　分布于长江和汉水河谷的两侧，组成长江第 II、III级阶地，汉水第 I 级阶地，大约形成于 2 万年前或更早。在谷城—襄阳—枣阳一线以北为洪-冲积物，形成广阔的鄂北岗地，土壤以黄褐色土为主，含铁锰结核和残余碳酸钙结核（砂姜），土体无石灰反应，中性-微碱性反应，盐基饱和度高。冲积-湖积层集中分布于长江以北的云梦、潜江、江陵、荆门和宜城一带，呈厚度可达 20 余米的灰黑色黏土层。冲积、坡积地层广泛分布于江汉平原边缘的低丘地带，尤其在沮漳河以东与汉水以西之间分布最为集中，土壤为黄褐黏土。含有铁锰结核，中性反应，大部分建埂造田。上更新世地层形成时期较晚，风化淋溶作用比 Q_2 弱，含有一定数量的原生矿物，无机胶体品质也较 Q_2 土层好，易于利用熟化，水旱均宜，其利用率仅次于冲积母质。

（4）全新世地层（Q_4）　形成于河流冲积和湖相沉积，厚度在 30～100 m，广泛分布于现代河谷地区，组成第 I 级阶地和河漫滩，是形成潮湿雏形土的地层。近代冲积湖积物集中分布在江汉盆地和鄂东沿江平原，西起枝江的董市，东达鄂州市，北自钟祥，南抵城陵矶。由于长期受长江和汉水的倾注影响，江汉两水之间洼地湖泊逐渐萎缩，湖泊间形成沼泽。

江汉盆地结束了内陆湖盆的历史以后，河流作用开始制约着盆地的沉积过程。由于江汉两水几经溃口和河道变迁，现在冲积物主要来源于长江和汉水，汉水冲积物还包括来源于汉水上游和大洪山上的冲积物。大洪山的冲积物颗粒较粗，是汉水三角洲的主要物质来源，其范围西起张金河，东达潜江、渔洋、拖船埠一带，南抵通海口，地势较高，土体深厚，质地适中，是湖北省主要棉花生产基地。江汉两水冲积物颗粒较细，形成了现在四湖的地层，地势较低，是湖北省的鱼米之乡。

江汉盆地因长期受新构造运动和河道变迁的影响，沉积层除碳酸钙外，质地差异很大，现有上层沉积物总体呈现自西北向东南，质地由粗变细的变化趋势，离河流距离越远质地越细。在长江堤北、汉江三角洲内，有广泛的沼泽相淤泥层发育，淤泥（黏壤或黏土）和泥炭等埋藏层非常普遍。在云梦、荆门和江陵北部等处都有两个泥炭层。淤泥层埋藏较深者则尚未完全脱水，浅位泥炭层曾开发制造腐殖质肥料。江汉盆地沉积物的质地断面极其复杂。由于每次河流泛滥期的流速和持续时间不同，形成质地断面不同和厚度不一的夹砂或夹黏层，影响土壤中的水、肥运移，对作物生长影响极大。

江汉盆地从总体来看正进行着脱沼过程，特别是在新中国成立以来，疏通河道，建立电排站，排泄内水，降低地下水位，潜育层逐渐氧化而形成铁锰斑纹层，潜育层逐渐下降，在水田的耕作层下部也有犁底层的形成，成为水旱两作的当家田。但低洼地区排水有困难，而且不利于盆地内部水分的调节，实现“全垦”是弊多利少的。

1.2.5　植被

湖北省地处中亚热带至北亚热带的边缘，既属我国南部亚热带与北部温带的过渡地带，又是西部高原与东部低山丘陵的过渡地区，在植物区系上显示出南北、东西区系的相互渗透性，热带、亚热带和温带成分交汇的特点。气候温和，雨量充沛，适宜多种植物生长。由于受第四纪的山岳冰川的影响不大，有很多古老的植物类群保存了下来，古近纪以前的古老植物如松叶蕨、紫萁、里白、银杏和水杉等植物成为植物界的活化石，这也指示着湖北省成土时间的悠久性。

全省森林覆盖率为39.61%。其中森林面积为736万公顷，活立木总蓄积39 580万立方米；森林蓄积36 508万立方米，增加7855万立方米。天然林面积486万公顷，天然林蓄积28 671万立方米（湖北省林业厅，2015）。

根据湖北省地貌和气候特点，可分为 5 个林区。

1）鄂西南山地常绿阔叶落叶阔叶混交林区

包括宜昌—襄阳一线以西，神农架山脉以南地区，西接重庆，北接鄂西山区，东连江汉平原，南邻湘西山地。境内地势高峻，海拔一般在 1000～2000 m，变质岩和石灰岩分布较广，境内溪流众多，主要河流有长江及其支流清江。

该区属中亚热带，有间断原始森林的分布。海拔 1000 m 以下的山坡沟谷有成片常绿阔叶林。主要树种有栎属、川桂、樟树、楠木、白兰花等，较温润的谷地常有杉木林，部分较干旱的低山地带分布为马尾松林，石灰岩山地侧柏，低山河谷，特别在长江三峡和清江河谷，适宜柑橘类生长。海拔 1000～1500 m 为常绿阔叶落叶阔叶混交林，组成树种主要有栎树、铃木、山茶、珙桐以及漆树科等。1500 m 以上为落叶阔叶林带，主要树种有亮叶桦、枫杨、野核桃等。海拔 2000 m 以上有巴山冷杉，冷杉采伐以后，常为以杜鹃为主的灌丛所代替。

2）鄂西北山地常绿阔叶落叶阔叶混交林区

包括宜昌—襄阳一线以西，神农架林区以北地区。该区属秦巴山地南缘。境内山峦高峻，为北亚热带季风气候，低山谷地具有明显的亚热带气候条件，中海拔以上开始向温带气候过渡。自然植物保存较完好，神农架林区尚有较大面积的原始森林。植被分布有明显的垂直地带性。

（1）常绿阔叶林和落叶阔叶林带在海拔1500 m 以下，有零星分布的成片常绿阔叶林。主要树种有白楠、宜昌楠、臭樟、青冈栎、红果树等。落叶阔叶树种有栎树、枫杨、亮叶桦等。马尾松、铁坚杉等针叶树种分布于低海拔地区。在神农架一些低山沟谷地区还有成片野生蜡梅生长。

（2）落叶阔叶林、针叶林带分布于海拔 1500～2600 m。落叶阔叶树种有红桦、亮叶桦。针叶树种有华山松、冷杉、巴山松等。海拔 2600 m 以上主要为巴山冷杉，神农架大面积原始森林主要是巴山冷杉林，冷杉林破坏后为杜鹃、香柏、忍冬所代替，形成灌丛景观。在神农架海拔 2500 m 左右和冷杉林边缘有大面积的箭竹分布，根系密集，形成深厚的草根交织层。

3）鄂东南低山丘陵落叶阔叶常绿阔叶林区

该区为幕阜山脉向北倾斜部分，其南部与湘赣相邻，其北部大致以江汉平原为界，主要分布于咸宁地区。南缘幕阜山一带海拔 1000 m 左右，其北部海拔多在 700 m 以下。该区气候温暖温润，植物种类多，但大部分为落叶阔叶林。常绿阔叶林主要分布于海拔 800 m 以下，常见有栎树、樟树、紫楠、杨梅等，其中海拔 500 m 左右广泛分布有杉木林，多为人工林，马尾松林广泛分布于排水良好、土壤瘠薄的丘陵山地。海拔 500～800 m 山腰有大面积的毛竹（楠竹）林，呈半自然林状态。落叶阔叶树有茅栗、白栎、江南桤木、黄山木兰等。针叶林主要有马尾松、金钱松、台湾松。山顶为矮林灌丛草甸。

4）鄂东北低山丘陵落叶阔叶常绿阔叶林区

该区属淮阳山脉（大别山脉和桐柏山脉的合称），与河南和安徽两省分水相邻。整个地势北高南低，北部海拔 800～1200 m，南部海拔 300～500 m。植被具有南北过渡的特点，海拔 600 m 以下为落叶阔叶林、常绿阔叶林混交林，海拔 600～1200 m 为落叶阔叶林，常绿阔叶林有青桐、青冈栎等。落叶阔叶树有茅栗、多种栎属、板栗、山胡桃、枫香、乌桕等，其中 1200 m 以下马尾松普遍生长，台湾松集中分布于海拔 800～1200 m。海拔 1200 m 以上的灌丛主要有檵木、金缕梅、乌饭树、绣线菊等。

5）江汉平原次生林灌丛水生植物区

该区包括长江和汉水的冲积平原及其 I 级阶地，除局部孤山丘岗外，大部分为平原。平原冲积土和丘岗地区早已被开垦或为次生林所代替。江汉平原的水生植物还保持一定成分的原始性，但是它们曾在围湖造田期间遭到严重破坏。近几年来，随着经济开发，莲藕、茭笋、芦苇有所发展，这对改良土壤和改善生态等都有很大作用。

湖北省园地的分布与立地条件有密切联系。菜园分布于城市周围的郊县，茶园集中分布于鄂南的富铝化土壤地区，柑橘主要分布于三峡谷地，苹果主要产区位于鄂西北低山丘陵区，桑园分布于大别山山前丘陵一带。

湖北省河流纵横、湖泊密布，水面宽广，具有十分丰富的湿地资源。全省湿地总面积约 145.21 万 hm^2，占全省土地总面积的 7.8%。湿地高等植物共有 82 科、255 属、671 种，其中的莼菜、水蕨、野菱、野莲是国家重点保护水生植物种。湖北省现有湿地自然保护区和湿地公园面积达 59.6 万公顷，占全省湿地总面积的 41.2%（环境保护部，2015）。

1.2.6　人类活动

人为影响是在各自然成土因素综合作用的基础上进行的，各自然因素对土壤发生的影响程度主要取决于人为影响的措施类型，如灌溉、排水、种植水稻等措施。但自然因素的深刻影响，必然赋予耕作土壤不同的特性，耦合了人类活动的影响，形成了性质千差万别的耕作土壤。人为活动对土壤形成的影响具有两面性，有时是有益的，有时是有害的。如新中国成立初期在荆州、孝感、黄冈地区的飞沙地改良利用，把贫瘠的飞沙地改为肥沃的油沙地；沼泽地进行人工排水，改善了土壤的水、气、热条件，促进土壤熟化，成为高产土壤；施肥、耕作等措施改善了耕层土壤的肥力和物理性状，这些活动都促使土壤向高肥力水平和高生产力方向发展。另外，人类活动给土壤带来的不利影响也很多，如在湖北省目前的稻区农业生产中，由于长期施用氮、磷肥和肥料用量不断增加以及秸秆还田面积和数量的增加，一方面促进了水稻土有机质、碱解氮和有效磷含量的提高，另一方面也加速了土壤的酸化。

1）围湖造田

湖北素称“千湖之省”，众多的湖泊大都是由古代云梦泽淤塞分割而成，集中分布于长江与江汉之间。20世纪50～80年代，迫于强大的人口压力，湖北省平原湖区进行了规模巨大的围湖造田活动。围湖造田虽在短期内满足了粮食生产所需的土地面积，但其直接的后果是导致湖泊严重萎缩。由于湖泊的调蓄功能遭到严重破坏，洪涝灾害不断加重，生态环境恶化。其中，四湖地区的围湖造田规模最大，持续时间最长，对湖泊生态和土壤资源的影响最为深刻。

四湖地区位于长江中游江汉平原腹地，包括荆州市的荆州区、沙市区、江陵县、监利县、洪湖市和石首市的一部分及荆门市的沙洋县、潜江市一部分。境内湖泊星罗密布，江河纵横，占全省湖泊面积的47%。优越的环境条件使其成为江汉鱼米之乡的重要组成部分。新中国成立后，四湖地区经历了四次大规模围湖造田，湖泊面积大幅减少，水位变浅。由于过度围垦和湖泊自然淤浅沼泽化等影响，调蓄能力严重下降，水质下降。而围湖造田得到的土地其地貌和土壤还残留有原有湖泊的影响，处于原湖泊低处的土壤表现出明显的沼泽化和严重潜育化的特征。围垦湖泊的土地，大多作为水稻田。随着地势由高到低，土壤类型依次为：石灰/普通淡色潮湿雏形土—水耕淡色潮湿雏形土—普通铁聚水耕人为土—铁聚潜育/底潜简育水耕人为土—简育正常潜育土。从土壤剖面构型来看，大致可以分成连续的变化梯度，海拔相对较高处为典型的潮湿雏形土的剖面结构，而洼地的底部则几乎看不到土体的分层结构，青泥层占主体，为简育正常潜育土。

2）水田改旱地

20世纪80年代以来，出于经济效益考虑，较大面积的水田改为旱作地，湖北省不少水田改种旱作、经济作物或苗圃。水耕人为土返旱后土壤人为滞水状况消失，逐渐向潮湿或湿润水分状况转变；返旱后，土壤全铁和游离氧化铁含量变化不大，但氧化铁的活性下降，土体坚实度增加，土色变浅，土壤趋向酸化，并促使犁底层以下土层中大柱状结构和大块状结构的形成。黄泥田（属铁聚水耕人为土）是湖北省代表性水耕人为土，百万亩以上的地市有荆州、武汉、孝感、襄樊等地区。黄泥田返旱后土壤人为滞水状况消失，逐渐向潮湿水分状况转变。在水耕条件下形成的水耕表层（相当于耕作层与犁底层）和水耕氧化还原层（相当于渗育层和潴育层）的氧化还原特征也发生了相应的变化。返旱后，土壤诊断特性也发生了较大的变化，原先形成于水耕表层的新生体（如锈纹、锈斑、鳝血斑等）逐渐破碎分散而变小（少），最后逐渐消失；水耕表层土壤氧化铁的活化度明显降低，有机碳含量明显下降；水耕氧化还原层发生硬化，促使了大柱状结构和大块状结构的形成，土壤中无定形氧化铁逐渐向晶态氧化铁转化。由于水分条件的改变和水耕表层与水耕氧化还原层性质的变化，水改旱后土壤已不能满足水耕人为土诊断要求，也不同于相同母质发育并一直旱作的土壤，成为新的土壤类型。

3）不合理施肥与土壤养分失调

由于长期施肥不合理，土壤养分失调问题也日益突出。在当前农田施肥中，有机肥投入量严重下降，而化肥总用量中氮、磷、钾配比不当，无机肥投入中微量元素肥料补充不够，加之耕地水土流失严重，土壤养分大量流失等，致使耕层中土壤养分失调，主要导致了以下问题。

（1）土壤有机质含量下降。据 2010 年全省 300 个土壤监测点监测数据表明，全省旱地土壤有机质平均含量多在 1.0%～1.5%，低于全国平均水平（1.5%～3.5%）。与 2005 年监测结果相比，土壤有机质平均含量下降点数占 70%，有机质严重缺乏的占 20%，中度缺乏的占 60%，不缺乏的仅占 20%。

（2）耕地土壤养分不平衡，缺素面积扩大。全省耕地土壤全氮平均含量由 2005 年的 0.14%下降至 2010 年的 0.13%，下降点数占总点数的 80%；速效钾平均含量由 82 mg /kg 下降至 79 mg/ kg，下降点数占总点数的 90%，缺钾面积由 70%扩大到 90%，其中严重缺钾的占 40%，中度缺钾的占 50%，不缺的仅占 10%；土壤硼、锌等微量元素缺乏面积约 270 多万 hm^2，缺乏程度越来越严重。

（3）耕地土壤污染加重。酸性肥料的大量长期施用，导致部分地区土壤酸化日益明显。据 2010 年统计资料，湖北省耕地土壤 pH 平均为 6.44，比第二次土壤普查的 6.81 降低了 0.38 个单位。工业“三废”、生活垃圾、农用物资（农药、化肥、农膜等）中有害成分的残留等污染物剧增，直接或间接进入了耕地土壤及地下水。据部分县市资料，遭受重金属污染耕地面积占 10%以上；硝酸盐含量超过 50 mg/ kg 的耕地占 46%。

4）城镇化扩张与耕地流失

在人口增加、农业结构调整、城镇化进程加快、政策倾向等社会经济因素影响下，耕地数量变化十分明显。具体表现为：自 20 世纪 50 年代初，湖北省耕地数量先增后减，耕地变化速度很快。由于各项建设占用的都是交通便利、地形平坦、土壤肥沃的优质耕地，而开垦新增的都是荒滩荒坡等劣质地，据初步统计，全省优质耕地大面积减少，其中一等地减少 28.14%，而劣质耕地大面积增加，六等地增加两倍多。耕地资源变动的区域差异明显，总趋势表现为：经济发达区比经济欠发达区流失严重，平原区比丘陵区减少量大。

5）土地整治与土壤质量下降

目前土地整理重农田环境轻土壤质量，导致耕作层遭到破坏，耕地生产能力严重下降。调查表明，有的土地整理后耕地关键地力指标全面大幅度下降，有机质、速效氮和有效磷含量的下降幅度达 80%以上。虽然国家实行耕地占补平衡，通过整理、复垦土地等方式使耕地在数量上不减少，但这只是量的平衡。目前各地补充耕地与被占耕地的质量一般相差 2～3 个等级，生产能力不足被占用耕地的 30%。

本章内容参考了《2012 湖北统计年鉴》《湖北土壤》《湖北省区域地质志》等资料。

第 2 章　成土过程与主要土层

2.1　成 土 过 程

2.1.1　泥炭化过程

泥炭化过程系指有机质以植物残体的累积过程。主要发生在神农架、鄂西北和鄂西南高山区的山间洼地，以及江汉平原的河湖洼地中地下水位很高或地表有积水的地段，其上生长着密集的喜湿性沼泽植被。因受地域气候影响，建群沼泽植被多种多样，神农架为长叶地榆、柳兰和灯芯草；鄂西南多为湖北海棠、水冬瓜、油竹等灌木和苔藓，上述植被常形成甸状草丘。湿生植被在嫌气环境中不能彻底分解，而以不同分解程度的有机残体累积于地表形成有机表层。

2.1.2　腐殖化过程

腐殖化过程系指各种动植物残体在土体中，特别在土体表层进行腐殖质形成的过程。它使土壤层次发生分化，往往在土体上部形成一个暗色的腐殖质表层。

湖北省许多山地土壤中均具明显的腐殖质表层、腐殖质积累过程及均腐殖质特性。湖北省中山、高山的山顶、山原或山间洼地边缘着生草甸植被，土壤在冷湿条件下进行草甸腐殖质积累过程，形成均腐殖质特性。即腐殖质的生物积累深度较大，有机质的剖面分布随草本植物根系分布数量的减少而逐渐减少，无陡减现象。

2.1.3　水耕熟化过程

水耕熟化是指在淹水条件下的耕作熟化过程。如水耕人为土的形成过程，形成水耕表层和水耕氧化还原层等诊断层。湖北省水耕熟化过程主要分布于江汉平原、鄂东南沿江平原以及省内零星分布的水稻种植地区。

湖北省水耕人为土在人为水耕熟化作用下，形成了水耕表层和水耕氧化还原层。但它的某些性质仍受到风化淋溶和富铁铝化作用的影响，自南向北有以下变化：①土壤 pH、盐基饱和度等趋增，游离 Fe_2O_3/全 Fe_2O_3 趋降；②黏粒矿物组成中高岭石减少，水云母增多，鄂南的有 1.4 nm 过渡矿物，鄂北的则伴有少量蒙皂石。

不同土壤地带的水耕人为土与其母土相比，主要有以下差别：①pH 趋于中性；②有机质含量增长；③钾含量因淋失而降低；④盐基饱和度增加；⑤氧化铁游离度降低。

2.1.4　旱耕熟化过程

湖北省武汉、襄阳、宜昌、荆州、黄石等大中城市的市郊有大面积的蔬菜土壤，其中垦殖 30 年以上的菜地多具有肥熟表层或肥熟现象，可归属于旱耕人为土。如武汉市的旱耕人为土主要分布在洪山区。洪山区环抱市区，具有悠久的蔬菜栽培历史，西周时期就有“御菜园”之称。虽然现在由于城市扩建，大部分蔬菜地消失，但仍存在一定数量的旱耕人为土。

2.1.5　潜育化过程

土壤形成中的潜育过程，即指在土体中发生的还原过程。整个土体或土体下部或某一土层，在长期渍水条件下，高价铁锰转化为亚铁锰，从而形成一个颜色呈现蓝灰或青灰色的还原土层，称为潜育层，具有潜育特征或潜育现象。

将具有潜育特征或潜育现象的土壤归属于潜育土。主要分布于大的湖泊洼地，如洪湖、长湖、梁子湖的周边、武汉市的黄花涝与李家墩一带、涨渡湖西侧、保安湖的西北侧等地。沿湖呈带状或环带状分布，常为沼泽湿地，芦苇丛生。

2.1.6　氧化还原过程

由于受潮湿水分状况、滞水水分状况或人为滞水水分状况的影响，大多数年份某一时期土壤为季节性水分饱和，发生氧化还原过程而形成氧化还原特征。

主要分布在江汉平原，鄂东南沿江平原以及沿江、河、湖泊平原，阶地等地势较低，地下水位变化频繁的区域。

2.1.7　漂白过程

漂白过程包括黏粒的机械淋溶（侧渗和直渗）和铁锰的化学淋溶两个过程。铁锰还原而出现离铁离锰，也可称为还原漂洗作用。其结果使土体表层或亚表层发生“淡化”（褪色）和土壤质地“轻化”，形成漂白层。

鄂中和鄂北由下蜀黄土（Q_3）组成的平缓岗地的土壤，部分地区由于地形倾斜，土体中具缓透水层。因而黏粒和铁锰遭受长期漂洗的白浆化作用，形成漂白层等诊断层，经垦殖植稻后则形成漂白简育铁渗水耕人为土和漂白铁聚水耕人为土等。

2.1.8　螯合淋溶过程

主要发生在湖北省的高山区。如神农架主峰——神农顶顶部，海拔 3000 m 以上（植被为巴山冷杉、高山杜鹃等），在高山冷湿、暗针叶林下，在有机无机螯合淋溶作用下形成不明显的灰化淀积土层。

2.1.9　富铁铝化过程

富铁铝化过程系指土体中二氧化硅（SiO_2）淋失，铁铝氧化物（Al_2O_3、Fe_2O_3）相对富集的过程。主要发生于鄂东、鄂南水热条件丰富的丘陵岗地，土壤风化程度较强、脱硅富铁铝化明显的地区，包括咸宁、武汉、黄冈地区，成土母质主要有花岗片麻岩、砂页岩及第四纪红黏土等。

湖北省位于暖温带向亚热带过渡地带，土壤从北向南经历弱度至中度富铁铝化。观测表明，由北向南主要为以下变化：①土壤 pH、盐基饱和度、黏粒 SiO_2/Al_2O_3 和黏粒 CEC 等趋减；②游离 Fe_2O_3/全铁趋增，而铝饱和度则锐增；③黏粒矿物组成上呈现南北过渡特点，湿润中亚热带土壤以高岭石、水云母为主，含少量 1.4 nm 过渡矿物和蛭石；温润北亚热带土壤以 2∶1 型的水云母和蛭石为主，其次为高岭石，有的含有少量 1.4 nm 过渡矿物；而半湿润北亚热带土壤则以水云母为主，其次为蛭石、高岭石，有少量蒙皂石。

2.1.10　黏化过程

土壤黏化过程是指土体中黏粒的形成和聚积过程。湖北省气候南北干湿交替明显，土壤黏粒的形成与淋淀作用十分明显，常形成淀积黏化层（Bt），甚至形成黏磐。

湖北省有的土壤黏化层的黏化比（Bt/A）虽未达到黏化层判定指标，但存在光性定向黏粒胶膜和铁锰淀积物。微形态观察表明，鄂南由中更新世红黏土发育的铝质湿润淋溶土和铁质湿润淋溶土为棕红色铁质黏粒胶膜，有老化现象；鄂中由上更新世黄黏土发育的铁质湿润淋溶土和简育湿润淋溶土为淡黄色黏粒胶膜；鄂北由上更新世黄黏土发育的黏磐湿润淋溶土的黏粒胶膜厚，量更多。

2.1.11　钙积过程

土壤形成中的钙积过程，主要是指碳酸盐在土体中淋溶与淀积的过程，并在土体的下部层位形成钙积层。

湖北省土壤钙积过程主要受母质影响。分布于江汉平原的石灰性冲积物（Q_4）、鄂中、鄂北的富含碳酸盐的黄黏土母质（Q_3）以及碳酸盐岩类母质、富含钙质的红色砂砾岩等形成的土壤均进行不同程度的钙积过程，有粉状、假菌丝体状、钙质结核等多种形态。

2.1.12　初育过程

初育为初始的风化成土过程，形成具有雏形层而剖面发育不明显或者很微弱的幼年土壤。

湖北省有较大面积湿润雏形土、潮湿雏形土，均具有雏形层，主要由红砂岩、紫砂岩以及长江、汉江冲积物发育。

2.2　土壤诊断层与诊断特性

凡用于鉴别土壤类别的，在性质上有一系列定量规定的特定土层称为诊断层；如果用于分类目的的不是土层，而是具有定量规定的土壤性质（形态的、物理的、化学的），则称为诊断特性。《中国土壤系统分类检索（第三版）》设有 33 个诊断层、20 个诊断现象和 25 个诊断特性（表 2-1），根据采集的样本，湖北省土壤系统分类划分为 6 个土纲、8 个亚纲、16 个土类、28 个亚类、154 个土系，涉及 2 个诊断表层：水耕表层和淡薄表层；4 个诊断表下层：黏化层、雏形层、低活性富铁层和水耕氧化还原层；12 个诊断特性：岩性特征、石质接触面、准石质接触面、土壤水分状况、潜育特征、氧化还原特征、土壤温度状况、腐殖质特性、铁质特性、铝质特性、石灰性和盐基饱和度。

表 2-1　中国土壤系统分类诊断层、诊断现象和诊断特性

诊断层			诊断特性
（一）诊断表层	（二）诊断表下层	（三）其他诊断层	1.有机土壤物质
A 有机物质表层类	1.漂白层	1.盐积层	**2.岩性特征**
1.有机表层	2.舌状层	2.含硫层	**3.石质接触面**
有机现象	舌状现象		**4.准石质接触面**
2.草毡表层	**3.雏形层**		5.人为淤积物质
草毡现象	4.铁铝层		6.变性特征
B.腐殖质表层类	**5.低活性富铁层**		变性现象
1.暗沃表层	6.聚铁网纹层		7.人为扰动层次
2.暗瘠表层	聚铁网纹现象		**8.土壤水分状况**
3.淡薄表层	7.灰化淀积层		**9.潜育特征**
C.人为表层类	灰化淀积现象		潜育现象
1.灌淤表层	8.耕作淀积层		**10.氧化还原特征**
灌淤现象	耕作淀积现象		**11.土壤温度状况**
2.堆垫表层	**9.水耕氧化还原层**		12.永冻层次
堆垫现象	水耕氧化还原现象		13.冻融特征
3.肥熟表层	**10.黏化层**		14.n 值
肥熟现象	11.黏磐		**15.均腐殖质特性**
4.水耕表层	12.碱积层		16.腐殖质特性
水耕现象	碱积现象		17.火山灰特性
D.结皮表层类	13.超盐积层		**18.铁质特性**
1.干旱表层	14.盐磐		19.富铝特性
2.盐结壳	15.石膏层		**20.铝质特性**
	石膏现象		铝质现象
	16.超石膏层		21.富磷特性
	17.钙积层		富磷现象
	钙积现象		22.钠质特性
	18.超钙积层		钠质现象
	19.钙磐		**23.石灰性**
	20.磷磐		**24.盐基饱和度**
			25.硫化物物质

注：加粗字体为湖北省土系涉及的诊断层、诊断现象和诊断特性

2.2.1　诊断表层

诊断表层是指位于单个土体最上部的诊断层。

1）水耕表层

在淹水耕作条件下形成的人为表层（包括耕作层和犁底层）。调查过程中划分为 Ap1

和 Ap2 两层，分类中是划分水耕人为土亚纲的诊断层。建立的 59 个水耕人为土土系的水耕表层 Ap1 厚度为 10～35 cm，平均厚度为 20 cm，容重为 1.10～1.55 g/cm^3，平均容重为 1.25 g/cm^3；Ap2 厚度为 7～24 cm，平均厚度为 13 cm, 容重为 1.22～1.68 g/cm^3，平均容重为 1.37 g/cm^3。Ap1 与 Ap2 容重比为 0.80～0.91，平均容重比为 0.85（表 2-2）。

表 2-2　水耕表层 Ap1 和 Ap2 基本理化性质

层次	指标	pH(H_2O)	有机质 /(g/kg)	全氮（N）/(g/kg)	全磷（P）/(g/kg)	全钾（K）/(g/kg)	阳离子交换量 /(cmol/kg)	游离氧化铁 /(g/kg)
Ap1	最小值	4.8	9.2	0.63	0.6	1.6	12.3	14.1
	最大值	8.1	47.9	2.88	1.24	24.3	330.3	27.4
	平均值	6.7	24.2	1.50	0.31	12.8	57.9	18.6
Ap2	最小值	5.3	3.2	0.33	0.01	2.3	12.3	13.4
	最大值	8.3	41.4	2.35	1.12	24.7	234.0	39.4
	平均值	6.9	17.3	1.13	0.26	12.6	54.3	20.8

2）淡薄表层

淡薄表层是指发育程度较差的淡色或较薄的腐殖质表层。在湖北土系中淡薄表层比较常见，存在于 94 个土系中。淡薄表层的厚度为 0～50 cm，平均厚度为 23 cm；容重为 1.13～1.58 g/cm^3，平均容重为 1.35 g/cm^3（表 2-3）。

表 2-3　淡薄表层基本理化性质

指标	pH（H_2O）	有机质 /(g/kg)	全氮（N）/(g/kg)	全磷（P）/(g/kg)	全钾（K）/(g/kg)	阳离子交换量 /(cmol/kg)	游离氧化铁 /(g/kg)	明度	彩度
最小值	5.0	17.05	0.39	0.04	2.0	7.7	16.3	3	1
最大值	8.3	62.07	2.21	0.58	24.5	28.1	39.0	8	8
平均值	6.7	38.62	1.21	0.30	12.6	20.0	22.1	1	3

3）肥熟表层

肥熟表层是长期种植蔬菜，大量施用人畜粪尿、厩肥、有机垃圾和土杂肥等，精耕细作，频繁灌溉而形成的高度熟化人为表层。在湖北土系中只存在于石灰-斑纹肥熟旱耕人为土这一亚类中（表 2-4）。

表 2-4　肥熟表层基本理化性质

亚类	有机质 /(g/kg)	全氮（N）/(g/kg)	全磷（P）/(g/kg)	全钾（K）/(g/kg)	有效磷（P_2O_5）/(mg/kg)	土系数量
石灰-斑纹肥熟旱耕人为土	28.4	2.26	0.99	15.4	84	1

2.2.2　诊断表下层

诊断表下层是由物质的淋溶、迁移、淀积或就地富集作用在土壤表层之下所形成的具诊断意义的土层。

1）水耕氧化还原层

水耕条件下铁锰自水耕表层或兼自其下垫土层的上部亚层还原淋溶，或兼有由下面具潜育特征或潜育现象的土层还原上移，并在一定深度中氧化淀积的土层。在调查的 59 个水耕人为土中均具有该层（表 2-5）。

表 2-5　水耕氧化还原层基本理化性质

亚类	平均出现深度/cm	平均厚度/cm	锈纹锈斑/%	铁锰结核/%	土系数量
铁聚潜育水耕人为土	32	54	2～15	2～5	3
普通潜育水耕人为土	30	70	2～10	2～15	11
普通铁聚水耕人为土	35	65	5～40	2～15	31
底潜简育水耕人为土	34	48	5～15	2～15	4
普通简育水耕人为土	33	63	2～10	2～10	10

2）磷质耕作淀积层

磷质耕作淀积层是旱耕土壤中受耕种影响而形成的一种特殊淀积层（表 2-6），一般存在于肥熟的菜地土壤中，表现为此层 0.5 mol/L $NaHCO_3$浸提有效磷明显高于下垫土层，并≥18mg/kg（有效 P_2O_5≥40mg/kg）。

表 2-6　磷质耕作淀积层基本理化性质

亚类	平均出现深度/cm	平均厚度/cm	锈纹锈斑/%	土系数量
石灰-斑纹肥熟旱耕人为土	30	15	2～15	1

3）低活性富铁层

由中度富铁铝化作用形成的低活性黏粒和富含游离铁的土层。是诊断富铁土土纲的主要诊断层，在矿质土表至 125cm 范围内出现低活性富铁层则为富铁土。全称为低活性黏粒-富铁层。

本次调查建立了 2 个富铁土土系，分别为高冲系和港背系（表 2-7），均具有低活性富铁层，其出现上界分别为 25cm 和 30cm；厚度分别为 85cm 和 140cm；质地分别为壤土和黏壤土；润态颜色均为棕红（2.5YR 4/8）。

表 2-7　低活性富铁层基本理化性质

土纲	亚类	土系	平均厚度/cm	质地	游离铁含量/（g/kg）	CEC_7（黏粒）/（cmol/ kg）
富铁土	普通黏化湿润富铁土	高冲系	85	黏壤土	37.9	22.81
富铁土	表蚀黏化湿润富铁土	港背系	140	黏壤土	48.5	23.62

4）黏化层

黏粒含量明显高于上覆土层的表下层。其质地分异可以由表层黏粒分散后随悬浮液向下迁移并淀积于一定深度而形成的黏粒淀积层，也可以由原土层中原生矿物发生土内风化作用就地形成黏粒并聚集而形成的次生黏化层。若表层遭受侵蚀，此层可位于地表或接近地表。

本次调查淋溶土纲包括23个土系，富铁土纲包括2个土系，均具有黏化层（表2-8）。淋溶土分属于5个土类（钙质湿润淋溶土、黏盘湿润淋溶土、铝质湿润淋溶土、铁质湿润淋溶土、简育湿润淋溶土），8个亚类（腐殖-棕色钙质湿润淋溶土、普通黏盘湿润淋溶土、普通铝质湿润淋溶土、红色铁质湿润淋溶土、斑纹铁质湿润淋溶土、普通铁质湿润淋溶土、斑纹简育湿润淋溶土、普通简育湿润淋溶土）；富铁土分属于1个土类（黏化湿润富铁土），2个亚类（表蚀黏化湿润富铁土、普通黏化湿润富铁土）。

5）雏形层

风化-成土过程中形成的无或基本上无物质淀积，未发生明显黏化，带棕、红棕、红、黄或紫等颜色，且有土壤结构发育的B层（表2-9）。

表2-8　黏化层基本理化性质

亚类	平均出现深度/cm	平均黏粒胶膜丰度/%	平均黏粒含量/（g/kg）	质地范围	土系数量
腐殖-棕色钙质湿润淋溶土	40	5～15	380	粉砂质黏壤土	1
普通黏盘湿润淋溶土	30	30～40	475	黏土	1
普通铝质湿润淋溶土	25	2～5	291	黏壤土	1
红色铁质湿润淋溶土	35	5～40	348	粉砂壤土或更黏	7
斑纹铁质湿润淋溶土	40	2～40	392	黏壤土或更黏	4
普通铁质湿润淋溶土	28	15～40	370	黏壤土或更黏	5
斑纹简育湿润淋溶土	52	2～5	387	黏壤土	3
普通简育湿润淋溶土	39	5～40	427	黏壤土	1
表蚀黏化湿润富铁土	—	15～40	329	黏壤土	1
普通黏化湿润富铁土	25	15～40	247	壤土-黏壤土	1

表2-9　雏形层基本理化性质

亚类	平均出现深度/cm	质地范围	铁锰斑纹/%	铁锰结核/%	石灰反应	土系数量
水耕淡色潮湿雏形土	25	壤土	2～5	—	强	1
石灰淡色潮湿雏形土	35	砂壤-黏壤	2～15	—	强	29
酸性淡色潮湿雏形土	16	黏壤-黏土	2～40	—	强	3
普通淡色潮湿雏形土	22	砂壤-黏壤	2～15	—	无-弱	5
棕色钙质湿润雏形土	30	砂壤-黏壤	2～5	—	强	5
黄色铝质湿润雏形土	36	砂壤-黏壤	—	—	—	2
红色铁质湿润雏形土	30	砂土	—	—	—	5
普通铁质湿润雏形土	25	砂壤-黏壤	2～5	—	中-强	11

2.2.3　诊断特性

1）潜育特征

长期被水饱和，导致土壤发生强烈还原的特征。水耕人为土的 18 个土系出现潜育特征（表 2-10），出现的上界为 20～50 cm，厚度为 17～90 cm。

表 2-10　潜育特征

土纲	亚类	色调	润态明度	润态彩度	土系数量
人为土	铁聚潜育水耕人为土	10YR～10G	3～5	1～2	3
	普通潜育水耕人为土	10YR～10G	3～5	1～3	11
	底潜简育水耕人为土	2.5Y～5B	4～6	1～3	4

2）氧化还原特征

由于潮湿水分状况、滞水水分状况或人为滞水水分状况的影响，大多数年份某一时期土壤受季节性水分饱和，发生氧化还原交替作用而形成的特征。氧化还原特征主要出现在水耕人为土、湿润富铁土、湿润淋溶土、潮湿雏形土、湿润雏形土中，主要表现为：有锈斑纹或兼有由脱潜而残留的不同程度的还原离铁基质；或有硬质或软质铁锰凝团、结核和铁锰斑块或铁磐；或无斑纹，但土壤结构面或土壤基质中占优势的润态彩度≤2；或若其上、下层未受季节性水分饱和影响的土壤的基质颜色本来就较暗，即占优势润态彩度为 2，则该层结构面或土壤基质中占优势的润态彩度应<1；或还原基质按体积计<30%。氧化还原特征的统计见表 2-11。

表 2-11　氧化还原特征

土纲	土类	锈纹锈斑/%	铁锰结核/%	土系数量
人为土	潜育水耕人为土	2～15	—	5
	铁聚水耕人为土	2～40	2～15	31
	简育水耕人为土	2～15	2～15	14
富铁土	黏化湿润富铁土	15～40	2～15	2
淋溶土	钙质湿润淋溶土	2～5	5～40	1
	铝质湿润淋溶土	2～5	5～40	1
	铁质湿润淋溶土	2～10	2～40	6
	简育湿润淋溶土	2～5	2～15	3
雏形土	淡色潮湿雏形土	2～40	2～15	37
	铁质湿润雏形土	2～40	2～10	4

3）铁质特性

土壤中游离氧化铁非晶质部分的浸润和赤铁矿、针铁矿微晶的形成，并充分分散于土壤基质内使土壤红化的特性。主要出现在建立的铁聚水耕人为土、铁质湿润淋溶土、淡色潮湿雏形土中（表 2-12）。

表 2-12　铁质特性

土纲	土类	出现深度/cm	色调	游离氧化铁含量/（g/kg）	土系数量
人为土	潜育水耕人为土	26～44	5Y 6/1～10YR 7/1	20.6～31.9	6
	铁聚水耕人为土	27～36	2.5YR 5/2～10YR 7/4	18.3～39.4	28
	简育水耕人为土	25～33	7.5YR 3/4～10YR 7/3	22.4～34.2	7
富铁土	黏化湿润富铁土	0～25	2.5YR 4/8～5YR 5/8	37.9～44.2	2
淋溶土	钙质湿润淋溶土	18	7.5YR 4/6～7.5YR 5/8	18.2～31.0	1
	黏磐湿润淋溶土	30	7.5YR 3/4～7.5YR 5/3	25.4～31.5	1
	铝质湿润淋溶土	23	2.5Y 8/3～10YR 7/8	32.6～32.8	1
	铁质湿润淋溶土	20～35	5YR 3/3～10YR 5/8	23.1～46.8	16
雏形土	铁质湿润雏形土	15～35	2.5YR 3/6～10YR 7/8	23.3～59.9	15
	淡色潮湿雏形土	16～28	5YR 4/1～5YR 5/2	22.9～25.4	6

4）石灰性

土表至 50 cm 范围内所有亚层中 $CaCO_3$ 相当物均≥10 g/kg，用 1∶3 HCl 溶液处理有泡沫反应。

若某亚层中 $CaCO_3$ 相当物比其上、下亚层高时，则绝对增量不超过 20 g/kg，即低于钙积现象的下限。石灰性的统计见表 2-13。

表 2-13　石灰性

土纲	亚类	pH	$CaCO_3$/（g/kg）	石灰性来源	土系数量
人为土	铁聚潜育水耕人为土	7.8	35.25	河流冲积物	2
	普通潜育水耕人为土	7.8	24.93	河湖相冲、沉积物	7
	普通铁聚水耕人为土	8.0	55.81	河湖相冲、沉积物	6
	底潜简育水耕人为土	8.0	17.42	河湖相冲、沉积物	3
	普通简育水耕人为土	7.6	41.07	河湖相冲、沉积物	5
	石灰-斑纹肥熟旱耕人为土	7.6	35.41	河湖相冲、沉积物	1
淋溶土	红色铁质湿润淋溶土	7.4	18.52	母岩	1
雏形土	水耕淡色潮湿雏形土	7.8	46.77	河流冲积物	1
	石灰淡色潮湿雏形土	7.8	28.21	河流冲积物	29
	普通淡色潮湿雏形土	7.3	24.63	河流冲积物	2
	棕色钙质湿润雏形土	7.9	56.77	母岩	4
	红色铁质湿润雏形土	7.1	34.58	母岩	1
	普通铁质湿润雏形土	8.1	50.91	母岩	1
新成土	钙质湿润正常新成土	7.2	18.63	母岩	1

5）岩性特征

土表至 125 cm 范围内土壤性状明显或较明显保留母岩或母质的岩石学性质特征，淋溶土 2 个土系、雏形土 6 个土系、新成土 3 个土系，合计 11 个土系中具有岩性特征，其中，9 个土系有碳酸盐岩性特征，1 个土系有冲积物岩性特征，1 个土系有红色砂、页岩岩性特征（表 2-14）。

表 2-14　岩性特征

土纲	亚类	土系名称	上界范围/cm	岩性特征
淋溶土	腐殖-棕色钙质湿润淋溶土	双泉系	40	碳酸盐岩岩性特征
	普通钙质湿润淋溶土	百霓系	—	碳酸盐岩岩性特征
雏形土	棕色钙质湿润雏形土	李湾系	38	碳酸盐岩岩性特征
		曲阳岗系	30	碳酸盐岩岩性特征
		朱家湾系	120	碳酸盐岩岩性特征
		下坝系	70	碳酸盐岩岩性特征
		殷家系	25	碳酸盐岩岩性特征
	普通铁质湿润雏形土	皂角湾系	15	碳酸盐岩岩性特征
新成土	钙质湿润正常新成土	马湾系	12	碳酸盐岩岩性特征
	普通湿润冲积新成土	锌山系	20	冲积物岩性特征
	石灰红色正常新成土	凤山系	10	红色砂、页岩岩性特征

6）（准）石质接触面

淋溶土 1 个土系、雏形土 8 个土系、新成土 8 个土系，合计 17 个土系中具有（准）石质接触面岩性特征。其中，红砂岩 1 个、泥质岩类 7 个、碳酸盐岩类 4 个，紫色砂页岩 2 个、酸性结晶岩 3 个（表 2-15）。

表 2-15　石质接触面与准石质接触面

土纲	亚类	土系名称	出现深度/cm	母岩类型
雏形土	普通铁质湿润雏形土	刘坪系	60	泥质岩
		李塅系	50	酸性结晶岩
		麦市系	80	酸性结晶岩
		陈塅系	70	酸性结晶岩
		白羊系	50	泥质岩
	棕色钙质湿润雏形土	殷家系	120	碳酸盐岩
		曲阳岗系	80	碳酸盐岩
	红色铁质湿润雏形土	关庙集系	55	泥质岩
新成土	石灰红色正常新成土	凤山系	10	红砂岩
	钙质湿润正常新成土	马湾系	12	碳酸盐岩
	石质湿润正常新成土	沙河系	15	泥质岩

续表

土纲	亚类	土系名称	出现深度/cm	母岩类型
新成土	石质湿润正常新成土	汪家畈系	20	泥质岩
		魏家畈系	10	泥质岩
		椴树系	40	泥质岩
		小漳河系	38	紫色砂页岩
		黄家寨系	50	紫色砂页岩
淋溶土	红色铁质湿润淋溶土	后溪系	75	碳酸盐岩

本章内容参考了《湖北省土系概要》《中国土壤系统分类检索（第三版）》《湖北土壤》等资料。

第3章 土壤分类

3.1 土壤分类的历史回顾

1949年中国人民共和国成立后，湖北省农林部门、高等院校和科研单位，对湖北省土壤及其合理利用进行了调查研究。在20世纪50年代，结合长江流域规划和唐白河流域规划，分别对湖北省长江、汉水流域的土壤和鄂北岗地土壤做过一些调查研究。通过调查，在湖北省先后提出了棕红壤、黄棕壤、黄褐土、水稻土、草甸土等土类。

1959年，湖北省开展了第一次土壤普查，获得了丰富的资料。对群众识土、用土、改土的经验进行了系统的总结，各地市、县编写了土壤调查报告，省编写了“湖北土壤”，总结了长期以来群众对土壤命名的原则、方法，从中提炼出许多形象化、通俗易懂的分类名称。并第一次拟定了湖北省土壤分类系统，采用土类、亚类、土种和变种四级分类制。全省共分19个土类、49个亚类、142个土种，分别绘制了不同比例尺的土壤分布图、深耕改土图和土地利用区划图（杨补勤，1959）。

1979～1990年，湖北省开展了规模宏大的第二次土壤普查，制定了湖北省土壤分类系统，采用土类、亚类、土属、土种和变种五级分类制。全省土壤分为13个土类、31个亚类、138个土属、455个土种。同时，针对土壤调查和分类中的问题，做了大量的专题研究（徐凤琳等，1985；李学垣，1987；蔡崇法，1987；阳海清，1989）。

随着我国土壤系统分类工作的开展，湖北省在第二次土壤普查的基础上，以《中国土壤系统分类（修订方案）》以及《土壤基层分类试用方案（修订稿）》为准则，以特征土层为土系主要划分依据，建立了覆盖湖北省不同地貌、母质、土壤类型共75个土系，归属于《中国土壤系统分类（修订方案）》的55个亚类、36个土类、17个亚纲、10个土纲，并于1997年出版了《湖北省土系概要》（王庆云和徐能海，1997），详见表3-1。

由于我国土壤系统分类取得了巨大的成果和进展，在此基础上，研究人员对湖北省土壤开展了系统分类方面的专项研究。周勇（1997）选取和分析了湖北省不同地带、地貌和母质上发育的30个土壤诊断剖面，以《中国土壤系统分类（修订方案）》的诊断层、诊断特性和分段连续命名法为依据，拟订了湖北省土壤系统分类命名，并与中国第二次土壤普查分类、美国土壤系统分类（ST）、联合国世界土壤图图例（FAO/UNESCO）、世界土壤资源参比基础（WRB）进行了类比。高崇辉（2004）依据土壤分类和土壤分类参比的方法，建立了土壤分类参比数据库，在此基础上开发了土壤分类参比信息系统。同时利用已有的参比资料，借鉴专家系统的方法对参比信息进行了数据发掘，开发了土壤分类参比专家系统原型，探讨了在区域范围内的土壤参比专家分类。

庄云等（2015）在对鄂西的咸丰、利川、兴山和房县合计20个典型优质烟田土壤剖面的调查描述基础上，将其划分为人为土、淋溶土和雏形土3个土纲，分别归属于4个亚纲、11个土类、13个亚类，划分出18个土族，建立了19个土系（表3-2）。

表 3-1 《湖北省土系概要》土系划分

土系	土族	特征土层组合	主要性状
荆沙系	砂壤质水云母混合型热性水耕人为土	水耕表层，水耕氧化还原层	耕作层 15 cm 左右，且具有漂白现象，犁底层 10 cm 左右。水耕氧化还原层 30 cm 左右或更厚
十里铺系	黏壤质水云母混合型热性水耕人为土	水耕表层，漂白层，水耕氧化还原层	漂白层位于犁底层下，大约在土层 30 cm 处。土体深厚，粉黏比≥2
应城系	黏质水云母混合型热性水耕人为土	水耕表层，水耕氧化还原层，Q_3沉积物母质层	水耕氧化还原层呈棱柱状节理，结构面有灰色胶膜，母质层有大量铁锰胶膜和结核。全土层质地黏重均一
南湖系	黏质水云母混合型热性水耕人为土	水耕表层，水耕氧化还原层	耕作层 15～26 cm，有鳝血状斑纹，犁底层 5～15 cm，水耕氧化还原层有灰色胶膜或铁锰淀积物
横沟桥系	壤质高岭石混合型热性水耕人为土	水耕表层，水耕氧化还原层，Q_2红黏土母质层	水耕表层有少量铁锰斑纹，水耕氧化还原层有铁锰淀积物，垂直节理明显
枣阳系	黏质水云母混合型热性水耕人为土	水耕表层，水耕氧化还原层，Q_3沉积物母质层	除耕作层以外，全土层均有轻度石灰反应，饱和度>80%。水耕表层有锈纹锈斑，水耕氧化还原层有铁锰胶膜和结核
武穴系	黏壤质高岭石混合型热性水耕人为土	水耕表层，水耕氧化还原层，漂白层	全土层质地较黏重，漂白层出现在 30 cm 以下，厚度 10～80 cm
浠水系	砂质蛭石混合型热性水耕人为土	水耕表层，水耕氧化还原层，花岗岩残积物母质层	耕层 15 cm 或更浅，土体厚度 50～60 cm，层次分异不明显，少量铁锰淀积
灵乡系	黏质水云母混合型热性水耕人为土	水耕表层，水耕氧化还原层，石灰岩坡积物母质层	土体深厚，土体发育层次不明显。水耕表层干时形成难分散的核粒状结构体。全土层有轻度石灰反应
洪山系	砂壤质水云母型热性旱耕人为土	肥熟表层，磷质耕作淀积层	肥熟表层>20 cm，熟化程度高。土体深厚，土体结构疏松，孔隙度达到 50%以上
红花云系	黏质蛭石型冷性冷凉淋溶土	枯枝落叶层，暗瘠表层，黏化层，泥质岩类风化物母质层	暗瘠表层上有 5 cm 枯枝落叶层，黏化层结构体有明显铁锰胶膜和结核。土层层次分异明显，全剖面呈酸性反应
下坪系	黏质蛭石混合型冷性常湿淋溶土	枯枝落叶层，暗沃表层，黏化层，石灰岩类风化物母质层	枯枝落叶层 2 cm。黏化层有假菌丝体，全土体具有石灰反应
偏嵌系	黏壤质水云母混合型温性常湿淋溶土	枯枝落叶层，暗瘠表层，黏化层，泥质岩类风化物母质层	枯枝落叶层 2～3 cm，暗瘠表层 20 cm 左右，黏化层约 30 cm，块状结构，具有铁锰胶膜。层次过渡不规则
小当阳系	黏质水云母型温性常湿淋溶土	淡薄表层，黏化层	淡薄表层 18 cm 左右，结构较松散。淡薄表层向黏化层过渡为不规则的波状。黏化层 30 cm 左右，有少量铁锰淀积物
京山系	黏质水云母型热性湿润淋溶土	暗沃表层，黏化层，石灰岩类坡积物母质层	黏化层结构面上可见铁锰胶膜，土体石灰反应弱或无。黏化层及以下均有少量砾石
大冶系	黏质水云母型热性湿润淋溶土	淡薄表层，黏化层，石灰岩类坡积物母质层	黏化层有铁质胶膜，铁游离度≥40%。土体呈棕红至红色，呈酸性

续表

土系	土族	特征土层组合	主要性状
古驿系	黏质水云母型热性湿润淋溶土	淡薄表层，黏化层，Q_3沉积物母质层	土体深厚紧实，表层土壤中度侵蚀。黏化层为棱块状、块状结构，覆灰色胶膜，有铁锰结核，无石灰反应，盐基饱和
黄集系	黏质水云母型热性湿润淋溶土	淡薄表层，黏化层，Q_3沉积物母质层	淡薄表层厚 15 cm 左右，黏化层 30 cm 左右，土层中含明显的铁锰结核和碳酸钙结核。土体一般无石灰反应，在碳酸钙结核附近有不均质的石灰反应
伙牌系	黏质水云母型热性湿润淋溶土	淡薄表层，黏化层，Q_3沉积物母质层	土层分异明显，盐基饱和，pH 为 7.5～8.0，游离碳酸钙 10～20 g/ kg，有自上而下递减的趋势
雁门口系	壤质水云母混合型热性湿润淋溶土	淡薄表层，黏化层，砂岩类残坡积物母质	土层发育深厚，淡薄表层厚 15 cm 左右，壤质，结构良好。黏化层厚 30 cm 左右，pH<5.5，盐基不饱和，为 40%左右
江夏系	黏质水云母混合型热性湿润淋溶土	淡薄表层，黏化层，网纹层	土体深厚，淡薄表层 10～24 cm，平均厚度 18 cm，壤土-黏壤土，pH 为 5.6～7.0. 黏化层平均厚度 41 cm 左右，有黏粒胶膜和铁锰结核。母质层较多铁结核，淡黄色网纹占 50%
黄龙系	黏质高岭石混合型热性湿润淋溶土	暗瘠表层，黏化层，花岗岩残积物母质	土体深厚，层次明显，质地较轻，砂和粉砂含量达到 80%以上。黏化层呈酸性，盐基饱和度<20%，铝饱和度<50%。母质层为白黄色砂砾
大别系	黏质蛭石混合型热性湿润淋溶土	暗瘠表层，黏化层，花岗岩坡积物母质	暗瘠表层厚 19 cm 左右，粒状结构，疏松。黏化层厚 42 cm 左右，块状结构，表面可见铁锰胶膜和斑点
幕阜系	黏质高岭石型热性湿润淋溶土	暗沃表层，黏化层，花岗岩母质层	暗沃表层 20 cm 以上，黏化层黏粒含量是表层 1.3 倍以上，可见铁锰新生体，母质层颜色为白色，与母岩半风化物颜色接近。土体呈酸性，盐基饱和度＜20%
狮子山系	黏质高岭石混合型热性湿润淋溶土	淡薄表层，黏化层，石英砂岩母质层	表层厚 8～35 cm，平均厚度 17 cm，含有＜50%的石英砾石，pH 为 4.5～5.5。黏化层平均厚度 31 cm，含有少量石英石，有大量铁锰胶膜和结核，具铝质特性，铝饱和度＞60%
官埠桥系	黏质高岭石混合型热性湿润淋溶土	淡薄表层，黏化层，红砂岩母质层	土体深厚，无石灰反应，盐基饱和度＜20%，铝饱和度高达 90%以上，具铝质特性。母质层含有 50%以上母质半风化碎屑
石佛寺系	黏质高岭石混合型热性湿润淋溶土	淡薄表层，黏化层，Q_2沉积物母质层	淡薄表层厚度 16 cm 左右，pH 为 4.2～6.2，根系较多。黏化层平均厚度 54.5 cm，有铁锰淀积物，根系较少，盐基不饱和，铁游离度≥40%。母质层有红白相间的网纹

续表

土系	土族	特征土层组合	主要性状
隆中系	黏质水云母型热性湿润淋溶土	暗瘠表层，黏化层，页岩风化物母质层	土层层次分异明显，土体＞60 cm。暗瘠表层厚15 cm左右，黏化层厚40 cm左右，土体中有页岩碎屑，pH为5～6，盐基饱和度在50%～60%，铝饱和度＜30%
白砂岗系	黏质水云母混合型热性湿润淋溶土	淡薄表层，黏化层，花岗岩母质层	土层层次分异明显，淡薄表层厚15 cm左右。黏化层30 cm左右，pH为5.6～6.5，盐基饱和度在60%左右，铁游离度≥40%，具有大量深棕至黑色铁锰胶膜，且有灰白粉末条块状的母质碎屑
云梦系	黏质水云母混合型热性湿润淋溶土	淡薄表层，黏化层，Q_3沉积物母质层	土体深厚，层次过渡明显。AE层15～20cm，淡薄表层具有漂白现象，厚15～20cm。黏化层厚40～50 cm，块状或棱块状结构，多铁锰结核和斑块，母质层常出现黄白色网纹。黏粒有随深度增加的趋势，交换性氢铝极少，中性反应，pH为6.0～7.5
黄陵系	壤质蛭石混合型热性湿润淋溶土	淡薄表层，黏化层，花岗岩母质层	土壤发生层分异不甚明显，土体厚度40～80 cm，平均厚度约55 cm，淡薄表层厚15 cm。黏化层厚30 cm左右，结构紧实。过渡层次不规则渐变
江汉系	砂壤质水云母型热性潮湿雏形土	淡薄表层，雏形层，河流冲积物母质	土体深厚，雏形层具有锈纹、锈斑或细小的结核。土层间颜色分异不甚明显，以棕色为主（10YR 5/3）。30 cm以下常出现夹砂层或夹黏层
白沙洲系	砂壤质水云母型热性潮湿雏形土	淡薄表层，雏形层，河流冲积母质	土体深厚，成土时间短，每年有季节性淹水和洪水冲刷，土壤有机质难以积累，矿质养分含量也不高。全土层有少量锈纹锈斑，石灰反应强烈，过渡不明显
巴河系	壤质高岭石型热性潮湿雏形土	淡薄表层，雏形层，河流冲积母质层	土体深厚，质地较均一。具有铁锰聚积的雏形层，其厚度为40 cm或更深。层次间的pH、ba值、铁的游离度以及硅铁铝率等分异较小，含少量交换性氢、铝，弱酸性反应
瞭望台系	黏质蛭石型冷性常湿淋溶土	暗沃表层，黏化层，砂岩母质层	土体厚100 cm以上，全层壤黏土，下部夹有少量碎石，枯枝落叶层草根盘结，厚10 cm左右，质轻疏松。暗沃表层草根密集，有机碳含量高。黏化层比暗沃表层颜色略淡，质地略重，盐基不饱和。母质层砾石含量明显增多

续表

土系	土族	特征土层组合	主要性状
红岩系	黏质水云母型温性常湿淋溶土	枯枝落叶层，暗沃表层，黏化层，碳酸盐岩母质层	层次分异较明显，土体深厚紧实，以棕色为基色，暗沃表层至以下为棱块状或块状结构，黏化层有铁锰胶膜和铁锈斑纹。有机碳含量高，表层常在 58 g/kg 以上。全剖面为酸性反应，pH 为 4.8～6.2，表层 pH 最低
大老岭系	黏壤质水云母型温性常湿淋溶土	草根层，暗沃表层，黏化层，花岗岩母质层	层次分异不明显，草根层厚 2～7 cm，暗沃表层有机碳含量 60 g/kg 左右，向下层无剧减现象，具均腐殖质特性，另腐殖质组成中胡敏酸含量特高，容重在 1.0 g/cm^3 以下，平均容重 0.82 g/cm^3。土体含 5%～40%的砾石。土壤呈酸性，pH 为 5.2～6.0，交换性氢、铝含量较高，盐基不饱和
天门垭系	黏质蛭石型温性常湿淋溶土	枯枝落叶层，暗沃表层，黏化层	土层厚度<50 cm，地面有 1～3 cm 的枯枝落叶层，黏化层厚 30 cm 左右，结构面上多包被铁锰胶膜。土壤呈弱酸性反应，pH 为 5.5～6.5，盐基饱和度较低，且暗沃表层高于黏化层。部分耕层土壤因长期过量施用石灰，次生石灰化明显，pH 可达 7.9
茨介坪系	黏质水云母型温性常湿淋溶土	暗沃表层，黏化层，砂页岩母质层	层次分异明显，土体较紧实，以灰棕为基色。暗沃表层上有甸状层草根盘结，黏化层至以下为粒状、块状结构，覆铁锈斑纹至孔隙间，有大量铁锈斑纹。酸性较强，pH 为 5.5 左右，盐基不饱和。富含有机质，具有均腐殖质特性，土壤容重在 1 g/cm^3 以下
千金坪系	黏质水云母混合型热性常湿淋溶土	淡薄表层，黏化层，磷块岩母质层	发生层次分异不明显，土体厚度在 50 cm 以上，淡薄表层厚 18 cm 以上，黏化层厚 15～20 cm。土体以棕为基色，质地黏重，pH 为 5.6～6.5。土壤全磷和速效磷均特高，合磷量比其他土壤高 10 倍以上
恩施系	黏壤质水云母混合型温性常湿淋溶土	淡薄表层，黏化层	土层厚度在 60 cm 以上，整体呈黑色或暗灰色，pH 为 5.6～6.5，有的由于长期施入石煤灰渣而使土壤表层 pH 高达 7.5 以上，但无石灰反应。由于使用了含氟的煤灰作为肥料，土壤含氟量很高，土壤总氟量 742～774 mg/kg，水溶性氟 10～15 mg/kg
邓村系	砂质高岭石混合型热性常湿淋溶土	暗沃表层，黏化层花岗岩母质层	土体深厚，发生层次分异不明显，全土层含石英及砂粒较多。暗沃表层为壤质，pH 为 5.6～6.0，黏化层厚度约 30 cm，含风化物碎屑 40%。母质层厚度较深厚，为淡黄色砂层

续表

土系	土族	特征土层组合	主要性状
椒园系	黏质蛭石混合型热性常湿雏形土	淡薄表层，雏形层，母质层	土体层次分异不明显，厚30～60 cm。由于受黑色碳质页岩的影响，该土全层黑似煤炭，夹有30%以下的母岩碎屑。酸性强，pH为4.5～5.0。雏形层薄，且夹有大量母岩碎片，向下层不规则渐变
泥咀系	黏质水云母型热性湿润雏形土	暗瘠表层，雏形层，碳酸盐岩类母质层	土体浅薄，层次分异不明显，暗瘠表层颜色较深，厚15 cm左右，AB层呈波状渐变，结构面可见暗灰或棕色胶膜。母质层白色，紧实。整个土体中，与母岩接触处土壤石灰反应强烈，其他部位石灰反应弱或无
巴东系	黏质水云母型热性湿润雏形土	枯枝落叶层，暗瘠表层，雏形层，石灰岩母质层	层次分异较明显，枯枝落叶层厚2 cm左右。暗瘠表层颜色较深，多为红灰色。雏形层及母质层颜色多为红黄色。土体pH为6.5～7.9，无交换性氢、铝
来凤系	黏质蛭石混合型热性湿润雏形土	枯枝落叶层，暗瘠表层，雏形层，碳酸盐岩类母质层	土体深厚，多在100 cm以上，剖面发育完整，林地地面常有2～5 cm厚枯枝落叶层，呈半分解状况。暗瘠表层为10～21 cm，平均厚度16 cm，浊棕色居多，黏重，较紧实，pH为4.5～5.5。雏形层平均厚度48 cm，黏重，紧实。母质层较厚，亦呈黄色
绿岭系	黏壤质高岭石混合型热性湿润雏形土	暗瘠表层，雏形层，石英砂岩残积物母质层	土壤剖面发育弱，土体厚度<60 cm，暗瘠表层厚10 cm左右，含较多石英粗砂粒。雏形层块状或碎块状结构，有少量铁锰胶膜，弱酸性
黄陂系	砂壤质水云母混合型热性湿润雏形土	暗瘠表层，雏形层，花岗岩母质层	土层发育分异不明显，暗瘠表层厚10 cm左右，雏形层10～20 cm，有铁锰淀积，母质层灰黄色或白色。土体中夹中量半风化的岩石碎屑。母质风化淋溶弱，盐基不饱和，pH为5.6～6.0，雏形层具铝质特性或铝质现象
茶庵系	黏质高岭石混合型热性湿润雏形土	淡薄表层，黏化层	土体层次分异明显，厚度30～93 cm，因所处地形坡度大，土壤侵蚀较重。淡薄表层含有10%的母岩砾石，与下层的分解不规则渐变。雏形层有黑褐色铁锰胶膜，含有20%的砾石
崇阳系	黏质高岭石混合型热性湿润雏形土	淡薄表层，雏形层，泥质岩母质层	层次分异不甚明显，厚度30 cm以上，平均厚度约50 cm，变幅较大。雏形层平均厚度43 cm，黏壤土，块状或棱块状结构，较紧，根系较多，中量铁锰胶膜，含15%的母岩碎屑

续表

土系	土族	特征土层组合	主要性状
赤马系	黏质高岭石混合型热性湿润雏形土	淡薄表层，雏形层，Q_2沉积物母质层	层次发育分异明显，土体深厚紧实，以红棕色为基色，淡薄表层以下为核状或块状结构，有中量黑褐色铁锰胶膜。母质层有红白网纹。交换性氢、铝占主导地位，盐基饱和度<20%，pH 为 5.2～5.8
通城系	黏质高岭石混合型热性湿润雏形土	淡薄表层，雏形层，花岗岩母质层	层次分异明显，土体深厚松散，砂壤土为主，棕红色，屑粒和小块状结构，pH 为 4.8～5.6，土体有少量根系
孝感系	黏质水云母混合型热性湿润雏形土	淡薄表层，雏形层，Q_3母质层	土体深厚，淡薄表层与雏形层质地无明显分异，都较黏重，过渡极不明显。雏形层为块状或棱块状结构，有多的铁锰斑块并夹有结核，颜色深暗，色值≤3，彩度≤4，盐基饱和度较高，呈中性
襄阳系	黏质水云母混合型热性湿润雏形土	淡薄表层，雏形层，Q_3母质层	淡薄表层具漂白现象，黏粒、还原态铁锰淋失，硅质粉砂粒增多，形成亮灰色（5Y 7/1），部分地区常出现蜂窝状结构的土层。雏形层为棱块状结构，具铁锰胶膜和结核，结构紧实。有的在土层中夹含碳酸钙结核（砂姜），甚至形成钙积层，有石灰性反应
麻城系	砂壤质水云母混合型热性湿润雏形土	淡薄表层，雏形层，花岗岩母质层	层次分异较明显，土体厚度＞60 cm，淡薄表层厚 15 cm 左右，雏形层 30～60 cm，有少量铁锰斑纹，少量根系。粉粒/黏粒比＞1.0，盐基饱和度 60%左右，pH 为 5.66～6.5
蒲圻系	黏壤质水云母型热性湿润雏形土	淡薄表层，雏形层，紫色砂页岩母质层	剖面层次分异较明显，淡薄表层厚 14 cm 左右，雏形层厚 15～50 cm，平均厚度 29 cm，有一定黏化现象，少量铁锰结核，较多铁锰斑纹。母质层厚度不等。无游离碳酸钙，土壤弱酸性，pH 为 5.0 左右，交换性氢和铝量较高，盐基不饱和
秭归系	黏壤质水云母型热性湿润雏形土	淡薄表层，雏形层，紫色砂页岩母质层	剖面层次分异较明显，土层厚度 60 cm 以上。雏形层厚 35～80 cm，红棕（5YR 5/2）或浅红色（5YR 5/2），壤黏土，块状或粒状结构，有铁锰胶膜和结核，土壤中性，pH 为 6.5 左右，有黏化现象，盐基近饱和
房县系	黏质水云母型热性正常新成土	淡薄表层，红砂岩母质层	剖面分化不明显，全剖面为砂质黏土为主，物理风化强烈，化学风化微弱，土壤呈弱碱性反应，碳酸钙含量 10%～20%，全剖面具强石灰反应

续表

土系	土族	特征土层组合	主要性状
谷城系	黏壤质水云母型热性正常新成土	淡薄表层，红砂岩母质层	剖面层次有一定的分化，雏形层20～80 cm，有一定黏化现象，有明显铁锰斑纹，土体有石灰反应，pH为7.5左右，盐基饱和，并富含钾和镁。母质层有2～3 cm铁渗层
丹江口系	黏质水云母型热性正常新成土	淡薄表层，辉绿岩母质层	风化淋溶作用弱，处于初始发育阶段，表层中含10%～30%的砾石，中性，盐基饱和。母质层含有大量半风化母岩碎屑
善泥系	黏质水云母型温性正常新成土	枯枝落叶层，暗沃表层，砂页岩母质层	枯枝落叶层厚2 cm左右，其下的暗沃表层厚20 cm左右，黄棕色，砂质黏土或壤质黏土，粒状结构。表层以下基本上属母岩半风化物，砾石含量高，紧实，颜色浅淡
磨桥系	砂壤质高岭石混合型热性正常新成土	淡薄表层，花岗岩母质层	土体厚度30 cm以下，含砾石30%～50%，土壤中含大量黄白色粗石英砂，>0.05 mm砂粒占50%左右，易淀砂板结，土色淡
淅河系	壤质水云母混合型热性正常新成土	淡薄表层，片岩母质层	土壤表层遭受严重侵蚀，土层浅薄，淡薄表层厚15 cm左右，棕色，粉砂黏壤土，夹较多岩石碎片，碎块结构，稍紧实，大量根系。土壤pH为6.0～ 6.7，盐基饱和度70%左右。母质层有大量岩石半风化碎屑
安陆系	黏壤质水云母混合型热性正常新成土	淡薄表层，红砂岩母质层	淡薄表层厚20 cm左右，有机质积累，但含量不高，母质层为深厚的风化碎屑层，厚度>60 cm，有铁锰胶膜和结核
清江系	壤质水云母型热性冲积新成土	淡薄表层，河流冲积物母质层	土层厚度多在80 cm以上，淡薄表层15～20 cm，有大量根系。土体中无新生体，全剖面有石灰反应，自上而下趋强。冲积物母质层可见到10%～30%的卵石或厚度不一的卵石层
宣恩系	砂壤质水云母型温性正常有机土	有机表层，潜育层	土壤发育层次明显，有机表层厚约15～50 cm，草根盘结，中等亚铁反应。潜育层为灰蓝色或灰白色，土体经常被水饱和，半腐的泥炭深达80 cm，强亚铁反应，pH为4.6，冬季脱水后结构面上有灰色胶膜
杨垱系	黏质蒙皂石混合型热性潮湿变性土	淡薄表层，黑黏土层，钙积层，古河湖沉积物母质层	剖面层次分异明显，淡薄表层厚20 cm左右，少量碳酸钙结核。黑黏土层30～50 cm，有0.5～1.5 cm宽的滑擦面，以及古陶片等侵入体。钙积层厚25 cm左右，具变性特征，有大量铁锰结核，少量碳酸钙结核
神农系	黏质混合型冷性腐殖灰土	枯枝落叶层，有机表层，漂白层	全土层一般30～60 cm，地面有1 cm左右枯枝落叶层，有机表层有较多根系。漂白层颜色为灰白色，酸性很强，有灰化现象

续表

土系	土族	特征土层组合	主要性状
利川系	壤质水云母型温性滞水、正常潜育土	有机表层，潜育层	土壤层次分异明显，有机表层较厚，平均厚度 30 cm，呈棕黑色，有机碳含量平均为 118.9 g/kg。潜育层土体呈暗灰至灰蓝色，深度达 1 m 以下，质地黏重，有机碳含量明显低于泥炭质表层。土壤酸性较强，pH 为 4.8～5.7
洪湖系	黏质水云母型热性滞水、正常潜育土	暗沃表层，潜育层	土壤层次分异明显。暗沃表层厚 1～30 cm，大量根系。潜育层厚约 80 cm，亚铁反应强烈。全剖面质地较黏，土体糊烂（脱水后可为块状结构），有螺壳残骸，有石灰反应
横沟乡系	黏质高岭石混合型热性滞水、正常潜育土	水耕表层，潜育层	土体深厚，质地较均一。水耕表层有大量根系，弱亚铁反应。潜育层为糊状，无结构，容重较小，为 0.97 g/ cm^3，色值和彩度都≤4，强亚铁反应
万全系	黏质水云母混合型热性滞水、正常潜育土	耕作层，潜育层，湖积物母质层	为湖相静水沉积物母质，质地黏重。地处低洼，长期处于潜育状态。表层具有水耕现象，中度亚铁反应，与潜育层过渡不明显。潜育层呈糊状，强亚铁反应
鹤峰系	黏质水云母混合型热性岩性均腐土	枯枝落叶层，暗沃表层，钙积层，碳酸盐岩母质层	土层分异不明显，枯枝落叶层厚度 1 cm 左右。暗沃表层颜色为暗棕色，结构松软，大量根系，强石灰反应，具均腐殖质特性，全磷和有效磷含量较高。钙积层结构紧实，并有铁锰结核和铁锰胶膜，石灰反应强，pH 为 8.0 左右
茶庵岭系	黏质高岭石混合型热性湿润富铁土	淡薄表层，低活性富铁层，泥质岩母质层	土体层次过渡不明显，表层较紧实，大量根系。低活性富铁层含有少量母岩碎屑，结构面上有少量黏粒胶膜，根系较多。母质层含有 60%母岩石块
咸宁系	黏质高岭石混合型热性湿润富铁土	淡薄表层，低活性富铁层，Q_2 网纹层	土体深厚，层次分异较明显，以黏土为主，平均厚度 54 cm，块状或棱块状结构，结构面有明显铁锰胶膜。低活性富铁层铁游离度为 76%，且具铝质特性，结构面有较多黑褐色铁锰胶膜，形成聚铁网纹体

表 3-2　鄂西典型烟田土族与土系划分情况

土族	土系	地点
壤质混合型非酸性热性-底潜铁渗水耕人为土	杜川系	房县，野人谷镇杜川村
壤质混合型非酸性热性-普通简育水耕人为土	忠堡系	咸丰县，忠堡镇幸福村
黏质伊利石混合型非酸性温性-普通黏磐湿润淋溶土	板庙系	兴山县，榛子乡板庙村

续表

土族	土系	地点
黏质伊利石混合型温性-普通酸性湿润淋溶土	白泥塘系	利川县，汪营镇白泥塘村
黏质混合型非酸性温性-红色铁质湿润淋溶土	老场系	利川县，凉雾乡老场村
黏质伊利石混合型非酸性温性-斑纹铁质湿润淋溶土	项家河系	房县，门古镇项家河村
壤质混合型温性-普通简育湿润淋溶土	青龙系	兴山县，榛子乡青龙村
粗骨黏质混合型非酸性温性-普通简育湿润淋溶土	仁圣系	兴山县，黄梁镇仁圣村
壤质混合型非酸性温性-普通暗色潮湿雏形土	龙塘系	利川县，忠路镇龙塘村
粗骨壤质混合型非酸性温性-普通暗色潮湿雏形土	文斗系	利川县，文斗乡青山村
黏质伊利石混合型温性-普通暗色潮湿雏形土	小模系	咸丰县，乐山乡小模村
砂质混合型非酸性温性-普通淡色潮湿雏形土	和平系	兴山县，榛子乡和平村
黏质伊利石混合型温性-普通淡色潮湿雏形土	火石岭系	兴山县， 黄梁镇火石岭村
壤质混合型非酸性热性-淋溶钙质湿润雏形土	三角庄系	咸丰县，尖山乡三角庄村
粗骨壤质非酸性混合型温性-普通酸性湿润雏形土	龙王沟系	房县，青峰镇龙王沟村
粗骨砂质非酸性混合型温性-斑纹简育湿润雏形土	西坪系 坪西系	房县，野人谷镇西坪村
粗骨砂质非酸性混合型温性-普通简育湿润雏形土	石仁坪系	咸丰县，黄金洞乡石仁坪村
黏质伊利石混合型非酸性温性-普通简育湿润雏形土	团圆系	利川县，柏杨镇团圆村

3.2 土 系 调 查

3.2.1 依托项目

本次土系调查工作期限为1999～2013年，主要依托国家科技基础性工作专项项目“我国土系调查与《中国土系志》编制”（2008FY110600，1999—2013）中“湖北省专题”。

3.2.2 调查方法

1）单个土体位置确定与调查方法

单个土体位置确定考虑全省及重点县市两个尺度，采用综合地理单元法，即通过将90 m分辨率的DEM数字高程图、1∶25万地质图（转化为成土母质图）、植被类型图和土地利用类型图（由TM卫星影像提取）、地形因子（表3-3）、第二次土壤普查（下称“二普”）的土壤类型图进行数字化叠加，形成综合地理单元图，再考虑各个综合地理单元类型对应的二普土壤类型及其代表的面积大小，逐个确定单个土体的调查位置（提取出经纬度和海拔信息）。本次调查合计调查单个土体202个（图3-1）。

表 3-3　湖北省土系调查单个土体位置确定协同环境因子数据资料

环境因素	协同环境因子	比例尺/分辨率
气候	年均气温	1 km
	年均降水量	1 km
	年均蒸发量	1 km
母质	母岩图	1∶50 万
植被	植被归一化指数 NDVI（2000～2009 年的均值）	1 km
土地利用	土地利用类型（2000）	1∶25 万
地形	高程	90 m
	坡度	90 m
	沿剖面曲率	90 m
	沿等高线曲率	90 m
	地形湿度指数	90 m

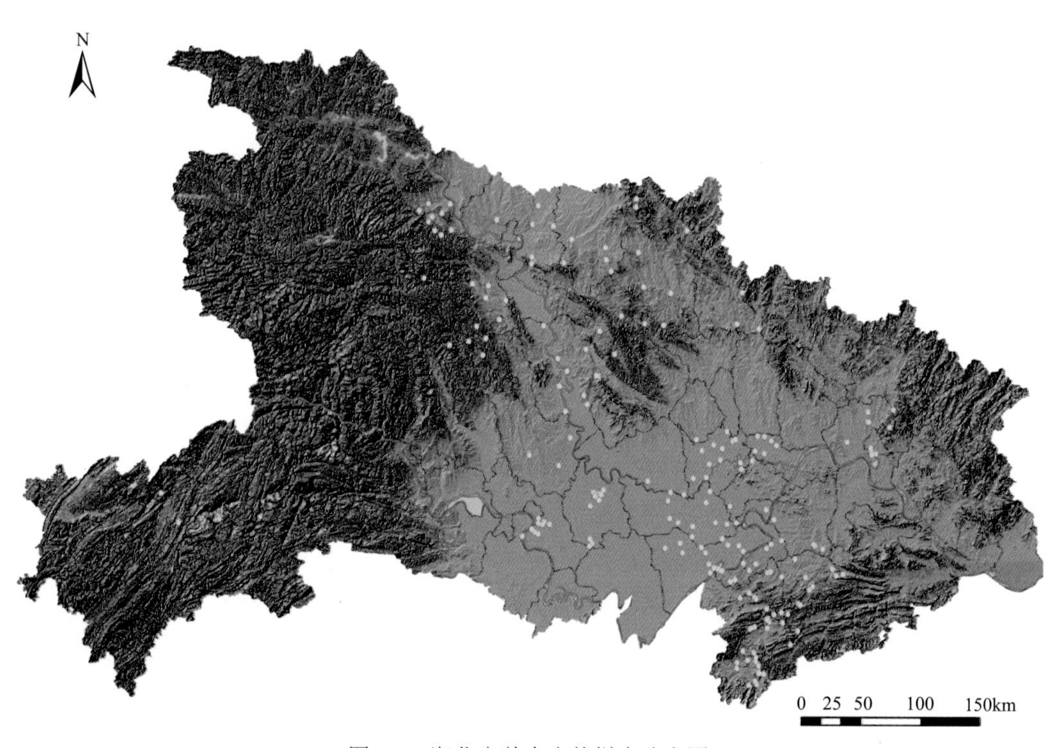

图 3-1　湖北省单个土体样点分布图

2）野外单个土体调查和描述、土壤样品测定、系统分类归属的依据

野外单个土体调查和描述依据《野外土壤描述与采样手册》，土壤颜色比色依据美国 Munsell SOIL-COLOR CHARTS，土样测定分析依据《土壤调查实验室分析方法》（张甘霖和龚子同，2012），土壤系统分类高级单元确定依据《中国土壤系统分类检索（第三版）》

（中国科学院南京土壤研究所土壤系统分类课题组和中国土壤系统分类课题研究协作组，2001），土族和土系建立依据“中国土壤系统分类土族和土系划分标准”（张甘霖等，2013）。

3.2.3　土系建立情况

通过对调查的 202 个单个土体的筛选和归并，合计建立 154 个土系，涉及 5 个土纲、8 个亚纲、18 个土类、30 个亚类、85 个土族（表 3-4），详见“下篇　区域典型土系”。

表 3-4　湖北省土系分布统计

土纲	亚纲	土类	亚类	土族	土系
人为土	2	4	6	27	60
富铁土	1	1	2	2	2
淋溶土	1	6	10	19	23
雏形土	2	4	8	30	60
新成土	2	3	4	7	9
合计	8	18	30	85	154

下篇　区域典型土系

第4章　人　为　土

4.1　铁聚潜育水耕人为土

4.1.1　滨东系（Bindong Series）

土　族：黏质伊利石混合型石灰性热性-铁聚潜育水耕人为土
拟定者：张海涛，秦　聪

分布与环境条件　多出现在武汉、荆州等地，湖滩地，成土母质为河流冲积物，水田，早稻-晚稻轮作或麦(油)-晚稻轮作。年均气温 17～17.5 ℃，年均降水量 1100～1250 mm，无霜期 255 d 左右。

滨东系典型景观

土系特征与变幅　诊断层包括水耕表层、水耕氧化还原层；诊断特性包括热性土壤温度、人为滞水土壤水分状况、潜育特征、石灰性。土体厚度在 1 m 以内，通体粉砂质黏壤土，pH 7.0～7.7，潜育特征出现在 25～45 cm 和 85 cm 以下，水耕表层之下土体有石灰反应，结构面有 2%～5%的锈纹锈斑，可见灰色胶膜。

对比土系　李公垸系，同一土族，质地构型为粉砂壤土-黏壤土-黏土。

利用性能综述　土体深厚，质地偏黏，交换量高，保肥性好，水分过多、通气不良、养分不平衡，磷钾含量偏低。应注重农田建设，充分利用地势平坦、土壤肥沃的优势，挖深沟大渠、建设河网化基本农田，降低地下水位，增施磷钾肥。

参比土种　青隔灰潮沙泥田。

代表性单个土体　位于湖北省洪湖市大同湖管理区五分场滨东队，30°3'34"N，113°40'2"E，海拔 26 m，湖滩地，成土母质为河流冲积物，水田，早稻-晚稻轮作。50 cm 深度土温 16.8 ℃。野外调查时间为 2010 年 12 月 17 日，编号 42-095。

滨东系代表性单个土体剖面

Ap1：0～18 cm，棕灰色（10YR 5/1，干），灰黄棕色（10YR 4/2，润），粉砂质黏壤土，粒状-块状结构，稍坚实，pH 为 7.0，向下层平滑清晰过渡。

Ap2：18～26 cm，棕灰色（10YR 6/1，干），棕灰色（10YR 5/1，润），粉砂质黏壤土，块状结构，坚实，结构面可见模糊的灰色胶膜，中度石灰反应，pH 为 7.7，向下层平滑渐变过渡。

Bg: 26～43 cm，淡灰色（10YR 7/1，干），棕灰色（10YR 5/1，润），粉砂质黏壤土，块状结构，稍坚实，结构面有 2%～5%锈纹锈斑，可见清晰的灰色胶膜，强亚铁反应，强石灰反应，pH 为 7.9，向下层平滑模糊过渡。

Br: 43～85 cm，浊黄橙色（10YR 6/3，干），棕色（10YR 4/4，润），粉砂质黏壤土，块状结构，坚实，结构面有 2%～5%锈纹锈斑，可见清晰的灰色胶膜，强石灰反应，pH 为 7.9，向下层平滑渐变过渡。

Cg：85～120 cm，灰黄棕色（10YR 6/2，干），暗棕色（10YR 3/4，润），粉砂质黏壤土，块状结构，稍坚实，结构面可见模糊的灰色胶膜，弱亚铁反应，中度石灰反应，pH 为 7.7。

滨东系代表性单个土体物理性质

土层	深度 /cm	砾石* （>2mm，体积分数）/%	细土颗粒组成（粒径：mm）/（g/kg）			质地	容重 /（g/cm^3）
			砂粒 2～0.05	粉粒 0.05～0.002	黏粒 <0.002		
Ap1	0～18	0	129	538	333	粉砂质黏壤土	1.34
Ap2	18～26	0	66	560	374	粉砂质黏壤土	1.51
Bg	26～43	0	67	558	375	粉砂质黏壤土	1.36
Br	43～85	0	27	611	362	粉砂质黏壤土	1.26
C	85～120	0	27	613	360	粉砂质黏壤土	1.44

* 包括>2mm 的岩石、矿物碎屑及矿质瘤状结核，下同。

滨东系代表性单个土体化学性质

深度/cm	pH		有机质 /（g/kg）	全氮（N） /（g/kg）	全磷（P） /（g/kg）	全钾（K） /（g/kg）	阳离子交换量 /（cmol/kg）	游离氧化铁 /（g/kg）
	H_2O	KCl						
0～18	7.0	—	24.9	1.06	0.12	11.6	9.63	15.6
18～26	7.7	—	22.9	0.91	0.24	9.2	7.63	26.3
26～43	7.9	—	12.9	0.47	0.25	10.0	8.30	24.8
43～85	7.9	—	10.1	0.52	0.24	12.5	10.37	29.8
85～120	7.7	—	17.7	0.36	0.20	9.1	7.55	4.3

4.1.2 李公垸系（Ligongyuan Series）

土　族：黏质伊利石混合型石灰性热性-铁聚潜育水耕人为土

拟定者：蔡崇法，王天巍，陈　芳

分布与环境条件 多出现在武汉、荆州等地的湖滩地，成土母质为河流冲积物，水田，早稻-晚稻轮作或麦(油)-晚稻轮作。年均日照时数1827～1897 h，年均气温17～17.5 ℃，年均降水量1100～1250 mm，无霜期255 d左右。

李公垸系典型景观

土系特征与变幅 诊断层包括水耕表层、水耕氧化还原层；诊断特性包括热性土壤温度、人为滞水土壤水分状况、石灰性。母质为河流冲积物。土体厚度在1 m以上，通体有潜育特征，质地构型为粉砂壤土-黏土，通体有强石灰反应，pH 7.6～7.8，结构面可见5%～40%的铁锰斑纹和灰色胶膜。

对比土系 滨东系，同一土族，母质均为河流冲积物，地形部位相似，土体厚度在100 cm以上，但通体为粉砂质黏壤土。下阔系，同一亚类，不同土族，通体无石灰反应。位于同一乡镇的沙岗系和三含系，成土母质和地形部位一致，前者原为稻田，改为林地，残留水耕现象，后者为旱作，不同土纲，均为潮湿雏形土。

利用性能综述 土体深厚，质地适中，上层滞水，不便翻耕，磷钾含量偏低。应挖深沟大渠、建设河网化基本农田，降低地下水位，增施磷钾肥。

参比土种 灰潮泥田土种。

代表性单个土体 位于湖北省荆州市江陵县沙岗镇李公垸村，30°5'40"N，112°39'20"E，海拔27 m，湖滩地，成土母质为河流冲积物，水田，早稻-晚稻轮作。50 cm深度土温17 ℃。野外调查时间为2011年6月15日，编号42-028。

李公垸系代表性单个土体剖面

Apg1：0～20 cm，橙白色（10YR 8/1，干），灰黄棕色（10YR 5/2，润），粉砂壤土，糊状无结构，松软，中度亚铁反应，强石灰反应，pH 为 7.8，向下层平滑渐变过渡。

Apg2：20～30 cm，淡灰色（10YR 7/1，干），黑棕色（10YR 3/2，润），黏壤土，块状结构，松软，结构面可见清晰的灰色胶膜，中度亚铁反应，强石灰反应，pH 为 7.9，向下层平滑渐变过渡。

Bg1：30～50 cm，淡灰色（10YR 7/1，干），黑棕色（10YR 3/2，润），黏壤土，块状结构，松软，结构面有 15%～40%铁锰斑纹，清晰的灰色胶膜，强石灰反应，中度亚铁反应，pH 为 7.9，向下层平滑渐变过渡。

Bg2：50～100 cm，棕灰色（10YR 6/1，干），灰黄棕色（10YR 4/2，润），黏土，块状结构，稍坚实，结构面有 5%～15%铁锰斑纹，结构面可见清晰的灰色胶膜，弱石灰反应，中度亚铁反应，pH 为 7.6。

李公垸系代表性单个土体物理性质

土层	深度/cm	砾石（>2mm，体积分数）/%	细土颗粒组成（粒径：mm）/（g/kg）			质地	容重/（g/cm³）
			砂粒 2～0.05	粉粒 0.05～0.002	黏粒 <0.002		
Ap1	0～20	0	110	650	240	粉砂壤土	1.35
Ap2	20～30	0	108	648	244	黏壤土	1.51
Bg1	30～50	0	306	375	319	黏壤土	1.51
Bg2	50～100	0	206	210	584	黏土	1.41

李公垸系代表性单个土体化学性质

深度/cm	pH		有机质/（g/kg）	全氮（N）/（g/kg）	全磷（P）/（g/kg）	全钾（K）/（g/kg）	阳离子交换量/（cmol/kg）	游离氧化铁/（g/kg）
	H_2O	KCl						
0～20	7.8	—	21.8	1.68	0.20	6.8	64.4	18.6
20～30	7.9	—	21.8	1.65	0.21	6.8	64.5	18.5
30～50	7.9	—	20.0	1.01	0.23	7.6	59.5	29.8
50～100	7.6	—	21.2	1.20	0.09	7.6	40.5	30.2

4.1.3 下阔系（Xiakuo Series）

土 族：壤质混合型非酸性热性-铁聚潜育水耕人为土

拟定者：张海涛，秦 聪

分布与环境条件 分布于武汉、咸宁等地，丘岗平畈、冲垄等地，成土母质为第四纪黏土，水田，水稻-油菜轮作。年均气温 15.5～16.7 ℃，年均降水量 1450～1600 mm，无霜期 258 d 左右。

下阔系典型景观

土系特征与变幅 诊断层包括水耕表层、水耕氧化还原层；诊断特性包括热性土壤温度、人为滞水土壤水分状况、氧化还原特征、潜育特征。土体厚度 1 m 以上，层次质地构型为壤土-粉砂壤土，pH 4.8～5.8，水耕表层之下土体结构面可见 2%～15%的铁锰斑纹、模糊的灰色胶膜潜育特征出现在 30～55 cm。

对比土系 李公垸系和滨东系，同一亚类，不同土族，颗粒大小级别为黏质。位于同一乡镇的隽水系，山丘林地，成土母质为酸性结晶岩类风化物，不同土纲，为湿润雏形土。

利用性能综述 土体深厚，质地适中，由于有一个深厚的青泥层，含水量过大，形成了一个经常装水的袋子，水多、气少，温度低，还原性有毒物质多，水稻根系容易中毒，产生黑根烂根，养分含量偏低。应改造潜育化，开挖深沟大渠，降低地下水位至少到 80 cm 以下，同时增施有机肥和复合肥。

参比土种 青隔红泥沙田。

代表性单个土体 位于湖北省咸宁市通城县隽水镇下阔村六组，29°17'28"N，113°49'43"E，海拔 90 m，成土母质为第四纪黏土，水田，主要种植制度为水稻-油菜轮作。50 cm 深度土温 16.4 ℃。野外调查时间为 2011 年 3 月 25 日，编号 42-124。

下阔系代表性单个土体剖面

Ap1：0～17 cm，棕灰色（10YR 6/1，干），灰黄棕色（10YR 5/2，润），壤土，粒状结构，坚实，5%～15%的铁锰斑纹，pH 为 4.8，向下层平滑渐变过渡。

Ap2：17～30 cm，灰色（5Y 6/1，干），暗绿灰色（10G 4/1，润），壤土，块状结构，坚实，2%～5%的铁锰斑纹，模糊的灰色胶膜，强亚铁反应，pH 为 5.5，向下层平滑渐变过渡。

Bg：30～53 cm，灰色（5Y 6/1，干），暗绿灰色（10G 4/1，润），壤土，块状结构，坚实，2%～5%的铁锰斑纹，模糊的灰色胶膜，强亚铁反应，pH 为 5.7，向下层平滑渐变过渡。

Br：53～120 cm，淡灰色（10YR 7/1，干），灰黄棕色（10YR 5/2，润），粉砂壤土，块状结构，很坚实，结构面可见模糊的铁锰胶膜和灰色胶膜，pH 为 5.8。

下阔系代表性单个土体物理性质

土层	深度 /cm	砾石 (>2mm，体积分数) /%	细土颗粒组成（粒径：mm）/（g/kg）			质地	容重 /（g/cm^3）
			砂粒 2～0.05	粉粒 0.05～0.002	黏粒 <0.002		
Ap1	0～17	0	382	442	176	壤土	1.24
Ap2	17～30	0	307	482	211	壤土	1.35
Bg	30～53	0	305	480	215	壤土	1.35
Br	53～120	0	180	644	176	粉砂壤土	1.39

下阔系代表性单个土体化学性质

深度/cm	pH		有机质 /（g/kg）	全氮（N） /（g/kg）	全磷（P） /（g/kg）	全钾（K） /（g/kg）	阳离子交换量 /（cmol/kg）	游离氧化铁 /（g/kg）
	H_2O	KCl						
0～17	4.8	4.2	19.7	1.82	0.19	14.6	12.1	21.2
17～30	5.5	5.0	18.2	1.45	0.13	14.2	11.8	25.1
30～53	5.7	5.3	18.3	1.48	0.14	14.3	11.9	25.1
53～120	5.8	5.3	14.8	0.78	0.10	15.0	12.4	31.9

4.2 普通潜育水耕人为土

4.2.1 花园系（Huayuan Series）

土 族：黏质伊利石混合型石灰性热性-普通潜育水耕人为土

拟定者：陈家赢，秦 聪

分布与环境条件 主要分布在咸宁及荆州地区的湖滨平原，成土母质为湖积物，水田，早稻-晚稻轮作或麦(油)-晚稻轮作。年均气温 17～17.5 ℃，年均降水量 1150～1200 mm，无霜期 258 d 左右。

花园系典型景观

土系特征与变幅 诊断层包括水耕表层、水耕氧化还原层；诊断特性包括热性土壤温度、人为滞水土壤水分状况、氧化还原特征、潜育特征、石灰性。土体厚度 1 m 以上，通体为黏土，通体有石灰反应和亚铁反应，pH 7.1～7.7。水耕表层之下土体可见有模糊的灰色胶膜。

对比土系 万电系，同一土族，但潜育特征出现在 20 cm 以下，层次质地构型为粉砂质黏壤土-粉砂壤土-粉砂质黏土。良岭系，空间相邻，成土母质和地形部位一致，同一亚类，不同土族，颗粒大小级别为黏壤质。

利用性能综述 土体深厚，质地黏重，交换量高，保肥性好，养分含量较高，水分过多、通气不良、养分不平衡。应加强农田建设，围湖造田与维护养殖相结合，充分利用地势平坦、土壤肥沃的优势，挖深沟大渠、建设河网化基本农田；降低地下水位，保土增肥，在湖滩潜育土中常易缺磷，应增施化学磷肥，提高养分供应强度。

参比土种 青隔灰潮土泥田。

代表性单个土体　位于湖北省荆州洪湖市戴家场镇花园村二组，29°59'36"N，113°13'47"E，海拔 24 m，滨湖平原，成土母质为湖积物，水田，麦(油)–晚稻轮作。50 cm 深度土温 17.0 ℃。野外调查时间为 2010 年 12 月 7 日，编号 42-100。

花园系代表性单个土体剖面

Apg1：0～20 cm，灰棕色（10YR 5/2，干），暗蓝灰色（10BG 4/1，润），黏土，弱块状结构，疏松，弱亚铁反应，pH 为 7.1，向下层平滑突变过渡。

Apg2：20～32 cm，灰棕色（10YR 5/2，干），暗蓝灰色（10BG 4/1，润），黏土，弱块状结构，疏松，弱亚铁反应，轻度石灰反应，pH 为 7.6，向下层平滑突变过渡。

Bg1：32～55 cm，灰棕色（10YR 5/2，干），暗蓝灰色（10BG 4/1，润），黏土，弱块状结构，疏松，有模糊的灰色胶膜，中度石灰反应，中度亚铁反应，pH 为 7.7，向下层平滑渐变过渡。

Bg2：55～120 cm，黄棕色（10YR 5/6，干），灰黄棕色（10YR 4/2，润），黏土，弱块状结构，疏松，结构面有 2%～5%的铁锰斑纹，弱亚铁反应，中度石灰反应，pH 为 7.4。

花园系代表性单个土体物理性质

土层	深度/cm	砾石（>2mm，体积分数）/%	细土颗粒组成（粒径：mm）/（g/kg）			质地	容重/（g/cm³）
			砂粒 2～0.05	粉粒 0.05～0.002	黏粒 <0.002		
Apg11	0～20	0	169	377	454	黏土	1.33
Apg2	20～32	0	51	488	461	黏土	1.48
Bg1	32～55	0	53	430	517	黏土	1.21
Bg2	55～120	0	35	478	487	黏土	1.29

花园系代表性单个土体化学性质

深度/cm	pH		有机质/（g/kg）	全氮（N）/（g/kg）	全磷（P）/（g/kg）	全钾（K）/（g/kg）	阳离子交换量/（cmol/kg）	游离氧化铁/（g/kg）
	H_2O	KCl						
0～20	7.1	—	32.3	1.91	0.26	19.5	35.3	17.3
20～32	7.6	—	24.3	1.81	0.28	19.3	34.3	21.0
32～55	7.7	—	19.5	1.44	0.26	25.1	34.8	22.2
55～120	7.4	—	19.4	1.11	0.31	23.5	35.3	24.1

4.2.2 万电系（Wandian Series）

土　族：黏质伊利石混合型石灰性热性-普通潜育水耕人为土

拟定者：张海涛，陈　芳

分布与环境条件　主要分布在荆州的洪湖市等地，滨湖平原低洼地带，成土母质为湖相沉积物，水田，早稻-晚稻轮作。年均气温 16.8 ℃左右，年均降水量 1150～1200 mm，无霜期 260 d 左右。

万电系典型景观

土系特征与变幅　诊断层包括水耕表层、水耕氧化还原层；诊断特性包括热性土壤温度、人为滞水土壤水分状况、潜育特征、石灰性。土体厚度 1 m 以上，层次质地构型为粉砂质黏壤土-粉砂壤土-粉砂质黏土，pH 7.6～8.0，通体有石灰反应。潜育特征出现在 20 cm 以下。

对比土系　花园系，同一土族，通体有潜育特征，通体为黏土。位于同一乡镇的永丰系和中林系，同一亚纲，不同土类，前者为铁聚水耕人为土，后者为简育水耕人为土。

利用性能综述　通体深厚，地处低洼，排水困难，地下水位高，土体常处在闭气还原状态，有毒物质多，磷钾养分不足，加上水稻根系受冷、毒危害导致吸收养分的能力减弱，插秧后往往出现坐蔸发黄死苗现象，当水泥温度上升后，养分释放速率加快，又会造成水稻贪青迟熟，结实率低。应开挖深沟，降低地下水位，适时炕土晒田，增加土壤回旱时间，减少次生潜育化，充分发挥其潜在肥力，降低潜育化带来的毒害影响，增施磷钾肥。

参比土种　灰冷浸潮泥田。

代表性单个土体　位于湖北省荆州洪湖市万全镇万电村六组，30°1'36.2"N，113°20'31.3"E，海拔 24 m，滨湖平原低洼地带，成土母质为湖相沉积物，水田，早稻-晚稻轮作。50 cm 深度土温 17.3 ℃。野外调查时间为 2010 年 12 月 7 日，编号 42-098。

万电系代表性单个土体剖面

Ap1：0～18 cm，灰黄棕色（10YR 5/2，干），浊黄橙色（10YR 6/3，润），粉砂质黏壤土，弱块状结构，疏松，轻度石灰反应，pH 为 7.6，向下层平滑渐变过渡。

Ap2：18～30 cm，灰黄棕色（10YR 5/2，干），浊黄橙色（10YR 4/3，润），粉砂壤土，弱块状结构，稍坚实，结构面有 5%～15%的铁锰斑纹，强石灰反应，pH 为 8.0，向下层平滑渐变过渡。

Bg1：30～80 cm，棕灰色（10YR 6/1，干），40%棕灰色（10YR 5/1，润），60%浊黄橙色（10YR 6/3，润），粉砂质黏土，弱块状结构，疏松，强石灰反应，中度亚铁反应，pH 为 8.0，向下层平滑渐变过渡。

Bg2：80～120 cm，棕灰色（10YR 6/1，干），棕灰色（10YR 4/1，润），粉砂质黏土，弱块状结构，疏松，强石灰反应，pH 为 7.9。

万电系代表性单个土体物理性质

土层	深度/cm	砾石（>2mm，体积分数）/%	细土颗粒组成（粒径：mm）/（g/kg）			质地	容重/（g/cm^3）
			砂粒 2～0.05	粉粒 0.05～0.002	黏粒 <0.002		
Ap1	0～18	0	132	571	297	粉砂质黏壤土	1.38
Ap2	18～30	0	92	648	260	粉砂壤土	1.69
Bg1	30～80	0	65	532	403	粉砂质黏土	1.46
Bg2	80～120	0	66	498	436	粉砂质黏土	1.37

万电系代表性单个土体化学性质

深度/cm	pH		有机质/（g/kg）	全氮（N）/（g/kg）	全磷（P）/（g/kg）	全钾（K）/（g/kg）	阳离子交换量/（cmol/kg）	游离氧化铁/（g/kg）
	H_2O	KCl						
0～18	7.6	—	25.4	1.43	0.79	18.5	32.1	18.2
18～30	8.0	—	19.3	1.17	0.54	19.2	32.1	21.0
30～80	8.0	—	33.9	1.12	0.65	18.6	28.9	23.8
80～120	7.9	—	24.9	0.93	0.26	15.1	23.7	20.7

4.2.3 连通湖系（Liantonghu Series）

土　族：黏质伊利石混合型非酸性热性-普通潜育水耕人为土

拟定者：蔡崇法，王天巍，姚　莉

分布与环境条件　分布在荆州、黄冈、武汉、咸宁等地，滨湖平原低洼地带，成土母质为湖积物，水田，早稻-晚稻轮作或麦(油)菜-晚稻轮作。年均气温 17～17.5 ℃，年均降水量 1050～1200 mm，无霜期 258 d 左右。

连通湖系典型景观

土系特征与变幅　诊断层包括水耕表层、水耕氧化还原层；诊断特性包括热性土壤温度、人为滞水土壤水分状况、潜育特征。土体厚度 1 m 以上，通体有潜育特征，通体为黏土，pH 6.7～6.9，水耕表层之下土体可见模糊的灰色胶膜。

对比土系　沿湖系，同一土族，层次质地构型为粉砂质黏土-黏土-粉砂质黏壤土。位于同一区内的走马岭系、向阳系，旱作，不同土纲，前两者为石灰淡色潮湿雏形土，后者为酸性淡色潮湿雏形土。

利用性能综述　土体深厚，质地黏，养分低，土温低，氧化还原电位低，烂泥深厚，不方便耕作，水多气少，土体处于强还原状态，通透性差，微生物活动弱，养分释放慢，尤其是有效磷、锌不足。应开沟排水，降低地下水位，适量施用石灰，增强土壤团聚能力，改善理化性状，同时秸秆还田，重施有机肥和磷肥，磷锌配合。对于部分改良比较困难的田块，可种藕等。

参比土种　烂泥田。

代表性单个土体　位于湖北省武汉市东西湖区柏泉街道连二大队，30°41'56"N，114°4'43"E，海拔 21 m，滨湖平原低洼地带，成土母质为湖积物，水田，早稻-晚稻轮作。50 cm 深度土温 16.0 ℃。野外调查时间为 2009 年 12 月 4 日，编号 42-005。

连通湖系代表性单个土体剖面

Apg1：0～25 cm，灰棕色（7.5YR 5/2，干），灰棕色（7.5YR 4/2，润），黏土，糊状，松软，5%～15%的铁锰斑纹，中度亚铁反应，pH 为 6.7，向下层平滑渐变过渡。

Apg2：25～44 cm，灰棕色（7.5YR 5/2，干），灰棕色（7.5YR 4/2，润），黏土，糊状，松软，5%～15%的铁锰斑纹，中度亚铁反应，pH 为 6.7，向下层平滑渐变过渡。

Bg：44～100 cm，棕灰色（7.5YR 5/1，干），灰棕色（7.5YR 5/2，润），黏土，弱块状结构，松软，15%～40%铁锰斑纹，模糊的灰色胶膜，中度亚铁反应，pH 为 6.9。

连通湖系代表性单个土体物理性质

土层	深度 /cm	砾石 （>2mm，体积分数）/%	细土颗粒组成（粒径：mm）/（g/kg）			质地	容重 /（g/cm^3）
			砂粒 2～0.05	粉粒 0.05～0.002	黏粒 <0.002		
Apg1	0～25	0	149	304	547	黏土	0.95
Apg2	25～44	0	151	306	543	黏土	1.18
Bg	44～100	0	184	267	549	黏土	1.08

连通湖系代表性单个土体化学性质

深度/cm	pH		有机质 /（g/kg）	全氮（N） /（g/kg）	全磷（P） /（g/kg）	全钾（K） /（g/kg）	阳离子交换量 /（cmol/kg）	游离氧化铁 /（g/kg）
	H_2O	KCl						
0～25	6.7	6.0	18.2	0.90	0.78	12.3	42.7	26.8
25～44	6.7	6.0	18.2	0.93	0.79	12.3	42.7	26.8
44～100	6.9	5.9	24.1	1.15	0.59	12.6	38.7	20.6

4.2.4 沿湖系（Yanhu Series）

土 族：黏质伊利石混合型非酸性热性-普通潜育水耕人为土

拟定者：陈家赢，秦 聪

分布与环境条件 分布在荆州的荆州市、松滋市等地，滨湖平原低洼地带，成土母质为湖积物，水田，早稻-晚稻轮作。年均气温 16.8 ℃左右，年均降水量 1150～1200 mm，无霜期 258 d 左右。

沿湖系典型景观

土系特征与变幅 诊断层包括水耕表层、水耕氧化还原层；诊断特性包括热性土壤温度、人为滞水土壤水分状况、潜育特征。土体厚度 1 m 以上，层次质地构型为粉砂质黏壤土-黏土-粉砂质黏壤土，pH 6.8～7.2，潜育特征出现在 30 cm，结构面可见 2%～5%的铁锰斑纹和模糊的灰色胶膜。

对比土系 连通湖系，同一土族，通体为黏土，后两者有石灰性。四河系，同一亚类，不同土族，同一个景观系列出现，但颗粒大小级别为黏壤质，有石灰性。位于同一乡镇的龙甲系，同一亚纲，不同土类，为铁聚水耕人为土。

利用性能综述 低湖淤泥田，土体深厚，排水不便，长期渍水浸泡，雨季还会遭水淹。耕层不好耕作，土粒分散，通透性差，水泥温度低，养分释放速率慢，有机质积累，磷钾含量偏低。应开挖深沟，降低地下水位，抬高田面，适时晒田，增施磷钾肥，部分难以改良或不保收的低湖田，应退耕还湖植藕或修筑池塘，发展水产养殖。

参比土种 青泥田。

代表性单个土体 位于湖北省荆州洪湖市汊河镇沿湖村九组，29°59'49.84"N，113°30'20. 3"E，海拔 24 m，滨湖平原低洼地带，成土母质为江汉平原的湖积物，水田，早稻-晚稻轮作。50 cm 深度土温 16.6 ℃。野外调查时间为 2010 年 12 月 8 日，编号 42-099。

沿湖系代表性单个土体剖面

Ap1：0～20 cm，灰色（5Y 4/1，干），灰色（5Y 4/1，润），粉砂质黏土，弱块状结构，稍坚实，pH 为 6.8，向下层平滑渐变过渡。

Ap2：20～30 cm，灰色（5Y 5/1，干），橄榄黑色（5Y 3/1，润），黏土，弱块状结构，稍坚实，pH 为 6.9，向下层平滑渐变过渡。

Bg：30～120 cm，灰色（5Y 5/1，干），橄榄黑色（5Y 3/1，润），粉砂质黏壤土，弱块状结构，疏松，结构面可见 2%～5%的铁锰斑纹，模糊的灰色胶膜，中度亚铁反应，pH 为 7.0。

沿湖系代表性单个土体物理性质

土层	深度 /cm	砾石 （>2mm，体积分数）/%	细土颗粒组成（粒径：mm）/（g/kg）			质地	容重 /（g/cm^3）
			砂粒 2～0.05	粉粒 0.05～0.002	黏粒 <0.002		
Ap1	0～20	0	72	445	483	粉砂质黏土	1.36
Ap2	20～30	0	137	346	517	黏土	1.50
Bg	30～120	0	82	585	333	粉砂质黏壤土	1.26

沿湖系代表性单个土体化学性质

深度/cm	pH		有机质 /（g/kg）	全氮（N） /（g/kg）	全磷（P） /（g/kg）	全钾（K） /（g/kg）	阳离子交换量 /（cmol/kg）	游离氧化铁 /（g/kg）
	H_2O	KCl						
0～20	6.8	—	37.2	1.82	0.19	11.8	38.1	16.7
20～30	6.9	—	25.5	1.47	0.16	11.8	33.9	17.8
30～120	7.0	—	47.7	1.78	0.15	8.4	22.4	19.6

4.2.5 南咀系（Nanzui Series）

土 族：黏壤质混合型石灰性热性-普通潜育水耕人为土
拟定者：陈家赢，秦 聪

分布与环境条件 分布在仙桃、洪湖、汉川、荆州等地，河流入湖地带，成土母质为河湖相沉积物，水田，早稻-晚稻轮作。年均日照时数为1800～2000 h，年均气温16.5～17 ℃，年均降水量1100～1130 mm，无霜期250 d左右。

南咀系典型景观

土系特征与变幅 诊断层包括水耕表层、水耕氧化还原层；诊断特性包括热性土壤温度、人为滞水土壤水分状况、氧化还原特征、潜育特征、石灰性。土体厚度1 m以上，质地构型为粉砂壤土-粉砂质黏壤土-粉砂壤土，通体有石灰反应，pH 7.4～8.0，潜育特征出现在50 cm以下。

对比土系 同一土族的土系中，良岭系层次质地构型为粉砂壤土-粉砂质黏壤土，黄家台系通体为粉砂质黏壤土，四河系层次质地构型为粉砂质黏壤土-粉砂壤土-粉砂质黏壤土。位于同一乡镇的民山系，成土母质为河流冲积物，旱作，不同土纲，为潮湿雏形土。

利用性能综述 土体深厚，耕层质地适中，地下水位较高，长期处于浸水状态，磷钾含量偏低。应增施有机肥料和磷钾肥，秸秆还田，深沟排水，降低地下水位。

参比土种 灰潮砂泥田。

代表性单个土体 位于湖北省仙桃市胡场镇南咀村一组，30°19'6.8"N，113°15'7.9"E，海拔25 m，河流入湖地带，成土母质为河湖相沉积物，水田，早稻-晚稻轮作。50 cm深度土温16.7 ℃。野外调查时间为2010年11月29日，编号42-077。

南咀系代表性单个土体剖面

Ap1：0～20 cm，灰黄棕色（10YR 5/2，干），浊黄棕色（10YR 4/3，润），粉砂壤土，粒状结构，疏松，中度石灰反应，pH 为 7.8，向下层平滑渐变过渡。

Ap2：20～30 cm，灰黄棕色（10YR 5/2，干），灰黄棕色（10YR 5/2，润），粉砂质黏壤土，块状结构，很坚实，结构面有 2%～5%的铁锰斑纹，模糊的灰色胶膜，强石灰反应，pH 为 8.0，向下层平滑渐变过渡。

Br：30～50 cm，灰黄棕色（10YR 5/2，干），灰黄棕色（10YR 5/2，润），粉砂壤土，块状结构，坚实，结构面有 5%～15%的铁锰斑纹，模糊的灰色胶膜，中度石灰反应，pH 为 7.9，向下层平滑突变过渡。

Bg：50～120 cm，棕灰色（10YR 5/1，干），黑棕色（10YR 3/1，润），粉砂壤土，弱块状结构，疏松，中度石灰反应，中度亚铁反应，pH 为 7.4。

南咀系代表性单个土体物理性质

土层	深度 /cm	砾石（>2mm，体积分数）/%	细土颗粒组成（粒径：mm）/（g/kg）			质地	容重 /（g/cm^3）
			砂粒 2～0.05	粉粒 0.05～0.002	黏粒 <0.002		
Ap1	0～20	0	179	610	211	粉砂壤土	1.26
Ap2	20～30	0	60	669	271	粉砂质黏壤土	1.46
Br	30～50	0	204	597	199	粉砂壤土	1.34
Bg	50～120	0	117	696	187	粉砂壤土	1.33

南咀系代表性单个土体化学性质

深度/cm	pH		有机质 /（g/kg）	全氮（N） /（g/kg）	全磷（P） /（g/kg）	全钾（K） /（g/kg）	阳离子交换量 /（cmol/kg）	游离氧化铁 /（g/kg）
	H_2O	KCl						
0～20	7.8	—	31.9	1.68	0.48	10.4	24.2	23.5
20～30	8.0	—	26.4	1.34	0.35	10.8	24.5	25.0
30～50	7.9	—	20.6	1.25	0.33	10.4	24.5	28.3
50～120	7.4	—	21.6	1.30	0.39	8.4	—	—

4.2.6 良岭系（Liangling Series）

土 族：黏壤质混合型石灰性热性-普通潜育水耕人为土

拟定者：王天巍，秦 聪

分布与环境条件 主要分布在荆州、武汉、咸宁、鄂州等地，滨湖平原低洼地带，成土母质为河湖沉积物，水田，早稻-晚稻轮作。年均气温 16.8 ℃左右，年均降水量 1150～1200 mm，无霜期 260 d 左右。

良岭系典型景观

土系特征与变幅 诊断层包括水耕表层、水耕氧化还原层；诊断特性包括热性土壤温度、人为滞水土壤水分状况、氧化还原特征、潜育特征、石灰性。土体厚度 1 m 以上，通体有石灰反应，层次质地构型为粉砂壤土-粉砂质黏壤土，pH 7.4～8.0，潜育特征出现在 30～60 cm。

对比土系 同一土族的土系中，南咀系层次质地构型为粉砂壤土-粉砂质黏壤土-粉砂壤土，黄家台系通体为粉砂质黏壤土，四河系层次质地构型为粉砂质黏壤土-粉砂壤土-粉砂质黏壤土。

利用性能综述 土体深厚，离子交换量高，保肥性好，磷钾含量偏低，水分过多，通气不良，养分不平衡。应注重农田建设，围湖造田与养殖相结合，充分利用地势平坦、土壤肥沃的优势，挖深沟大渠，建设河网化基本农田，降低地下水位，增施磷钾肥。

参比土种 青隔灰潮泥田（次生潜育特征出现部位较浅者）。

代表性单个土体 位于湖北省荆州洪湖市沙口镇良岭村，29°57'35.9"N，113°21'46. 3"E，海拔 23 m，滨湖平原低洼地带，成土母质为湖积物，水田，早稻-晚稻轮作。50 cm 深度土温 17.2 ℃。野外调查时间为 2010 年 12 月 9 日，编号 42-102。

良岭系代表性单个土体剖面

Ap1：0～20 cm，灰黄棕色（10YR 4/2，干），浊黄橙色（10YR 4/3，润），粉砂壤土，粒状结构，疏松，强石灰反应，pH 为 8.0，向下层平滑渐变过渡。

Ap2：20～32 cm，灰黄棕色（10YR 5/2，干），棕灰色（10YR 5/1，润），粉砂质黏壤土，块状结构，坚实，有 5%～15%铁胶膜，中度石灰反应，pH 为 7.4，向下层平滑渐变过渡。

Bg：32～60 cm，浊黄橙色（10YR 6/3，干），40%黑棕色（10YR 3/2，润），60%棕灰色（10YR 5/1，润），粉砂质黏壤土，块状结构，稍坚实，结构面有 2%～5%的铁锰斑纹，模糊的灰色胶膜，强石灰反应，强亚铁反应，pH 为 8.3，向下层渐变波状过渡。

Br：60～120 cm，浊黄橙色（10YR 6/3，干），40%暗棕色（10YR 3/4，润），60%棕灰色（10YR 5/1，润），粉砂质黏壤土，块状结构，坚实，结构面有 2%～5%的铁锰斑纹，模糊的灰色胶膜，强石灰反应，pH 为 8.3。

良岭系代表性单个土体物理性质

土层	深度 /cm	砾石 （>2mm，体积分数）/%	细土颗粒组成（粒径：mm）/（g/kg）			质地	容重 /（g/cm³）
			砂粒 2～0.05	粉粒 0.05～0.002	黏粒 <0.002		
Ap1	0～20	0	159	581	260	粉砂壤土	1.26
Ap2	20～32	0	46	622	332	粉砂质黏壤土	1.41
Bg	32～60	0	19	656	325	粉砂质黏壤土	1.26
Br	60～120	0	17	654	329	粉砂质黏壤土	1.26

良岭系代表性单个土体化学性质

深度/cm	pH		有机质 /（g/kg）	全氮（N） /（g/kg）	全磷（P） /（g/kg）	全钾（K） /（g/kg）	阳离子交换量 /（cmol/kg）	游离氧化铁 /（g/kg）
	H_2O	KCl						
0～20	8.0	—	23.8	1.58	0.23	10.2	13.3	17.1
20～32	7.4	—	41.4	1.64	0.10	7.7	23.6	20.0
32～60	8.3	—	30.2	0.61	0.14	6.7	16.6	16.1
60～120	8.3	—	30.2	0.64	0.14	6.7	16.7	16.1

4.2.7　黄家台系（Huangjiatai Series）

土　族：黏壤质混合型石灰性热性-普通潜育水耕人为土
拟定者：蔡崇法，王天巍，陈　芳

分布与环境条件　主要分布在潜江、仙桃、天门等地，沟谷、冲垄地带，成土母质为河流冲积物水田，单季稻。年均日照时数1620～1934 h，年均气温 15.4～17.3 ℃，年均降水量972～1115 mm，无霜期一般为240～256 d。

黄家台系典型景观

土系特征与变幅　诊断层包括水耕表层、水耕氧化还原层；诊断特性包括热性土壤温度、人为滞水土壤水分状况、潜育特征、石灰性。土体厚度1 m以上，通体有石灰反应，通体为粉砂质黏壤土，pH为7.3～7.9，潜育特征出现在35 cm以下，结构面可见铁锰斑纹和灰色胶膜。

对比土系　同一土族的土系中，南咀系层次质地构型为粉砂壤土-粉砂质黏壤土-粉砂壤土，良岭系层次质地构型为粉砂壤土-粉砂质黏壤土，四河系层次质地构型为粉砂质黏壤土-粉砂壤土-粉砂质黏壤土。位于同一农场湘东系和流塘系，同一亚纲，不同土类，为铁聚水耕人为土，后者简育水耕人为土；天新场系、张家窑系和皇装垸系，旱作，不同土纲，为潮湿雏形土。

利用性能综述　土体深厚，质地偏黏，地势低洼，排水不便，水温土温较低，造成渍水冷浸闭气，磷钾含量偏低。应开沟排水，降低地下水位，增加土壤通透性，减少还原物质积累，排水晒田，促进有机质矿化。

参比土种　灰青泥田。

代表性单个土体　位于湖北省潜江市后湖农场三分厂黄家台，30°22'27.1"N，112°41'1.8"E，海拔25 m，沟谷、冲垄地带，成土母质为河流冲积物，水田，单季稻。50 cm深度土温16.8 ℃。野外调查时间为2010年3月18日，编号42-010。

黄家台系代表性单个土体剖面

Ap1：0～22 cm，灰棕色（7.5YR 5/2，干），灰棕色（7.5YR 4/2，润），粉砂质黏壤土，粒状结构，疏松，2～5 个螺壳侵入体，2%～5%的铁锰斑纹，中度石灰反应，pH 为 7.3，向下层平滑渐变过渡。

Ap2：22～35 cm，棕灰色（7.5YR 5/1，干），暗棕色（7.5YR 3/4，润），粉砂质黏壤土，块状结构，坚实，2%～5%铁锰斑纹，2～3 个螺壳，中度石灰反应，中度亚铁反应，pH 为 7.7，向下层平滑渐变过渡。

Bg1：35～60 cm，棕色（7.5YR 4/3，干），黑棕色（7.5YR 3/2，润），粉砂质黏壤土，棱块状结构，极实，5%～15%的铁锰斑纹，清晰的灰色胶膜，中度石灰反应，强亚铁反应，pH 为 7.7，向下层渐变波状过渡。

Bg2：60～100 cm，棕色（7.5YR 4/3，干），黑棕色（7.5YR 3/2，润），粉砂质黏壤土，棱块状结构，稍坚实，5%～15%的铁锰斑纹，清晰的灰色胶膜，中度石灰反应，强亚铁反应，pH 为 7.9。

黄家台系代表性单个土体物理性质

土层	深度 /cm	砾石 (>2mm，体积分数)/%	细土颗粒组成（粒径：mm）/(g/kg) 砂粒 2～0.05	粉粒 0.05～0.002	黏粒 <0.002	质地	容重 /(g/cm³)
Ap1	0～22	0	128	500	372	粉砂质黏壤土	1.18
Ap2	22～35	0	114	504	382	粉砂质黏壤土	1.31
Bg1	35～60	0	44	646	310	粉砂质黏壤土	1.19
Bg2	60～100	0	46	648	306	粉砂质黏壤土	1.19

黄家台系代表性单个土体化学性质

深度/cm	pH H_2O	pH KCl	有机质 /(g/kg)	全氮（N） /(g/kg)	全磷（P） /(g/kg)	全钾（K） /(g/kg)	阳离子交换量 /(cmol/kg)	游离氧化铁 /(g/kg)
0～22	7.3	—	29.7	1.85	1.24	9.3	25.3	17.0
22～35	7.7	—	22.0	1.30	1.12	9.5	20.4	18.4
35～60	7.7	—	20.4	1.22	0.93	11.7	19.1	16.1
60～100	7.9	—	20.5	1.25	0.93	11.8	19.2	16.1

4.2.8 四河系（Sihe Series）

土 族：黏壤质混合型石灰性热性-普通潜育水耕人为土

拟定者：张海涛，秦 聪

分布与环境条件 多分布在荆州、孝感等地，低山丘陵区沟谷、冲垄、滨江、滨河低洼地带，成土母质为河流冲积物，水田，单季稻。年均日照时数为1850～1950 h，年均气温16.5～17 ℃，年均降水量1100～1130 mm，无霜期250 d左右。

四河系典型景观

土系特征与变幅 诊断层包括水耕表层、水耕氧化还原层；诊断特性包括热性土壤温度、人为滞水土壤水分状况、潜育特征、石灰性。土体厚度1 m以上，通体有石灰反应，质地构型为粉砂质黏壤土-粉砂壤土-粉砂质黏壤土，pH 7.8～8.0，潜育特征出现在20 cm以下。

对比土系 同一土族的土系中，南咀系层次质地构型为粉砂壤土-粉砂质黏壤土-粉砂壤土，良岭系层次质地构型为粉砂壤土-粉砂质黏壤土，黄家台系通体为粉砂质黏壤土。

利用性能综述 土体深厚，分布的地形部位低，泥烂、水多、有毒物质多，有些湖田虽开垦多年，仍难以脱沼，磷钾含量偏低。须开挖深沟大渠，降低地下水位，使土壤脱沼，增施磷钾肥。

参比土种 灰青泥田。

代表性单个土体 位于湖北省仙桃市郭河镇四河村五组，30°11'46.8"N，113°15'51.3"E，海拔24 m，低山丘陵区沟谷、冲垄、滨江、滨河低洼地带，成土母质为河流冲积物，水田，单季晚稻。50 cm深度土温17.0 ℃。野外调查时间为2010年12月1日，编号42-079。

四河系代表性单个土体剖面

Ap1：0～20 cm，棕灰色（10YR 5/1，干），浊黄棕色（10YR 4/3，润），粉砂质黏壤土，糊状，强石灰反应，pH 为 8.0，向下层平滑渐变过渡。

Ap2g：20～30 cm，淡绿灰色（10G 7/1，干），暗绿灰色（10G 4/1，润），粉砂壤土，块状结构，稍坚实，结构面可见 2%～5%的铁锰斑纹，模糊的灰色胶膜，土体中有 10%左右铁锰结核，强石灰反应，pH 为 8.0，向下层平滑渐变过渡。

Bg：30～120 cm，淡绿灰色（10G 7/1，干），暗绿灰色（10G 4/1，润），粉砂质黏壤土，块状结构，疏松，强石灰反应，强亚铁反应，pH 为 7.8。

四河系代表性单个土体物理性质

土层	深度 /cm	砾石 （>2mm，体积分数）/%	细土颗粒组成（粒径：mm）/（g/kg）			质地	容重 /（g/cm^3）
			砂粒 2～0.05	粉粒 0.05～0.002	黏粒 <0.002		
Ap1	0～20	0	115	570	315	粉砂质黏壤土	1.35
Ap2g	20～30	10	126	712	162	粉砂壤土	1.49
Bg	30～120	0	91	615	294	粉砂质黏壤土	1.41

四河系代表性单个土体化学性质

深度/cm	pH		有机质 /（g/kg）	全氮（N） /（g/kg）	全磷（P） /（g/kg）	全钾（K） /（g/kg）	阳离子交换量 /（cmol/kg）	游离氧化铁 /（g/kg）
	H_2O	KCl						
0～20	8.0	—	36.1	2.88	0.17	15.2	27.4	19.1
20～30	8.0	—	26.7	2.35	0.17	15.1	24.6	15.3
30～120	7.8	—	41.7	1.98	0.17	12.4	25.1	16.8

4.2.9　车路系（Chelu Series）

土　族：黏壤质混合型非酸性热性-普通潜育水耕人为土
拟定者：陈家赢，秦　聪

分布与环境条件　主要分布在仙桃、天门、潜江等地，丘陵地带沟谷、冲垄等地下水位较高的地方，成土母质为河流冲积物，水田，单季稻。年均日照时数为1800～2000 h，年均气温16.8～17.3 ℃，年均降水量1100～1220 mm，无霜期258 d左右。

车路系典型景观

土系特征与变幅　诊断层包括水耕表层、水耕氧化还原层；诊断特性包括热性土壤温度、人为滞水土壤水分状况、潜育特征。土体厚度1 m以上，层次质地构型粉砂壤土-粉砂质黏壤土，pH为6.9～8.0，潜育特征出现在30 cm以下，土体中可见铁锰结核。

对比土系　吴门系，同一土族，母质相同，河流入湖地带，层次质地构型为黏壤土-黏土-黏壤土。

利用性能综述　土体深厚，质地适中，深厚的青泥层含水量过大，形成了一个经常装水的袋子，水多气少，温度低，还原性有毒物质多，水稻易黑根烂根，磷钾含量偏低。应改造潜育化的土壤，开挖深沟大渠，降低地下水位到80 cm以下，增施磷钾肥。

参比土种　青底灰沙泥田。

代表性单个土体　位于湖北省仙桃市西流河镇车路村七组，30°17'1.71"N，113°43'41.9"E，海拔23 m，丘陵地带沟谷、冲垄等地下水位较高的地方，成土母质为河流冲积物，水田，单季稻。50 cm深度土温17.0 ℃。野外调查时间为2010年11月30日，编号42-078。

车路系代表性单个土体剖面

Ap1：0～20 cm，棕灰色（5YR 5/1，干），灰棕色（5YR 4/2，润），粉砂壤土，块状结构，稍坚实，根系周围有 5%～15%的铁锰斑纹，pH 为 6.9，向下层平滑渐变过渡。

Ap2g：20～32 cm，蓝灰色（5BG 6/1，干），暗蓝灰色（10BG 4/1，润），粉砂质黏壤土，块状结构，坚实，结构面有 5%～15%的铁锰斑纹，清晰的灰色胶膜，pH 为 7.1，向下层平滑渐变过渡。

Bg1：32～55 cm，蓝灰色（5BG 6/1，干），暗蓝灰色（10BG 4/1，润），粉砂质黏壤土，块状结构，稍坚实，中度石灰反应，pH 为 7.8，向下层平滑渐变过渡。

Bg2：55～100 cm，蓝灰色（5BG 6/1，干），暗蓝灰色（10BG 4/1，润），粉砂质黏壤土，块状结构，疏松，土体中有 2%左右铁锰结核，中度石灰反应，pH 为 7.8。

车路系代表性单个土体物理性质

土层	深度/cm	砾石（>2mm，体积分数）/%	细土颗粒组成（粒径：mm）/（g/kg）			质地	容重/（g/cm^3）
			砂粒 2～0.05	粉粒 0.05～0.002	黏粒 <0.002		
Ap1	0～20	0	86	782	132	粉砂壤土	1.35
Ap2g	20～32	0	81	603	316	粉砂质黏壤土	1.51
Bg1	32～55	0	43	604	353	粉砂质黏壤土	1.31
Bg2	55～100	2	41	602	357	粉砂质黏壤土	1.31

车路系代表性单个土体化学性质

深度/cm	pH		有机质/（g/kg）	全氮（N）/（g/kg）	全磷（P）/（g/kg）	全钾（K）/（g/kg）	阳离子交换量/（cmol/kg）	游离氧化铁/（g/kg）
	H_2O	KCl						
0～20	6.9	—	47.9	1.88	0.21	9.6	29.2	18.3
20～32	7.1	—	30.8	1.28	0.32	9.5	24.1	26.8
32～55	7.8	—	32.8	1.53	0.31	8.2	25.6	18.2
55～100	7.8	—	32.8	1.56	0.32	8.2	25.7	18.2

4.2.10 吴门系（Wumen Series）

土 族：黏壤质混合型非酸性热性-普通潜育水耕人为土
拟定者：张海涛，秦 聪

分布与环境条件 一般分布于汉川、应城等地，河流入湖地带，成土母质为河湖相沉积物，水田，单季稻。年均气温 16.6～16.9 ℃，年均降水量 1100～1150 mm，无霜期 250 d 左右。

吴门系典型景观

土系特征与变幅 诊断层包括水耕表层、水耕氧化还原层；诊断特性包括热性土壤温度、人为滞水土壤水分状况、氧化还原特征、潜育特征。土体厚度 1 m 以上，层次质地构型为黏壤土-黏土-黏壤土，pH 5.8～7.4，潜育特征出现在 30 cm 以下，水耕表层之下土体结构面可见铁锰斑纹和灰色胶膜。

对比土系 车路系，同一土族，母质相同，丘陵地带沟谷、冲垄等地下水位较高的地方，层次质地构型为粉砂壤土-粉砂质黏壤土。

利用性能综述 土体深厚，质地偏黏，干时硬如刀，湿时黏似胶，宜耕期短，耕性差，耕作质量差，通透性差，磷钾含量偏低。应改善灌溉设施，注重清沟排渍；重施有机肥，增施磷钾肥，客土掺砂，改善土壤质地；适时抢墒翻耕，逐年加厚耕层。

参比土种 灰潮土泥田。

代表性单个土体 位于湖北省汉川市麻河镇吴门村一组，30°47'38.2"N，113°42'5.9"E，海拔 30 m，河流入湖地带，成土母质为河湖相沉积物，水田，单季稻。50 cm 深度土温 16.5 ℃。野外调查时间为 2010 年 11 月 27 日，编号 42-071。

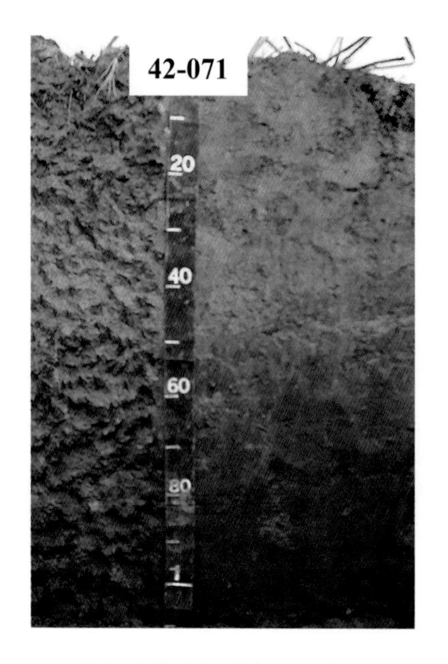

吴门系代表性单个土体剖面

Ap1：0～15 cm，灰黄棕色（10YR 6/2，干），暗棕色（10YR 3/4，润），黏壤土，块状结构，稍坚实，pH 为 5.8，向下层平滑渐变过渡。

Ap2：15～25 cm，灰黄棕色（10YR 6/2，干），浊黄棕色（10YR 4/3，润），黏土，块状结构，坚实，结构面有 5%～15%的铁锰斑纹，清晰的灰色胶膜，弱石灰反应，pH 为 7.3，向下层平滑渐变过渡。

Br：25～40 cm，淡灰色（10YR 7/1，干），灰黄棕色（10YR 5/2，润），黏壤土，块状结构，坚实，结构面有 5%～15%的铁锰斑纹，清晰的灰色胶膜，pH 为 6.9，向下层平滑渐变过渡。

Bg1：40～55 cm，灰黄棕色（10YR 6/2，干），浊黄棕色（10YR 5/3，润），黏壤土，块状结构，坚实，结构面有 2%～5%的铁锰斑纹，模糊的灰色胶膜，强亚铁反应，pH 为 6.7，向下层平滑渐变过渡。

Bg2：55～110 cm，棕灰色（10YR 4/1，干），浊黄棕色（10YR 4/3，润），黏壤土，块状结构，坚实，结构面有 2%～5%的铁锰斑纹，模糊的灰色胶膜，中度石灰反应，pH 为 7.4。

吴门系代表性单个土体物理性质

土层	深度/cm	砾石（>2mm，体积分数）/%	细土颗粒组成（粒径：mm）/（g/kg）			质地	容重/（g/cm³）
			砂粒 2～0.05	粉粒 0.05～0.002	黏粒 <0.002		
Ap1	0～15	0	355	360	285	黏壤土	1.24
Ap2	15～25	0	273	316	411	黏土	1.41
Br	25～40	0	258	444	298	黏壤土	1.32
Bg1	40～55	0	276	425	299	黏壤土	1.35
Bg2	55～110	0	331	469	300	黏壤土	1.38

吴门系代表性单个土体化学性质

深度/cm	pH		有机质/（g/kg）	全氮（N）/（g/kg）	全磷（P）/（g/kg）	全钾（K）/（g/kg）	阳离子交换量/（cmol/kg）	游离氧化铁/（g/kg）
	H_2O	KCl						
0～15	5.8	—	30.0	1.50	0.37	3.1	19.5	14.4
15～25	7.3	—	26.8	1.41	0.45	3.6	25.5	15.8
25～40	6.9	—	25.4	1.63	0.20	1.5	21.7	16.7
40～55	6.7	—	24. 3	1.62	0.23	3.1	17.6	11.0
55～110	7.4	—	27.8	1.67	0.14	5.9	22.5	19.2

4.2.11　关刀系（Guandao Series）

土　族：壤质混合型非酸性热性-普通潜育水耕人为土

拟定者：陈家嬴，秦　聪

分布与环境条件　广泛分布于全省各地市，河谷平原或平畈地带，成土母质为近代河流冲积物，水田，早稻-晚稻轮作或麦(油)-晚稻轮作或单季稻。年均气温 15.5～16.7 ℃，年均降水量 1450～1600 mm，无霜期为 258 d 左右。

关刀系典型景观

土系特征与变幅　诊断层包括水耕表层、水耕氧化还原层；诊断特性包括热性土壤温度、人为滞水土壤水分状况、潜育特征。土体厚度 1 m 以上，通体为粉砂壤土，pH 5.2～6.5，潜育特征出现在 30 cm 以下，结构面有 15%～40%铁锰斑纹。

对比土系　车路系和吴门系，同一亚类，不同土族，颗粒大小级别为黏壤质，层次质地构型分别为粉砂壤土-粉砂质黏壤土、黏壤土-黏土-黏壤土。空间相近的高冲系，地处丘岗，林地，不同土纲，为富铁土。

利用性能综述　土体深厚，质地适中，保肥性好，水分过多，通气不良，养分不平衡，磷钾含量偏低。应加强农田建设，围湖造田与维护养殖相结合；充分利用地势平坦、土壤肥沃的优势，挖深沟大渠，建设河网化基本农田，降低地下水位；保土增肥，在湖滩潜育土中常易缺磷，应增施磷钾肥，种养结合。

参比土种　潮沙泥田。

代表性单个土体　位于湖北省咸宁市通城县关刀镇关刀村三组，29°13'2.7"N，13°55'32.9"E，海拔 109 m，河谷平原或平畈地带，母质为近代河流冲积物，水田，单季稻。50 cm 深度土温 16.2 ℃。野外调查时间为 2011 年 3 月 25 日，编号 42-127。

关刀系代表性单个土体剖面

Ap1：0～20 cm，棕灰色（10YR 5/1，干），棕灰色（10YR 5/1，润），粉砂壤土，粒状结构，疏松，pH 为 5.2，向下层平滑渐变过渡。

Ap2：20～30 cm，棕灰色（10YR 5/1，干），浊黄棕色（10YR 5/3，润），粉砂壤土，块状结构，很坚实，pH 为 5.8，向下层平滑渐变过渡。

Bg：30～80 cm，棕灰色（10YR 5/1，干），灰黄棕色（10YR 5/2，润），粉砂壤土，块状结构，稍坚实，结构面有 5%～15%的铁锰斑纹，亚铁反应明显，pH 为 6.5，向下层平滑渐变过渡。

BCg：80～90 cm，棕灰色（10YR 5/1，干），灰黄棕色（10YR 5/2，润），粉砂壤土，块状结构，稍坚实，结构面有 5%～15%的铁锰斑纹，pH 为 6.5。

关刀系代表性单个土体物理性质

土层	深度/cm	砾石（>2mm，体积分数）/%	细土颗粒组成（粒径：mm）/（g/kg）			质地	容重/（g/cm³）
			砂粒 2～0.05	粉粒 0.05～0.002	黏粒 <0.002		
Ap1	0～20	0	222	602	176	粉砂壤土	1.38
Ap2	20～30	0	181	643	176	粉砂壤土	1.49
Bg	30～80	0	182	642	176	粉砂壤土	1.34
BCg	80～90	0	—	—	—	粉砂壤土	—

关刀系代表性单个土体化学性质

深度/cm	pH		有机质/（g/kg）	全氮（N）/（g/kg）	全磷（P）/（g/kg）	全钾（K）/（g/kg）	阳离子交换量/（cmol/kg）	游离氧化铁/（g/kg）
	H_2O	KCl						
0～20	5.2	4.6	22.5	0.95	0.16	7.8	17.6	24.9
20～30	5.8	—	10.5	0.63	0.11	12.6	21.7	29.0
30～80	6.5	—	14.9	0.53	0.17	10.8	14.0	31.3
80～90	6.5	—	—	—	—	—	—	—

4.3　普通铁聚水耕人为土

4.3.1　西冲系（Xichong Series）

土　族：砂质硅质混合型非酸性热性-普通铁聚水耕人为土
拟定者：陈家嬴，姚　莉

分布与环境条件　分布在武汉、咸宁等地。低山丘陵区坡麓、顶冲顶垄等地带，成土母质为花岗岩风化冲积-堆积物，水田，早稻-晚稻轮作。年均气温 15.5～16.7 ℃，年均降水量 1450～1600 mm，无霜期 258 d 左右。

西冲系典型景观

土系特征与变幅　诊断层包括水耕表层、水耕氧化还原层；诊断特性包括热性土壤温度、人为滞水土壤水分状况、氧化还原特征。土体厚度 1 m 以上，层次质地构型为壤土-砂土-壤土，pH 5.7～6.3。水耕氧化还原层出现在 40～80 cm，为铁聚层次，结构面有 15%～40%的铁锰斑纹，可见清晰的灰色胶膜，之下为母质。

对比土系　位于同一乡镇的井堂系、天岳系、麦市系和陈椴系，前者成土母质为花岗岩酸性结晶岩类风化搬运物，同一亚类，不同土族，颗粒大小级别为壤质，层次质地构型为壤土-砂质壤土-壤土；后三者地处低山丘陵垄岗或谷地，林地或灌木林地，不同土纲，均为湿润雏形土。

利用性能综述　土体深厚，耕层质地适中，耕耙省工，磷钾含量偏低。应增施农家肥、有机肥，秸秆还田，增施磷钾肥。

参比土种　夹砂麻泥田。

代表性单个土体　位于湖北省咸宁市通城县麦市镇陈塅村三组，29°8′15.3″N，113°57′9.1″E，海拔 140 m，低山丘陵区坡麓、顶冲顶垄等地带，成土母质为花岗岩风化冲积-堆积物，水田，早稻-晚稻轮作。50 cm 深度土温 16.4 ℃。野外调查时间为 2011 年 3 月 26 日，编号 42-135。

西冲系代表性单个土体剖面

Ap1：0～18 cm，黄灰色（2.5Y 6/1，干），黄灰色（2.5Y 4/1，润），壤土，块状结构，疏松，pH 为 5.7，向下层平滑渐变过渡。

Ap2：18～40 cm，黄灰色（2.5Y 6/1，干），黄灰色（2.5Y 4/1，润），壤土，块状结构，坚实，结构面有 15%～40%的铁锰斑纹，可见清晰的灰色胶膜，土体中有 10%左右岩石碎屑，pH 为 6.2，向下层平滑渐变过渡。

Br1：40～59 cm，黄灰色（2.5Y 6/1，干），暗灰黄色（2.5Y 5/2，润），壤土，块状结构，很坚实，结构面有 15%～40%的铁锰斑纹，可见清晰的灰色胶膜，pH 为 6.3，向下层平滑渐变过渡。

Br2：59～77 cm，淡浅黄色（2.5Y 8/3，干），浊黄色（2.5Y 6/3，润），壤土，块状结构，很坚实，结构面有 15%～40%的铁锰斑纹，可见清晰的灰色胶膜，pH 为 6.3，向下层平滑渐变过渡。

Cr1：77～102 cm，淡灰色（2.5Y 7/1，干），淡黄色（2.5Y 7/3，润），砂土，砂粒，无结构，有 10%左右岩石碎屑，pH 为 6.5，向下层平滑清晰过渡。

Cr2：102～120 cm，黄色（2.5Y 8/6，干），亮黄棕色（2.5Y 7/6，润），壤土，无结构，很坚实，土体中有 20%左右岩石碎屑，pH 为 6.5。

西冲系代表性单个土体物理性质

土层	深度/cm	砾石（>2mm，体积分数）/%	细土颗粒组成（粒径：mm）/（g/kg）			质地	容重/（g/cm^3）
			砂粒 2～0.05	粉粒 0.05～0.002	黏粒 <0.002		
Ap1	0～18	0	501	322	177	壤土	1.26
Ap2	18～40	10	427	398	175	壤土	1.41
Br1	40～59	0	426	399	175	壤土	1.39
Br2	59～77	0	469	396	135	壤土	1.45
Cr1	77～102	10	903	78	19	砂土	1.21
Cr2	102～120	200	461	402	137	壤土	1.38

西冲系代表性单个土体化学性质

深度/cm	pH		有机质/（g/kg）	全氮（N）/（g/kg）	全磷（P）/（g/kg）	全钾（K）/（g/kg）	阳离子交换量/（cmol/kg）	游离氧化铁/（g/kg）
	H_2O	KCl						
0～18	5.7	—	27.4	1.32	0.14	22.9	13.1	16.0
18～40	6.2	—	22.4	1.35	0.10	21.0	18.6	21.3
40～59	6.3	—	5.9	0.59	0.04	21.9	15.9	35.3
59～77	6.3	—	4.9	0.36	0.14	22.5	15.2	30.0
77～102	6.5	—	4.6	0.23	ND	9.5	20.7	22.2
102～120	6.5	—	2.7	0.13	ND	12.2	18.4	20.0

4.3.2 龙甲系（Longjia Series）

土 族：黏质伊利石混合型石灰性热性-普通铁聚水耕人为土
拟定者：蔡崇法，王天巍，秦 聪

分布与环境条件 集中分布在荆州、洪湖、荆门、孝感等地，河流入湖地带，成土母质为近代河湖相沉积物，水田，早稻-晚稻轮作或麦(油)-晚稻轮作。年均气温 16.8 ℃左右，年均降水量 1150～1200 mm，无霜期 255 d 左右。

龙甲系典型景观

土系特征与变幅 诊断层包括水耕表层、水耕氧化还原层；诊断特性包括热性土壤温度、人为滞水土壤水分状况、氧化还原特征、石灰性。土体厚度 1 m 以上，层次质地构型为黏土-粉砂质黏土-黏土-粉砂质黏壤土，通体有石灰反应，pH 7.0～7.6。水耕氧化还原层出现在 30 cm 以下，结构面有 5%～15%的铁斑纹，可见铁锰胶膜，铁聚层次出现在 50 cm 以下。

对比土系 同一土族的土系中，湘东系成土母质为湖积物，通体为粉砂质黏壤土；楼子台系成土母质为冲积物，层次质地构型为黏壤土-黏土-黏壤土。位于同一乡镇的沿湖系，同一亚纲，不同土类，为潜育水耕人为土。

利用性能综述 土体深厚，质地黏，耕性差，保肥性好，水分过多，通气不良，磷钾含量偏低。应加强农田建设，充分利用地势平坦、土壤肥沃的优势，挖深沟大渠，建设河网化基本农田，水旱轮作，增施磷钾肥，提高养肥供应强度。

参比土种 浅潮土田。

代表性单个土体 位于湖北省洪湖市汉河镇龙甲村，29°57′36.4″N，113°32′18.3″E，海拔 22 m，河流入湖地带，成土母质为河湖相沉积物，水田，早稻-晚稻轮作。50 cm 深度土温 17.2 ℃。野外调查时间为 2010 年 12 月 9 日，编号编号 42-094。

龙甲系代表性单个土体剖面

Ap1：0～20 cm，灰棕色（5YR 5/2，干），灰棕色（5YR 4/2，润），黏土，块状结构，稍坚实，结构面有 5%～15%的铁斑纹，轻度石灰反应，pH 为 7.6，向下层平滑清晰过渡。

Ap2：20～30 cm，灰棕色（5YR 5/2，干），灰棕色（5YR 4/2，润），粉砂质黏土，块状结构，极坚实，结构面有 5%～15%的铁斑纹，pH 为 6.0，向下层平滑渐变过渡。

Br1：30～50 cm，灰棕色（5YR 5/2，干），灰棕色（5YR 4/2，润），黏土，块状结构，坚实，结构面有 5%～15%的铁斑纹，轻度石灰反应，pH 为 7.2，向下层平滑突变过渡。

Br2：50～120 cm，浊橙色（5YR 6/3，干），浊红棕色（5YR 4/4，润），粉砂质黏壤土，块状结构，坚实，结构面有 2%～5%的铁斑纹，可见清晰的铁锰胶膜，pH 为 7.0。

龙甲系代表性单个土体物理性质

土层	深度/cm	砾石（>2mm，体积分数）/%	细土颗粒组成（粒径：mm）/（g/kg）			质地	容重/（g/cm³）
			砂粒 2～0.05	粉粒 0.05～0.002	黏粒 <0.002		
Ap1	0～20	0	196	381	423	黏土	1.53
Ap2	20～30	0	179	412	409	粉砂质黏土	1.68
Br1	30～50	0	169	348	483	黏土	1.46
Br2	50～120	0	124	570	306	粉砂质黏壤土	1.44

龙甲系代表性单个土体化学性质

深度/cm	pH		有机质/（g/kg）	全氮（N）/（g/kg）	全磷（P）/（g/kg）	全钾（K）/（g/kg）	阳离子交换量/（cmol/kg）	游离氧化铁/（g/kg）
	H_2O	KCl						
0～20	7.6	—	23.6	0.93	0.18	14.3	28.0	14.3
20～30	6.0	—	29.8	0.75	0.17	14.4	21.0	17.1
30～50	7.2	—	19.7	0.62	0.26	15.2	21.1	18.3
50～120	7.0	—	12.4	0.45	0.17	12.6	17.8	22.1

4.3.3 湘东系（Xiangdong Series）

土 族：黏质伊利石混合型石灰性热性-普通铁聚水耕人为土

拟定者：蔡崇法，王天巍，陈 芳

分布与环境条件 广泛分布在武汉、潜江、咸宁、黄冈等地，滨湖平原，成土母质为湖积物，水田，早稻-晚稻轮作或麦(油)-晚稻轮作。年均日照时数 1620～1934 h，年均气温 17～18 ℃，年均降水量 972～1115 mm，无霜期 240～256 d。

湘东系典型景观

土系特征与变幅 诊断层包括水耕表层、水耕氧化还原层；诊断特性包括热性土壤温度、人为滞水土壤水分状况、氧化还原特征、石灰性。土体厚度 1 m 以上，通体为粉砂质黏壤土，有石灰反应，pH 7.8～8.0。水耕氧化还原层出现在 35 cm 以下，为铁聚层次，结构面有 15%～40%的铁锰斑纹，可见清晰的灰色胶膜。

对比土系 同一土族的土系中，龙甲系成土母质为冲积物，层次质地构型为黏土-粉砂质黏土-黏土-粉砂质黏壤土；楼子台系成土母质为冲积物，层次质地构型为黏壤土-黏土-黏壤土。位于同一农场的黄家台系，同一亚纲，不同土类，为潜育水耕人为土；流塘系，同一亚类，不同土族，颗粒大小级别均为黏壤质，层次质地构型为粉砂质黏壤土-粉砂壤土；天新系，同一亚纲，不同土类，为简育水耕人为土；天新场系、张家窑系、皇装垸系，旱作，不同土纲，为雏形土。

利用性能综述 土体深厚，质地较黏，耕性差，通透能力较弱，水稻泡水期间其氧化还原电位低，容易给根系生长带来危害，磷钾含量偏低。应合理水旱轮作，客沙改土，增施土杂肥和有机肥，改善土壤结构，秸秆还田，增磷补钾。

参比土种 潮砂泥田。

代表性单个土体 位于湖北省潜江市后湖农场湘东队，30°21′57.4″N，112°41′50.1″E，海拔 25 m，滨湖平原，成土母质为湖相沉积物，水田，早稻-晚稻轮作。50 cm 深度土温 17.3 ℃。野外调查时间为 2010 年 3 月 18 日，编号 42-009。

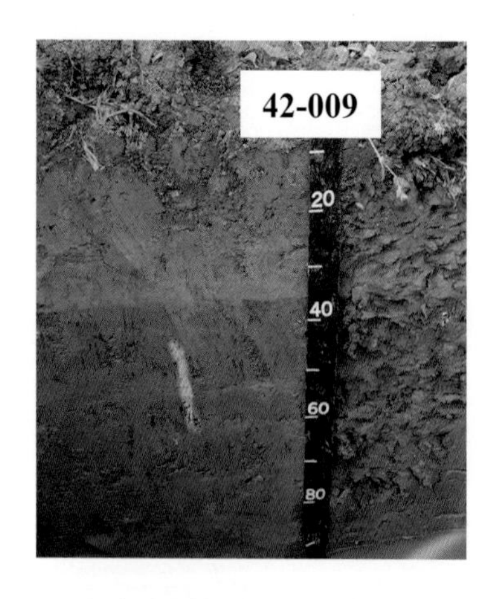

湘东系代表性单个土体剖面

Ap1：0～22 cm，棕灰色（7.5YR 5/1，干），黑棕色（7.5YR 3/2，润），粉砂质黏壤土，屑粒状结构，疏松，pH 为 7.8，中度石灰反应，向下层平滑渐变过渡。

Ap2：22～35 cm，灰棕色（5YR 5/2，干），灰棕色（5YR 4/2，润），粉砂质黏壤土，块状结构，坚实，结构面有 2%～5%的铁锰斑纹，可见清晰的灰色胶膜，pH 为 7.8，中度石灰反应，向下层平滑渐变过渡。

Br1：35～50 cm，棕灰色（5YR 5/1，干），灰棕色（5YR 5/2，润），粉砂质黏壤土，棱块状结构，坚实，结构面有 15%～40%的铁锰斑纹，可见清晰的灰色胶膜，pH 为 8.0，强石灰反应，向下层平滑渐变过渡。

Br2：50～100 cm，棕灰色（5YR 5/1，干），灰棕色（5YR 5/2，润），粉砂质黏壤土，棱块状结构，坚实，结构面有 5%～15%的铁锰斑纹，可见模糊的灰色胶膜，pH 为 7.8，强石灰反应。

湘东系代表性单个土体物理性质

土层	深度/cm	砾石（>2mm，体积分数）/%	细土颗粒组成（粒径：mm）/（g/kg）			质地	容重/（g/cm^3）
			砂粒 2～0.05	粉粒 0.05～0.002	黏粒 <0.002		
Ap1	0～22	0	120	522	358	粉砂质黏壤土	1.21
Ap2	22～35	0	87	519	394	粉砂质黏壤土	1.37
Br1	35～50	0	145	498	357	粉砂质黏壤土	1.32
Br2	50～100	0	139	492	369	粉砂质黏壤土	1.34

湘东系代表性单个土体化学性质

深度/cm	pH		有机质/（g/kg）	全氮（N）/（g/kg）	全磷（P）/（g/kg）	全钾（K）/（g/kg）	阳离子交换量/（cmol/kg）	游离氧化铁/（g/kg）
	H_2O	KCl						
0～22	7.8	—	26.3	1.38	0.88	9.8	29.1	16.2
22～35	7.8	—	20.3	1.04	0.77	10.0	32.5	17.4
35～50	8.0	—	8.6	0.40	0.49	6.8	26.9	25.5
50～100	7.8	—	8.1	0.28	0.44	6.3	24.7	26.2

4.3.4 楼子台系（Louzitai Series）

土 族：黏质伊利石混合型石灰性热性-普通铁聚水耕人为土

拟定者：张海涛，姚 莉

分布与环境条件 主要分布在江汉平原地区，湖滨地带、远离河床的阶地。成土母质为河流冲积物，水田，早稻-晚稻轮作或麦(油)-晚稻轮作。年均日照时数 1900～2000 h，年均气温 16.7～17.5 ℃，年均降水量 1100～1250 mm。

楼子台系典型景观

土系特征与变幅 诊断层包括水耕表层、水耕氧化还原层；诊断特性包括热性土壤温度、人为滞水土壤水分状况、氧化还原特征、石灰性。土体厚度 1 m 以上，层次质地构型为黏壤土-黏土-黏壤土，通体有石灰反应，pH 7.8～8.1。水耕氧化还原层出现在 30 cm 以下，结构面有 5%～15%的锈纹锈斑，可见灰色胶膜，铁聚层次出现在 50 cm 以下。

对比土系 楼子台系，同一土族，成土母质为河湖相沉积物，层次质地构型为粉砂质黏壤土-粉砂壤土。

利用性能综述 土体深厚，质地黏重，耕性差，结构紧密，干旱时，田里形成大块龟裂。有机质、磷、钾含量偏低。应改善土壤通透性能，增施农家肥、有机肥和磷钾肥，秸秆还田，改善土壤结构，合理安排耕作或较为粗放的作物。

参比土种 灰潮砂泥田。

代表性单个土体 位于湖北省仙桃市干河办事处楼子台村三组，30°21′48.1″N，113°43′46.5″E，海拔 26 m，湖滨冲积平原或远离河床的阶地，成土母质为河流冲积物，水田，早稻-晚稻轮作。50 cm 深度土温 17.1 ℃。野外调查时间为 2010 年 11 月 29 日，编号 42-075。

楼子台系代表性单个土体剖面

Ap1：0～20 cm，棕灰色（10YR 6/1，干），浊黄棕色（10YR 5/3，润），黏壤土，块状结构，稍坚实，强石灰反应，pH 为 7.8，向下层平滑清晰过渡。

Ap2：20～32 cm，淡灰色（10YR 7/1，干），30%暗绿灰色（10G 4/1，润），70%浊黄棕色（10YR 5/3，润），黏土，块状结构，很坚实，结构面有 5%～15%的锈纹锈斑，强石灰反应，pH 为 8.2，向下层平滑清晰过渡。

Br1：32～50 cm，浊黄橙色（10YR 7/3，干），浊黄棕色（10YR 4/3，润），黏壤土，块状结构，坚实，结构面有 2%～5%的铁锰斑纹，可见模糊的灰色胶膜，强石灰反应，pH 为 8.1，向下层平滑清晰过渡。

Br2：50～70 cm，浊黄橙色（10YR 7/3，干），棕色（10YR 4/4，润），黏壤土，块状结构，坚实，结构面有 5%～15%的铁锰斑纹，可见模糊的灰色胶膜，强石灰反应，pH 为 8.2，向下层平滑清晰过渡。

Br3：70～120 cm，极浅淡棕色（10YR 7/3，干），暗黄棕色（10YR 4/4，润），黏壤土，弱块状结构，坚实，结构面有<2%的铁斑纹，强石灰反应，pH 为 7.9。

楼子台系代表性单个土体物理性质

土层	深度 /cm	砾石 (>2mm，体积分数) /%	细土颗粒组成（粒径：mm）/(g/kg)			质地	容重 /(g/cm³)
			砂粒 2～0.05	粉粒 0.05～0.002	黏粒 <0.002		
Ap1	0～20	0	250	359	391	黏壤土	1.38
Ap2	20～32	0	311	209	480	黏土	1.53
Br1	32～50	0	271	340	389	黏壤土	1.36
Br2	50～70	0	301	327	372	黏壤土	1.26
Br3	70～120	0	280	321	399	黏壤土	1.23

楼子台系代表性单个土体化学性质

深度/cm	pH		有机质 /(g/kg)	全氮（N） /(g/kg)	全磷（P） /(g/kg)	全钾（K） /(g/kg)	阳离子交换量 /(cmol/kg)	游离氧化铁 /(g/kg)
	H_2O	KCl						
0～20	7.8	—	19.1	1.30	1.19	0.5	8.2	14.0
20～32	8.2	—	18.0	1.38	0.87	0.3	7.9	13.4
32～50	8.1	—	13.9	0.93	0.33	0.1	10.6	15.6
50～70	8.2	—	11.9	0.62	0.14	0.1	8.5	23.5
70～120	7.9	—	10.7	0.47	0.56	0.2	10.4	27.8

4.3.5　琅桥系（Langqiao Series）

土　族：黏质伊利石混合型非酸性热性-普通铁聚水耕人为土
拟定者：王天巍，陈　芳

分布与环境条件　多出现于咸宁、赤壁、恩施、宜昌等地，低丘低塝、子冲、顶陇处，成土母质为泥质岩风化坡积-堆积物，水田，单季稻。年均气温 17～18 ℃，年均降水量 1540 mm，无霜期 260 d 左右。

琅桥系典型景观

土系特征与变幅　诊断层包括水耕表层、水耕氧化还原层；诊断特性包括热性土壤温度、人为滞水土壤水分状况、氧化还原特征。土体厚度 1 m 以上，层次质地构型为黏壤土-粉砂壤土-粉质黏壤土-粉质黏土，pH 6.5～7.1。水耕氧化还原层出现在 35 cm 以下，为铁聚层次，结构面有 5%～15%的铁锰斑纹，可见模糊的灰色胶膜，土体中有 10%～20%的岩石碎屑。

对比土系　同一土族的土系中，石泉系成土母质为碳酸盐岩风化冲积-堆积物，通体为黏壤土，土体中有 2%左右铁锰结核；蜀港系成土母质为第四纪黏土，通体为黏土；中咀上系成土母质为第四纪黏土，层次质地构型为黏土-黏壤土-黏土。位于同一乡镇的南门口系，成土母质一致，地形部位略高，同一亚类，不同土族，颗粒大小级别为黏壤质。

利用性能综述　土体深厚，质地偏黏，耕性差，适种性较窄，通透能力弱，保肥力强，供肥迟缓，磷钾含量偏低。应在改善灌溉设施的基础上，增施砂质土杂肥，割青肥田，种植绿肥，以期改善耕层泥砂比，提高土壤有机质含量；同时，抢墒翻耕，逐年加厚耕层；并增施磷钾肥，促使水稻早发稳长。

参比土种　浅细泥田。

代表性单个土体　位于湖北省赤壁市中伙铺镇琅桥村，29°49′54.2″N，114°2′12.0″E，海拔 49 m，低丘低塝，成土母质为泥质页岩风化坡积-堆积物，水田，单季稻。50 cm 深度土温 17.9 ℃。野外调查时间为 2010 年 11 月 13 日，编号 42-053。

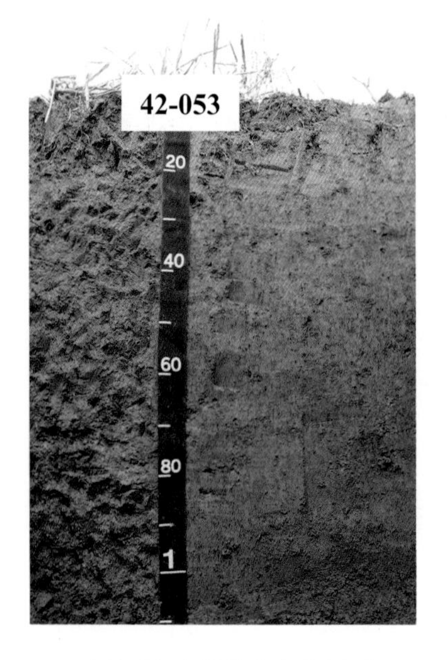

琅桥系代表性单个土体剖面

Ap1：0～22 cm，浊橙色（7.5YR 7/3，干），棕色（7.5YR 4/3，润），黏壤土，粒状结构，疏松，结构面有 5%～15%铁锈斑纹，pH 为 6.5，向下层平滑清晰过渡。

Ap2：22～35 cm，浊橙色（7.5YR 5/5，干），棕色（7.5YR 4/4，润），粉砂壤土，块状结构，很坚实，结构面可见模糊的铁锰胶膜，pH 为 6.7，向下层平滑清晰过渡。

Br1：35～63 cm，浊棕色（7.5YR 5/5，干），棕色（7.5YR 4/6，润），粉砂质黏壤土，块状结构，很坚实，结构面有 5%～15%铁锰斑纹，可见模糊的灰色胶膜，土体中有 10%左右岩石碎屑，pH 为 6.6，向下层平滑模糊过渡。

Br2：63～110 cm，浊棕色（7.5YR 5/5，干），棕色（7.5YR 4/4，润），粉砂质黏土，块状结构，坚实，结构面有 5%～15%铁锰斑纹，土体中有 20%左右岩石碎屑，可见清晰的灰色胶膜，pH 为 7.1。

琅桥系代表性单个土体物理性质

土层	深度/cm	砾石（>2mm，体积分数）/%	细土颗粒组成（粒径：mm）/（g/kg）			质地	容重/（g/cm³）
			砂粒 2～0.05	粉粒 0.05～0.002	黏粒 <0.002		
Ap1	0～22	0	254	403	343	黏壤土	1.46
Ap2	22～35	0	126	682	192	粉砂壤土	1.61
Br1	35～63	10	125	565	310	粉砂质黏壤土	1.53
Br2	63～110	20	39	522	439	粉砂质黏土	1.56

琅桥系代表性单个土体化学性质

深度/cm	pH		有机质/（g/kg）	全氮（N）/（g/kg）	全磷（P）/（g/kg）	全钾（K）/（g/kg）	阳离子交换量/（cmol/kg）	游离氧化铁/（g/kg）
	H_2O	KCl						
0～22	6.5	—	29.1	2.56	0.27	11.8	26.2	24.0
22～35	6.7	—	11.6	1.25	0.18	11.6	23.2	39.4
35～63	6.6	—	17.6	1.41	0.14	11.5	22.7	38.9
63～110	7.1	—	12.4	0.80	0.11	15.1	23.0	39.4

4.3.6 石泉系（Shiquan Series）

土 族：黏质伊利石混合型非酸性热性-普通铁聚水耕人为土
拟定者：陈家赢，姚 莉

分布与环境条件 主要分布于鄂南以及鄂东等地，低山丘陵的平坝、岩溶盆地、冲垄等地带，成土母质为碳酸盐岩风化冲积-堆积物，水田，麦-稻或早稻-晚稻轮作。年均日照时数 1600～2000 h，年均气温 17.5～18 ℃，年均降水量 1350～1430 mm，无霜期 245～258 d。

石泉系典型景观

土系特征与变幅 诊断层包括水耕表层、水耕氧化还原层；诊断特性包括热性土壤温度、人为滞水土壤水分状况、氧化还原特征。土体厚度 1 m 以上，通体为黏壤土，pH 6.7～7.6。水耕氧化还原层约出现在 30～110 cm，为铁聚层次，结构面有 2%～5%的铁锰斑纹，可见模糊的灰色胶膜，土体中有 2%左右铁锰结核。

对比土系 同一土族的土系中，琅桥系成土母质为泥质岩风化坡积-堆积物，层次质地构型为黏壤土-粉砂壤土-粉砂质黏壤土-粉砂质黏土，土体中有 20%左右的岩石碎屑；蜀港系成土母质为第四纪黏土，通体为黏土；中咀上系成土母质为第四纪黏土，层次质地构型为黏土-黏壤土-黏土。

利用性能综述 土体深厚，质地黏重，翻耕成块，湿耕阻力大，成泥条，遇旱开裂成大缝，复水难融合，保肥蓄水能力尚可，养分含量偏低。应排灌分设，浅灌勤灌，提高泥水温度，防止晒田开裂；增施农家肥、有机肥和复合肥，种植绿肥，有条件的可客沙改土。

参比土种 岩泥田。

代表性单个土体 位于湖北省赤壁市官塘驿镇石泉村二组，29°47′54.7″N，114°7′15.6″E，海拔 26 m，低山丘陵的冲垄地带，成土母质为碳酸盐岩类风化冲积-堆积物，水田，早稻-晚稻。50 cm 深度土温 17.9 ℃。野外调查时间为 2011 年 11 月 15 日，编号 42-168。

石泉系代表性单个土体剖面

Ap1：0～22 cm，浊黄橙色（10YR 6/3，干），棕灰色（10YR 5/1，润），黏壤土，粒状结构，松散，轻度石灰反应，pH 为 7.6，向下层平滑清晰过渡。

Ap2：22～31 cm，浊黄橙色（10YR 6/3，干），棕灰色（10YR 5/1，润），黏壤土，块状结构，坚实，轻度石灰反应，pH 为 7.6，向下层平滑清晰过渡。

Br1：31～85 cm，浊黄橙色（10YR 6/3，干），浊黄棕色（10YR 4/3，润），黏壤土，块状结构，坚实，结构面有 2%～5%的铁锰斑纹，可见模糊的灰色胶膜，土体中有 2%左右铁锰结核，pH 为 6.7，向下层平滑清晰过渡。

Br2：85～110 cm，浊黄棕色（10YR 6/3，干），浊黄棕色（10YR 4/3，润），黏壤土，块状结构，坚实，结构面有 2%～5%的铁锰斑纹，可见模糊的灰色胶膜，土体中有 2%左右铁锰结核，pH 为 6.8，向下层平滑清晰过渡。

C：110～120 cm，亮黄棕色（10YR 6/8，干），棕色（10YR 4/6，润），黏壤土，块状结构，坚实，pH 为 6.7。

石泉系代表性单个土体物理性质

土层	深度/cm	砾石（>2mm，体积分数）/%	细土颗粒组成（粒径：mm）/（g/kg）			质地	容重/（g/cm³）
			砂粒 2～0.05	粉粒 0.05～0.002	黏粒 <0.002		
Ap1	0～22	0	217	407	376	黏壤土	1.11
Ap2	22～31	0	210	407	383	黏壤土	1.25
Br1	31～85	2	210	396	394	黏壤土	1.25
Br2	85～110	2	216	390	394	黏壤土	1.39
C	110～120	0	216	399	385	黏壤土	1.38

石泉系代表性单个土体化学性质

深度/cm	pH		有机质/（g/kg）	全氮（N）/（g/kg）	全磷（P）/（g/kg）	全钾（K）/（g/kg）	阳离子交换量/（cmol/kg）	游离氧化铁/（g/kg）
	H_2O	KCl						
0～22	7.6	—	19.3	0.75	0.15	10.5	18.1	18.4
22～31	7.6	—	5.7	0.36	0.14	9.5	20.4	15.3
31～85	6.7	—	5.5	0.42	0.07	9.2	23.6	29.6
85～110	6.8	—	4.3	0.15	0.07	4.2	17.4	26.8
110～120	6.7	—	4.8	0.12	0.06	4.0	17.3	16.1

4.3.7 蜀港系（Shugang Series）

土 族：黏质伊利石混合型非酸性热性-普通铁聚水耕人为土
拟定者：张海涛，姚 莉

分布与环境条件 一般分布在咸宁、洪湖、仙桃等地，低山丘陵垄岗地貌，成土母质为第四纪黏土，水田，早稻-晚稻或小麦/油菜-晚稻或单季中稻早稻-晚稻轮作或麦(油)-晚稻轮作。年均日照时数1700～1900 h，年均气温17～17.5 ℃，年均降水量1100～1560 mm，无霜期245～258 d。

蜀港系典型景观

土系特征与变幅 诊断层包括水耕表层、水耕氧化还原层；诊断特性包括热性土壤温度、人为滞水土壤水分状况、氧化还原特征。土体厚度1 m以上，通体为黏土，pH为5.3～7.4。水耕氧化还原层出现在25 cm以下，为铁聚层次，结构面有2%～5%的铁锰斑纹，可见模糊的灰色胶膜。

对比土系 同一土族的土系中，中咀上系层次质地构型为黏土-黏壤土-黏土；琅桥系成土母质为泥质岩风化坡积-堆积物，层次质地构型为黏壤土-粉砂壤土-粉砂质黏壤土-粉砂质黏土，土体中有20%左右的岩石碎屑；石泉系成土母质为碳酸盐岩风化冲积-堆积物，通体为黏壤土，土体中有2%左右铁锰结核；位于同一乡镇的沙湖岭系，旱作，不同土纲，为潮湿雏形土。

利用性能综述 土体深厚，质地黏重，耕性和通透性较差，保肥力强，供肥慢，磷钾含量偏低。宜与油菜或绿肥轮作，改善土壤通透性能，增施土杂肥和有机肥，改善土壤结构，秸秆还田，增磷补钾。

参比土种 红泥田。

代表性单个土体 位于湖北省咸宁市嘉鱼县新街镇蜀港村三组，29°59′38.1″N，114°0′23.6″E，海拔31 m，低山丘陵垄岗，成土母质为第四纪黏土，水田，早稻-晚稻轮作。50 cm深度土温17.1 ℃。野外调查时间为2010年12月3日，编号42-086。

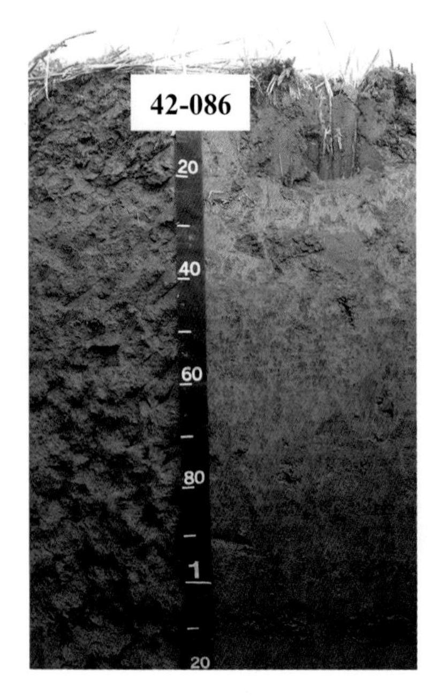

蜀港系代表性单个土体剖面

Ap1：0～18 cm，浊棕色（7.5YR 6/3，干），棕色（7.5YR 4/3，润），黏土，块状结构，坚实，根系周围有 5%～15%铁斑纹，pH 为 5.7，向下层平滑渐变过渡。

Ap2：18～28 cm，浊棕色（7.5YR 6/3，干），亮棕色（7.5YR 5/6，润），黏土，块状结构，极坚实，pH 为 5.3，向下层平滑渐变过渡。

Br1：28～40 cm，浊棕色（7.5YR 6/3，干），亮棕色（7.5YR 5/6，润），黏土，块状结构，很坚实，结构面有 2%～5%的铁锰斑纹，可见模糊的灰色胶膜，pH 为 6.7，向下层平滑渐变过渡。

Br2：40～98 cm，浊棕色（7.5YR 6/3，干），亮棕色（7.5YR 5/6，润），黏土，块状结构，坚实，结构面有 2%～5%的铁锰斑纹，可见模糊的灰色胶膜，pH 为 7.4，向下层平滑渐变过渡。

Br3：98～120 cm，浊棕色（7.5YR 6/3，干），棕色（7.5YR 4/4，润），黏土，块状结构，坚实，结构面有 2%～5%的铁锰斑纹，可见模糊的灰色胶膜，pH 为 7.2。

蜀港系代表性单个土体物理性质

土层	深度/cm	砾石（>2mm，体积分数）/%	细土颗粒组成（粒径：mm）/（g/kg）			质地	容重/（g/cm^3）
			砂粒 2～0.05	粉粒 0.05～0.002	黏粒 <0.002		
Ap1	0～18	0	104	535	361	黏土	1.31
Ap2	18～28	0	48	589	363	黏土	1.46
Br1	28～40	0	32	594	374	黏土	1.36
Br2	40～98	0	88	553	359	黏土	1.34
Br3	98～120	0	61	519	420	黏土	1.43

蜀港系代表性单个土体化学性质

深度/cm	pH		有机质/（g/kg）	全氮（N）/（g/kg）	全磷（P）/（g/kg）	全钾（K）/（g/kg）	阳离子交换量/（cmol/kg）	游离氧化铁/（g/kg）
	H_2O	KCl						
0～18	5.7	—	25.3	1.42	0.06	9.3	30.1	21.5
18～28	5.3	—	17.5	1.21	0.01	8.6	36.2	22.0
28～40	6.7	—	18.4	1.32	0.02	10.3	30.5	32.9
40～98	7.4	—	17.3	1.21	0.02	6.1	32.5	38.8
98～120	7.2	—	9.7	0.42	0.01	6.9	33.6	35.7

4.3.8 中咀上系（Zhongjushang Series）

土 族：黏质伊利石混合型非酸性热性-普通铁聚水耕人为土
拟定者：陈家赢，陈 芳

分布与环境条件 主要分布在新洲、鄂州、武穴、黄梅等地，长江河谷的二、三级阶地，丘岗地带的冲垄下部，成土母质为第四纪黏土，水田，早稻-晚稻轮作。年均日照时数 1800～2000 h，年均气温 17.5～18 ℃，年均降水量 1250～1380 mm，年均蒸发量 1490～1500 mm，无霜期 261 d 左右。

中咀上系典型景观

土系特征与变幅 诊断层包括水耕表层、水耕氧化还原层；诊断特性包括热性土壤温度、人为滞水土壤水分状况、氧化还原特征。土体厚度 1 m 以上，层次质地构型为黏土-黏壤土-黏土，pH 5.4～7.0。水耕氧化还原层出现在 25 cm 以下，结构面有 5%～15%的铁锰斑纹，可见模糊的灰色胶膜，70 cm 以下具有潜育现象。

对比土系 同一土族的土系中，蜀港系通体为黏土；琅桥系成土母质为泥质岩风化坡积-堆积物，层次质地构型为黏壤土-粉砂壤土-粉砂质黏壤土-粉砂质黏土，土体中有 20%左右的岩石碎屑；石泉系成土母质为碳酸盐岩风化冲积-堆积物，通体为黏壤土，土体中有 2%左右铁锰结核。位于同一乡镇的盘石系，地处河谷平原或平畈地区，成土母质为河湖相沉积物，相同亚纲，不同土类，为简育水耕人为土。

利用性能综述 土体深厚，质地黏，耕性和通透性差，爽水通气性差，保肥强，供肥慢，地下水位出现部位较高，易造成次生潜育，养分含量偏低。应开沟排渍，湿润灌水，适时适度落干晒田，实行水旱轮作，客沙改良耕作层质地，增施农家肥、有机肥，秸秆还田，增施磷钾肥。

参比土种 面红泥田。

代表性单个土体 位于湖北省赤壁市车埠镇中咀上村，29°45′53.1″N，113°43′46.3″E，海拔 25 m，丘岗地带的冲垄下部，成土母质为第四纪红黏土，水田，早稻-晚稻轮作。50 cm 深度土温 17.5 ℃。野外调查时间为 2010 年 11 月 14 日，编号 42-059。

中咀上系代表性单个土体剖面

Ap1：0～18 cm，浊黄橙色（10YR 7/3，干），灰黄棕色（10YR 5/2，润），黏土，棱块状结构，坚实，pH 为 5.3，向下层平滑清晰过渡。

Ap2：18～29 cm，浊黄橙色（10YR 7/3，干），浊黄棕色（10YR 5/3，润），黏土，棱块状结构，很坚实，结构面有 5%～15%的铁锰斑纹，可见模糊的灰色胶膜，pH 为 6.3，向下层平滑清晰过渡。

Br1：29～75 cm，浊黄橙色（10YR 7/3，干），浊黄棕色（10YR 5/4，润），黏壤土，棱块状结构，坚实，结构面有 5%～15%的铁锰斑纹，可见模糊的灰色胶膜，pH 为 6.3，向下层平滑清晰过渡。

Br2：75～120 cm，浊黄橙色（10YR 7/2，干），70%灰黄棕色（10YR 5/2，润），30%暗蓝灰色（10BG 4/1，润），黏土，棱块状结构，坚实，结构面有 5%～15%的铁锰斑纹和灰色胶膜，pH 为 6.4，具有潜育现象。

中咀上系代表性单个土体物理性质

土层	深度 /cm	砾石 (>2mm，体积分数)/%	细土颗粒组成（粒径：mm）/（g/kg）			质地	容重 /（g/cm³）
			砂粒 2～0.05	粉粒 0.05～0.002	黏粒 <0.002		
Ap1	0～18	0	254	323	423	黏土	1.46
Ap2	18～29	0	208	315	477	黏土	1.63
Br1	29～75	0	306	382	312	黏壤土	1.26
Br2	75～120	0	264	269	467	黏土	1.54

中咀上系代表性单个土体化学性质

深度/cm	pH		有机质 /（g/kg）	全氮（N） /（g/kg）	全磷（P） /（g/kg）	全钾（K） /（g/kg）	阳离子交换量 /cmol/kg）	游离氧化铁 /（g/kg）
	H_2O	KCl						
0～18	5.3	5.0	14.6	2.53	0.78	0.3	12.8	22.3
18～29	6.3	5.2	12.2	1.63	0.76	0.3	12.0	27.7
29～75	6.3	5.1	10.9	0.91	0.83	0.4	9.8	35.2
75～120	6.4	5.3	9.6	0.70	0.84	0.4	12.7	41.3

4.3.9 流塘系（Liutang Series）

土 族：黏壤质伊利石混合型石灰性热性-普通铁聚水耕人为土

拟定者：蔡崇法，王天巍，陈 芳

分布与环境条件 集中分布在潜江、仙桃、天门等地，河流入湖地带，成土母质为河湖相沉积物，水田，早稻-晚稻轮作。年均日照时数1620～1934 h，年均气温15.4～17.3 ℃，年均降水量972～1115 mm，年均无霜期240～256 d。

流塘系典型景观

土系特征与变幅 诊断层包括水耕表层、水耕氧化还原层；诊断特性包括热性土壤温度、人为滞水土壤水分状况、氧化还原特征。土体厚度1 m以上，层次质地构型为粉砂质黏壤土-粉砂壤土，通体有中度石灰反应，pH为7.7～7.9。水耕氧化还原层出现在30 cm以下，为铁聚层次，结构面有15%～40%的铁锰斑纹，可见清晰的灰色胶膜。

对比土系 楼子台系，同一土族，成土母质为河流冲积物，层次质地构型为黏壤土-黏土-黏壤土。位于同一农场的黄家台系和天新系，同一亚纲，不同土类，分别为潜育水耕人为土和简育水耕人为土；湘东系，同一亚类，不同土族，颗粒大小级别为黏质，通体为粉砂质黏壤土；天新场系、张家窑系和皇装垸系，旱作，不同土纲，为潮湿雏形土。

利用性能综述 土体深厚，质地较黏，耕性差，磷钾含量偏低。犁底层深厚，水分下渗和根系扎根困难。应加深耕作层，配合施用热性有机肥和过磷酸钙，秸秆还田，同时增施钾肥。

参比土种 灰潮砂泥田。

代表性单个土体 位于湖北省潜江市后湖农场流塘分场，30°19′15.1″N，112°43′29.3″E，海拔28 m，河流入湖地带，成土母质为河湖相沉积物，水田，早稻-晚稻轮作。50 cm深度土温16.3 ℃。野外调查时间为2010年3月19日，编号42-011。

流塘系代表性单个土体剖面

Ap1：0～17 cm，灰橄榄色（5Y 5/2，干），灰棕色（5YR 4/2，润），粉砂质黏壤土，屑粒状结构，松散，pH 为 7.8，向下层平滑清晰过渡。

Ap2：17～30 cm，灰橄榄色（5Y 5/2，干），灰棕色（5YR 4/2，润），粉砂质黏壤土，块状结构，坚实，结构面有 2%～5%的锈纹锈斑，轻度石灰反应，pH 为 7.7，向下层波状清晰过渡。

Br1：30～95 cm，橄榄棕色（2.5Y 4/4，干），浊黄棕色（10YR 4/3，润），粉砂壤土，块状结构，坚实，结构面有 15%～40%的铁锰斑纹，可见清晰的灰色胶膜，中度石灰反应，pH 为 7.9，向下层平滑清晰过渡。

Br2：95～120 cm，浊红棕色（5YR 4/4，干），暗红棕色（5YR 3/2，润），粉砂壤土，块状结构，坚实，结构面有 15%～40%的铁锰斑纹，可见清晰的灰色胶膜，中度石灰反应，pH 为 7.9。

流塘系代表性单个土体物理性质

土层	深度 /cm	砾石（>2mm，体积分数）/%	细土颗粒组成（粒径：mm）/（g/kg）			质地	容重 /（g/cm³）
			砂粒 2～0.05	粉粒 0.05～0.002	黏粒 <0.002		
Ap1	0～17	0	104	539	357	粉砂质黏壤土	1.15
Ap2	17～30	0	105	505	390	粉砂质黏壤土	1.31
Br1	30～95	0	180	610	210	粉砂壤土	1.23
Br2	95～120	0	154	617	229	粉砂壤土	1.25

流塘系代表性单个土体化学性质

深度/cm	pH		有机质 /（g/kg）	全氮（N） /（g/kg）	全磷（P） /（g/kg）	全钾（K） /（g/kg）	阳离子交换量 /（cmol/kg）	游离氧化铁 /（g/kg）
	H_2O	KCl						
0～17	7.8	—	28.6	1.78	0.40	9.5	24.7	18.1
17～30	7.7	—	23.4	1.27	0.43	6.9	26.7	22.1
30～95	7.9	—	11.0	0.59	0.41	5.7	36.2	29.1
95～120	7.9	—	8.6	0.55	0.38	10.2	28.1	28.3

4.3.10 白庙系（Baimiao Series）

土 族：黏壤质混合型非酸性热性-普通铁聚水耕人为土

拟定者：王天巍，秦 聪

分布与环境条件 主要分布在武汉、荆门、孝感、襄阳等地，低丘岗地和垄岗，成土母质为第四纪黏土，水田，水稻-油菜轮作。年均日照时数 1900～2100 h，年均气温 15.6～16.3 ℃，年均降水量 1000 mm，年均蒸发量 1490～1750 mm。

白庙系典型景观

土系特征与变幅 诊断层包括水耕表层、水耕氧化还原层；诊断特性包括热性土壤温度、人为滞水土壤水分状况、氧化还原特征。土体厚度 1 m 以上，层次质地构型为壤土-黏壤土-粉砂壤土-粉砂质黏壤土，pH 6.1～6.6。水耕氧化还原层出现在 25 cm 以下，为铁聚层次，结构面有 5%～15%的铁锰斑纹，可见模糊的灰色胶膜，土体中有 2%左右的铁锰结核。

对比土系 同一土族的土系中，茶庵岭系，层次质地构型为粉砂壤土-黏壤土-粉砂壤土-黏壤土；犁平系，通体为粉砂壤土，土体中无结核；骆店系，层次质地构型粉砂壤土-粉质黏壤土-粉砂壤土；双桥系，层次质地构型粉砂壤土-黏壤土-粉砂壤土，土体中无结核；船叽系，成土母质为泥质岩类坡积-堆积残积物，层次质地构型为粉砂壤土-壤土-粉砂壤土；樊庙系，成土母质为第四纪黄土性沉积物，通体为黏壤土；花山系，距河床较远的河漫滩的低洼平地、河漫滩与山丘连接处的边缘阶地及滨湖平原，成土母质为近代河流冲积物，层次质地构型为粉砂质黏土-粉砂质黏壤土-粉砂壤土；南门山系，成土母质为泥质岩风化坡积-堆积物，层次质地构型为壤土-粉质黏壤土-粉质黏壤土-黏壤土-黏土；跑马岭系，冲积平原，成土母质为江汉平原的河流冲积物，通体为粉砂壤土，土体中无结核；瓦瓷系，成土母质为第四纪黄土性沉积物，层次质地构型为壤土-黏壤土；下津系，沿河两岸的阶地、距河床较远的缓平开阔地带及丘岗坡脚与河漫滩的连接处，成土母质为近代河流冲积物，通体为粉壤土，土体中无结核。

利用性能综述 土体深厚，质地适中，犁底层发育适度，耕性好。有机质、磷、钾含量偏低。保肥蓄水能力强。Br 层垂直节理明显，有利于土壤的透水性和通气性。应注重增施磷肥和有机肥，秸秆还田。

参比土种 面黄泥田。

代表性单个土体 位于湖北省荆门市沙洋县十里铺镇白庙村，30°37′45.9″N，112°11′47.1″E，海拔 35 m，低丘岗地和垄岗平畈，成土母质为第四纪黏土，水田，水稻-油菜轮作。50 cm 深度土温 16.7 ℃。野外调查时间为 2011 年 11 月 4 日，编号 42-162。

白庙系代表性单个土体剖面

Ap1：0～16 cm，灰棕色（7.5YR 6/2，干），灰棕色（7.5YR 5/2，润），壤土，块状结构，稍坚实，pH 为 6.1，向下层平滑清晰过渡。

Ap2：16～28 cm，灰棕色（7.5YR 6/2，干），棕灰色（7.5YR 5/1，润），黏壤土，块状结构，坚实，结构面有 5%～15%的铁锰斑纹，可见模糊的灰色胶膜，无石灰反应，pH 为 6.4，向下层平滑清晰过渡。

Br1：28～60 cm，浊棕色（7.5YR 6/3，干），灰棕色（7.5YR 4/2，润），粉砂壤土，团块状结构，极坚实，结构面有 5%～15%的铁锰斑纹，可见模糊的灰色胶膜，土体中有 2%左右铁锰结核，pH 为 6.5，向下层平滑模糊过渡。

Br2：60～90 cm，浊橙色（7.5YR 7/3，干），灰棕色（7.5YR 4/2，润），粉砂质黏壤土，块状结构，极坚实，结构面有 15%～40%的铁锰斑纹，可见模糊的灰色胶膜，土体中有 2%左右铁锰结核，pH 为 6.6。

白庙系代表性单个土体物理性质

土层	深度 /cm	砾石（>2mm，体积分数）/%	细土颗粒组成（粒径：mm）/（g/kg）			质地	容重 /（g/cm³）
			砂粒 2～0.05	粉粒 0.05～0.002	黏粒 <0.002		
Ap1	0～16	0	263	479	258	壤土	1.25
Ap2	16～28	0	225	439	336	黏壤土	1.43
Br1	28～60	2	165	575	260	粉砂壤土	1.42
Br2	60～90	2	131	491	378	粉砂质黏壤土	1.46

白庙系代表性单个土体化学性质

深度/cm	pH		有机质 /（g/kg）	全氮（N） /（g/kg）	全磷（P） /（g/kg）	全钾（K） /（g/kg）	阳离子交换量 /（cmol/kg）	游离氧化铁 /（g/kg）
	H_2O	KCl						
0～16	6.1	—	20.2	1.26	0.20	11.2	12.4	14.2
16～28	6.4	—	13.8	0.83	0.14	13.9	11.0	13.9
28～60	6.5	—	12.9	0.74	0.10	12.6	14.2	38.5
60～90	6.6	—	8.0	0.46	0.07	10.3	13.2	41.8

4.3.11　茶庵岭系（Chaanling Series）

土　族：黏壤质混合型非酸性热性-普通铁聚水耕人为土

拟定者：张海涛，姚　莉

分布与环境条件　主要分布于咸宁、赤壁、通城等地，低丘岗地和垄岗地带，成土母质为第四纪黏土，水田，早稻-晚稻轮作。年均日照时数 1700～1900 h，年均气温 17～17.5 ℃，年均降水量 1450～1580 mm，无霜期 245～258 d。

茶庵岭系典型景观

土系特征与变幅　诊断层包括水耕表层、水耕氧化还原层；诊断特性包括热性土壤温度、人为滞水土壤水分状况、氧化还原特征。土体厚度 1 m 以上，层次质地构型为粉砂壤土-黏壤土-粉砂壤土-黏壤土，pH 5.7～6.3。水耕氧化还原层出现在 35 cm 以下，为铁聚层次，结构面有 5%～15%的锈纹锈斑，土体中有 2%左右的铁锰结核。

对比土系　同一土族的土系中，白庙系，层次质地构型为壤土-黏壤土-粉砂壤土-粉砂质黏壤土；犁平系，通体为粉砂壤土，土体中无结核；骆店系，层次质地构型为粉砂壤土-粉质黏壤土-粉砂壤土；双桥系，层次质地构型为粉砂壤土-黏壤土-粉砂壤土，土体中无结核；船叽系，成土母质为泥质岩类坡积-堆积残积物，层次质地构型为粉砂壤土-壤土-粉砂壤土；樊庙系，成土母质为第四纪黄土性沉积物，通体为黏壤土；花山系，距河床较远的河漫滩的低洼平地、河漫滩与山丘连接处的边缘阶地及滨湖平原，成土母质为近代河流冲积物，层次质地构型为粉砂质黏土-粉砂质黏壤土-粉砂壤土，土体中无结核；南门山系，成土母质为泥质岩风化坡积-堆积物，层次质地构型为壤土-粉质黏壤土-粉质黏壤土-黏壤土-黏土，土体中无结核；跑马岭系，冲积平原，成土母质为江汉平原的河流冲积物，通体为粉砂壤土，土体中无结核；瓦瓷系，成土母质为第四纪黄土性沉积物，层次质地构型为壤土-黏壤土；下津系，沿河两岸的阶地、距河床较远的缓平开阔地带及丘岗坡脚与河漫滩的连接处，成土母质为近代河流冲积物，通体为粉壤土，土体中无结核。

利用性能综述　土体深厚，耕作层质地适中，耕性好，磷钾含量偏低。应合理轮作，用养结合，增施农家肥、有机肥，秸秆还田，培肥土壤，同时增施磷肥和钾肥。

参比土种　面红泥田。

代表性单个土体　位于湖北省赤壁市茶庵岭镇温泉村二组，29°39′18.8″N，113°48′22.9″E，海拔 56 m，低丘岗地和垄岗地带，成土母质为第四纪红黏土，水田，早稻-晚稻轮作。50 cm 深度土温 16.8 ℃。野外调查时间为 2011 年 11 月 14 日，编号 42-166。

茶庵岭系代表性单个土体剖面

Ap1：0～22 cm，浊棕色（7.5YR 6/3，干），棕色（7.5YR 4/3，润），粉砂壤土，粒状结构，松散，pH 为 5.7，向下层平滑清晰过渡。

Ap2：22～36 cm，浊橙色（7.5YR 7/3，干），棕色（7.5YR 4/4，润），黏壤土，块状结构，结构面有 5%～15%的铁斑纹，可见模糊的灰色胶膜，pH 为 6.0，向下层平滑清晰过渡。

Br1：36～83 cm，浊橙色（7.5YR 7/3，干），棕色（7.5YR 4/4，润），粉砂壤土，块状结构，坚实，结构面有 5%～15%的锈纹锈斑，土体中有 2%左右铁锰结核，pH 为 6.2，向下层平滑渐变过渡。

Br2：83～110 cm，浊橙色（7.5Y 7/3，干），亮棕色（7.5YR 5/6，润），黏壤土，块状结构，坚实，2%左右铁锰结核，pH 为 6.3。

茶庵岭系代表性单个土体物理性质

土层	深度/cm	砾石（>2mm，体积分数）/%	细土颗粒组成（粒径：mm）/（g/kg）			质地	容重/（g/cm^3）
			砂粒 2～0.05	粉粒 0.05～0.002	黏粒 <0.002		
Ap1	0～22	0	100	705	195	粉砂壤土	1.27
Ap2	22～36	0	385	331	284	黏壤土	1.41
Br1	36～83	2	142	683	175	粉砂壤土	1.37
Br2	83～110	2	294	408	298	黏壤土	1.49

茶庵岭系代表性单个土体化学性质

深度/cm	pH		有机质/（g/kg）	全氮（N）/（g/kg）	全磷（P）/（g/kg）	全钾（K）/（g/kg）	阳离子交换量/（cmol/kg）	游离氧化铁/（g/kg）
	H_2O	KCl						
0～22	5.7	—	26.4	1.61	0.41	19.5	28.9	19.2
22～36	6.0	—	21.4	1.36	0.33	17.5	29.5	23.1
36～83	6.2	—	17.4	0.94	0.15	22.9	21.1	35.1
83～110	6.3	—	7.3	0.43	0.14	20.4	12.9	43.1

4.3.12 船叽系（Chuanji Series）

土 族：黏壤质混合型非酸性热性-普通铁聚水耕人为土
拟定者：张海涛，姚 莉

分布与环境条件 主要分布在咸宁、黄冈等地，低山丘陵坡旁、山沿、上垄，成土母质为泥质岩类坡积-堆积物，水田，早稻-晚稻轮作。年均气温 15.5～16.7 ℃，年均降水量 1450～1600 mm，无霜期 258 d 左右。

船叽系典型景观

土系特征与变幅 诊断层包括水耕表层、水耕氧化还原层；诊断特性包括热性土壤温度、人为滞水土壤水分状况、氧化还原特征。土体厚度 1 m 以上，层次质地构型为粉砂壤土-壤土-粉砂壤土，pH 5.4～6.3。水耕氧化还原层出现在 35 cm 以下，为铁聚层次，结构面有 5%～15%的铁锰斑纹，可见模糊的灰色胶膜，土体中有 2%左右的铁锰结核。

对比土系 同一土族的土系中，白庙系，成土母质为第四纪黏土，层次质地构型为壤土-黏壤土-粉砂壤土-粉砂质黏壤土；茶庵岭系，成土母质为第四纪黏土，层次质地构型为粉砂壤土-黏壤土-粉砂壤土-黏壤土；樊庙系，成土母质为第四纪黄土性沉积物，通体为黏壤土；花山系，距河床较远的河漫滩的低洼平地、河漫滩与山丘连接处的边缘阶地及滨湖平原，成土母质为近代河流冲积物，层次质地构型为粉砂质黏土-粉砂质黏壤土-粉砂壤土，土体中无结核；犁平系，成土母质为第四纪黏土，通体为粉砂壤土，土体中无结核；骆店系，成土母质为第四纪黏土，层次质地构型为粉砂壤土-粉质黏壤土-粉砂壤土；南门山系，层次质地构型为壤土-粉质黏壤土-粉质黏壤土-黏壤土-黏土，土体中无结核；跑马岭系，冲积平原，成土母质为江汉平原的河流冲积物，通体为粉砂壤土，土体中无结核；双桥系，成土母质为第四纪红黏土，层次质地构型为粉砂壤土-黏壤土-粉砂壤土，土体中无结核；瓦瓷系，成土母质为第四纪黄土性沉积物，层次质地构型为壤土-黏壤土；下津系，沿河两岸的阶地、距河床较远的缓平开阔地带及丘岗坡脚与河漫滩的连接处，成土母质为近代河流冲积物，通体为粉壤土，土体中无结核。

利用性能综述 土体深厚，质地适中，耕性好，保水保肥及供水供肥能力尚可。有机质和氮含量较高，磷、钾略显不足。应增施有机肥和实行秸秆还田以培肥土壤，改善土壤结构，加强水利设施建设，保证灌排，增施磷肥和钾肥。

参比土种 麻泥沙田。

代表性单个土体　位于湖北省咸宁市通城县沙堆镇湾船叽村八组，29°16′41.6″N，113°54′36.6″E，海拔 101 m，低山丘陵上垄，成土母质为泥质岩类坡积-堆积物，水田，早稻-晚稻轮作。50 cm深度土温16.3 ℃。野外调查时间为2011年3月25日，编号42-137。

船叽系代表性单个土体剖面

Ap1：0～23 cm，橙白色（10YR 8/2，干），灰黄棕色（10YR 5/2，润），粉砂壤土，粒状结构，松散，结构面有2%～5%的铁锰斑纹，pH 为 5.4，向下层波状清晰过渡。

Ap2：23～36 cm，亮黄棕色（10YR 7/6，干），黄棕色（10YR 5/8，润），壤土，块状结构，坚实，结构面有 5%～15%的铁锰斑纹，可见模糊的灰色胶膜，pH 为 5.8，向下层平滑渐变过渡。

Br1：36～49 cm，浊黄橙色（10Y 6/3，干），浊黄棕色（10YR 4/3，润），壤土，块状结构，很坚实，结构面有 5%～15%的铁锰斑纹，可见模糊的灰色胶膜，土体中有 2%左右铁锰结核，pH 为 6.2，向下层平滑清晰过渡。

Br2：49～120 cm，浊黄橙色（10YR 7/2，干），浊黄橙色（10YR 7/4，润），粉砂壤土，块状结构，很坚实，结构面有 5%～15%的铁锰斑纹，土体中有 2%左右铁锰结核，可见模糊的灰色胶膜，pH 为 6.3。

船叽系代表性单个土体物理性质

土层	深度/cm	砾石（>2mm，体积分数）/%	细土颗粒组成（粒径：mm）/（g/kg）			质地	容重/（g/cm^3）
			砂粒 2～0.05	粉粒 0.05～0.002	黏粒 <0.002		
Ap1	0～23	0	305	520	175	粉砂壤土	1.32
Ap2	23～36	0	386	439	175	壤土	1.47
Br1	36～49	2	327	458	215	壤土	1.27
Br2	49～120	2	144	632	224	粉砂壤土	1.31

船叽系代表性单个土体化学性质

深度/cm	pH		有机质/（g/kg）	全氮（N）/（g/kg）	全磷（P）/（g/kg）	全钾（K）/（g/kg）	阳离子交换量/（cmol/kg）	游离氧化铁/（g/kg）
	H_2O	KCl						
0～23	5.4	4.9	26.1	0.63	0.28	17.7	18.2	16.0
23～36	5.8	—	14.5	0.68	0.19	19.2	15.8	24.1
36～49	6.2	—	12.7	0.55	0.15	20.0	16.8	34.8
49～120	6.3	—	10.4	0.49	0.18	17.4	19.5	35.7

4.3.13 樊庙系（Fanmiao Series）

土 族：黏壤质混合型非酸性热性-普通铁聚水耕人为土
拟定者：陈家赢，姚 莉

分布与环境条件 零星分布于各地，低丘垄岗的上垄等灌溉条件比较差的地带，成土母质为第四纪黄土性沉积物，水田，水稻-油菜轮作。年均日照时数 1900～2100 h，年均气温 15.6～16.3 ℃，年均降水量 1000 mm 左右，年均蒸发量 1850 mm 左右。

樊庙系典型景观

土系特征与变幅 诊断层包括水耕表层、水耕氧化还原层；诊断特性包括热性土壤温度、人为滞水土壤水分状况、氧化还原特征。土体厚度 1 m 以上，通体为黏壤土，pH 6.5～6.8。水耕氧化还原层出现在 25 cm 以下，为铁聚层次，结构面有 5%～15%的铁锰斑纹，可见模糊的灰色胶膜，土体中有 15%～30%铁锰结核。

对比土系 同一土族的土系中，白庙系，成土母质为第四纪黏土，层次质地构型为壤土-黏壤土-粉砂壤土-粉砂质黏壤土；茶庵岭系，成土母质为第四纪黏土，层次质地构型为为粉砂壤土-黏壤土-粉砂壤土-黏壤土；船叽系，成土母质为泥质岩类坡积-堆积残积物，层次质地构型为粉砂壤土-壤土-粉砂壤土；花山系，距河床较远的河漫滩的低洼平地、河漫滩与山丘连接处的边缘阶地及滨湖平原，成土母质为近代河流冲积物，层次质地构型为粉砂质黏土-粉砂质黏壤土-粉砂壤土，土体中无结核；犁平系，成土母质为第四纪黏土，通体为粉砂壤土，土体中无结核；骆店系，成土母质为第四纪黏土，层次质地构型为粉砂壤土-粉质黏壤土-粉砂壤土；南门山系，成土母质为泥质岩风化坡积-堆积物，层次质地构型为壤土-粉质黏壤土-粉质黏壤土-黏壤土-黏土，土体中无结核；跑马岭系，冲积平原，成土母质为江汉平原的河流冲积物，通体为粉砂壤土，土体中无结核；双桥系，成土母质为第四纪红黏土，层次质地构型为粉砂壤土-黏壤土-粉砂壤土，土体中无结核；瓦瓷系，层次质地构型为壤土-黏壤土；下津系，沿河两岸的阶地、距河床较远的缓平开阔地带及丘岗坡脚与河漫滩的连接处，成土母质为近代河流冲积物，通体为粉壤土，土体中无结核。

利用性能综述 土体深厚，质地较黏重，耕性差，肥效前劲小、后劲足，磷钾含量偏低。应施用农家肥、有机肥，秸秆还田，改良其物理性状，合理安排耕作，改善土壤结构，同时注意增施磷钾肥。

参比土种　铁子黄泥田。

代表性单个土体　位于湖北省钟祥市冷水镇樊庙村五组，31°6′3.9″N，112°25′17.3″E，海拔 100 m，低丘垄岗的上垄，成土母质为第四纪黄土性母质，水田，水稻-油菜轮作。50 cm 深度土温 17.1 ℃。野外调查时间为 2011 年 5 月 25 日，编号 42-142。

樊庙系代表性单个土体剖面

Ap1：0～15 cm，灰棕色（7.5YR 5/2，干），浊棕色（7.5YR 5/4，润），黏壤土，粒状结构，松散，pH 为 6.5，向下层波状清晰过渡。

Ap2：15～27 cm，灰棕色（7.5YR 5/2，干），暗棕色（7.5YR 3/4，润），黏壤土，块状结构，极坚实，pH 为 6.7，向下层平滑渐变过渡。

Br1：27～69 cm，灰棕色（7.5YR 5/2，干），棕色（7.5YR 4/4，润），黏壤土，棱柱状结构，坚实，结构面有 5%～15%的铁锰斑纹，可见模糊的灰色胶膜，土体中有 20%左右铁锰结核，pH 为 6.8，向下层平滑突变过渡。

Br2：69～100 cm，棕色（7.5YR 4/3，干），黑棕色（7.5YR 3/2，润），黏壤土，棱柱状结构，极坚实，结构面有 5%～15%的铁锰斑纹，可见模糊的灰色胶膜，土体中有 20%左右铁锰结核，pH 为 6.8。

樊庙系代表性单个土体物理性质

土层	深度/cm	砾石（>2mm，体积分数）/%	细土颗粒组成（粒径：mm）/（g/kg）			质地	容重/（g/cm³）
			砂粒 2～0.05	粉粒 0.05～0.002	黏粒 <0.002		
Ap1	0～15	0	247	442	311	黏壤土	1.21
Ap2	15～27	0	241	396	363	黏壤土	1.43
Br1	27～69	20	211	406	383	黏壤土	1.32
Br2	69～100	20	265	429	306	黏壤土	1.34

樊庙系代表性单个土体化学性质

深度/cm	pH		有机质/（g/kg）	全氮（N）/（g/kg）	全磷（P）/（g/kg）	全钾（K）/（g/kg）	阳离子交换量/（cmol/kg）	游离氧化铁/（g/kg）
	H_2O	KCl						
0～15	6.5	—	20.4	1.28	0.47	12.16	10.1	19.4
15～27	6.7	—	18.9	1.25	0.46	12.14	10.1	21.9
27～69	6.8	—	8.5	0.42	0.23	13.56	11.3	31.5
69～100	6.8	—	8.5	0.46	0.21	14.13	11.7	29.5

4.3.14　花山系（Huashan Series）

土　族：黏壤质混合型非酸性热性-普通铁聚水耕人为土
拟定者：张海涛，姚　莉

分布与环境条件　主要分布在武汉、黄石、咸宁等地，距河床较远的河漫滩的低洼平地、河漫滩与山丘连接处的边缘阶地及滨湖平原，成土母质为近代河流冲积物，水田，早稻-晚稻轮作。年均日照时数 1600～2000 h，年均气温 17～18.5 ℃，年均降水量 1250～1580 mm，年均蒸发量 1500 mm 左右。

花山系典型景观

土系特征与变幅　诊断层包括水耕表层、水耕氧化还原层；诊断特性包括热性土壤温度、人为滞水土壤水分状况、氧化还原特征。土层厚度 1 m 以上，层次质地构型为粉砂黏土-粉砂质黏壤土-粉砂壤土，pH 5.5～6.6。水耕氧化还原层出现在 30 cm 以下，为铁聚层次，结构面有 5%～15%的铁锰斑纹，可见模糊的灰色胶膜。

对比土系　同一土族的土系中，白庙系，低丘岗地和垄岗，成土母质为第四纪黏土，层次质地构型为壤土-黏壤土-粉砂壤土-粉砂质黏壤土，土体中有结核；茶庵岭系，低丘岗地和垄岗地带，成土母质为第四纪黏土，层次质地构型为粉砂壤土-黏壤土-粉砂壤土-黏壤土，土体中有结核；船叽系，低山丘陵的坡旁、山沿、上垄，成土母质为泥质岩类坡积-堆积残积物，层次质地构型为粉砂壤土-壤土-粉砂壤土，土体中有结核；樊庙系，低丘垄岗的上垄等灌溉条件比较差的地带，成土母质为第四纪黄土性沉积物，通体为黏壤土，土体中有结核；犁平系，低丘岗地和垄岗平畈，成土母质为第四纪黏土，通体为粉砂壤土；骆店系，低丘岗地和垄岗平畈，成土母质为第四纪黏土，层次质地构型为粉砂壤土-粉质黏壤土-粉砂壤土，土体中有结核；南门山系，低山丘陵缓坡、顶陇处，成土母质为泥质岩风化坡积-堆积物，层次质地构型为壤土-粉质黏壤土-粉质黏壤土-黏壤土-黏土；跑马岭系，通体为粉砂壤土；双桥系，垄岗地貌，成土母质为第四纪红黏土，层次质地构型为粉砂壤土-黏壤土-粉砂壤土；瓦瓷系，低丘垄岗的上垄地带，成土母质为第四纪黄土性沉积物，层次质地构型为壤土-黏壤土，土体中有结核；下津系，通体为粉壤土。位于同一乡镇的菖蒲系，丘陵中山坡地区潮湿地段，成土母质为石灰岩风化物堆积或搬运物，灌木林地，不同土纲，为湿润雏形土。

利用性能综述　土体深厚，耕层质地较黏，耕性差，磷钾含量偏低，遇雨易形成积水内渍，造成缺苗断垄和迟发。应注意田内开沟排水，增施有机肥和农家肥，秸秆还田，逐步改良土壤的质地和结构，起到活化土壤的作用，同时注意增磷补钾。

参比土种　潮砂泥田。

代表性单个土体　位于湖北省咸宁市崇阳县天城镇花山村，29°30′54.4″N，114°1′6.6″E，海拔 58 m，冲积平原，成土母质为河流冲积物，水田，早稻-晚稻轮作。50 cm 深度土温 16.9 ℃。野外调查时间为 2011 年 3 月 22 日，编号 42-122。

花山系代表性单个土体剖面

Ap1：0～20 cm，橙白色（10YR 8/1，干），灰黄棕色（10YR 5/2，润），粉砂质黏土，块状结构，稍坚实，pH 为 6.2，向下层平滑渐变过渡。

Ap2：20～32 cm，浊黄橙色（10YR 7/3，干），黄棕色（10YR 5/8，润），粉砂质黏壤土，块状结构，很坚实，pH 为 6.4，向下层平滑渐变过渡。

Br1：32～63 cm，淡灰色（10YR 7/1，干），浊黄棕色（10YR 4/3，润），粉砂壤土，块状结构，疏松，结构面有 5%～15%的铁锰斑纹，可见模糊的灰色胶膜，无石灰反应，pH 为 6.6，向下层平滑突变过渡。

Br2：63～120 cm，灰黄棕色（10YR 6/2，干），灰黄棕色（10YR 4/2，润），粉砂壤土，块状结构，疏松，结构面有 5%～15%的铁锰斑纹，可见模糊的灰色胶膜，pH 为 5.5。

花山系代表性单个土体物理性质

土层	深度 /cm	砾石 (>2mm，体积分数)/%	细土颗粒组成（粒径：mm）/（g/kg）			质地	容重 /（g/cm³）
			砂粒 2～0.05	粉粒 0.05～0.002	黏粒 <0.002		
Ap1	0～20	0	191	496	313	粉砂质黏土	1.38
Ap2	20～32	0	152	535	313	粉砂质黏壤土	1.53
Br1	32～63	0	191	674	135	粉砂壤土	1.25
Br2	63～120	0	121	659	220	粉砂壤土	1.22

花山系代表性单个土体化学性质

深度/cm	pH		有机质 /（g/kg）	全氮（N） /（g/kg）	全磷（P） /（g/kg）	全钾（K） /（g/kg）	阳离子交换量 /（cmol/kg）	游离氧化铁 /（g/kg）
	H_2O	KCl						
0～20	6.2	—	20.4	1.62	0.26	24.3	23.3	16.5
20～32	6.4	—	16.2	1.23	0.28	17.4	25.6	18.4
32～63	6.6	—	14.1	1.11	0.23	19.2	15.4	29.7
63～120	5.5	5.1	9.8	0.62	0.19	19.1	10.6	28.0

4.3.15 犁平系（Liping Series）

土 族：黏壤质混合型非酸性热性-普通铁聚水耕人为土
拟定者：陈家赢，陈 芳

分布与环境条件 主要分布在武汉、荆门、孝感、襄阳等地，低丘岗地和垄岗平畈，成土母质为第四纪黏土，水田，早稻-晚稻轮作。年均日照时数 2000 h 左右，年均气温 15.6～16.3 ℃，年均降水量 1000 mm，年均蒸发量 1490～1730 mm。

犁平系典型景观

土系特征与变幅 诊断层包括水耕表层、水耕氧化还原层；诊断特性包括热性土壤温度、人为滞水土壤水分状况、氧化还原特征。土体厚度 1 m 以上，通体为粉砂壤土，pH 6.3～6.9。水耕氧化还原层出现在 30 cm 以下，为铁聚层次，结构面有 2%～5%的铁锰斑纹，可见模糊的灰色胶膜。

对比土系 同一土族的土系中，白庙系，层次质地构型为壤土-黏壤土-粉砂壤土-粉砂质黏壤土，土体中有结核；骆店系，层次质地构型为粉砂壤土-粉质黏壤土-粉砂壤土，土体中有结核；双桥系，层次质地构型为粉砂壤土-黏壤土-粉砂壤土；茶庵岭系，层次质地构型为粉砂壤土-黏壤土-粉砂壤土-黏壤土，土体中有结核；船叽系，成土母质为泥质岩类坡积-堆积残积物，层次质地构型为粉砂壤土-壤土-粉砂壤土，土体中有结核；樊庙系，成土母质为第四纪黄土性沉积物，通体为黏壤土，土体中有结核；花山系，距河床较远的河漫滩的低洼平地、河漫滩与山丘连接处的边缘阶地及滨湖平原，成土母质为近代河流冲积物，层次质地构型为粉砂质黏土-粉砂质黏壤土-粉砂壤土；南门山系，成土母质为泥质岩风化坡积-堆积物，层次质地构型为壤土-粉质黏壤土-粉质黏壤土-黏壤土-黏土；跑马岭系，冲积平原，成土母质为江汉平原的河流冲积物，通体为粉砂壤土；瓦瓷系，成土母质为第四纪黄土性沉积物，层次质地构型为壤土-黏壤土，土体中有结核；下津系，沿河两岸的阶地、距河床较远的缓平开阔地带及丘岗坡脚与河漫滩的连接处，成土母质为近代河流冲积物，通体为粉壤土。

利用性能综述 土体深厚，耕作层质地适中，耕性较好，养分含量中等。应适当增施磷肥和钾肥，种植绿肥和增施有机肥，注意用养结合。

参比土种 黄泥田。

代表性单个土体　位于湖北省荆门市沙洋县后港镇犁平村，30°33′29.6″N，112°25′11.0″E，海拔 50 m，垄岗平畈，成土母质为第四纪黏土，水田，早稻-晚稻轮作。50 cm 深度土温 17.4 ℃。野外调查时间为 2011 年 11 月 3 日，编号 42-161。

犁平系代表性单个土体剖面

Ap1：0～18 cm，灰黄棕色（10YR 6/2，干），灰黄棕色（10YR 5/2，润），粉砂壤土，粒状结构，松散，pH 为 6.9，向下层平滑清晰过渡。

Ap2：18～31 cm，红灰色（2.5YR 6/1，干），暗灰黄色（2.5Y 5/2，润），粉砂壤土，块状结构，极坚实，结构面有 2%～5%的铁锰斑纹，可见模糊的灰色胶膜，pH 为 6.1，向下层波状清晰过渡。

Br1：31～43 cm，灰黄棕色（10YR 6/2，干），灰黄棕色（10YR 5/2，润），粉砂壤土，块状结构，极坚实，结构面有 2%～5%的铁锰斑纹，可见模糊的灰色胶膜，pH 为 6.3，向下层平滑模糊过渡。

Br2：43～100 cm，灰黄棕色（7.5YR 4/2，干），黑棕色（7.5YR 3/2，润），粉砂壤土，块状结构，极坚实，结构面有 2%～5%的铁锰斑纹，可见模糊的灰色胶膜，pH 为 6.4。

犁平系代表性单个土体物理性质

土层	深度 /cm	砾石 （>2mm，体积分数）/%	细土颗粒组成（粒径：mm）/（g/kg）			质地	容重 /（g/cm³）
			砂粒 2～0.05	粉粒 0.05～0.002	黏粒 <0.002		
Ap1	0～18	0	120	704	176	粉砂壤土	1.35
Ap2	18～31	0	91	691	218	粉砂壤土	1.51
Br1	31～43	0	37	742	221	粉砂壤土	1.45
Br2	43～100	0	55	719	226	粉砂壤土	1.41

犁平系代表性单个土体化学性质

深度/cm	pH		有机质 /（g/kg）	全氮（N） /（g/kg）	全磷（P） /（g/kg）	全钾（K） /（g/kg）	阳离子交换量 /（cmol/kg）	游离氧化铁 /（g/kg）
	H_2O	KCl						
0～18	6.9	6.0	29.3	2.73	0.40	13.0	17.5	17.3
18～31	6.1	5.5	23.7	2.15	0.21	10.2	16.3	19.7
31～43	6.3	5.8	10.0	1.38	0.14	14.0	19.7	23.4
43～100	6.4	5.7	5.7	1.03	0.34	12.5	19.4	27.0

4.3.16 骆店系（Luodian Series）

土 族：黏壤质混合型非酸性热性-普通铁聚水耕人为土

拟定者：张海涛，姚 莉

分布与环境条件 分布于全省各地，低丘岗地和垄岗平畈，成土母质为第四纪黏土，水田，水稻-油菜轮作。年均气温 13～16 ℃，年均降水量 940～1040 mm，年均无霜期 201～240 d。

骆店系典型景观

土系特征与变幅 诊断层包括水耕表层、水耕氧化还原层；诊断特性包括热性土壤温度、人为滞水土壤水分状况、氧化还原特征。土体厚度 1 m 以上，层次质地构型为粉砂壤土-粉质黏壤土-粉砂壤土，pH 6.8～7.0。水耕氧化还原层出现在 30 cm 以下，为铁聚层次，结构面有 5%～15%的铁锰斑纹和灰色胶膜，土体中有 10%左右铁锰结核。

对比土系 同一土族的土系中，白庙系，层次质地构型为壤土-黏壤土-粉砂壤土-粉砂质黏壤土；茶庵岭系，层次质地构型为粉砂壤土-黏壤土-粉砂壤土-黏壤土；犁平系，通体为粉砂壤土，土体中无结核；双桥系，层次质地构型为粉砂壤土-黏壤土-粉砂壤土，土体中无结核；船叽系，成土母质为泥质岩类坡积-堆积残积物，层次质地构型为粉砂壤土-壤土-粉砂壤土；樊庙系，成土母质为第四纪黄土性沉积物，通体为黏壤土；花山系，距河床较远的河漫滩的低洼平地、河漫滩与山丘连接处的边缘阶地及滨湖平原，成土母质为近代河流冲积物，层次质地构型为粉砂质黏土-粉砂质黏壤土-粉砂壤土，土体中无结核；南门山系，成土母质为泥质岩风化坡积-堆积物，层次质地构型为壤土-粉质黏壤土-粉质黏壤土-黏壤土-黏土，土体中无结核；跑马岭系，冲积平原，成土母质为江汉平原的河流冲积物，通体为粉砂壤土，土体中无结核；瓦瓷系，成土母质为第四纪黄土性沉积物，层次质地构型为壤土-黏壤土；下津系，沿河两岸的阶地、距河床较远的缓平开阔地带及丘岗坡脚与河漫滩的连接处，成土母质为近代河流冲积物，通体为粉壤土，土体中无结核。

利用性能综述 土体深厚，质地适中，保肥能力强，供肥平缓，发苗性较好，有机质、磷钾含量偏低。应合理轮作，用养结合，增施农家肥、有机肥和磷钾肥，种植绿肥，秸秆还田，多施有机肥，培肥土壤。

参比土种 面黄泥田。

代表性单个土体　位于湖北省广水市骆店镇鲁班新村二组，31°31′50.8″N，113°46′37.8″E，海拔 72 m，低丘岗地和垄岗平畈，成土母质为第四纪黏土，水田，水稻-油菜轮作。50 cm 深度土温 16.9 ℃。野外调查时间为 2011 年 10 月 27 日，编号 42-154。

骆店系代表性单个土体剖面

Ap1：0～20 cm，暗棕色（7.5YR 3/4，干），暗棕色（7.5YR 3/4，润），粉砂壤土，块状结构，坚实，pH 为 6.9，向下层平滑渐变过渡。

Ap2：20～32 cm，暗棕色（7.5YR 3/4，干），暗棕色（7.5YR 3/4，润），粉质黏壤土，块状结构，稍坚实，结构面有 5%～15%的铁锰斑纹，可见模糊的灰色胶膜，pH 为 6.8，向下层平滑渐变过渡。

Br1：32～70 cm，暗棕色（7.5YR 3/4，干），暗棕色（7.5YR 3/4，润），粉砂壤土，块状结构，坚实，结构面有 5%～15%的铁锰斑纹，可见模糊的灰色胶膜，土体中有 10%左右铁锰结核，pH 为 6.8，向下层平滑渐变过渡。

Br2：70～90 cm，浊橙色（7.5Y 7/3，干），棕色（7.5YR 4/4，润），粉砂壤土，团块状结构，坚实，结构面有 5%～15%的铁锰斑纹，可见模糊的灰色胶膜，土体中有 10%左右铁锰结核，pH 为 6.9，向下层平滑清晰过渡。

Br3：90～100 cm，暗棕色（7.5YR 3/4，干），暗棕色（7.5YR 3/4，润），粉砂壤土，块状结构，坚实，结构面有 5%～15%的铁锰斑纹，可见模糊的灰色胶膜，pH 为 7.0。

骆店系代表性单个土体物理性质

土层	深度 /cm	砾石（>2mm，体积分数）/%	细土颗粒组成（粒径：mm）/（g/kg）			质地	容重 /（g /cm^3）
			砂粒 2～0.05	粉粒 0.05～0.002	黏粒 <0.002		
Ap1	0～20	0	135	643	221	粉砂壤土	1.32
Ap2	20～32	0	85	615	300	粉质黏壤土	1.48
Br1	32～70	10	135	649	217	粉砂壤土	1.36
Br2	70～90	10	125	696	179	粉砂壤土	1.34
Br3	90～100	0	141	643	216	粉砂壤土	1.32

骆店系代表性单个土体化学性质

深度/cm	pH		有机质 /（g/kg）	全氮（N） /（g/kg）	全磷（P） /（g/kg）	全钾（K） /（g/kg）	阳离子交换量 /（cmol/kg）	游离氧化铁 /（g/kg）
	H_2O	KCl						
0～20	6.9	—	19.7	1.12	0.15	13.0	15.8	19.4
20～32	6.8	—	15.4	0.95	0.19	13.6	23.2	18.4
32～70	6.8	—	13.4	0.63	0.11	10.5	22.1	29.1
70～90	6.9	—	8.0	0.42	0.12	10.1	20.4	27.5
90～100	7.0	—	8.3	0.48	0.13	6.4	20.3	33.3

4.3.17　南门山系（Nanmenshan Series）

土　族：黏壤质混合型非酸性热性-普通铁聚水耕人为土

拟定者：蔡崇法，王天巍，陈　芳

分布与环境条件　全省各地均有分布，低山丘陵缓坡、顶陇处，成土母质为泥质岩风化坡积-堆积物，旱改水五年左右，麦-稻轮作。年均气温 17～17.5 ℃，年均降水量 1540 mm，年均无霜期 258 d 左右。

南门山系典型景观

土系特征与变幅　诊断层包括水耕表层、水耕氧化还原层；诊断特性包括热性土壤温度、人为滞水土壤水分状况、氧化还原特征。土体厚度 1 m 以上，壤土-粉质黏壤土-黏壤土-黏土，pH 5.8～6.8。水耕氧化还原层出现在 30 cm 以下，结构面有 5%～15%的铁锰斑纹，可见模糊的灰色胶膜，铁聚层次出现在 30～90 cm，厚约 60 cm。

对比土系　同一土族的土系中，船叽系，层次质地构型为粉砂壤土-壤土-粉砂壤土，土体中有结核；白庙系，成土母质为第四纪黏土，层次质地构型为壤土-黏壤土-粉砂壤土-粉砂质黏壤土，土体中有结核；茶庵岭系，成土母质为第四纪黏土，层次质地构型为粉砂壤土-黏壤土-粉砂壤土-黏壤土，土体中有结核；樊庙系，成土母质为第四纪黄土性沉积物，通体为黏壤土，土体中有结核；花山系，距河床较远的河漫滩的低洼平地、河漫滩与山丘连接处的边缘阶地及滨湖平原，成土母质为近代河流冲积物，层次质地构型为粉砂质黏土-粉砂质黏壤土-粉砂壤土；犁平系，成土母质为第四纪黏土，通体为粉砂壤土；骆店系，成土母质为第四纪黏土，层次质地构型为粉砂壤土-粉质黏壤土-粉砂壤土，土体中有结核；跑马岭系，冲积平原，成土母质为江汉平原的河流冲积物，通体为粉砂壤土；双桥系，成土母质为第四纪红黏土，层次质地构型为粉砂壤土-黏壤土-粉砂壤土；瓦瓷系，成土母质为第四纪黄土性沉积物，层次质地构型为壤土-黏壤土，土体中有结核；下津系，沿河两岸的阶地、距河床较远的缓平开阔地带及丘岗坡脚与河漫滩的连接处，成土母质为近代河流冲积物，通体为粉壤土。位于同一乡镇的琅桥系，成土母质一致，地形部位略低，同一亚类，不同土族，颗粒大小级别为黏质。

利用性能综述　土体深厚，质地适中，耕性好，灌水后易起浆，不裂大缝，通透性适中，保肥能力强，供肥平稳，适种性广，但有机质和磷钾含量偏低，水稻僵苗坐蔸的现象严重。应重视水旱轮作，同时增施农家肥、有机肥和磷钾肥，种好绿肥，秸秆还田，用养结合，不断增进地力。

参比土种　细砂泥田。

代表性单个土体　位于湖北省赤壁市中伙铺镇南门山村，29°49′38.6″N，114°0′43.0″E，海拔 89 m，低山丘陵缓坡、顶陇处，成土母质为泥质页岩风化坡积-堆积物，水田，麦-稻轮作。50 cm 深度土温 18.1 ℃。野外调查时间为 2010 年 11 月 13 日，编号 42-052。

南门山系代表性单个土体剖面

Ap1：0～18 cm，浊黄橙色（10YR 6/3，干），灰黄棕色（10YR 5/2，润），壤土，粒状结构，松散，pH 为 5.8，向下层平滑清晰过渡。

Ap2：18～30 cm，亮黄棕色（10YR 7/6，干），棕灰色（10YR 5/1，润），粉质黏壤土，块状结构，坚实，结构面有 2%～5%的锈纹锈斑，pH 为 6.5，向下层平滑清晰过渡。

Br1：30～50 cm，黄棕色（10YR 5/8，干），黄棕色（10YR 5/8，润），粉质黏壤土，块状结构，坚实，结构面有 2%～5%的铁锰斑纹，可见模糊的灰色胶膜，2～3 个砖瓦，pH 为 6.6，向下层平滑渐变过渡。

Br2：50～90 cm，黄棕色（10YR 5/8，干），亮黄棕色（10YR 5/8，润），黏壤土，大块至棱柱状结构，坚实，结构面有 5%～15%的铁锰斑纹，可见模糊的灰色胶膜，2～3 个砖瓦，pH 为 6.7，向下层平滑清晰过渡。

Br3：90～120 cm，黄橙色（10YR 8/6，干），亮黄棕色（10YR 7/6，润），黏土，块状结构，坚实，结构面可见模糊的铁锰胶膜，土体中有 5%左右 5～20 mm 岩石碎屑，pH 为 6.8。

南门山系代表性单个土体物理性质

土层	深度/cm	砾石（>2mm，体积分数）/%	细土颗粒组成（粒径：mm）/（g/kg）			质地	容重/（g/cm³）
			砂粒 2～0.05	粉粒 0.05～0.002	黏粒 <0.002		
Ap1	0～18	0	341	468	191	壤土	1.35
Ap2	18～30	0	90	629	281	粉质黏壤土	1.51
Br1	30～50	0	35	679	286	粉质黏壤土	1.41
Br2	50～90	0	267	383	350	黏壤土	1.38
Br3	90～120	5	130	443	427	黏土	1.58

南门山系代表性单个土体化学性质

深度/cm	pH		有机质/（g/kg）	全氮（N）/（g/kg）	全磷（P）/（g/kg）	全钾（K）/（g/kg）	阳离子交换量/（cmol/kg）	游离氧化铁/（g/kg）
	H_2O	KCl						
0～18	5.8	—	17.7	1.75	0.51	12.3	13.2	15.4
18～30	6.5	—	18.9	1.11	0.32	12.3	13.4	14.2
30～50	6.6	—	9.0	0.94	0.46	11.1	16.5	32.9
50～90	6.7	—	9.0	0.79	0.45	11.1	16.4	24.3
90～120	6.8	—	9.5	0.81	0.27	11.8	13.5	20.2

4.3.18　跑马岭系（Paomaling Series）

土　族：黏壤质混合型非酸性热性-普通铁聚水耕人为土

拟定者：张海涛，秦　聪

分布与环境条件　主要分布于武汉、咸宁、鄂州、黄冈等地，冲积平原，成土母质为江汉平原的河流冲积物，水田，早稻-晚稻轮作或麦(油)-晚稻轮作。年均日照时数 1934.8 h，年均气温 17～18.5 ℃，年均降水量 1250～1580 mm，年均蒸发量 1490～1520 mm。

跑马岭系典型景观

土系特征与变幅　诊断层包括水耕表层、水耕氧化还原层；诊断特性包括热性土壤温度、人为滞水土壤水分状况、氧化还原特征。土体厚度 1 m 以上，通体为粉砂壤土，pH 5.8～7.7。水耕氧化还原层出现在 35 cm 以下，为铁聚层次，结构面有 2%～5%的铁锰斑纹，可见模糊的灰色胶膜，70 cm 以下土体中有 2%左右的铁锰结核。

对比土系　同一土族的土系中，花山系，层次质地构型为粉砂质黏土-粉砂质黏壤土-粉砂壤土；下津系，通体为粉壤土；白庙系，低丘岗地和垄岗，成土母质为第四纪黏土，层次质地构型为壤土-黏壤土-粉砂壤土-粉砂质黏壤土，土体中有结核；茶庵岭系，低丘岗地和垄岗地带，成土母质为第四纪黏土，层次质地构型为粉砂壤土-黏壤土-粉砂壤土-黏壤土，土体中有结核；船叽系，低山丘陵的坡旁、山沿、上垄，成土母质为泥质岩类坡积-堆积残积物，层次质地构型为粉砂壤土-壤土-粉砂壤土，土体中有结核；樊庙系，低丘垄岗的上垄等灌溉条件比较差的地带，成土母质为第四纪黄土性沉积物，通体为黏壤土，土体中有结核；犁平系，低丘岗地和垄岗平畈，成土母质为第四纪黏土，通体为粉砂壤土；骆店系，低丘岗地和垄岗平畈，成土母质为第四纪黏土，层次质地构型为粉砂壤土-粉质黏壤土-粉砂壤土，土体中有结核；南门山系，低山丘陵缓坡、顶陇处，成土母质为泥质岩风化坡积-堆积物，层次质地构型为壤土-粉质黏壤土-粉质黏壤土-黏壤土-黏土；双桥系，垄岗地貌，成土母质为第四纪红黏土，层次质地构型为粉砂壤土-黏壤土-粉砂壤土；瓦瓷系，低丘垄岗的上垄地带，成土母质为第四纪黄土性沉积物，层次质地构型为壤土-黏壤土，土体中有结核。

利用性能综述　土体深厚，质地适中，耕性好，爽水通气性能好，保肥力强，供肥平缓，磷钾含量偏低。宜与油菜或绿肥轮作，增施农家肥、有机肥和磷钾肥，秸秆还田，以保证土壤的持续增产。

参比土种　潮砂泥田。

代表性单个土体　位于湖北省咸宁市嘉鱼县关桥镇跑马岭二组，29°53′5.5″N，113°55′24.5″E，海拔26 m，冲积平原，成土母质为河流冲积物，水田，早稻-晚稻轮作。50 cm 深度土温17.0 ℃。野外调查时间为2010年12月2日，编号42-088。

跑马岭系代表性单个土体剖面

Ap1：0～20 cm，浊黄橙色（10YR 6/3，干），浊黄棕色（10YR 4/3，润），粉砂壤土，粒状结构，松散，pH 为 6.4，向下层平滑清晰过渡。

Ap2：20～35 cm，亮黄棕色（10YR 7/6，干），黄棕色（10YR 5/8，润），粉砂壤土，块状结构，极坚实，结构面有 15%～40%的铁锰斑纹，可见模糊的灰色胶膜，pH 为 5.8，向下层平滑渐变过渡。

Br1：35～50 cm，亮黄棕色（10YR 7/6，干），黄棕色（10YR 5/8，润），粉砂壤土，块状结构，很坚实，结构面有 2%～5%的铁锰斑纹，可见模糊的灰色胶膜，pH 为 5.8，向下层平滑清晰过渡。

Br2：50～70 cm，亮黄棕色（10YR 7/6，干），黄棕色（10YR 5/8，润），粉砂壤土，块状结构，坚实，结构面有 2%～5%的铁锰斑纹，可见模糊的灰色胶膜，pH 为 6.7，向下层平滑清晰过渡。

Br3：70～120 cm，亮黄棕色（10YR 7/6，干），黄棕色（10YR 5/8，润），粉砂壤土，块状结构，很坚实，结构面有 2%～5%的铁锰斑纹，土体中有 2%左右铁锰结核，pH 为 7.7。

跑马岭系代表性单个土体物理性质

土层	深度 /cm	砾石 (>2mm，体积分数) /%	细土颗粒组成（粒径：mm）/(g/kg)			质地	容重 /(g/cm^3)
			砂粒 2～0.05	粉粒 0.05～0.002	黏粒 <0.002		
Ap1	0～20	0	86	637	277	粉砂壤土	1.24
Ap2	20～35	0	143	604	253	粉砂壤土	1.41
Br1	35～50	0	137	562	301	粉砂壤土	1.38
Br2	50～70	0	80	665	255	粉砂壤土	1.28
Br3	70～120	2	185	606	209	粉砂壤土	1.23

跑马岭系代表性单个土体化学性质

深度/cm	pH		有机质 /(g/kg)	全氮（N） /(g/kg)	全磷（P） /(g/kg)	全钾（K） /(g/kg)	阳离子交换量 /(cmol g/kg)	游离氧化铁 /(g/kg)
	H_2O	KCl						
0～20	6.4	—	21.5	1.05	0.18	11.1	18.0	19.8
20～35	5.8	—	16.0	0.79	0.16	12.7	20.4	22.4
35～50	5.8	—	14.4	0.64	0.15	11.9	16.8	30.6
50～70	6.7	—	12.2	0.47	0.11	11.8	14.7	28.8
70～120	7.7	—	9.4	0.40	0.14	11.1	14.4	27.3

4.3.19 双桥系（Shuangqiao Series）

土　族：黏壤质混合型非酸性热性-普通铁聚水耕人为土

拟定者：王天巍，姚　莉

分布与环境条件　广泛分布于低山丘岗地区，垄岗地貌，成土母质为第四纪红黏土，水田，早稻-晚稻轮作或麦(油)-晚稻轮作。年均日照时数 2000 h 左右，年均气温 15.6～16.3 ℃，年均降水量 1000 mm 左右，年均蒸发量 1850 mm 左右。

双桥系典型景观

土系特征与变幅　诊断层包括水耕表层、水耕氧化还原层；诊断特性包括热性土壤温度、人为滞水土壤水分状况、氧化还原特征。土体厚度 1 m 以上，层次质地构型为粉砂壤土-黏壤土-粉砂壤土，pH 6.1～6.8。水耕氧化还原层出现在 30 cm 以下，为铁聚层次，结构面有 15%～40%的锈纹锈斑。

对比土系　同一土族的土系中，白庙系，层次质地构型为壤土-黏壤土-粉砂壤土-粉砂质黏壤土，土体中有结核；茶庵岭系，层次质地构型为粉砂壤土-黏壤土-粉砂壤土-黏壤土，土体中有结核；骆店系，层次质地构型为粉砂壤土-粉质黏壤土-粉砂壤土，土体中有结核；船叽系，成土母质为泥质岩类坡积-堆积残积物，层次质地构型为粉砂壤土-壤土-粉砂壤土，土体中有结核；樊庙系，成土母质为第四纪黄土性沉积物，通体为黏壤土，土体中有结核；花山系，距河床较远的河漫滩的低洼平地、河漫滩与山丘连接处的边缘阶地及滨湖平原，成土母质为近代河流冲积物，层次质地构型为粉砂质黏土-粉砂质黏壤土-粉砂壤土；犁平系，成土母质为第四纪黏土，通体为粉砂壤土；南门山系，成土母质为泥质岩风化坡积-堆积物，层次质地构型为壤土-粉质黏壤土-粉质黏壤土-黏壤土-黏土；跑马岭系，冲积平原，成土母质为江汉平原的河流冲积物，通体为粉砂壤土；瓦瓷系，成土母质为第四纪黄土性沉积物，层次质地构型为壤土-黏壤土，土体中有结核；下津系，沿河两岸的阶地、距河床较远的缓平开阔地带及丘岗坡脚与河漫滩的连接处，成土母质为近代河流冲积物，通体为粉壤土。

利用性能综述　土体深厚，质地适中，耕性好，养分含量偏低。应种植绿肥，增施农家肥、有机肥和复合肥，秸秆还田，用养结合，培肥土壤。

参比土种　面黄泥田。

代表性单个土体　位于湖北省钟祥市双桥原种场五组，31°10′35.7″N，112°42′7.9″E，海拔 89 m，垄岗地貌，成土母质为第四纪红黏土，水田，早稻-晚稻轮作。50 cm 深度土温 17.2 ℃。野外调查时间为 2011 年 5 月 24 日，编号 42-141。

双桥系代表性单个土体剖面

Ap1：0～22 cm，浊红棕色（5YR 4/4，干），红棕色（5YR 4/6，润），粉砂壤土，粒状结构，松散，pH 为 6.1，向下层平滑渐变过渡。

Ap2：22～32 cm，浊红棕色（5YR 4/4，干），浊红棕色（5YR 4/4，润），粉砂壤土，块状结构，很坚实，pH 为 6.6，向下层平滑渐变过渡。

Br1：32～62 cm，浊红棕色（5YR 4/4，干），浊红棕色（5YR 4/4，润），黏壤土，块状结构，很坚实，结构面有 15%～40%的锈纹锈斑，pH 为 6.7，向下层平滑渐变过渡。

Br2：62～110 cm，浊红棕色（5YR 4/4，干），暗红棕色（5YR 3/4，润），粉砂壤土，块状结构，很坚实，结构面有 15%～40%的锈纹锈斑，pH 为 6.8。

双桥系代表性单个土体物理性质

土层	深度/cm	砾石（>2mm，体积分数）/%	细土颗粒组成（粒径：mm）/（g/kg）			质地	容重/（g/cm³）
			砂粒 2～0.05	粉粒 0.05～0.002	黏粒 <0.002		
Ap1	0～22	0	138	606	256	粉砂壤土	1.33
Ap2	22～32	0	140	644	216	粉砂壤土	1.49
Br1	32～62	0	250	405	345	黏壤土	1.41
Br2	62～110	0	168	618	214	粉砂壤土	1.32

双桥系代表性单个土体化学性质

深度/cm	pH		有机质/（g/kg）	全氮（N）/（g/kg）	全磷（P）/（g/kg）	全钾（K）/（g/kg）	阳离子交换量/（cmol/kg）	游离氧化铁/（g/kg）
	H_2O	KCl						
0～22	6.1	—	15.0	0.79	0.07	13.6	27.1	18.1
22～32	6.6	—	10.4	0.50	0.04	16.0	24.7	21.2
32～62	6.7	—	8.7	0.46	0.04	16.3	23.4	31.4
62～110	6.8	—	7.6	0.35	0.04	15.7	24.0	26.7

4.3.20 瓦瓷系（Waci Series）

土　族：黏壤质混合型非酸性热性-普通铁聚水耕人为土

拟定者：张海涛，姚　莉

分布与环境条件 主要分布于钟祥、襄阳、随州、孝感等地，低丘垄岗上垄地带，成土母质为第四纪黄土性沉积物，水田，早稻-晚稻轮作。年均日照时数1900～2100 h，年均气温 15.6～16.3 ℃，年均降水量1000 mm左右，年均蒸发量1550 mm左右。

瓦瓷系典型景观

土系特征与变幅 诊断层包括水耕表层、水耕氧化还原层；诊断特性包括热性土壤温度、人为滞水土壤水分状况、氧化还原特征。土体厚度 1 m 以上，层次质地构型为壤土-黏壤土，pH 6.5～7.1。水耕氧化还原层出现在 30 cm 以下，为铁聚层次，结构面有 5%～15%的锈纹锈斑，土体中有 10%左右的铁锰结核。

对比土系 同一土族的土系中，樊庙系，通体为黏壤土；白庙系，成土母质为第四纪黏土，层次质地构型为壤土-黏壤土-粉砂壤土-粉砂质黏壤土；茶庵岭系，成土母质为第四纪黏土，层次质地构型为粉砂壤土-黏壤土-粉砂壤土-黏壤土；船叽系，成土母质为泥质岩类坡积-堆积残积物，层次质地构型为粉砂壤土-壤土-粉砂壤土；花山系，距河床较远的河漫滩的低洼平地、河漫滩与山丘连接处的边缘阶地及滨湖平原，成土母质为近代河流冲积物，层次质地构型为粉砂质黏土-粉砂质黏壤土-粉砂壤土，土体中无结核；犁平系，成土母质为第四纪黏土，通体为粉砂壤土，土体中无结核；骆店系，成土母质为第四纪黏土，层次质地构型为粉砂壤土-粉质黏壤土-粉砂壤土；南门山系，成土母质为泥质岩风化坡积-堆积物，层次质地构型为壤土-粉质黏壤土-粉质黏壤土-黏壤土-黏土，土体中无结核；跑马岭系，冲积平原，成土母质为江汉平原的河流冲积物，通体为粉砂壤土，土体中无结核；双桥系，成土母质为第四纪红黏土，层次质地构型为粉砂壤土-黏壤土-粉砂壤土，土体中无结核；下津系，沿河两岸的阶地、距河床较远的缓平开阔地带及丘岗坡脚与河漫滩的连接处，成土母质为近代河流冲积物，通体为粉壤土，土体中无结核。

利用性能综述 土体深厚，质地偏黏，通透性不足，宜耕期短，耕性差，磷钾含量偏低，保肥能力强，施肥见效慢、后效长。应重施农家肥、有机肥和复合肥，秸秆还田，改善土壤的胶体品质，增加土壤大团聚体形成，协调土壤固、液、气三相比。

参比土种　面黄泥田。

代表性单个土体　位于湖北省钟祥市石牌镇瓦瓷村九组，30°55′41.4″N，112°28′10.1″E，海拔 134 m，低丘垄岗上垄地带，成土母质为第四纪黄土性沉积物，水田，早稻-晚稻轮作。50 cm 深度土温 17.2 ℃。野外调查时间为 2011 年 5 月 25 日，编号 42-144。

瓦瓷系代表性单个土体剖面

Ap1：0～20 cm，灰棕色（7.5YR 5/2，干），棕色（7.5YR 4/6，润），壤土，粒状结构，松散，pH 为 7.1，向下层平滑清晰过渡。

Ap2：20～32 cm，灰棕色（7.5YR 5/2，干），暗棕色（7.5YR 3/4，润），黏壤土，棱柱状结构，极坚实，pH 为 7.1，向下层波状渐变过渡。

Br1：32～82 cm，灰棕色（7.5YR 5/2，干），棕色（7.5YR 4/4，润），黏壤土，棱柱状结构，很坚实，结构面有 5%～15% 的锈纹锈斑，土体中有 10%左右铁锰结核，pH 为 7.2，向下层平滑渐变过渡。

Br2：82～100 cm，棕色（7.5YR 4/3，干），黑棕色（7.5YR 3/2，润），黏壤土，棱柱状结构，很坚实，结构面有 5%～15% 的锈纹锈斑，土体中有 10%左右铁锰结核，pH 为 7.1。

瓦瓷系代表性单个土体物理性质

土层	深度 /cm	砾石 （>2mm，体积分数）/%	细土颗粒组成（粒径：mm）/（g/kg）			质地	容重 /（g/cm³）
			砂粒 2～0.05	粉粒 0.05～0.002	黏粒 <0.002		
Ap1	0～20	0	346	455	199	壤土	1.29
Ap2	20～32	0	235	422	343	黏壤土	1.43
Br1	32～82	10	268	368	364	黏壤土	1.43
Br2	82～100	10	331	365	304	黏壤土	1.42

瓦瓷系代表性单个土体化学性质

深度/cm	pH		有机质 /（g/kg）	全氮（N） /（g/kg）	全磷（P） /（g/kg）	全钾（K） /（g/kg）	阳离子交换量 /（cmol/kg）	游离氧化铁 /（g/kg）
	H_2O	KCl						
0～20	7.1	—	14.2	0.86	0.21	11.9	21.4	16.8
20～32	7.1	—	10.5	0.53	0.20	12.7	26.1	21.6
32～82	7.2	—	10.8	0.54	0.13	16.1	28.3	28.4
82～100	7.1	—	8.4	0.44	0.06	16.9	27.3	31.0

4.3.21 下津系（Xiajin Series）

土 族：黏壤质混合型非酸性热性-普通铁聚水耕人为土

拟定者：张海涛，姚 莉

分布与环境条件 在全省各地均有分布，沿河两岸的阶地、距河床较远的缓平开阔地带及丘岗坡脚与河漫滩的连接处，成土母质为近代河流冲积物，水田，早稻-晚稻轮作。年均日照时数 1600～1800 h，年均气温 17～17.5 ℃，年均降水量 1550～1620 mm，年均蒸发量 1410～1500 mm。

下津系典型景观

土系特征与变幅 诊断层包括水耕表层、水耕氧化还原层；诊断特性包括热性土壤温度、人为滞水土壤水分状况、氧化还原特征。土体厚度 1 m 以上，通体为粉壤土，pH 5.2～5.6。水耕氧化还原层出现在 35 cm 以下，结构面有 15%～40%的铁锰斑纹，可见清晰的灰色胶膜，为铁聚层次。

对比土系 同一土族的土系中，花山系，层次质地构型为粉砂质黏土-粉砂质黏壤土-粉砂壤土；跑马岭系，通体为粉砂壤土；白庙系，低丘岗地和垄岗，成土母质为第四纪黏土，层次质地构型为壤土-黏壤土-粉砂壤土-粉砂质黏壤土，土体中有结核；茶庵岭系，低丘岗地和垄岗地带，成土母质为第四纪黏土，层次质地构型为粉砂壤土-黏壤土-粉砂壤土-黏壤土，土体中有结核；船叽系，低山丘陵的坡旁、山沿、上垄，成土母质为泥质岩类坡积-堆积残积物，层次质地构型为粉砂壤土-壤土-粉砂壤土，土体中有结核；樊庙系，低丘垄岗的上垄等灌溉条件比较差的地带，成土母质为第四纪黄土性沉积物，通体为黏壤土，土体中有结核；犁平系，低丘岗地和垄岗平畈，成土母质为第四纪黏土，通体为粉砂壤土；骆店系，低丘岗地和垄岗平畈，成土母质为第四纪黏土，层次质地构型为粉砂壤土-粉质黏壤土-粉砂壤土，土体中有结核；南门山系，低山丘陵缓坡、顶陇处，成土母质为泥质岩风化坡积-堆积物，层次质地构型为壤土-粉质黏壤土-粉质黏壤土-黏壤土-黏土；双桥系，垄岗地貌，地势较为平缓，成土母质为第四纪红黏土，层次质地构型为粉砂壤土-黏壤土-粉砂壤土；瓦瓷系，低丘垄岗的上垄地带，成土母质为第四纪黄土性沉积物，层次质地构型为壤土-黏壤土，土体中有结核。位于同一乡镇的菖蒲系，丘陵中山坡地区潮湿地段，成土母质为石灰岩风化物堆积或搬运物，灌木林地，不同土纲，为湿润雏形土。

利用性能综述 土体深厚，质地适中，耕性好，透水性适度，磷钾含量偏低，毛管作用强，多有夜潮现象，土壤的缓冲性能较好，有机质及其矿质营养比较丰富。应注意用地和养地相结合，注意轮作换茬、科学施肥及间作套种豆科绿肥，增施磷钾肥。

参比土种　潮土田。

代表性单个土体　位于湖北省咸宁市崇阳县天城镇下津村一组，29°32′20.9″N，114°4′1.6″E，海拔 54 m，沿河两岸的阶地，成土母质为近代河流冲积物，水田，早稻-晚稻轮作。50 cm 深度土温 17.4 ℃。野外调查时间为 2011 年 3 月 22 日，编号 42-109。

下津系代表性单个土体剖面

Ap1：0～22 cm，棕灰色（10YR 6/1，干），灰黄棕色（10YR 5/2，润），粉壤土，块状结构，稍坚实，pH 为 5.2，向下层平滑突变过渡。

Ap2：22～36 cm，淡黄橙色（10YR 8/3，干），浊黄棕色（10YR 4/3，润），粉壤土，块状结构，坚实，pH 为 5.4，向下层平滑渐变过渡。

Br1：36～70 cm，淡黄橙色（10YR 8/3，干），浊黄棕色（10YR 4/3，润），粉壤土，块状结构，坚实，结构面有 15%～40%的铁锰斑纹，可见清晰的灰色胶膜，pH 为 5.6，向下层平滑渐变过渡。

Br2：70～115 cm，淡黄橙色（10YR 8/3，干），浊黄棕色（10YR 4/3，润），粉壤土，块状结构，坚实，结构面有 15%～40%的铁锰斑纹，可见清晰的灰色胶膜，pH 为 5.6。

下津系代表性单个土体物理性质

土层	深度 /cm	砾石 (>2mm，体积分数) /%	细土颗粒组成（粒径：mm）/（g/kg）			质地	容重 /（g/cm^3）
			砂粒 2～0.05	粉粒 0.05～0.002	黏粒 <0.002		
Ap1	0～22	0	150	598	252	粉壤土	1.21
Ap2	22～36	0	131	617	252	粉壤土	1.41
Br1	36～70	0	108	682	210	粉壤土	1.32
Br2	70～115	0	106	680	214	粉壤土	1.32

下津系代表性单个土体化学性质

深度/cm	pH		有机质 /（g/kg）	全氮（N） /（g/kg）	全磷（P） /（g/kg）	全钾（K） /（g/kg）	阳离子交换量 /（cmol/kg）	游离氧化铁 /（g/kg）
	H_2O	KCl						
0～22	5.2	4.7	20.1	1.21	0.20	17.3	11.1	16.6
22～36	5.4	4.6	12.3	0.78	0.18	17.7	13.1	22.5
36～70	5.6	—	13.6	0.83	0.25	16.3	11.8	28.7
70～115	5.8	—	13.7	0.86	0.27	16.4	12.0	28.7

4.3.22 井堂系（Jingtang Series）

土 族：壤质硅质混合型非酸性热性-普通铁聚水耕人为土
拟定者：蔡崇法，王天巍，秦 聪

分布与环境条件 分布在黄冈、武汉、咸宁等地，低丘岗地和垄岗地带，成土母质为花岗岩风化冲积-堆积物，水田，早稻-晚稻轮作或单季稻。年均气温 15.5～16.7 ℃，年均降水量 1450～1600 mm，无霜期 258 d 左右，水稻-油菜轮作。

井堂系典型景观

土系特征与变幅 诊断层包括水耕表层、水耕氧化还原层；诊断特性包括热性土壤温度、人为滞水土壤水分状况、氧化还原特征。土体厚度 1 m 以上，层次质地构型为壤土-砂质壤土-壤土，pH 6.1～6.3。水耕氧化还原层出现在 35 cm 以下，为铁聚层次，结构面有 15%～40%的铁锰斑纹，可见清晰的灰色胶膜。

对比土系 柏树巷系，同一土族，低山丘陵区平畈，成土母质为花岗岩风化冲积-堆积物，层次质地构型为壤土-粉砂壤土-壤土。位于同一乡镇西冲系，同一亚类，不同土族，颗粒大小级别为砂质，层次质地构型为壤土-砂土-壤土；天岳系、麦市系和陈椴系，地处低山丘陵垄岗或谷地，林地或灌木林地，不同土纲，均为湿润雏形土。

利用性能综述 土体深厚，质地适中，耕性好，但犁底层通气孔多，毛管孔少，漏水漏肥严重，蓄水及返潮性差，土性燥，土温变幅大，代换量小，保肥能力弱，磷钾含量偏低。应水旱轮作，增施农家肥、有机肥和复合肥，秸秆还田。

参比土种 麻泥砂田。

代表性单个土体 位于湖北省咸宁市通城县麦市镇井堂村十一组，29°11′7.6″N，113°56′47.6″E，海拔 121 m，低丘岗地和垄岗地带，成土母质为花岗岩风化物，水田，单季中稻。50 cm 深度土温 16.7 ℃。野外调查时间为 2011 年 3 月 25 日，编号 42-136。

井堂系代表性单个土体剖面

Ap1：0～20 cm，灰色（5Y 6/1，干），灰色（5Y 4/1，润），壤土，块状结构，疏松，pH 为 5.9，向下层平滑渐变过渡。

Ap2：20～35 cm，灰色（5Y 6/1，干），灰色（5Y 4/1，润），砂质壤土，块状结构，坚实，结构面有 15%～40%的铁锰斑纹，可见清晰的灰色胶膜，pH 为 6.1，向下层平滑渐变过渡。

Br1：35～70 cm，灰色（5Y 6/1，干），灰色（5Y 4/1，润），壤土，块状结构，疏松，结构面有 15%～40%的铁锰斑纹，可见清晰的灰色胶膜，土体中有 10%左右岩石碎屑，pH 为 6.2，向下层平滑清晰过渡。

Br2：70～85 cm，淡灰色（5Y 7/1，干），橄榄黑色（5Y3/1，润），壤土，块状结构，很坚实，结构面有 15%～40%的铁锰斑纹，可见清晰的灰色胶膜，土体中有 10%左右岩石碎屑，pH 为 6.2，向下层平滑突变过渡。

Br3：85～120 cm，淡黄色（5Y 7/3，干），橄榄色（5Y 5/6，润），壤土，块状结构，很坚实，结构面有 15%～40%的铁锰斑纹，可见清晰的灰色胶膜，土体中有 20%左右岩石碎屑，pH 为 6.3。

井堂系代表性单个土体物理性质

土层	深度 /cm	砾石 (>2mm，体积分数)/%	细土颗粒组成（粒径：mm）/(g/kg)			质地	容重 /(g/cm^3)
			砂粒 2～0.05	粉粒 0.05～0.002	黏粒 <0.002		
Ap1	0～20	0	425	400	175	壤土	1.12
Ap2	20～35	0	506	280	214	砂质壤土	1.25
Br1	35～70	10	506	358	137	壤土	1.36
Br2	70～85	10	426	460	114	壤土	1.32
Br3	85～120	20	386	400	214	壤土	1.35

井堂系代表性单个土体化学性质

深度/cm	pH		有机质 /(g/kg)	全氮（N） /(g/kg)	全磷（P） /(g/kg)	全钾（K） /(g/kg)	阳离子交换量 /(cmol/kg)	游离氧化铁 /(g/kg)
	H_2O	KCl						
0～20	5.9	—	23.0	0.89	0.20	24.3	10.1	14.9
20～35	6.1	—	11.5	0.33	0.27	24.1	19.2	18.2
35～70	6.2	—	11.6	0.27	0.10	22.6	18.4	30.5
70～85	6.2	—	3.1	0.64	0.14	25.9	17.3	23.8
85～120	6.3	—	2.2	0.23	0.10	24.4	16.4	28.8

4.3.23　柏树巷系（Baishuxiang Series）

土　族：壤质硅质混合型非酸性热性-普通铁聚水耕人为土

拟定者：张海涛，姚　莉

分布与环境条件　主要分布在黄冈地区和孝感地区和武汉市的黄陂区等地，低山丘陵区平畈，成土母质为花岗岩风化冲积-堆积物，水田，早稻-晚稻轮作。年均气温 13～16 ℃，年均降水量 940～1040 mm，无霜期 201～240 d。

柏树巷系典型景观

土系特征与变幅　诊断层包括水耕表层、水耕氧化还原层；诊断特性包括热性土壤温度、人为滞水土壤水分状况、氧化还原特征。土体厚度 1 m 以上，层次质地构型为壤土-粉砂壤土-壤土，pH 为 5.9～6.3，土体中有 2%～10%的铁锰结核。水耕氧化还原层出现在 25 cm 以下，为铁聚层次，结构面有 5%～15%的铁锰斑纹，可见模糊的灰色胶膜。

对比土系　井堂系，同一土族，低丘岗地和垄岗地带，成土母质为花岗岩风化冲积-堆积物，层次质地构型为壤土-粉砂壤土-壤土。

利用性能综述　土体深厚，耕作层质地适中，耕性好。干耕可破碎，湿耕能起浆，保肥蓄水及稳温性好，有机质、磷、钾含量偏低。应水旱轮作，增施土杂肥、有机肥和复合肥，轮种绿肥，实行秸秆还田，不断增进地力。

参比土种　黄泥沙田。

代表性单个土体　位于湖北省广水市蔡河镇柏树巷村二组，31°44′50.5″N，113°48′53.5″E，海拔 104 m，低山丘陵区平畈，成土母质为酸性结晶岩风化冲积-堆积物，水田，早稻-晚稻轮作。50 cm 深度土温 16.8 ℃。野外调查时间为 2011 年 10 月 27 日，编号 42-155。

柏树巷系代表性单个土体剖面

Ap1：0～17 cm，浊黄棕色（10YR 4/3，干），灰黄棕色（10YR 5/2，润），壤土，块状结构，稍坚实，结构面有 2%～5%的铁锰斑纹，2%的铁锰结核，pH 为 6.0，向下层平滑模糊过渡。

Ap2：17～28 cm，浊黄棕色（10YR 4/3，干），灰黄棕色（10YR 5/2，润），粉砂壤土，块状结构，坚实，结构面有 5%～15%的铁锰斑纹，可见模糊的灰色胶膜，土体中有 5%左右铁锰结核，pH 为 5.9，向下层平滑模糊过渡。

Br1：28～45 cm，浊黄橙色（10YR 6/3，干），黄棕色（10YR 5/8，润），壤土，块状结构，疏松，结构面有 5%～15%的铁锰斑纹，可见模糊的灰色胶膜，土体中有 5%左右的铁锰结核，pH 为 6.1，向下层平滑模糊过渡。

Br2：45～120 cm，亮黄棕色（10YR 7/6，干），黄棕色（10YR 5/8，润），壤土，块状结构，疏松，有 10%左右铁锰结核，pH 为 6.3。

柏树巷系代表性单个土体物理性质

土层	深度 /cm	砾石 （>2mm，体积分数）/%	细土颗粒组成（粒径：mm）/（g/kg）			质地	容重 /（g/cm³）
			砂粒 2～0.05	粉粒 0.05～0.002	黏粒 <0.002		
Ap1	0～17	2	427	437	136	壤土	1.37
Ap2	17～28	5	349	555	96	粉砂壤土	1.52
Br1	28～45	5	346	440	214	壤土	1.42
Br2	45～120	10	468	397	135	壤土	1.39

柏树巷系代表性单个土体化学性质

深度/cm	pH		有机质 /（g/kg）	全氮（N） /（g/kg）	全磷（P） /（g/kg）	全钾（K） /（g/kg）	阳离子交换量 /（cmol/kg）	游离氧化铁 /（g/kg）
	H_2O	KCl						
0～17	6.0	—	18.5	1.36	0.24	5.5	27.9	19.1
17～28	5.9	—	12.8	1.02	0.14	6.1	22.5	22.2
28～45	6.1	—	10.6	0.87	0.15	8.8	28.3	31.5
45～120	6.3	—	7.0	0.54	0.08	4.3	27.6	32.2

4.3.24 胡洲系（Huzhou Series）

土 族：壤质混合型石灰性热性-普通铁聚水耕人为土

拟定者：蔡崇法，王天巍，秦 聪

分布与环境条件 主要分布于洪湖、监利、荆州等地，冲积平原河滩地带，成土母质为河流冲积物，水田，早稻-晚稻轮作。年均气温 17～17.5 ℃，年均降水量1150～1200 mm，无霜期 258 d 左右。

胡洲系典型景观

土系特征与变幅 诊断层包括水耕表层、水耕氧化还原层；诊断特性包括热性土壤温度、人为滞水土壤水分状况、氧化还原特征、石灰性。土体厚度 1 m 以上，层次质地构型为壤土-粉砂壤土-砂土，通体有强石灰反应，pH 为 8.0～8.3。水耕氧化还原层约出现在 20 cm 以下，结构面有 5%～15%的铁锰斑纹和灰色胶膜，铁聚层次约出现在 55 cm 以下，厚约 35 cm。

对比土系 永丰系，地形部位和成土母质一致，层次质地构型为黏壤土-粉砂壤土-砂质壤土-粉砂壤土。

利用性能综述 土体深厚，质地适中，耕性好，适种性广，磷钾含量偏低。应注意种植绿肥，水旱轮作，增施有机肥和复合肥，秸秆还田，平衡施肥。

参比土种 底砂灰潮砂泥田。

代表性单个土体 位于湖北省洪湖市乌林镇胡洲村五组，29°52′56.3″N，113°33′49.6″E，海拔 23 m，冲积平原河滩地带，成土母质为河流冲积物，水田，早稻-晚稻轮作。50 cm 深度土温 17.1 ℃。野外调查时间为 2010 年 12 月 7 日，编号 42-097。

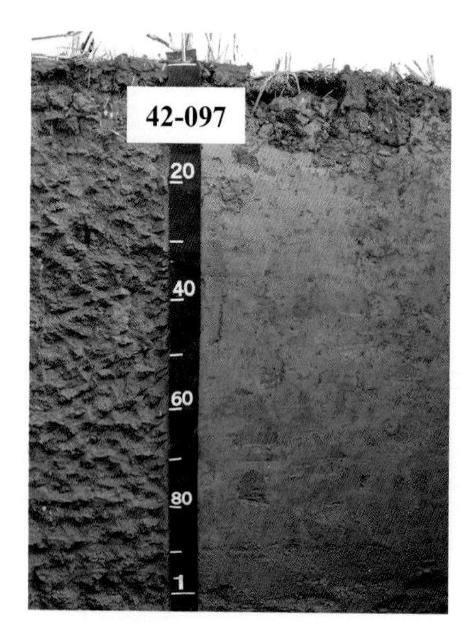

胡洲系代表性单个土体剖面

Ap1：0～13 cm，棕灰色（5YR 6/1，干），灰棕色（5YR 4/2，润），壤土，块状结构，疏松，强石灰反应，pH 为 8.0，向下层平滑渐变过渡。

Ap2：13～22 cm，灰棕色（5YR 6/2，干），灰棕色（5YR 4/2，润），壤土，块状结构，坚实，强石灰反应，pH 为 8.1，向下层平滑清晰过渡。

Br1：22～57 cm，粉红灰色（5YR 6/2，干），暗红灰色（5YR 4/2，润），壤土，块状结构，坚实，结构面有 5%～15%的铁锰斑纹，可见模糊的灰色胶膜，强石灰反应，pH 为 8.3，向下层平滑渐变过渡。

Br2：57～90 cm，浊橙色（5YR 6/3，干），浊红棕色（5YR 4/4，润），粉砂壤土，块状结构，坚实，结构面有 5%～15%的铁锰斑纹，可见模糊的灰色胶膜，强石灰反应，pH 为 8.1，向下层平滑渐变过渡。

Cr：90～120 cm，浊橙色（2.5Y 6/3，干），浊红棕色（10YR 4/3，润），砂土，单粒，无结构，结构面有 2%～5%的铁锰斑纹，强石灰反应，pH 为 8.1。

胡洲系代表性单个土体物理性质

土层	深度 /cm	砾石（>2mm，体积分数）/%	细土颗粒组成（粒径：mm）/（g/kg）			质地	容重 /（g/cm^3）
			砂粒 2～0.05	粉粒 0.05～0.002	黏粒 <0.002		
Ap1	0～13	0	372	459	169	壤土	1.21
Ap2	13～22	0	365	401	234	壤土	1.35
Br1	22～57	0	369	499	132	壤土	1.24
Br2	57～90	0	269	596	135	粉砂壤土	1.21
Cr	90～120	0	860	99	41	砂土	1.18

胡洲系代表性单个土体化学性质

深度/cm	pH		有机质 /（g/kg）	全氮（N） /（g/kg）	全磷（P） /（g/kg）	全钾（K） /（g/kg）	阳离子交换量 /（cmol/kg）	游离氧化铁 /（g/kg）
	H_2O	KCl						
0～13	8.0	—	21.8	1.01	0.30	18.6	18.1	16.4
13～22	8.1	—	9.8	1.16	0.24	18.3	23.0	17.3
22～57	8.3	—	10.2	0.37	0.20	16.1	16.5	23.5
57～90	8.1	—	9.9	0.39	0.23	13.5	16.4	27.4
90～120	8.1	—	8.2	0.33	0.20	13.4	11.6	17.5

4.3.25　永丰系（Yongfeng Series）

土　族：壤质混合型石灰性热性-普通铁聚水耕人为土
拟定者：蔡崇法，王天巍，秦　聪

分布与环境条件　主要分布在洪湖、监利、荆州、潜江、仙桃等地，冲积平原，成土母质为河流冲积物，水田，早稻-晚稻轮作或麦(油)-晚稻轮作。年均气温16.8 ℃左右，年均降水量1150～1200 mm，无霜期255 d左右。

永丰系典型景观

土系特征与变幅　诊断层包括水耕表层、水耕氧化还原层；诊断特性包括热性土壤温度、人为滞水土壤水分状况、氧化还原特征、石灰性。土体厚度1 m以上，层次质地构型为黏壤土-粉砂壤土，通体有强石灰反应，pH 7.7～8.3。水耕氧化还原层约出现在25 cm以下，厚度大于90 cm，结构面有2%～5%的铁锰斑纹，可见模糊的灰色胶膜，铁聚层次约出现在50 cm以下。

对比土系　胡洲系，同一土族，地形部位和成土母质一致，层次质地构型为壤土-粉砂壤土-砂土。位于同一乡镇万电系和中林系，同一亚纲，不同土类，前者为潜育水耕人为土，后者为简育水耕人为土。

利用性能综述　土体深厚，质地适中，耕性好，氮、磷含量偏低。应增施有机肥和实行秸秆还田以培肥土壤，化肥不可深施，以减少损失，注重水稻的中后期水肥管理，提高结实率和千粒重。

参比土种　灰潮砂泥田。

代表性单个土体　位于湖北省洪湖市万全镇永丰村一组，29°4′16.0″N，113°26′7.0″E，海拔24 m，冲积平原，成土母质为江汉平原的河流冲积物，水田，早稻-晚稻轮作。50 cm深度土温17.2 ℃。野外调查时间为2010年12月7日，编号42-101。

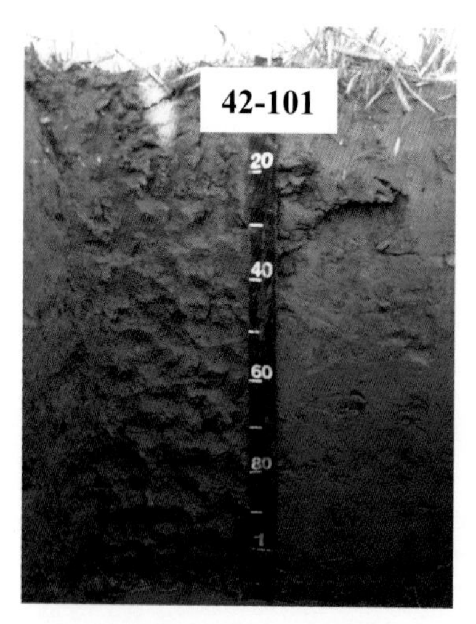

永丰系代表性单个土体剖面

Ap1：0～20 cm，灰棕色（7.5YR 5/2，干），棕灰色（7.5YR 4/1，润），黏壤土，块状结构，稍坚实，强石灰反应，pH 为 8.1，向下层平滑渐变过渡。

Ap2：20～27 cm，浊棕色（7.5YR 6/3，干），棕色（7.5YR 4/4，润），黏壤土，块状结构，很坚实，强石灰反应，pH 为 8.2，向下层平滑渐变过渡。

Br1：27～50 cm，浊棕色（7.5YR 6/3，干），棕色（7.5YR 4/4，润），粉砂壤土，块状结构，松散，结构面有 2%～5%的铁锰斑纹，可见模糊的灰色胶膜，强石灰反应，pH 为 8.3，向下层平滑渐变过渡。

Br2：50～80 cm，浊棕色（7.5YR 6/3，干），棕色（7.5YR 4/4，润），砂质壤土，弱块状结构，松散，结构面有 2%～5%的铁锰斑纹，可见模糊的灰色胶膜，强石灰反应，pH 为 8.2，向下层平滑渐变过渡。

Br3：80～120 cm，浊棕色（7.5YR 6/3，干），棕色（7.5YR 4/4，润），粉砂壤土，块状结构，松散，结构面有 2%～5%的铁锰斑纹，可见模糊的灰色胶膜，强石灰反应，pH 为 7.7。

永丰系代表性单个土体物理性质

土层	深度 /cm	砾石 （>2mm，体积分数）/%	细土颗粒组成（粒径：mm）/（g/kg）			质地	容重 /（g/cm^3）
			砂粒 2～0.05	粉粒 0.05～0.002	黏粒 <0.002		
Ap1	0～20	0	230	448	322	黏壤土	1.27
Ap2	20～27	0	225	460	315	黏壤土	1.41
Br1	27～50	0	285	592	123	粉砂壤土	1.16
Br2	50～80	0	624	261	115	砂质壤土	1.10
Br3	80～120	0	333	593	74	粉砂壤土	1.12

永丰系代表性单个土体化学性质

深度/cm	pH		有机质 /（g/kg）	全氮（N） /（g/kg）	全磷（P） /（g/kg）	全钾（K） /（g/kg）	阳离子交换量 /（cmol/kg）	游离氧化铁 /（g/kg）
	H_2O	KCl						
0～20	8.1	—	26.7	1.37	0.31	21.8	13.4	17.1
20～27	8.2	—	20.6	1.29	0.24	21.0	22.3	20.2
27～50	8.3	—	13.5	0.93	0.24	21.0	12.7	25.4
50～80	8.2	—	9.7	0.62	0.25	20.0	12.2	26.9
80～120	7.7	—	8.2	0.55	0.22	16.0	12.8	26.5

4.3.26 长林系（Changlin Series）

土 族：壤质混合型酸性热性-普通铁聚水耕人为土

拟定者：张海涛，陈 芳

分布与环境条件 主要分布在鄂东南的通山、崇阳、通城、阳新和咸宁等地，低丘岗地和垄岗地带，成土母质为红砂岩风化沟谷堆积物，水田，早稻-晚稻轮作。年均日照时数 1600～1800 h，年均气温 17～17.5 ℃，年均降水量 1510～1600 mm，年均蒸发量 1480～1530 mm。

长林系典型景观

土系特征与变幅 诊断层包括水耕表层、水耕氧化还原层；诊断特性包括热性土壤温度、人为滞水土壤水分状况、氧化还原特征。土体厚度 1 m 以上，层次质地构型为黏壤土壤土-砂质壤土，pH 4.3～5.5。水耕氧化还原层出现在 30 cm 以下，结构面有 2%～5%铁锰斑纹，可见模糊的灰色胶膜，土体中有 10%左右的岩石碎屑，铁聚层次出现在 50 cm 以下。

对比土系 同一土族的土系中，豪州系，河流入湖地带，成土母质为河湖相沉积物，通体为粉砂壤土；寿庙系，成土母质为第四纪沉积物，通体为粉砂壤土；雷骆系，成土母质为泥质岩风化冲积-堆积物，通体为壤土；刘家隔系，冲积平原，成土母质为近代河流冲积物，层次质地构型为粉砂土-粉砂壤土；汪李系，成土母质为第四纪沉积物，层次质地构型为粉砂壤土-壤土。位于同一乡镇的青山系，分布在河流沿岸近河床处的冲积平原，成土母质为近代河流冲积物，同一亚纲不同土类，为简育水耕人为土。

利用性能综述 土体深厚，质地适中，砾石较多，养分缺乏，砂多土少，耕性一般，稳温性和保蓄性能较差，产量很低。应增施农家肥、有机肥和复合肥，秸秆还田，培育土壤，加速土壤熟化肥。

参比土种 赤砂泥田。

代表性单个土体 位于湖北省咸宁市崇阳县青山镇长林村，29°29′22.1″N，113°1′48.9″E，海拔 80 m，低丘岗地和垄岗地带，成土母质为红砂岩风化沟谷堆积物，水田，早稻-晚稻轮作。50 cm 深度土温 16.9 ℃。野外调查时间为 2011 年 3 月 22 日，编号 42-111。

长林系代表性单个土体剖面

Ap1：0～19 cm，淡棕灰色（7.5YR 7/1，干），灰棕色（7.5YR 6/2，润），黏壤土，块状结构，稍坚实，pH 为 4.3，向下层平滑渐变过渡。

Ap2：19～32 cm，橙色（7.5YR 6/8，干），亮棕色（7.5YR 5/8，润），壤土，块状结构，坚实，有 2%左右岩石碎屑，pH 为 5.5，向下层平滑模糊过渡。

Br1：32～50 cm，橙色（7.5YR 6/6，干），橙色（7.5YR 6/6，润），壤土，块状结构，坚实，结构面 2%～5%铁锰斑纹，可见模糊的灰色胶膜，土体中有 10%左右岩石碎屑，pH 为 5.5，向下层平滑模糊过渡。

Br2：50～120 cm，橙色（7.5YR 6/6，干），橙色（7.5YR 6/6，润），砂质壤土，弱块状结构，松散，结构面有 2%～5%铁锰斑纹，可见模糊的灰色胶膜，土体中有 10%左右岩石碎屑，pH 为 5.1。

长林系代表性单个土体物理性质

土层	深度 /cm	砾石 （>2mm，体积分数）/%	细土颗粒组成（粒径：mm）/（g/kg）			质地	容重 /（g/cm³）
			砂粒 2～0.05	粉粒 0.05～0.002	黏粒 <0.002		
Ap1	0～19	0	319	343	338	黏壤土	1.17
Ap2	19～32	2	359	446	195	壤土	1.29
Br1	32～50	10	357	444	199	壤土	1.29
Br2	50～120	10	623	199	178	砂质壤土	1.15

长林系代表性单个土体化学性质

深度/cm	pH		有机质 /（g/kg）	全氮（N） /（g/kg）	全磷（P） /（g/kg）	全钾（K） /（g/kg）	阳离子交换量 /（cmol/kg）	游离氧化铁 /（g/kg）
	H_2O	KCl						
0～19	4.3	3.9	12.5	0.59	0.07	12.7	23.5	12.4
19～32	5.5	4.7	4.0	0.42	0.03	9.9	24.6	14.2
32～50	5.5	5.0	4.0	0.45	0.04	10.0	24.6	14.2
50～120	5.1	4.7	2.9	0.13	0.04	4.7	12.4	19.2

4.3.27 豪洲系（Haozhou Series）

土 族：壤质混合型非酸性热性-普通铁聚水耕人为土

拟定者：张海涛，姚 莉

分布与环境条件 分布于孝感、武汉、荆州、潜江、鄂州等地，河流入湖地带，成土母质为河湖相沉积物，水田，早稻-晚稻轮作。年均气温 16.7～18 ℃，年均降水量 1100～1370 mm，无霜期 255 d 左右。

豪洲系典型景观

土系特征与变幅 诊断层包括水耕表层、水耕氧化还原层；诊断特性包括热性土壤温度、人为滞水土壤水分状况、氧化还原特征。土体厚度 1 m 以上，通体为粉砂壤土，pH 6.4～6.8，犁底层有次生潜育现象。水耕氧化还原层出现在 25 cm 以下，为铁聚层次，厚约 70 cm，结构面有 5%～15%铁锰斑纹，可见模糊的灰色胶膜，

对比土系 同一土族的土系中，长林系，低丘岗地和垄岗地带，成土母质为红砂岩风化沟谷堆积物，层次质地构型为黏壤土-壤土-砂质壤土；寿庙系，低丘岗地和垄岗地带，成土母质为第四纪沉积物；雷骆系，低丘岗地和垄岗地带，成土母质为泥质岩风化冲积-堆积物，通体为壤土；刘家隔系，冲积平原，成土母质为近代河流冲积物，层次质地构型为粉砂土-粉砂壤土；汪李系，低丘岗地和垄岗，成土母质为第四纪沉积物，层次质地构型为粉砂壤土-壤土。

利用性能综述 土体深厚，质地适中，耕性好，磷钾含量偏低。由于长期稻稻连作或冬泡稻种植，Ap2 层中产生次生潜育现象，通透性差，温度回升慢，有机质矿化速率较低，速效养分含量不足。应实行水旱轮作，增加土壤回旱时间；开深沟滤水，实行排灌分设；注重晒田，避免土壤滞水而潜育化；秸秆还田，增施磷钾肥。

参比土种 潮土田。

代表性单个土体 位于湖北省汉川市刘家隔镇豪洲村四组，30°43′43.2″N，113°44′45.8″E，海拔 26 m，河流入湖地带，成土母质为河湖相沉积物，水田，早稻-晚稻轮作。50 cm 深度土温 16.6 ℃。野外调查时间为 2010 年 11 月 27 日，编号 42-070。

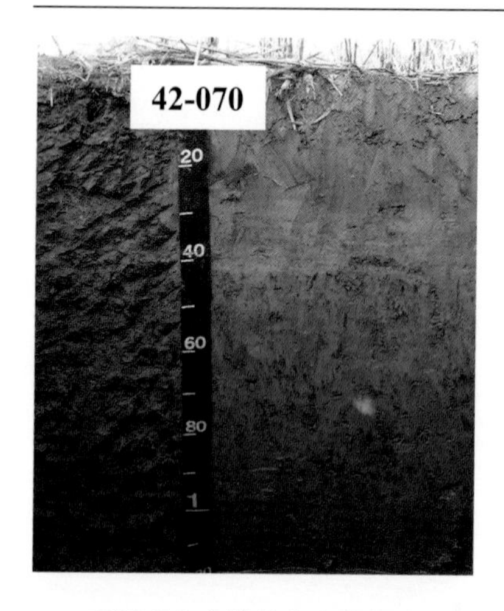

豪洲系代表性单个土体剖面

Ap1：0～16cm，棕色（10YR 4/4，干），浊黄棕色（10YR 4/3，润），粉砂壤土，粒状结构，疏松，结构面有 2%～3%的铁锰斑纹，pH 为 6.4，向下层平滑突变过渡。

Ap2：16～28 cm，浊黄棕色（10YR 4/3，干），40%暗绿灰色（10G 4/1，润），60%浊黄棕色（10YR 4/3，润），粉砂壤土，块状结构，很坚实，结构面有 2%～5%的铁锰斑纹，可见模糊的灰色胶膜，pH 为 6.7，向下层平滑突变过渡。

Br1：28～98 cm，黄棕色（10YR 5/8，干），棕色（10YR 4/4，润），粉砂壤土，块状结构，坚实，结构面有 5%～15%的铁锰斑纹，可见模糊的灰色胶膜，pH 为 6.8，向下层平滑清晰过渡。

Br2：98～120 cm，棕灰色（10YR 5/1，干），棕灰色（10YR 5/1，润），粉砂壤土，块状结构，坚实，结构面有 5%～15%的铁锰斑纹，可见模糊的灰色胶膜，pH 为 6.7。

豪洲系代表性单个土体物理性质

土层	深度/cm	砾石（>2mm，体积分数）/%	细土颗粒组成（粒径：mm）/（g/kg）			质地	容重/（g/cm^3）
			砂粒 2～0.05	粉粒 0.05～0.002	黏粒 <0.002		
Ap1	0～16	0	187	637	176	粉砂壤土	1.35
Ap2	16～28	0	88	764	148	粉砂壤土	1.50
Br1	28～98	0	60	793	147	粉砂壤土	1.31
Br2	98～120	0	114	745	141	粉砂壤土	1.35

豪洲系代表性单个土体化学性质

深度/cm	pH		有机质/（g/kg）	全氮（N）/（g/kg）	全磷（P）/（g/kg）	全钾（K）/（g/kg）	阳离子交换量/（cmol/kg）	游离氧化铁/（g/kg）
	H_2O	KCl						
0～16	6.4	—	25.6	1.76	0.40	5.5	14.5	18.8
16～28	6.7	—	20.6	1.65	0.32	6.2	17.3	17.6
28～98	6.8	—	18.5	1.16	0.17	3.8	13.3	29.4
98～120	6.7	—	10.0	0.68	0.28	3.8	12.9	28.2

4.3.28 寿庙系（Shoumiao Series）

土 族：壤质混合型非酸性热性-普通铁聚水耕人为土

拟定者：陈家赢，陈 芳

分布与环境条件 主要分布在宜昌、武汉、荆门、孝感、襄阳等地，低丘岗地和垄岗地带，成土母质为第四纪沉积物。种植制度为早稻-晚稻。年均日照时数 1900～2000 h，年均气温 15.6～16.3 ℃，年均降水量 1000 mm 左右，年均蒸发量 1380～1570 mm。

寿庙系典型景观

土系特征与变幅 诊断层包括水耕表层、水耕氧化还原层；诊断特性包括热性土壤温度、人为滞水土壤水分状况、氧化还原特征。土体厚度 1 m 以上，通体为粉砂壤土，pH 7.0～7.1。水耕氧化还原层出现在 30 cm 以下，为铁聚层次，结构面有 5%～15%的铁锰斑纹，可见模糊的灰色胶膜。

对比土系 同一土族的土系中，长林系，成土母质为红砂岩风化沟谷堆积物，为黏壤土-壤土-砂质壤土；豪州系，河流入湖地带，成土母质为河湖相沉积物；雷骆系，成土母质为泥质岩风化冲积-堆积物，通体为壤土；刘家隔系，冲积平原，成土母质为近代河流冲积物，层次质地构型为粉砂土-粉砂壤土；汪李系，层次质地构型为粉砂壤土-壤土。

利用性能综述 土体深厚，质地适中，耕性好，地势较低，地下水位较高易涝渍，养分含量偏低。应加强水利设施建设，保证灌排，低洼地区开深沟排水，秸秆还田，增施有机肥和复合肥，平衡施肥。

参比土种 黄泥田。

代表性单个土体 位于湖北省荆门市沙洋县高阳镇寿庙村十组，30°44′51.8″N，112°30′19.5″E，海拔 38 m，低丘岗地和垄岗地带，成土母质为第四纪黏土，水田，早稻-晚稻轮作。50 cm 深度土温 17.1 ℃。野外调查时间为 2011 年 11 月 3 日，编号 42-160。

寿庙系代表性单个土体剖面

Ap1：0～19 cm，浊黄棕色（10YR 5/4，干），浊黄棕色（10YR 4/3，润），粉砂壤土，粒状结构，疏松，pH 为 7.0，向下层平滑渐变过渡。

Ap2：19～30 cm，浊黄橙色（10YR 6/3，干），浊黄棕色（10YR 4/3，润），粉砂壤土，块状结构，坚实，pH 为 7.1，向下层平滑清晰过渡。

Br1：30～50 cm，浊黄橙色（10YR 7/4，干），浊黄棕色（10YR 4/3，润），粉砂壤土，块状结构，坚实，结构面有 5%～15%的铁锰斑纹，可见模糊的灰色胶膜，pH 为 7.1，向下层平滑清晰过渡。

Br2：50～80 cm，浊黄橙色（10YR 7/4，干），浊黄棕色（10YR 4/3，润），粉砂壤土，块状结构，坚实，结构面有 5%～15%的铁锰斑纹，可见模糊的灰色胶膜，pH 为 7.1，向下层平滑清晰过渡。

寿庙系代表性单个土体物理性质

土层	深度 /cm	砾石（>2mm，体积分数）/%	细土颗粒组成（粒径：mm）/（g/kg）			质地	容重 /（g/cm³）
			砂粒 2～0.05	粉粒 0.05～0.002	黏粒 <0.002		
Ap1	0～19	0	91	691	218	粉砂壤土	1.23
Ap2	19～30	0	91	731	178	粉砂壤土	1.37
Br1	30～50	0	140	685	175	粉砂壤土	1.28
Br2	50～80	0	133	689	178	粉砂壤土	1.29

寿庙系代表性单个土体化学性质

深度/cm	pH		有机质 /（g/kg）	全氮（N） /（g/kg）	全磷（P） /（g/kg）	全钾（K） /（g/kg）	阳离子交换量 /（cmol/kg）	游离氧化铁 /（g/kg）
	H_2O	KCl						
0～19	7.0	—	19.0	1.05	0.41	6.3	14.0	20.3
19～30	7.1	—	7.6	0.72	0.32	5.9	11.2	23.0
30～50	7.1	—	4.5	0.49	0.26	7.4	10.9	39.1
50～100	7.1	—	4.2	0.41	0.22	7.3	10.9	43.3

4.3.29 雷骆系（Leiluo Series）

土　族：壤质混合型非酸性热性-普通铁聚水耕人为土
拟定者：王天巍，姚　莉

分布与环境条件　主要分布在鄂东南的咸宁、黄冈、武汉等地，低丘岗地和垄岗地带，成土母质为泥质岩风化冲积-堆积物，水田，早稻-晚稻轮作。年均日照时数1600～1800 h，年均气温17～17.5 ℃，年均降水量1250～1620 mm，年均蒸发量1480～1510 mm。

雷骆系典型景观

土系特征与变幅　诊断层包括水耕表层、水耕氧化还原层；诊断特性包括热性土壤温度、人为滞水土壤水分状况、氧化还原特征。土体厚度1 m以上，通体为壤土，pH 5.4～6.4。水耕氧化还原层约出现在30 cm以下，为铁聚层次，结构面有2%～5%的铁锰斑纹，可见模糊的灰色胶膜。

对比土系　同一土族的土系中，长林系，成土母质为红砂岩风化沟谷堆积物，为黏壤土-壤土-砂质壤土；豪州系，河流入湖地带，成土母质为河湖相沉积物，通体为粉砂壤土；寿庙系，成土母质为第四纪沉积物，通体为粉砂壤土；刘家隔系，冲积平原，成土母质为近代河流冲积物，层次质地构型为粉砂土-粉砂壤土；汪李系，成土母质为第四纪沉积物，层次质地构型为粉砂壤土-壤土。位于同一乡镇的青山系，分布在河流沿岸近河床处的冲积平原，成土母质为近代河流冲积物，同一亚纲不同土类，为简育水耕人为土。

利用性能综述　土体深厚，质地适中，耕性好，施肥见效快，磷钾含量偏低。应推广测土配方施肥，秸秆还田，增施有机肥和复合肥，提高基础地力水平，种养结合。

参比土种　红泥沙田。

代表性单个土体　位于湖北省咸宁市崇阳县青山镇雷骆村明新塘下，29°29′36.0″N，114°1′46.3″E，海拔68 m，低丘岗地和垄岗地带，成土母质为泥质页岩风化冲积物，水田，早稻-晚稻轮作。50 cm深度土温16.1 ℃。野外调查时间为2011年3月22日，编号42-112。

雷骆系代表性单个土体剖面

Ap1：0～18 cm，浊黄橙色（10YR 7/3，干），灰黄棕色（10YR 5/2，润），壤土，块状结构，疏松，结构面有 2%～5%铁锰斑纹，pH 为 5.4，向下层平滑渐变过渡。

Ap2：18～31 cm，浊黄橙色（10YR 7/3，干），浊黄棕色（10YR 5/3，润），壤土，块状结构，很坚实，pH 为 6.4，向下层平滑突变过渡。

Br1：31～87 cm，亮黄棕色（10YR 6/6，干），黄棕色（10YR 5/8，润），壤土，块状结构，坚实，结构面有 2%～5%的铁锰斑纹，可见模糊的灰色胶膜，pH 为 6.4，向下层渐变波状过渡。

Br2：87～110 cm，亮黄棕色（10YR 6/6，干），黄棕色（10YR 5/8，润），壤土，块状结构，坚实，结构面有 2%～5%的铁锰斑纹，可见模糊的灰色胶膜，pH 为 6.4。

雷骆系代表性单个土体物理性质

土层	深度/cm	砾石（>2mm，体积分数）/%	细土颗粒组成（粒径：mm）/（g/kg）			质地	容重/（g/cm³）
			砂粒 2～0.05	粉粒 0.05～0.002	黏粒 <0.002		
Ap1	0～18	0	420	364	216	壤土	1.36
Ap2	18～31	0	301	483	216	壤土	1.54
Br1	31～87	0	506	358	136	壤土	1.45
Br2	87～110	0	496	378	126	壤土	1.39

雷骆系代表性单个土体化学性质

深度/cm	pH		有机质/（g/kg）	全氮（N）/（g/kg）	全磷（P）/（g/kg）	全钾（K）/（g/kg）	阳离子交换量/（cmol/kg）	游离氧化铁/（g/kg）
	H_2O	KCl						
0～18	5.4	4.3	22.0	1.23	0.18	10.0	33.4	18.0
18～31	6.4	—	8.3	0.52	0.11	6.1	26.1	20.6
31～87	6.4	—	7.6	0.36	0.14	6.8	29.2	29.3
87～110	6.4	—	5.1	0.31	0.18	5.2	20.6	28.1

4.3.30　刘家隔系（Liujiage Series）

土　族：壤质混合型非酸性热性-普通铁聚水耕人为土

拟定者：张海涛，姚　莉

分布与环境条件　一般分布在冲积平原，成土母质为近代河流冲积物，水田，早稻-晚稻轮作。年均气温 16.7～17.3 ℃，年均降水量 1130～1220 mm，无霜期 255 d 左右。

刘家隔系典型景观

土系特征与变幅　诊断层包括水耕表层、水耕氧化还原层；诊断特性包括热性土壤温度、人为滞水土壤水分状况、氧化还原特征。土体厚度 1 m 以上，层次质地构型为粉砂土-粉砂壤土，pH 为 5.5～7.4。水耕氧化还原层约出现在 25 cm 以下，为铁聚层次，结构面有 2%～5%的铁锰斑纹，可见模糊的灰色胶膜。

对比土系　同一土族的土系中，长林系，低丘岗地和垄岗地带，成土母质为红砂岩风化沟谷堆积物，层次质地构型为黏壤土-壤土-砂质壤土；豪州系，河流入湖地带，成土母质为河湖相沉积物，通体为粉砂壤土；寿庙系，低丘岗地和垄岗地带，成土母质为第四纪沉积物，通体为粉砂壤土；雷骆系，低丘岗地和垄岗地带，成土母质为泥质岩风化冲积-堆积物，通体为壤土；汪李系，低丘岗地和垄岗平畈，成土母质为第四纪沉积物，层次质地构型为粉砂壤土-壤土。

利用性能综述　土体深厚，质地偏砂，无障碍层次，耕性好，磷钾含量偏低，经干耐湿，土性暖，通透性好，养分易释放。应用养结合，轮种绿肥，实行水旱轮作，增施土杂肥和有机肥，秸秆还田，重施磷钾肥，修筑堤坝，开挖沟渠，防渍防洪。

参比土种　壤土型潮土田。

代表性单个土体　位于湖北省汉川市刘家隔镇两合村三组，30°44′13.3″N，113°46′1.4″E，海拔 26 m，冲积平原成土母质为河流冲积物，水田，早稻-晚稻。50 cm 深度土温 16.8 ℃。野外调查时间为 2010 年 11 月 27 日，编号 42-072。

刘家隔系代表性单个土体剖面

Ap1：0～15 cm，浊棕色（7.5YR 6/3，干），棕灰色（7.5YR 5/1，润），粉砂土，粒状结构，疏松，结构面有 5%～15%的铁锰斑纹，pH 为 5.5，向下层平滑清晰过渡。

Ap2：15～26 cm，亮棕色（7.5YR 5/8，干），棕色（7.5YR 4/4，润），粉砂壤土，块状结构，极坚实，结构面有 2%～5%的铁锰斑纹，可见清晰的灰色胶膜，轻度石灰反应，pH 为 7.4，向下层平滑渐变过渡。

Br1：26～60 cm，亮棕色（7.5YR 5/8，干），棕色（7.5YR 4/4，润），粉砂壤土，块状结构，极坚实，结构面有 2%～5%的铁锰斑纹，可见模糊的灰色胶膜，pH 为 7.1，向下层平滑渐变过渡。

Br2：60～120 cm，亮棕色（7.5YR 5/8，干），棕色（7.5YR 4/4，润），粉砂壤土，块状结构，极坚实，结构面有 2%～5%的铁锰斑纹，可见模糊的灰色胶膜，pH 为 7.1。

刘家隔系代表性单个土体物理性质

土层	深度/cm	砾石（>2mm，体积分数）/%	细土颗粒组成（粒径：mm）/（g/kg）			质地	容重/（g/ cm^3）
			砂粒 2～0.05	粉粒 0.05～0.002	黏粒 <0.002		
Ap1	0～15	0	168	800	32	粉砂土	1.26
Ap2	15～26	0	220	629	151	粉砂壤土	1.40
Br1	26～60	0	134	742	124	粉砂壤土	1.24
Br2	60～120	0	136	744	120	粉砂壤土	1.24

刘家隔系代表性单个土体化学性质

深度/cm	pH		有机质/（g/kg）	全氮（N）/（g/kg）	全磷（P）/（g/kg）	全钾（K）/（g/kg）	阳离子交换量/（cmol/kg）	游离氧化铁/（g/kg）
	H_2O	KCl						
0～15	5.5	4.5	22.6	2.03	0.17	1.6	10.6	17.1
15～26	7.4	—	17.0	1.08	0.12	2.4	12.9	23.7
26～60	7.1	—	12.6	0.72	0.23	2.3	14.1	28.6
60～120	7.1	—	12.6	0.75	0.24	2.3	13.7	28.6

4.3.31 汪李系（Wangli Series）

土 族：壤质混合型非酸性热性-普通铁聚水耕人为土
拟定者：陈家赢，陈 芳

分布与环境条件 主要分布在宜昌、武汉、荆门、孝感、襄阳等地，低丘岗地和垄岗平畈，成土母质为第四纪沉积物，水田，早稻-晚稻轮作。年均日照时数1800～2000 h，年均气温15.6～16.3 ℃，年均降水量1000 mm左右，年均蒸发量1490～1800 mm。

汪李系典型景观

土系特征与变幅 诊断层包括水耕表层、水耕氧化还原层；诊断特性包括热性土壤温度、人为滞水土壤水分状况、氧化还原特征。土体厚度1 m以上，层次质地构型为粉砂壤土-壤土，pH为7.2～7.4。水耕氧化还原层出现在30 cm以下，为铁聚层次，结构面有15%～40%的铁锰斑纹，土体中有10%左右的铁锰结核。

对比土系 同一土族的土系中，长林系，成土母质为红砂岩风化沟谷堆积物，为黏壤土-壤土-砂质壤土；豪州系，河流入湖地带，成土母质为河湖相沉积物，通体为粉砂壤土；寿庙系，通体为粉砂壤土；雷骆系，成土母质为泥质岩风化冲积-堆积物，通体为壤土；刘家隔系，冲积平原，成土母质为近代河流冲积物，层次质地构型为粉砂土-粉砂壤土。

利用性能综述 土体深厚，质地适中，耕性较好，氮、磷、钾含量偏低。应合理轮作，用养结合，增施农家肥、有机肥和复合肥，秸秆还田，以培肥土壤，改良土壤结构。

参比土种 黄泥田。

代表性单个土体 位于湖北省钟祥市洋梓镇汪李村五组，31°21′24.9″N，112°37′24.4″E，海拔40 m，低丘岗地和垄岗平畈，成土母质为第四纪黏土，水田，早稻-晚稻轮作。50 cm深度土温17.7 ℃。野外调查时间为2011年11月2日，编号42-159。

汪李系代表性单个土体剖面

Ap1：0～18 cm，灰黄棕色（10YR 5/2，干），浊黄棕色（10YR 4/3，润），粉砂壤土，粒状结构，疏松，pH 为 7.4，向下层平滑渐变过渡。

Ap2：18～30 cm，浊黄棕色（10YR 5/4，干），浊棕色（10YR 4/3，润），粉砂壤土，块状结构，坚实，结构面有 15%～40%的铁锰斑纹，pH 为 7.3，向下层平滑清晰过渡。

Br1：30～65 cm，浊黄棕色（10YR 5/4，干），棕灰色（10YR 5/1，润），粉砂壤土，块状结构，坚实，结构面有 15%～40%的铁锰斑纹，土体中有 10%左右铁锰结核，pH 为 7.2，向下层波状模糊过渡。

Br2：65～110 cm，浊黄橙色（10YR 7/3，干），灰黄棕色（10YR 5/2，润），壤土，块状结构，坚实，结构面有 15%～40%的铁锰斑纹，土体中有 10%左右铁锰结核，pH 为 7.2。

汪李系代表性单个土体物理性质

土层	深度/cm	砾石（>2mm，体积分数）/%	细土颗粒组成（粒径：mm）/（g/kg）			质地	容重/（g/cm^3）
			砂粒 2～0.05	粉粒 0.05～0.002	黏粒 <0.002		
Ap1	0～18	0	145	636	219	粉砂壤土	1.19
Ap2	18～30	0	226	597	177	粉砂壤土	1.32
Br1	30～65	10	208	613	179	粉砂壤土	1.32
Br2	65～110	10	338	453	209	壤土	1.29

汪李系代表性单个土体化学性质

深度/cm	pH		有机质/（g/kg）	全氮（N）/（g/kg）	全磷（P）/（g/kg）	全钾（K）/（g/kg）	阳离子交换量/（cmol/kg）	游离氧化铁/（g/kg）
	H_2O	KCl						
0～18	7.4	—	16.1	0.73	0.08	15.2	19.7	21.0
18～30	7.3	—	3.2	0.58	0.16	11.1	13.6	19.4
30～65	7.2	—	2.9	0.36	0.13	10.9	11.8	35.7
65～110	7.2	—	2.7	0.19	0.12	5.9	11.4	38.0

4.4　底潜简育水耕人为土

4.4.1　腊里山系（Lalishan Series）

土　族：黏质伊利石混合型非酸性热性-底潜简育水耕人为土

拟定者：陈家赢，陈　芳

分布与环境条件　主要分布在新洲、鄂州、武穴、黄梅、咸宁等地。河流入湖地带，成土母质为河湖相沉积物。水田，早稻-晚稻轮作。年均日照时数 1900～2100 h，年均气温 17～18 ℃，年均降水量 1200～1420 mm，年均蒸发量 1480～1530 mm，无霜期 261 d 左右。

腊里山系典型景观

土系特征与变幅　诊断层包括水耕表层、水耕氧化还原层；诊断特性包括热性土壤温度、人为滞水土壤水分状况、氧化还原特征、潜育特征。土体厚度 1 m 以上，粉砂质黏壤土-粉砂质黏土，pH 为 5.4～7.2。水耕氧化还原层在 30 cm 以下，结构面可见清晰的灰色胶膜和 2%～5%的铁锰斑纹，潜育特征出现在 70 cm 以下。

对比土系　长湖系，同一亚类，不同土族，层次质地构型为黏壤土-粉砂质黏壤土-粉砂壤土-粉砂质黏壤土-粉砂质黏土，潜育特征出现在 50 cm 以下，水耕表层以下土体有石灰反应。位于同一乡镇的益家堤系，成土母质和地形部位一致，旱作，不同土纲，为潮湿雏形土。

利用性能综述　土体深厚，质地黏，耕作层泥紧块大，僵韧难耕，土性冷，通透性差，保肥能力较强，潜在养分较丰富，供肥迟缓，早春速效磷不足，后期养分释放速率加快，地下水位出现部位较高，易发生次生潜育，属低产土壤类型。应开沟排渍，湿润灌水，适时适度落干晒田，实行水旱轮作；冬耕炕土，改变水肥热失调的状况；增施砂质土杂肥或客土掺砂，改良质地与结构。

参比土种　青底潮泥田。

代表性单个土体　位于湖北省咸宁市赤壁市柳山湖镇腊里山村西干渠，29°50'24"N，113°39'52.2"E，河流入湖地带，海拔 22 m，成土母质为河湖相沉积物，水田，早稻-晚稻轮作。50 cm 深度土温 16.5 ℃。野外调查时间为 2010 年 11 月 13 日，编号 42-056。

腊里山系代表性单个土体剖面

Ap1：0～20 cm，淡灰色（10YR 7/1，干），棕灰色（10YR 5/1，润），粉砂质黏土，棱块状结构，疏松，pH 为 5.4，向下层平滑渐变过渡。

Ap2：20～33 cm，淡灰色（7.5YR 7/1，干），棕色（7.5YR 4/4，润），粉砂质黏土，棱块状结构，坚实，结构面有 5%～15%的铁锰斑纹，清晰的灰色胶膜，pH 为 7.0，向下层平滑渐变过渡。

Br1：33～55 cm，灰黄棕色（10YR 5/2，干），浊黄棕色（10YR 4/3，润），粉砂质黏壤土，棱块状结构，坚实，结构面有 2%～5%的铁锰斑纹，清晰的灰色胶膜，pH 为 6.9，向下层平滑渐变过渡。

Br2：55～95 cm，灰黄棕色（7.5YR 5/2，干），棕色（7.5YR 4/4，润），粉砂质黏土，棱块状结构，坚实，结构面有 2%～5%的铁锰斑纹，清晰的灰色胶膜，pH 为 7.1，向下层平滑渐变过渡。

Bg：95～120 cm，灰黄棕色（7.5YR 6/2，干），棕色（7.5YR 4/2，润），粉砂质黏土，棱块状结构，稍坚实，结构面有 15%～40%的铁锰斑纹，弱石灰反应，中度亚铁反应，pH 为 7.2。

腊里山系代表性单个土体物理性质

土层	深度/cm	砾石（>2mm，体积分数）/%	细土颗粒组成（粒径：mm）/（g/kg）			质地	容重/（g/cm³）
			砂粒 2～0.05	粉粒 0.05～0.002	黏粒 <0.002		
Ap1	0～20	0	50	541	409	粉砂质黏土	1.35
Ap2	20～33	0	38	537	425	粉砂质黏土	1.50
Br1	33～55	0	55	587	358	粉砂质黏壤土	1.31
Br2	55～95	0	91	489	420	粉砂质黏土	1.35
Bg	95～120	0	80	441	479	粉砂质黏土	1.45

腊里山系代表性单个土体化学性质

深度/cm	pH		有机质/（g/kg）	全氮（N）/（g/kg）	全磷（P）/（g/kg）	全钾（K）/（g/kg）	阳离子交换量/（cmol/kg）	游离氧化铁/（g/kg）
	H_2O	KCl						
0～20	5.4	4.4	23.6	1.37	0.24	23.7	20.4	24.5
20～33	7.0	—	15.1	1.53	0.32	24.6	25.1	20.7
33～55	6.9	—	12.4	0.66	0.32	22.2	22.1	34.2
55～95	7.1	—	23.1	0.75	0.35	24.5	31.5	32.7
95～120	7.2	—	22.4	0.80	0.31	23.4	33.4	28.6

4.4.2　长湖系（Changhu Series）

土　族：黏质混合型石灰性热性-底潜简育水耕人为土
拟定者：张海涛，秦　聪

分布与环境条件　分布在荆州、武汉、咸宁、宜昌等地，平原湖泊群区，成土母质为湖积物，水田，早稻-晚稻轮作。年均气温 16.8 ℃左右，年均降水量 1150～1200 mm，无霜期 260 d 左右。

长湖系典型景观

土系特征与变幅　诊断层包括水耕表层、水耕氧化还原层；诊断特性包括热性土壤温度、人为滞水土壤水分状况、氧化还原特征、潜育特征、石灰性。水耕氧化还原层出现在 30 cm 以下，结构面可见 5%～15%铁锰斑纹，模糊的灰色胶膜。土体厚度 1 m 以上，层次质地构型为黏壤土-粉砂质黏壤土-粉砂壤土-粉砂质黏壤土-粉砂质黏土，pH 为 6.3～8.1。水耕表层之下土体有石灰性，水耕氧化还原层在 25 cm 以下，结构面可见清晰的灰色胶膜和 2%～5%的铁锰斑纹，潜育特征出现在 50 cm 以下。

对比土系　中林系，成土母质和地形部位一致，但颗粒大小级别为黏壤质，层次质地构型为粉砂壤土-粉砂质黏壤土-粉砂壤土。

利用性能综述　新围垦的湖田，耕性好，磷含量偏低。由于土体中层滞水潜育，须开挖深沟大渠，降低地下水位，减少次生潜育现象的发生，增施磷肥。

参比土种　青泥田土种。

代表性单个土体　位于湖北省洪湖市大沙湖农场一分场长湖渔场，30°0'39.8"N，113°47'41.6"E，海拔 25 m，平原湖泊群区，成土母质为湖积物，水田，早稻-晚稻轮作。50 cm 深度土温 17.1 ℃。野外调查时间为 2010 年 1 月 28 日，编号 42-103。

长湖系代表性单个土体剖面

Ap1：0～14 cm，灰棕色（7.5YR 5/2，干），棕色（7.5YR 4/4，润），黏壤土，块状结构，疏松，pH 为 6.3，向下层平滑渐变过渡。

Ap2：14～25 cm，灰棕色（7.5YR 6/2，干），灰棕色（7.5YR 4/2，润），粉砂质黏壤土，块状结构，坚实，结构面有 2%～5%铁锰斑纹，模糊的灰色胶膜，中度石灰反应，pH 为 7.5，向下层平滑渐变过渡。

Br1：25～42 cm，浊棕色（7.5YR 6/3，干），暗棕色（7.5YR 3/4，润），粉砂壤土，块状结构，坚实，结构面有 5%～15%的铁锰斑纹，清晰的灰色胶膜，强石灰反应，pH 为 8.1，向下层平滑渐变过渡。

Br2：42～52 cm，淡棕灰色（7.5YR 7/2，干），棕色（7.5YR 4/4，润），粉砂质黏壤土，块状结构，坚实，结构面有 5%～15%的铁锰斑纹，模糊的灰色胶膜，强石灰反应，pH 为 7.9，向下层平滑渐变过渡。

Bg1：52～81 cm，浊棕色（7.5YR 6/3，干），70%暗蓝灰色（5B 4/1，润），30%棕色（7.5YR 4/4，润），粉砂质黏土，块状结构，稍坚实，结构面有 5%～15%的铁锰斑纹，中度石灰反应，中度亚铁反应，pH 为 7.5，向下层平滑突变过渡。

Bg2：81～120 cm，浊棕色（7.5YR 6/3，干），暗蓝灰色（5B 4/1，润），粉砂质黏土，块状结构，稍坚实，结构面可见 2%～5%的铁锰斑纹，中度石灰反应，中度亚铁反应，pH 为 7.5。

长湖系代表性单个土体物理性质

土层	深度 /cm	砾石（>2mm，体积分数）/%	细土颗粒组成（粒径：mm）/（g/kg）			质地	容重 /（g/cm³）
			砂粒 2～0.05	粉粒 0.05～0.002	黏粒 <0.002		
Ap1	0～14	0	274	338	388	黏壤土	1.38
Ap2	14～25	0	97	521	382	粉砂质黏壤土	1.52
Br1	25～42	0	45	725	230	粉砂壤土	1.44
Br2	42～52	0	48	555	397	粉砂质黏壤土	1.23
Bg1	52～81	0	75	511	414	粉砂质黏土	1.22
Bg2	81～120	0	48	539	413	粉砂质黏土	1.34

长湖系代表性单个土体化学性质

深度	pH		有机质 /（g/kg）	全氮（N）/（g/kg）	全磷（P）/（g/kg）	全钾（K）/（g/kg）	阳离子交换量 /（cmol/kg）	游离氧化铁 /（g/kg）
	H_2O	KCl						
0～14	6.3	—	44.1	2.27	0.25	20.2	27.4	27.4
14～25	7.5	—	22.7	1.13	0.21	20.7	25.3	25.7
25～42	8.1	—	12.7	0.63	0.16	19.9	25.2	28.3
42～52	7.9	—	13.8	0.46	0.21	19.0	20.7	27.5
52～81	7.5	—	14.3	0.52	0.19	17.7	20.1	23.0
81～120	7.5	—	15.3	0.37	0.16	14.7	18.3	22.4

4.4.3 中林系（Zhonglin Series）

土 族：黏壤质混合型石灰性热性-底潜简育水耕人为土

拟定者：王天巍，秦 聪

分布与环境条件 主要分布在蕲春、黄梅、武穴、新洲、鄂州、荆州、潜江等地，湖积平原滨湖地带，成土母质为湖积物，水田，早稻-晚稻轮作。年均气温 16.8 ℃左右，年均降水量1150～1200 mm，无霜期 255 d 左右。

中林系典型景观

土系特征与变幅 诊断层包括水耕表层、水耕氧化还原层；诊断特性包括热性土壤温度、人为滞水土壤水分状况、氧化还原特征、潜育特征、石灰性。土体厚度 1 m 以上，粉砂壤土-粉砂质黏壤土-粉砂壤土，pH 为 7.7～8.2。水耕表层之下土体有石灰性，水耕氧化还原层出现在 25 cm 以下，结构面可见 2%～5%的铁锰斑纹，模糊的灰色胶膜。潜育特征出现在 90 cm 以下。

对比土系 长湖系，成土母质和地形部位一致，但颗粒大小级别为黏质，层次质地构型为黏壤土-粉砂质黏壤土-粉砂壤土-粉砂质黏壤土-粉砂质黏土。位于同一乡镇的万电系和永丰系，同一亚纲，不同土类，前者为潜育水耕人为土，后者为铁聚水耕人为土。

利用性能综述 土体深厚，质地适中，保肥性好，磷钾含量偏低，水分过多，通气不良，养分不平衡。应注重农田建设，挖深沟大渠，建设河网化基本农田；保土增肥，在湖滩潜育土中常易缺磷，应增施磷钾肥，提高养肥供应强度。

参比土种 青底潮泥田。

代表性单个土体 位于湖北省洪湖市万全镇中林村一组，30°8'27.9"N，113°26'16.4"E，海拔 25 m，湖积平原滨湖地带，成土母质为湖相沉积物，水田，早稻-晚稻轮作。50 cm 深度土温 17.1 ℃。野外调查时间为 2010 年 12 月 8 日，编号 42-096。

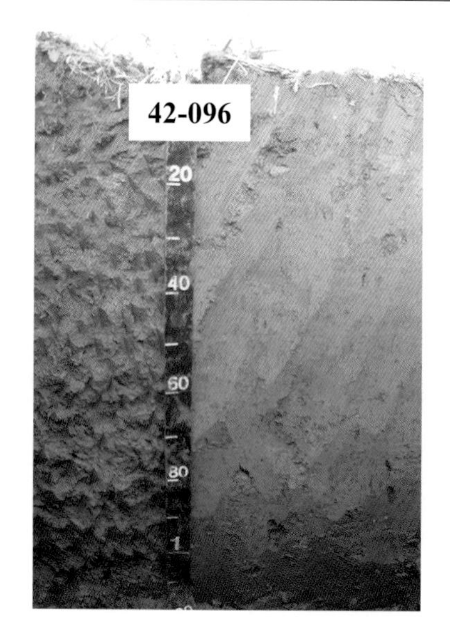

中林系代表性单个土体剖面

Ap1：0～17 cm，灰色（5Y 5/1，干），暗灰色（5Y 4/1，润），粉砂壤土，粒状结构，疏松，pH 为 7.7，向下层平滑渐变过渡。

Ap2：17～27 cm，灰黄色（10Y 6/3，干），棕色（10YR 4/3，润），粉砂壤土，块状结构，坚实，中度石灰反应，pH 为 8.0，向下层平滑渐变过渡。

Br1：27～50 cm，橄榄灰色（10Y 6/2，干），浊黄棕色（10YR 4/3，润），粉砂壤土，块状结构，坚实，结构面有 2%～5%的铁锰斑纹，模糊的灰色胶膜，中度灰反应，pH 为 8.0，向下层平滑突变过渡。

Br2：50～68 cm，灰黄棕色（10Y 6/2，干），灰黄棕色（10YR 5/2，润），粉砂壤土，块状结构，松散，结构面有 2%～5%的铁锰斑纹，模糊的灰色胶膜，中度石灰反应，pH 为 8.2，向下层平滑渐变过渡。

Br3：68～90 cm，浊黄色（2.5Y 6/3，干），灰黄棕色（10YR 5/2，润），粉砂质黏壤土，块状结构，坚实，结构面有 2%～5%的铁锰斑纹，模糊的灰色胶膜，中度石灰反应，pH 为 8.1，向下层平滑模糊过渡。

Bg：90～120 cm，暗灰黄色（2.5Y 5/2，干），暗蓝灰色（10BG 4/1，润），粉砂壤土，块状结构，稍坚实，中度石灰反应，强亚铁反应，pH 为 8.2。

中林系代表性单个土体物理性质

土层	深度/cm	砾石（>2mm，体积分数）/%	细土颗粒组成（粒径：mm）/(g/kg) 砂粒 2～0.05	粉粒 0.05～0.002	黏粒 <0.002	质地	容重/(g/cm^3)
Ap1	0～17	0	302	509	189	粉砂壤土	1.23
Ap2	17～27	0	273	532	195	粉砂壤土	1.38
Br1	27～50	0	252	543	205	粉砂壤土	1.45
Br2	50～68	0	233	551	216	粉砂壤土	1.31
Br3	68～90	0	193	507	300	粉砂质黏壤土	1.35
Bg	90～120	0	248	521	231	粉砂壤土	1.45

中林系代表性单个土体化学性质

深度/cm	pH H_2O	pH KCl	有机质/(g/kg)	全氮（N）/(g/kg)	全磷（P）/(g/kg)	全钾（K）/(g/kg)	阳离子交换量/(cmol/kg)	游离氧化铁/(g/kg)
0～17	7.7	—	28.0	2.24	0.22	17.8	23.3	15.0
17～27	8.0	—	11.8	2.02	0.18	18.0	25.9	16.1
27～50	8.0	—	12.8	0.87	0.24	20.9	32.7	19.4
50～68	8.2	—	12.2	0.84	0.20	18.4	22.5	19.3
68～90	8.1	—	12.6	0.89	0.18	16.0	22.5	19.9
90～120	8.2	—	22.3	0.70	0.14	16.6	31.3	13.5

4.4.4 车坝系（Cheba Series）

土 族：黏壤质混合型非酸性温性-底潜简育水耕人为土

拟定者：陈家赢，陈 芳

分布与环境条件 分布于宜昌、恩施、十堰等地。丘陵山地平畈、冲垄地带，成土母质为石灰岩风化沟谷堆积物，水田，早稻-晚稻轮作。年均日照时数 1200～1400 h，年均气温 15.7～17.3 ℃，年均降水量 1400 mm 左右。

车坝系典型景观

土系特征与变幅 诊断层包括水耕表层、水耕氧化还原层；诊断特性包括热性土壤温度、人为滞水土壤水分状况、氧化还原特征、潜育特征。土体厚度 1 m 以上，通体为粉砂壤土，pH 为 6.4～6.8。水耕氧化还原层出现上界在 30 cm 以下，结构面可见 2%～5%的铁锰斑纹，模糊的灰色胶膜。潜育特征出现 60 cm 以下，30 cm 以下土体有 2%～5%的铁锰结核。

对比土系 中林系，同一亚类，不同土族，成土母质为湖积物，层次质地构型为粉砂壤土-粉砂质黏壤土-粉砂壤土，水耕表层之下土体有石灰性。

利用性能综述 土体深厚，地下水位出现部位较低，耕作层泥紧块大，僵硬难耕，土性冷，通透性差，保肥能力较强，养分含量偏低，属低产土壤类型。应开沟排渍，湿润灌水，适时适度落干晒田，实行水旱轮作；冬耕炕土，次春实行浅灌耕耙，改变其水肥热失调的状况；增施农家肥、有机肥和复合肥，培育土壤。

参比土种 岩泥田。

代表性单个土体 位于湖北省恩施市屯堡乡车坝村三组，30°21'47.2"N，109°21'57.6"E，海拔 484 m，丘陵山地平畈、冲垄地带，成土母质为石灰岩风化沟谷堆积物，水田，早稻-晚稻轮作。50 cm 深度土温 15.8 ℃。野外调查时间为 2011 年 11 月 10 日，编号 42-165。

车坝系代表性单个土体剖面

Ap1：0～20 cm，棕灰色（10YR 6/1，干），棕灰色（10YR 5/1，润），粉砂壤土，粒状结构，松散，pH 为 6.4，向下层平滑渐变过渡。

Ap2：20～30 cm，灰黄棕色（10YR 6/2，干），棕灰色（10YR 5/1，润），粉砂壤土，块状结构，疏松，结构面有模糊的灰色胶膜，pH 为 6.6，向下层平滑渐变过渡。

Br：30～60 cm，灰黄棕色（10YR 6/2，干），棕灰色（10YR 5/1，润），粉砂壤土，块状结构，坚实，结构面有 2%～5%的铁锰斑纹，模糊的灰色胶膜，土体中有 2%左右铁锰结核，pH 为 6.6，向下层平滑突变过渡。

Bg：60～74 cm，灰橄榄色（2.5Y 5/2，干），蓝灰色（5B 6/1，润），壤土，块状结构，稍坚实，土体中有 5%左右铁锰结核，强亚铁反应，pH 为 6.8。

车坝系代表性单个土体物理性质

土层	深度/cm	砾石（>2mm，体积分数）/%	细土颗粒组成（粒径：mm）/（g/kg）			质地	容重/（g/cm³）
			砂粒 2～0.05	粉粒 0.05～0.002	黏粒 <0.002		
Ap1	0～20	0	148	638	214	粉砂壤土	1.31
Ap2	20～30	0	193	556	251	粉砂壤土	1.44
Br	30～60	2	154	634	212	粉砂壤土	1.39
Bg	60～74	5	351	436	213	壤土	1.41

车坝系代表性单个土体化学性质

深度/cm	pH		有机质/（g/kg）	全氮（N）/（g/kg）	全磷（P）/（g/kg）	全钾（K）/（g/kg）	阳离子交换量/（cmol/kg）	游离氧化铁/（g/kg）
	H_2O	KCl						
0～20	6.4	—	16.5	1.35	0.18	11.3	20.7	20.7
20～30	6.6	—	14.3	1.13	0.10	13.9	18.7	22.8
30～60	6.6	—	4.5	0.29	0.05	13.7	18.0	25.1
60～74	6.8	—	4.1	0.38	0.05	13.7	17.6	16.2

4.5 普通简育水耕人为土

4.5.1 青山系（Qingshan Series）

土 族：砂质盖粗骨质混合型酸性热性-普通简育水耕人为土

拟定者：陈家嬴，柳 琪

分布与环境条件 主要分布在武汉、黄冈、荆州、襄阳等地，河流沿岸近河床处或平畈，成土母质为近代河流冲积物，水田，早稻-晚稻轮作。年均日照时数 1800～2100 h，年均气温 16.3～17.7 ℃，年均降水量 860～1350 mm，年均蒸发量为 1480～1800 mm。

青山系典型景观

土系特征与变幅 诊断层包括水耕表层、水耕氧化还原层；诊断特性包括热性土壤温度、人为滞水土壤水分状况、氧化还原特征。土体较薄，厚约 40 cm，层次质地构型为粉砂壤土-砂质壤土，pH 为 4.7～5.1。水耕氧化还原层出现上界在 30 cm 以下，厚度约 10～20 cm，结构面有 2%～5%的锈纹锈斑，土体中有 10%左右的卵石。

对比土系 黑桥系，空间相邻，同一亚类，不同土族，低山丘陵坡地的中上部，成土母质为泥质岩类风化坡积-堆积物，通体为粉砂质黏壤土。位于同一乡镇的长林系和雷骆系，低丘岗地和垄岗地带，成土母质分别为红砂岩和泥质岩和红砂岩风化坡积-堆积物，同一亚纲，不同土类，为铁聚水耕人为土。

利用性能综述 砂土层出现在 30～43 cm 位置，其形成多由于早期受洪水泛滥的影响，砾石、粗砂长期沉积覆压而成。应注意合理轮作换茬，增加豆科植物的种植。同时，结合深耕翻土，配合施用有机肥，逐步使上下土层混合，形成泥沙比例适中的质地，提高土壤保肥蓄水的能力。此外，应注意作物中后期追肥和应用微肥，防止直根系作物（如棉花）脱肥早衰和花而不实。

参比土种 卵石潮砂泥田。

代表性单个土体 位于湖北省咸宁市崇阳县青山镇青山村七组，29°26'46.9"N，

114°0'44.4"E，海拔 64 m，成土母质为近代河流洪积冲积物，水田，种植制度为早稻-晚稻。50 cm 深度土温 17.4 ℃。野外调查时间为 2011 年 3 月 22 日，编号 42-123。

青山系代表性单个土体剖面

Ap1：0～20 cm，浊黄色（2.5Y 6/3，干），棕灰色（10YR 5/1，润），粉砂壤土，粒状结构，坚实，5%～15%斑纹，pH 为 4.7，向下层平滑渐变过渡。

Ap2：20～30 cm，灰黄棕色（10YR 6/2，干），灰黄棕色（10YR 5/2，润），粉砂壤土，块状结构，坚实，5%～15%斑纹，pH 为 4.8，向下层平滑渐变过渡。

Br：30～43 cm，浊黄橙色（10YR 6/3，干），灰黄棕色（10YR 4/2，润），砂质壤土，弱块状结构，坚实，结构面有 2%～5%的锈纹锈斑，10%左右卵石，pH 为 5.1，向下层平滑渐变过渡。

2C：43～80 cm，浊黄橙色（10YR 7/3，干），灰黄棕色（10YR 4/2，润），砂粒和卵石，无结构。

青山系代表性单个土体物理性质

土层	深度 /cm	砾石 (>2mm，体积分数) /%	细土颗粒组成（粒径：mm）/ (g/kg)			质地	容重 / (g/cm^3)
			砂粒 2～0.05	粉粒 0.05～0.002	黏粒 <0.002		
Ap1	0～20	0	396	507	97	粉砂壤土	1.33
Ap2	20～30	0	197	668	135	粉砂壤土	1.45
Br	30～43	10	825	79	96	砂质壤土	1.39

青山系代表性单个土体化学性质

深度/cm	pH		有机质 / (g/kg)	全氮（N） / (g/kg)	全磷（P） / (g/kg)	全钾（K） / (g/kg)	阳离子交换量 / (cmol/kg)	游离氧化铁 / (g/kg)
	H_2O	KCl						
0～20	4.7	4.1	18.2	1.03	0.27	18.5	24.3	16.5
20～30	4.8	4.2	4.1	0.36	0.22	20.9	25.9	21.9
30～43	5.1	4.5	1.3	0.24	0.14	16.0	26.5	16.1

4.5.2 陡堰系（Douyan Series）

土 族：黏质伊利石混合型石灰性热性-普通简育水耕人为土
拟定者：张海涛，陈 芳

分布与环境条件 广泛分布于低山丘岗地区，河流入湖地带，成土母质为河湖相沉积物，水田，早稻-晚稻轮作。年均日照时数年均2000 h左右，年均气温15.6～16.3 ℃，年均降水量1000 mm左右，年均蒸发量1480～1600 mm。

陡堰系典型景观

土系特征与变幅 诊断层包括水耕表层、水耕氧化还原层；诊断特性包括热性土壤温度、人为滞水土壤水分状况、氧化还原特征、石灰性。土体厚度1 m以上，层次质地构型为黏壤土-黏土-黏壤土-粉质黏壤土，pH 7.2～7.8。水耕氧化还原层出现在30 cm以下，结构面可见15%～40%的锈纹锈斑，80 cm以下土体结构面可见灰色胶膜。

对比土系 潘家湾系，同一土族，成土母质和地形部位一致，层次质地构型为粉砂质黏土-粉砂质黏壤土。

利用性能综述 土体深厚，质地偏黏，耕性差，干后土硬结板，复水土黏僵韧，磷钾含量偏低，供肥迟缓，不发苗。应机耕加厚耕层，合理轮作，用养结合，种植绿肥，增施磷钾肥，同时实行客沙改土，改良土壤质地及其结构、通透性等性状。

参比土种 灰潮泥田。

代表性单个土体 位于湖北省荆门市钟祥市胡集镇陡堰村，31°30'53.8"N，112°18'14.2"E，海拔75 m，河流入湖地带，成土母质为河湖相沉积物，水田，早稻-晚稻轮作。50 cm深度土温17.1 ℃。野外调查时间为2011年5月24日，编号42-140。

陡堰系代表性单个土体剖面

Ap1：0～17 cm，灰棕色（7.5YR 5/2，干），红棕色（7.5YR 4/6，润），黏壤土，块状结构，疏松，pH 为 7.2，向下层波状清晰过渡。

Ap2：17～29 cm，灰棕色（7.5YR 5/2，干），暗红棕色（7.5YR 3/4，润），黏土，块状结构，很坚实，弱石灰反应，pH 为 7.5，向下层平滑模糊过渡。

Br1：29～48 cm，灰棕色（7.5YR 5/2，干），棕色（7.5YR 4/4，润），黏壤土，棱柱状结构，坚实，结构面有 15%～40%的锈纹锈斑，弱石灰反应，pH 为 7.8，向下层平滑模糊过渡。

Br2：48～80 cm，灰棕色（7.5YR 4/2，干），暗红棕色（7.5YR 3/2，润），黏壤土，棱柱状结构，坚实，结构面有 15%～40%的锈纹锈斑，弱石灰反应，pH 为 7.8，向下层平滑模糊过渡。

Br3：80～120 cm，灰棕色（7.5YR 4/2，干），暗红棕色（7.5YR 3/2，润），粉质黏壤土，团块状结构，坚实，结构面有 5%～15%的铁锰斑纹，清晰的灰色胶膜，强石灰反应，pH 为 7.8。

陡堰系代表性单个土体物理性质

土层	深度 /cm	砾石（>2mm，体积分数）/%	细土颗粒组成（粒径：mm）/（g/kg）			质地	容重 /（g/cm³）
			砂粒 2～0.05	粉粒 0.05～0.002	黏粒 <0.002		
Ap1	0～17	0	346	274	380	黏壤土	1.32
Ap2	17～29	0	275	291	434	黏土	1.49
Br1	29～48	0	282	357	361	黏壤土	1.41
Br2	48～80	0	281	337	383	黏壤土	1.44
Br3	80～120	0	189	432	379	粉质黏壤土	1.48

陡堰系代表性单个土体化学性质

深度/cm	pH		有机质 /（g/kg）	全氮（N） /（g/kg）	全磷（P） /（g/kg）	全钾（K） /（g/kg）	阳离子交换量 /（cmol/kg）	游离氧化铁 /（g/kg）
	H_2O	KCl						
0～17	7.2	—	22.0	1.33	0.18	11.0	32.7	15.2
17～29	7.5	—	8.6	0.53	0.10	12.8	36.7	14.7
29～48	7.8	—	6.1	0.29	0.05	10.1	35.4	18.4
48～80	7.8	—	8.4	0.36	0.06	8.8	34.6	18.1
80～120	7.8	—	6.3	0.32	0.05	8.9	29.9	16.5

4.5.3　潘家湾系（Panjiawan Series）

土　族：黏质伊利石混合型石灰性热性-普通简育水耕人为土

拟定者：张海涛，陈　芳

分布与环境条件　主要分布在嘉鱼、荆州、武汉、仙桃、潜江等地，河流入湖地带，成土母质为河湖相沉积物，水田，早稻-晚稻轮作。年均日照时数 1900 h 左右，年均气温 16.6 ℃，年均降水量 1100～1450 mm，年均蒸发量 1350～1520 mm，无霜期 261 d 左右。

潘家湾系典型景观

土系特征与变幅　诊断层包括水耕表层、水耕氧化还原层；诊断特性包括热性土壤温度、人为滞水土壤水分状况、氧化还原特征、石灰性。土体厚度 1 m 以上，层次质地构型为粉砂质黏土-粉砂质黏壤土，pH 7.2～8.2，通体有石灰反应。水耕氧化还原层出现在 40 cm 以下，结构面有 2%～5%的铁锰斑纹和模糊的灰色胶膜。

对比土系　陡堰系，同一土族，成土母质和地形部位一致，层次质地构型为黏壤土-黏土-黏壤土-粉质黏壤土。

利用性能综述　土体深厚，耕作层黏，干湿难耕，通透能力差，磷钾含量偏低。应适时翻耕，合理轮作，改善土壤通透性，增施磷钾肥，轮作豆科植物；在条件许可情况下，掺砂改土。

参比土种　灰潮泥田。

代表性单个土体　位于湖北省咸宁市嘉鱼县潘家湾镇畈湖村，30°11'35.5"N，114°3'45"E，海拔 24 m，河流入湖地带，成土母质为河湖相沉积物，水田，早稻-晚稻轮作。50 cm 深度土温 16.4 ℃。野外调查时间为 2010 年 12 月 2 日，编号 42-087。

潘家湾系代表性单个土体剖面

Ap1：0～24 cm，灰棕色（7.5YR 5/2，干），暗棕色（7.5YR 3/4，润），粉砂质黏土，块状结构，疏松，轻度石灰反应，pH 为 7.2，向下层平滑渐变过渡。

Ap2：24～44 cm，灰棕色（7.5YR 6/2，干），灰棕色（7.5YR 4/2，润），粉砂质黏土，块状结构，坚实，结构面有 5%～15% 的铁锰斑纹，清晰的灰色胶膜，中度石灰反应，pH 为 7.6，向下层平滑渐变过渡。

Br1：44～89 cm，灰棕色（5YR 6/2，干），灰棕色（5YR 4/2，润），粉砂质黏土，块状结构，很坚实，结构面有 2%～5%的铁锰斑纹，模糊的灰色胶膜，强石灰反应，pH 为 8.2，向下层平滑渐变过渡。

Br2：89～120 cm，浊橙色（5YR 6/3，干），浊红棕色（5YR 4/4，润），粉砂质黏壤土，块状结构，很坚实，结构面有 2%～5%的铁锰斑纹，模糊的灰色胶膜，中度石灰反应，pH 为 7.5。

潘家湾系代表性单个土体物理性质

土层	深度 /cm	砾石 （>2mm，体积分数）/%	细土颗粒组成（粒径：mm）/（g/kg）			质地	容重 /（g/cm³）
			砂粒 2～0.05	粉粒 0.05～0.002	黏粒 <0.002		
Ap1	0～24	0	69	560	371	粉砂质黏土	1.35
Ap2	24～44	0	48	510	442	粉砂质黏土	1.49
Br1	44～89	0	88	502	410	粉砂质黏土	1.31
Br2	89～120	0	37	570	393	粉砂质黏壤土	1.35

潘家湾系代表性单个土体化学性质

深度/cm	pH		有机质 /（g/kg）	全氮（N） /（g/kg）	全磷（P） /（g/kg）	全钾（K） /（g/kg）	阳离子交换量 /（cmol/kg）	游离氧化铁 /（g/kg）
	H_2O	KCl						
0～24	7.2	—	26.4	1.43	0.28	9.7	33.5	18.5
24～44	7.6	—	14.1	1.20	0.21	11.9	33.8	20.4
44～89	8.2	—	11.6	0.92	0.16	10.3	23.8	23.4
89～120	7.5	—	10.4	0.59	0.15	4.3	20.9	19.3

4.5.4 原种二场系（Yuanzhongerchang Series）

土 族：黏质混合型非酸性热性-普通简育水耕人为土
拟定者：张海涛，陈 芳

分布与环境条件 多分布在荆州、武汉、咸宁、赤壁等地，河流入湖地带，成土母质为河湖相沉积物，水田，早稻-晚稻轮作。年均日照时数 1900 h 左右，年均气温 16.8～17.7 ℃，年均降水量 1100～1580 mm，年均蒸发量 1350～1530 mm，无霜期 261 d 左右。

原种二场系典型景观

土系特征与变幅 诊断层包括水耕表层、水耕氧化还原层；诊断特性包括热性土壤温度、人为滞水土壤水分状况、氧化还原特征。水耕氧化还原层出现在 30 cm 以下，厚度约 70～100 cm，2%～5%铁斑纹。土体厚度 1 m 以上，通体为粉砂质黏土，pH 为 6.8～7.9。水耕氧化还原层出现在 30 cm 以下，结构面有 2%～5%的铁锰斑纹和模糊的灰色胶膜。地下水位较高，土壤长期浸泡，上部土层有石灰反应，块状结构，很坚实，Br 层有 2%～5 %铁斑纹。

对比土系 张集系，丘岗地带的高塝、上垄地带，成土母质为第四纪沉积物，颗粒大小级别为黏壤质，通体为粉砂壤土。

利用性能综述 土体深厚，上层有滞水现象，质地黏重，通气性差，水稻生长后期泥温上升，养分释放速率加快，容易感染病虫害，磷钾含量偏低。应开沟排水，降低地下水位，实行水旱轮作，并增施磷钾肥。

参比土种 青隔灰潮泥田。

代表性单个土体 位于湖北省咸宁市原种二场，29°55'10.0"N，114°13'17.5"E，海拔 22 m，河流入湖地带，成土母质为湖相沉积物，水田，早稻-晚稻轮作。50 cm 深度土温 17 ℃。野外调查时间为 2010 年 11 月 12 日，编号 42-049。

原种二场系代表性单个土体剖面

Ap1：0～20 cm，灰黄棕色（10YR 5/2，干），30%蓝灰色（5BG 6/1，润），70%棕灰色（10YR 6/1，润），粉砂质黏土，粒状结构，疏松，2～5 个贝壳，中度石灰反应，pH 为 7.9，向下层平滑渐变过渡。

Ap2：20～30 cm，浊棕色（7.5YR 5/4，干），浊棕色（7.5YR 5/4，润），粉砂质黏土，块状结构，坚实，结构面有 2%～5%铁斑纹，2～5 个贝壳，pH 为 7.8，向下层平滑渐变过渡。

Br1：30～60 cm，棕色（10YR 4/4，干），浊黄棕色（10YR 5/4，润），粉砂质黏土，块状结构，坚实，结构面有 2%～5%铁斑纹，pH 为 7.3，向下层平滑渐变过渡。

Br2：60～120 cm，浊黄棕色（10YR 4/3，干），浊黄棕色（10YR 5/3，润），粉砂质黏土，块状结构，坚实，结构面有 2%～5%铁斑纹，pH 为 6.8，向下层平滑渐变过渡。

原种二场系代表性单个土体物理性质

土层	深度 /cm	砾石 （>2mm，体积分数）/%	细土颗粒组成（粒径：mm）/（g/kg）			质地	容重 /（g/cm^3）
			砂粒 2～0.05	粉粒 0.05～0.002	黏粒 <0.002		
Ap1	0～20	0	115	470	415	粉砂质黏土	1.25
Ap2	20～30	0	126	412	462	粉砂质黏土	1.44
Br1	30～60	0	115	401	484	粉砂质黏土	1.37
Br2	60～120	0	157	443	400	粉砂质黏土	1.39

原种二场系代表性单个土体化学性质

深度/cm	pH		有机质 /（g/kg）	全氮（N） /（g/kg）	全磷（P） /（g/kg）	全钾（K） /（g/kg）	阳离子交换量 /（cmol/kg）	游离氧化铁 /（g/kg）
	H_2O	KCl						
0～20	7.9	—	33.1	1.68	0.16	15.4	30.5	16.4
20～30	7.8	—	26.7	1.32	0.18	15.0	29.4	18.2
30～60	7.3	—	13.1	0.98	0.17	12.2	24.9	21.9
60～120	6.8	6.7	10.3	0.62	0.16	13.2	22.6	20.2

4.5.5 天新系（Tianxin Series）

土 族：黏壤质混合型石灰性热性-普通简育水耕人为土

拟定者：蔡崇法，王天巍，陈 芳

分布与环境条件 零星分布于潜江、荆州、襄阳、宜昌、荆门、武汉等地，冲积平原，成土母质为河流冲积物，水田，早稻-晚稻轮作。年均日照时数 1620～1934 h，年均气温 15.4～17.3 ℃，年均降水量 972～1115 mm，无霜期 240～256 d。

天新系典型景观

土系特征与变幅 诊断层包括水耕表层、水耕氧化还原层；诊断特性包括热性土壤温度、人为滞水土壤水分状况、氧化还原特征、石灰性。土体厚度 1 m 以上，通体为粉砂质黏壤土，石灰反应明显，pH 为 7.8～8.2。水耕氧化还原层出现上界在 30 cm 以下，结构面可见 15%～40%的铁锰斑纹和清晰的灰色胶膜。

对比土系 柴湖系和义礼系，同一土族，成土母质和地形部位一致，层次质地构型天新系通体为粉砂质黏壤土，柴湖系为粉砂壤土-粉砂质黏土-粉砂壤土，义礼系为粉砂质黏壤土-粉砂壤土。位于同一农场的黄家台系和流塘系，同一亚纲，不同土类，为潜育水耕人为土和铁聚水耕人为土；天新场系、张家窑系和皇装垸系，旱作，不同土纲，为潮湿雏形土。

利用性能综述 土体深厚，质地偏黏，耕性和通透性较差，磷钾含量偏低。应加强土壤管理，机耕加厚耕层，合理轮作，用养结合，种植绿肥，增施磷钾肥，同时实行客沙改土，改良土壤质地及其结构、通透性等性状。

参比土种 灰潮砂泥田。

代表性单个土体 位于湖北省潜江市后湖农场天新分场六组，30°21'57.3"N，112°43'0.9"E，海拔 26 m，冲积平原，成土母质为河流冲积物，水田，早稻-晚稻轮作。50 cm 深度土温 16.3 ℃。野外调查时间为 2010 年 3 月 17 日，编号 42-006。

天新系代表性单个土体剖面

Ap1：0～22 cm，棕灰色（10YR 6/1，干），棕灰色（10YR 5/1，润），粉砂质黏壤土，粒状结构，稍坚实，2～5 个贝壳，强石灰反应，pH 为 7.8，向下层平滑渐变过渡。

Ap2：22～35 cm，灰黄棕色（10YR 6/2，干），灰黄棕色（10YR 5/2，润），粉砂质黏壤土，块状结构，坚实，2～5 个贝壳，结构面有 5%～15%的铁锰斑纹，清晰的灰色胶膜，强石灰反应，pH 为 8.0，向下层平滑渐变过渡。

Br1：35～50 cm，橙白色（10YR 8/2，干），灰黄棕色（10YR 5/2，润），粉砂质黏壤土，块状结构，坚实，结构面有 15%～40%的铁锰斑纹，清晰的灰色胶膜，强石灰反应，pH 为 8.0。

Br2：50～100 cm，橙白色（10YR 8/2，干），灰黄棕色（10YR 5/2，润），粉砂质黏壤土，块状结构，坚实，结构面有 15%～40%的铁锰斑纹，清晰的灰色胶膜，强石灰反应，pH 为 8.2。

天新系代表性单个土体物理性质

土层	深度 /cm	砾石 （>2mm，体积分数）/%	细土颗粒组成（粒径：mm）/（g/kg）			质地	容重 /（g/cm³）
			砂粒 2～0.05	粉粒 0.05～0.002	黏粒 <0.002		
Ap1	0～22	0	98	558	344	粉砂质黏壤土	1.08
Ap2	22～35	0	71	550	379	粉砂质黏壤土	1.22
Br1	35～50	0	54	640	306	粉砂质黏壤土	1.27
Br2	50～100	0	54	640	306	粉砂质黏壤土	1.27

天新系代表性单个土体化学性质

深度/cm	pH		有机质 /（g/kg）	全氮（N） /（g/kg）	全磷（P） /（g/kg）	全钾（K） /（g/kg）	阳离子交换量 /（cmol/kg）	游离氧化铁 /（g/kg）
	H_2O	KCl						
0～22	7.8	—	27.9	1.6	0.84	11.8	28.7	16.7
22～35	8.0	—	10.7	0.82	0.55	10.6	21.9	20.8
35～50	8.0	—	12.8	0.58	0.48	10.3	31.0	24.3
50～100	8.2	—	12.8	0.58	0.48	10.3	31.0	24.3

4.5.6 柴湖系（Chaihu Series）

土 族：黏壤质混合型石灰性热性-普通简育水耕人为土

拟定者：张海涛，陈 芳

分布与环境条件 主要分布在武汉、咸宁、黄石等地，冲积平原，成土母质为河流冲积物，水田，早稻-晚稻轮作。年均日照时数 2000 h 左右，年均气温 15.6～16.3 ℃，年均降水量 1000 mm 左右，年均蒸发量 1500 mm 左右。

柴胡系典型景观

土系特征与变幅 诊断层包括水耕表层、水耕氧化还原层；诊断特性包括热性土壤温度、人为滞水土壤水分状况、氧化还原特征、石灰性。土体厚度 1 m 以上，层次质地构型为粉砂壤土-粉砂质黏土-粉砂壤土，通体有石灰反应，pH 6.7～7.3。水耕氧化还原层出现上界在 30 cm 以下，结构面可见 2%～5%的铁锰斑纹和模糊的灰色胶膜，60 cm 以下土体中有 2%～5%的铁锰结核。

对比土系 天新系和义礼系，同一土族，成土母质和地形部位一致，层次质地构型天新系通体为粉砂质黏壤土，义礼系为粉砂质黏壤土-粉砂壤土。

利用性能综述 土体深厚，耕层质地适中，干湿易耕，爽水通气性一般，土性较暖，磷钾含量较为缺乏，早稻秧苗发僵严重。应水旱轮作，秸秆还田，增施磷钾肥。

参比土种 灰潮土田。

代表性单个土体 位于湖北省荆门市钟祥市柴湖镇曹寨村一组，31°2'13.3"N，112°36'38.5"E，海拔 112 m，冲积平原，成土母质为河流冲积物，水田，早稻-晚稻轮作。50 cm 深度土温 16.6 ℃。野外调查时间为 2011 年 5 月 24 日，编号 42-143。

柴胡系代表性单个土体剖面

Ap1：0～25 cm，浊棕色（7.5YR 6/3，干），暗棕色（7.5YR 3/4，润），粉砂壤土，粒状结构，松散，强石灰反应，pH 为 7.0，向下层平滑模糊过渡。

Ap2：25～40 cm，浊棕色（7.5YR 6/3，干），暗棕色（7.5YR 3/4，润），粉砂壤土，块状结构，坚实，轻度石灰反应，pH 为 7.0，向下层平滑突变过渡。

Br1：40～66 cm，浊橙色（5YR 7/3，干），浊红棕色（5.5YR 4/4，润），粉砂质黏土，块状结构，坚实，结构面有 2%～5%的铁锰斑纹，模糊的灰色胶膜，极强石灰反应，pH 为 6.7，向下层平滑模糊过渡。

Br2：66～110 cm，淡棕灰色（7.5YR 7/2，干），黑棕色（7.5YR 3/2，润），粉砂壤土，块状结构，坚实，土体中有 2%左右的铁锰结核，极强石灰反应，pH 为 7.0，向下层平滑模糊过渡。

Br3：110～120 cm，淡黄色（2.5Y 7/3，干），黑棕色（7.5YR 3/2，润），粉砂壤土，块状结构，坚实，无根系，土体中有 2%左右铁锰结核，极强石灰反应，pH 为 7.3。

柴胡系代表性单个土体物理性质

土层	深度 /cm	砾石 (>2mm，体积分数)/%	细土颗粒组成（粒径：mm）/(g/kg)			质地	容重 /（g/cm³）
			砂粒 2～0.05	粉粒 0.05～0.002	黏粒 <0.002		
Ap1	0～25	0	62	683	255	粉砂壤土	1.19
Ap2	25～40	0	96	637	267	粉砂壤土	1.32
Br1	40～66	0	157	417	426	粉砂质黏土	1.26
Br2	66～110	2	114	629	257	粉砂壤土	1.11
Br3	110～120	2	126	659	215	粉砂壤土	1.25

柴胡系代表性单个土体化学性质

深度/cm	pH		有机质 /（g/kg）	全氮（N） /（g/kg）	全磷（P） /（g/kg）	全钾（K） /（g/kg）	阳离子交换量 /（cmol/kg）	游离氧化铁 /（g/kg）
	H_2O	KCl						
0～25	7.0	—	20.9	1.09	0.32	15.3	24.9	16.0
25～40	7.0	—	18.3	0.88	0.31	15.9	30.9	18.4
40～66	6.7	—	10.2	0.53	0.25	14.6	25.1	23.3
66～110	7.0	—	4.1	0.26	0.27	16.9	21.8	22.5
110～120	7.3	—	6.0	0.49	0.28	16.1	25.1	19.4

4.5.7 义礼系（Yili Series）

土 族：黏壤质混合型石灰性热性-普通简育水耕人为土

拟定者：张海涛，陈 芳

分布与环境条件 主要分布在孝感、荆州、武汉、黄冈、鄂州等地，河流入湖地带，成土母质为河湖相沉积物，水田，早稻-晚稻轮作。年均日照时数 1900 h 左右，年均气温 16.7～17.8 ℃，年均降水量 1000～1200 mm。

义礼系典型景观

土系特征与变幅 诊断层包括水耕表层、水耕氧化还原层；诊断特性包括热性土壤温度、人为滞水土壤水分状况、氧化还原特征、石灰性。土体厚度 1 m 以上，层次质地构型为粉砂壤土-粉砂质黏壤土，通体有石灰反应，pH 7.2～8.3。水耕氧化还原层出现在 30 cm 以下，结构面有 5%～15%的铁锰斑纹和清晰的灰色胶膜。

对比土系 天新系和柴湖系，同一土族，成土母质和地形部位一致，层次质地构型天新系通体为粉砂质黏壤土，柴湖系为粉砂壤土-粉砂质黏土-粉砂壤土。

利用性能综述 土体深厚，耕层黏重紧密，肥效后劲足前劲小，不好耕作，物理性状不好，干旱时，田里形成大块龟裂，易切断作物根系，俗称“干旱时一把刀，湿时一团糟”，磷钾含量偏低。应秸秆还田，增施有机肥和磷钾肥，促进大团聚体形成，种植绿肥，合理轮作或种植较为粗放的作物。

参比土种 灰潮土田。

代表性单个土体 位于湖北省仙桃市西流河镇义礼村四组，30°18'26.6"N，113°32'33.18"E，海拔 25 m，河流入湖地带，成土母质为河湖相沉积物，水田，早稻-晚稻轮作。50 cm 深度土温 16.9 ℃。野外调查时间为 2010 年 11 月 30 日，编号 42-076。

义礼系代表性单个土体剖面

Ap1：0～20 cm，灰黄棕色（10YR 5/2，干），浊黄棕色（10YR 4/3，润），粉砂质黏壤土，块状结构，稍坚实，弱石灰反应，pH 为 7.2，向下层平滑渐变过渡。

Ap2：20～35 cm，灰黄棕色（10YR 4/2，干），灰黄棕色（10YR 5/2，润），粉砂质黏壤土，块状结构，很坚实，结构面有 2%～5%的铁锰斑纹，模糊的灰色胶膜，强石灰反应，pH 为 8.3，向下层平滑渐变过渡。

Br1：35～80 cm，浊黄棕色（10YR 5/3，干），浊黄棕色（10YR 4/3，润），粉砂质黏壤土，块状结构，坚实，结构面有 5%～15%的铁锰斑纹，清晰的灰色胶膜，强石灰反应，pH 为 8.3，向下层平滑突变过渡。

Br2：80～120 cm，灰黄棕色（10YR 5/2，干），棕色（10YR 4/4，润），粉砂壤土，块状结构，坚实，结构面有 2%～5%的铁锰斑纹，强石灰反应，pH 为 8.1。

义礼系代表性单个土体物理性质

土层	深度 /cm	砾石（>2mm，体积分数）/%	细土颗粒组成（粒径：mm）/（g/kg）			质地	容重 /（g/cm³）
			砂粒 2～0.05	粉粒 0.05～0.002	黏粒 <0.002		
Ap1	0～20	0	74	672	254	粉砂质黏壤土	1.26
Ap2	20～35	0	101	663	236	粉砂质黏壤土	1.40
Br1	35～80	0	133	660	207	粉砂质黏壤土	1.24
Br2	80～120	0	32	736	232	粉砂壤土	1.24

义礼系代表性单个土体化学性质

深度/cm	pH		有机质 /（g/kg）	全氮（N） /（g/kg）	全磷（P） /（g/kg）	全钾（K） /（g/kg）	阳离子交换量 /（cmol/kg）	游离氧化铁 /（g/kg）
	H_2O	KCl						
0～20	7.2	—	32.3	2.66	0.30	7.5	26.9	18.1
20～35	8.3	—	19.3	1.20	0.30	7.1	29.9	16.9
35～80	8.3	—	20.6	1.06	0.34	5.9	24.9	25.9
80～120	8.1	—	17.4	1.07	0.31	7.9	22.1	23.8

4.5.8 张集系（Zhangji Series）

土 族：黏壤质混合型非酸性热性-普通简育水耕人为土
拟定者：王天巍，陈 芳

分布与环境条件 分布于襄阳、荆门、十堰等地，丘岗高塝、上垄地带，成土母质为第四纪沉积物，水田，麦-稻轮作。年均日照时数 2000 h，年均气温 15.6～16.3 ℃，年均降水量 1000 mm 左右，年均蒸发量 1550～1870 mm。

张集系典型景观

土系特征与变幅 诊断层包括水耕表层、水耕氧化还原层；诊断特性包括热性土壤温度、人为滞水土壤水分状况、氧化还原特征。土体厚度 1 m 以上，通体为粉砂壤土，pH 6.5～6.8。水耕氧化还原层出现在 30 cm 以下，厚度大于 50 cm，土体中有 5%～15%铁锰结核，结构面可见 15%～40%铁锰斑纹明显的灰色胶膜。

对比土系 黑桥系，同一土族，低丘坡地中上部，成土母质为泥质岩类风化坡积-堆积物，通体为粉砂质黏壤土。

利用性能综述 土体深厚，质地适中，种植水稻时，受灌溉条件的限制，易受干旱威胁，磷钾含量偏低。应注意用养结合，增施有机肥，实行秸秆还田，增磷补钾，兴修水利，改善灌溉设施，适时抢墒翻耕，逐年加厚耕层。

参比土种 浅黄土田。

代表性单个土体 位于湖北省荆门市钟祥市张集镇沙河村二组，31°28'55.5"N，112°43'32.6"E，海拔 121 m，丘岗高塝、上垄地带，成土母质为第四纪沉积物，水田，麦-稻轮作。50 cm 深度土温 16.7 ℃。野外调查时间为 2011 年 5 月 25 日，编号 42-146。

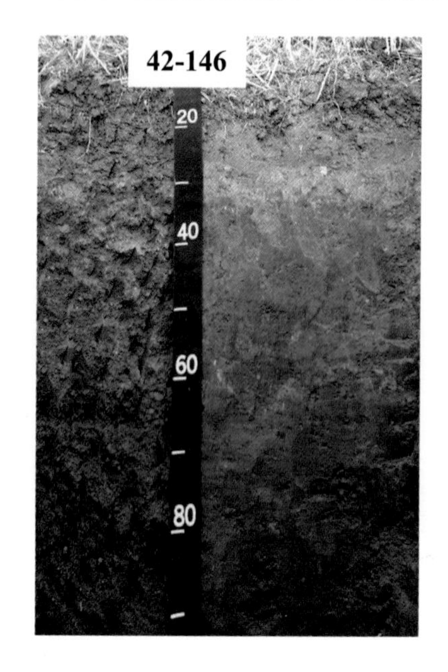

张集系代表性单个土体剖面

Ap1：0～15 cm，浊橙色（7.5YR 7/3，干），棕色（7.5YR 4/4，润），粉砂壤土，粒状结构，松散，pH 为 6.5，向下层平滑突变过渡。

Ap2：15～32 cm，浊橙色（7.5YR 7/3，干），棕色（7.5YR 4/4，润），粉砂壤土，块状结构，坚实，pH 为 6.5，向下层平滑突变过渡。

Br：32～98 cm，浊红棕色（5YR 5/4，干），暗红棕色（5YR 3/4，润），粉砂壤土，棱块状结构，坚实，土体中有 10%左右铁锰结核，结构面可见 15%～40%铁锰斑纹和灰色胶膜，pH 为 6.8。

张集系代表性单个土体物理性质

土层	深度/cm	砾石（>2mm，体积分数）/%	细土颗粒组成（粒径：mm）/（g/kg）			质地	容重/（g/cm^3）
			砂粒 2～0.05	粉粒 0.05～0.002	黏粒 <0.002		
Ap1	0～15	0	189	637	174	粉砂壤土	1.31
Ap2	15～32	0	175	635	190	粉砂壤土	1.44
Br	32～98	10	122	658	220	粉砂壤土	1.44

张集系代表性单个土体化学性质

深度/cm	pH		有机质/（g/kg）	全氮（N）/（g/kg）	全磷（P）/（g/kg）	全钾（K）/（g/kg）	阳离子交换量/（cmol/kg）	游离氧化铁/（g/kg）
	H_2O	KCl						
0～15	6.5	—	9.2	0.84	0.23	13.6	12.3	21.7
15～32	6.5	—	9.2	0.84	0.23	13.6	12.3	21.7
32～98	6.8	—	7.3	0.71	0.16	13.5	9.2	25.0

4.5.9 黑桥系（Heiqiao Series）

土 族：黏壤质混合型非酸性热性-普通简育水耕人为土
拟定者：张海涛，陈 芳

分布与环境条件 主要分布于崇阳、通山、咸宁、阳新、枝城、武穴、武汉等地，低山丘陵坡地中上部，成土母质为泥质岩类风化坡积-堆积物，水田，早稻-晚稻轮作。年均日照时数 1668.5 h，年均气温 17～18.5 ℃，年均降水量 1250～1580 mm，年均蒸发量 1480～1510 mm。

黑桥系典型景观

土系特征与变幅 诊断层包括水耕表层、水耕氧化还原层；诊断特性包括热性土壤温度、人为滞水土壤水分状况、氧化还原特征。土体厚度 1 m 以上，通体为粉砂质黏壤土，pH 为 5.0～6.3。水耕氧化还原层出现在 30 cm 以下，结构面可见 5%～15%的铁锰斑纹和，模糊的灰色胶膜。

对比土系 张集系，同一土族，丘岗地带的高塝、上垄地带，成土母质为第四纪沉积物，通体粉砂壤土。位于同一乡镇的白羊系，地形部位一致，但成土母质为泥质岩类风化物，分别为旱地，不同土纲，为雏形土。

利用性能综述 土体深厚，质地偏黏，耕性和通透性较差，缺磷少钾。应深耕保土，用养结合，增施有机肥和磷肥，适量补钾，培育土壤。

参比土种 红壤性泥质岩泥田。

代表性单个土体 位于湖北省咸宁市崇阳县路口镇黑桥村九组，29°36'40.1"N，114°15'27.5"E，海拔 120 m，低山丘陵坡地中上部，成土母质为泥质岩类风化坡积-堆积物，水田，早稻-晚稻轮作。50 cm 深度土温 17.4 ℃。野外调查时间为 2011 年 3 月 23 日，编号 42-107。

黑桥系代表性单个土体剖面

Ap1：0～20 cm，浊黄橙色（10YR 7/3，干），浊黄棕色（10YR 4/3，润），粉砂质黏壤土，块状结构，稍坚实，结构面有 5%～15%的铁锰斑纹，pH 为 5.0，向下层平滑渐变过渡。

Ap2：20～35 cm，白色（7.5YR 8/1，干），浊黄橙色（7.5YR 7/2，润），粉砂质黏壤土，块状结构，很坚实，pH 为 6.3，向下层平滑渐变过渡。

Br1：35～50 cm，浊黄橙色（10YR 7/3，干），浊黄棕色（10YR 4/3，润），粉砂质黏壤土，块状结构，很坚实，结构面有 5%～15%的铁锰斑纹，模糊的灰色胶膜，pH 为 6.2，向下层平滑渐变过渡。

Br2：50～120 cm，浊黄橙色（10YR 7/3，干），浊黄棕色（10YR 4/3，润），粉砂质黏壤土，块状结构，很坚实，结构面有 5%～15%的铁锰斑纹，模糊的灰色胶膜，pH 为 6.2。

黑桥系代表性单个土体物理性质

土层	深度/cm	砾石（>2mm，体积分数）/%	细土颗粒组成（粒径：mm）/（g/kg）			质地	容重/（g/cm^3）
			砂粒 2～0.05	粉粒 0.05～0.002	黏粒 <0.002		
Ap1	0～20	0	141	509	350	粉砂质黏壤土	1.32
Ap2	20～35	0	99	566	335	粉砂质黏壤土	1.58
Br1	35～50	0	145	562	293	粉砂质黏壤土	1.46
Br2	50～120	0	130	547	323	粉砂质黏壤土	1.46

黑桥系代表性单个土体化学性质

深度/cm	pH		有机质/（g/kg）	全氮（N）/（g/kg）	全磷（P）/（g/kg）	全钾（K）/（g/kg）	阳离子交换量/（cmol/kg）	游离氧化铁/（g/kg）
	H_2O	KCl						
0～20	5.0	4.2	22.1	1.86	0.23	9.4	23.1	24.2
20～35	6.3	—	13.9	1.45	0.17	13.0	21.2	26.4
35～50	6.2	—	5.8	0.29	0.10	9.3	20.6	31.1
50～120	6.2	—	4.1	0.19	0.02	5.1	30.6	32.2

4.5.10 盘石系（Panshi Series）

土 族：壤质混合型非酸性热性-普通简育水耕人为土

拟定者：张海涛，陈 芳

分布与环境条件 主要分布于赤壁、洪湖、监利、荆州等地，滨湖平原，成土母质为湖积物，水田，早稻-晚稻轮作。年均日照时数1700～1900 h，年均气温17～17.5 ℃，年均降水量1100～1580 mm，无霜期245～258 d。

盘石系典型景观

土系特征与变幅 诊断层包括水耕表层、水耕氧化还原层；诊断特性包括热性土壤温度、人为滞水土壤水分状况、氧化还原特征。土体厚度1 m以上，通体为粉砂壤土，pH为5.6～7.5。水耕氧化还原层出现在30 cm以下，结构面有2%～5%的铁锰斑纹和模糊的灰色胶膜。55 cm以下土体有轻度石灰反应。

对比土系 黑桥系和张集系，同一亚类，不同土族，分别地处丘岗高塝、上垄地带和低山丘陵坡地中上部，成土母质分别为第四纪沉积物和泥质岩类风化坡积-堆积物，颗粒大小级别为黏壤质，张集系通体为粉砂质黏壤土。位于同一乡镇中咀上系，地处丘岗地带的冲垄下部或塘库下方，成土母质为第四纪黏土，同一亚纲，不同土类，为铁聚水耕人为土。

利用性能综述 土体深厚，质地均一、适中，耕性好，蓄水保肥性能较好，磷钾含量偏低。应合理轮作，种植绿肥，增施磷钾肥，用养结合。

参比土种 潮砂泥田。

代表性单个土体 位于湖北省赤壁市车埠镇盘石村二组，29°46'45.7"N，113°45'57.8"E，海拔21 m，滨湖平原，成土母质为湖积物，水田，早稻-晚稻轮作。50 cm深度土温16.9 ℃。野外调查时间为2011年11月14日，编号42-167。

盘石系代表性单个土体剖面

Ap1：0～21 cm，灰黄棕色（10YR 5/2，干），棕灰色（10YR 5/1，润），粉砂壤土，粒状结构，疏松，pH 为 5.6，向下层平滑渐变过渡。

Ap2：21～37 cm，棕灰色（10YR 6/1，干），灰黄棕色（10YR 5/2，润），粉砂壤土，块状结构，坚实，结构面有 5%～15%的铁锰斑纹，清晰的灰色胶膜，1～2 个贝壳，pH 为 6.4，向下层平滑模糊过渡。

Br1：37～56 cm，灰黄棕色（10YR 6/2，干），灰黄棕色（10YR 5/2，润），粉砂壤土，块状结构，坚实，结构面有 2%～5%的铁锰斑纹，模糊的灰色胶膜，1～2 个贝壳，pH 为 6.7，向下层平滑模糊过渡。

Br2：56～78 cm，浊黄橙色（10YR 7/2，干），灰黄棕色（10YR 5/2，润），粉砂壤土，块状结构，坚实，结构面有 2%～5%的铁锰斑纹，模糊的灰色胶膜，2～5 个贝壳，轻度石灰反应，pH 为 7.5，向下层平滑模糊过渡。

Br3：78～110 cm，灰黄棕色（10YR 6/2，干），灰黄棕色（10YR 5/2，润），粉砂壤土，块状结构，坚实，结构面有 15%～40%铁锰斑纹，清晰的灰色胶膜，轻度石灰反应，pH 为 7.4。

盘石系代表性单个土体物理性质

土层	深度 /cm	砾石 （>2mm，体积分数）/%	细土颗粒组成（粒径：mm）/（g/kg）			质地	容重 /（g/cm^3）
			砂粒 2～0.05	粉粒 0.05～0.002	黏粒 <0.002		
Ap1	0～21	0	211	576	213	粉砂壤土	1.14
Ap2	21～37	0	190	636	174	粉砂壤土	1.26
Br1	37～56	0	191	635	174	粉砂壤土	1.21
Br2	56～78	0	212	615	173	粉砂壤土	1.31
Br3	78～110	0	188	637	175	粉砂壤土	1.26

盘石系代表性单个土体化学性质

深度/cm	pH		有机质 /（g/kg）	全氮（N） /（g/kg）	全磷（P） /（g/kg）	全钾（K） /（g/kg）	阳离子交换量 /（cmol/kg）	游离氧化铁 /（g/kg）
	H_2O	KCl						
0～21	5.6	5.1	22.2	1.14	0.20	13.9	22.2	15.7
21～37	6.4	6.0	15.0	0.70	0.14	9.4	26.9	22.5
37～56	6.7	6.4	9.7	0.48	0.12	8.2	22.1	21.7
56～78	7.5	—	5.9	0.34	0.07	7.7	19.3	16.0
78～110	7.4	6.9	14.8	0.76	0.07	7.0	21.5	22.4

4.6 石灰-斑纹肥熟旱耕人为土

4.6.1 辛安渡系（Xinandu Series）

土 族：黏壤质混合型热性-石灰-斑纹肥熟旱耕人为土

拟定者：蔡崇法，张海涛，姚 莉

分布与环境条件 主要分布在荆州、武汉和孝感等地，冲积平原与低湿平地的连接处、河流阶地与平原边缘的相交处，成土母质为近代河流冲积物物，旱地，常年种植蔬菜。年均气温 16.1～18.2 ℃，年均降水量 1050～1200 mm，无霜期 235～251 d。

辛安渡系典型景观

土系特征与变幅 诊断层包括肥熟表层、磷质耕作淀积层；诊断特性包括热性土壤温度、潮湿土壤水分状况、氧化还原特征、石灰性。土体厚度 1 m 以上，肥熟表层厚约 15～20 cm，之下耕作淀积层厚 15cm 左右，结构面可见铁斑纹，层次质地构型为粉砂壤土-黏壤土，通体有中度至强度石灰反应，pH 为 7.1～8.2。

对比土系 位于同一区内的连通湖系和走马岭系，前者长期植稻，不同亚纲，为水耕人为土，后者种植模式一致，但无磷质耕作淀积层，不同土纲，为石灰淡色潮湿雏形土。

利用性能综述 土体深厚，经长期旱耕熟化，有深厚肥熟的耕作层。耕作性能好，雨住地干，工效和质量均高。保肥能力强，供肥平稳，既发小苗又发老苗。适种性广，特别适宜种植速生蔬菜，产量高。土壤管理上不应忽视有机肥的投入，克服光用不养或重用轻养的经营方式；其次是改单一耕作制为轮作制，平衡利用土壤养分元素，防止病虫害滋生。

参比土种 灰潮泥土。

代表性单个土体 位于湖北省武汉市东西湖区辛安渡街，30°45'48.42"N，113°56'10.25"E，海拔 23 m，冲积平原，成土母质为江河冲积物，旱地，种植蔬菜。50 cm 深度土温 19 ℃。野外调查时间为 2009 年 12 月 3 日，编号 42-002。

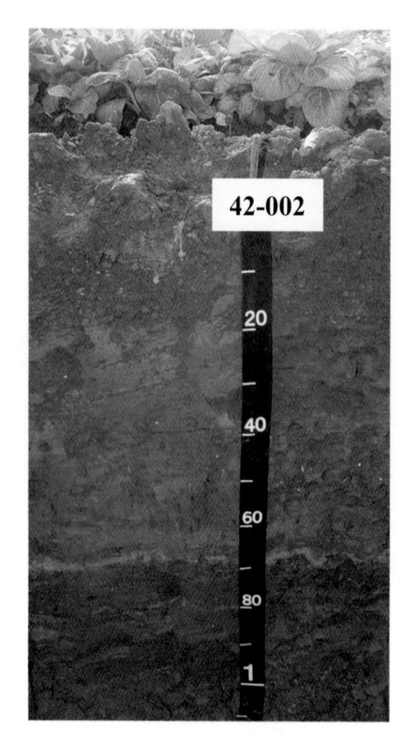

辛安渡系代表性单个土体剖面

Ap：0～28 cm，灰棕色（7.5YR 6/2，干），暗棕色（7.5YR 3/4，润），粉砂壤土，小粒状结构，坚实，中度石灰反应，pH 为 7.6，向下层平滑清晰过渡。

Bp：28～40 cm，淡棕灰色（5YR 7/2，干），灰棕色（5YR 4/2，润），黏壤土，棱块状结构，坚实，结构面有<2%铁斑纹，中度石灰反应，pH 为 7.8，可塑性强，向下层平滑清晰过渡。

Br1：40～60 cm，浊橙色（7.5YR 7/3，干），棕色（7.5YR 4/4，润），黏壤土，棱块状结构，坚实，结构面有 15%～40%铁锰斑纹，中度石灰反应，pH 为 7.9，向下层平滑清晰过渡。

Br2：60～80 cm，棕色（7.5YR 4/3，干），暗棕色（7.5YR 3/4，润），黏壤土，棱块状结构，极坚实，结构面有 15%～40%铁锰斑纹，2～3 个螺壳，强石灰反应，pH 为 7.5，向下层平滑突变过渡。

Br3：80～100 cm，棕色（7.5YR 4/3，干），暗棕色（7.5YR 3/4，润），黏壤土，棱块状结构，极坚实，结构面有<2%铁锰斑纹，1～2 个螺壳，强石灰反应，pH 为 7.6。

辛安渡系代表性单个土体物理性质

土层	深度/cm	砾石（>2mm，体积分数）/%	细土颗粒组成（粒径：mm）/（g/kg）			质地	容重/（g/cm³）
			砂粒 2～0.05	粉粒 0.05～0.002	黏粒 <0.002		
Ap	0～28	0	361	502	137	粉砂壤土	1.26
Bp	28～40	0	340	338	322	黏壤土	1.33
Br1	40～60	0	312	355	323	黏壤土	1.3
Br2	60～80	0	324	338	338	黏壤土	1.32
Br3	80～100	0	316	377	307	黏壤土	1.21

辛安渡系代表性单个土体化学性质

深度/cm	pH		有机质/（g/kg）	全氮（N）/（g/kg）	全磷（P）/（g/kg）	全钾（K）/（g/kg）	有效磷（P_2O_5）/（mg/kg）
	H_2O	KCl					
0～28	7.6	—	28.4	2.26	0.99	15.4	84
28～40	7.8	—	14.5	1.03	0.61	13.2	68
40～60	7.9	—	12.2	0.61	0.52	10.6	20
60～80	7.5	—	12.4	0.71	0.41	11.8	21
80～100	7.6	—	12.6	0.78	0.42	12.5	18

第5章　富　铁　土

5.1　表蚀黏化湿润富铁土

5.1.1　港背系（Gangbei Series）

土　族：黏壤质混合型非酸性热性-表蚀黏化湿润富铁土

拟定者：张海涛，陈　芳

分布与环境条件　主要分布在咸宁地区各县和枝江、黄石、黄梅、鄂州等地，多分布在海拔200～500 m，坡度5°～50°低山丘陵陡坡坡麓地带，成土母质为石英砂岩风化残积-坡积物，杂木林地。年均日照时数1700～2100 h，年均气温17.2～18.5 ℃，年均降水量1130～1420 mm，年均蒸发量1430～1520 mm，无霜期261 d左右。

港背系典型景观

土系特征与变幅　诊断层包括淡薄表层、低活性富铁层、黏化层；诊断特性包括热性土壤温度、湿润土壤水分状况、氧化还原特征、铁质特性。土体厚度1 m以上，低活性富铁层上界出现在30 cm以内，结构面可见氧化铁-黏粒胶膜，之下为黏化层，结构面可见铁锰胶膜，通体为黏壤土，pH为6.4～6.7。

对比土系　高冲系，成土母质为泥质岩类风化物，表层完好，低活性富铁层出现在70 cm以下，同一土类，不同亚类，为普通黏化湿润富铁土。

利用性能综述　坡度较大，砾石较多，贫瘠，不便耕作，易水土流失。应封山育林，人工造林和选种豆科草灌，提高植被盖度，防治水土流失。对于土体深厚的要加强林木管理，逐步发展油茶、绿茶、油桐、柑橘等经济林木。

参比土种　红砂泥土。

代表性单个土体　位于湖北省咸宁市大幕乡港背村，29°49'1.5"N，114°34'59.4"E，海拔

151 m，低丘陵陡坡坡麓，成土母质为石英砂岩风化残积-坡积物，杂木林地。50 cm 深度土温 17.6 ℃。野外调查时间为 2011 年 11 月 10 日，编号 42-044。

港背系代表性单个土体剖面

Btr1：0～30 cm，亮红棕色（2.5YR 5/6，干），红棕色（2.5YR 4/6，润），黏壤土，粒状结构，坚实，15%～40%树根，结构面有 15%～40%氧化铁-黏粒胶膜，pH 为 6.4，向下层平滑渐变过渡。

Btr2：30～70 cm，亮棕红色（2.5YR 5/8，干），棕红色（2.5YR 4/8，润），2%～5%岩石碎屑，黏壤土，块状结构，很坚实，5%～15%树根，结构面有 15%～40%氧化铁-黏粒胶膜，土体中有 5%左右岩石碎屑，pH 为 6.4，向下层平滑渐变过渡。

Btr3：70～140 cm，亮红棕色（5YR 5/8，干），棕红色（2.5YR 4/8，润），5%～15%岩石碎屑，黏壤土，块状结构，很坚实，结构面有 15%～40%氧化铁-黏粒胶膜，土体中有 10%左右岩石碎屑，pH 为 6.5。

港背系代表性单个土体物理性质

土层	深度 /cm	砾石 （>2mm，体积分数）/%	细土颗粒组成（粒径：mm）/（g/kg）			质地	容重 /（g/cm³）
			砂粒 2～0.05	粉粒 0.05～0.002	黏粒 <0.002		
Btr1	0～30	0	290	332	378	黏壤土	1.33
Btr2	30～70	5	342	355	303	黏壤土	1.35
Btr3	70～140	10	308	385	307	黏壤土	1.45

港背系代表性单个土体化学性质

深度/cm	pH		有机质 /（g/kg）	全氮（N） /（g/kg）	全磷（P） /（g/kg）	全钾（K） /（g/kg）	阳离子交换量 /（cmol/Kg）	游离氧化铁 /（g/kg）
	H_2O	KCl						
0～30	6.4	5.4	18.79	0.83	0.15	8.6	22.8	37.9
30～70	6.4	5.6	15.43	0.67	0.14	9.8	29.8	41.5
70～140	6.5	5.6	4.10	0.27	0.14	12.6	34.2	44.2

5.2 普通黏化湿润富铁土

5.2.1 高冲系（Gaochong Series）

土 族：黏壤质混合型非酸性热性-普通黏化湿润富铁土

拟定者：张海涛，陈 芳

分布与环境条件 分布于通城、通山、嘉鱼、崇阳、黄石、武穴等地，低山丘陵坡地，成土母质为泥质岩类风化坡积物，竹林。年均气温15.5～16.7 ℃，年均降水量1450～1600 mm，无霜期260 d左右。

高冲系典型景观

土系特征与变幅 诊断层包括淡薄表层、低活性富铁层、黏化层；诊断特性包括热性土壤温度、湿润土壤水分状况、氧化还原特征、铁质特性。土体厚度1 m以上，质地为壤土、黏壤土，pH 5.8左右。淡薄表层厚度25～30 cm；之下为黏化层，厚度约50 cm，结构面可见黏粒胶膜和铁锰斑纹；低活性富铁层出现在70 cm以下，结构面可见氧化铁-黏粒胶膜。

对比土系 港背系，成土母质为石英砂岩风化残积-坡积物，由于严重侵蚀，B层露头，低活性富铁层出现在30 cm以内，同一土类，不同亚类，为表蚀黏化湿润富铁土。位于同一乡镇的关刀系，地处河谷平原或平畈，长期植稻，不同土纲，为水耕人为土。

利用性能综述 土体较厚，质地适中，通透性好，但养分含量偏低，尤其缺磷，缺钾。应用养结合，多施农家肥、有机肥和复合肥，种植绿肥，促进竹林生长。

参比土种 红细砂泥土。

代表性单个土体 位于湖北省通城市关刀镇高冲村，29°14'41.5"N，113°55'38.8"E，海拔129 m，低丘坡地，成土母质为泥质岩类风化坡积物，竹林地。50 cm深度土温17 ℃。野外调查时间为2011年3月25日，编号42-129。

高冲系代表性单个土体剖面

Ah：0～25 cm，亮红棕色（2.5YR 5/6，干），红棕色（2.5YR 4/6，润），壤土，粒状结构，疏松，15%～40%竹根，pH 为 5.9，向下层平滑渐变过渡。

Btr：25～76 cm，亮红棕色（2.5YR 5/8，干），棕红色（2.5YR 4/8，润），壤土，块状结构，坚实，5%～15%竹根，结构面可见黏粒胶膜和铁锰斑纹，土体中有 15%左右岩石碎屑，pH 为 5.8，向下层平滑渐变过渡。

Bt：76～110 cm，亮橙红色（2.5YR 6/8，干），棕红色（2.5YR 4/8，润），黏壤土，块状结构，极坚实，结构面可见氧化铁-黏粒胶膜，5%～15%竹根系，pH 为 5.8。

高冲系代表性单个土体物理性质

土层	深度/cm	砾石（>2mm，体积分数）/%	细土颗粒组成（粒径：mm）/（g/kg）			质地	容重/（g/cm^3）
			砂粒 2～0.05	粉粒 0.05～0.002	黏粒 <0.002		
Ah	0～25	0	407	447	146	壤土	1.22
Btr	25～76	15	307	441	252	壤土	1.34
Bt	76～110	0	297	360	343	黏壤土	1.29

高冲系代表性单个土体化学性质

深度/cm	pH		有机质/（g/kg）	全氮（N）/（g/kg）	全磷（P）/（g/kg）	全钾（K）/（g/kg）	阳离子交换量/（cmol/kg）	游离氧化铁/（g/kg）
	H_2O	KCl						
0～25	5.9	—	19.19	1.08	0.09	6.0	69.5	36.0
25～76	5.8	—	15.55	0.87	0.11	6.9	24.7	46.3
76～110	5.8	—	5.95	0.52	0.11	8.6	23.6	48.5

第6章 淋 溶 土

6.1 腐殖-棕色钙质湿润淋溶土

6.1.1 双泉系（Shuangquan Series）

土 族：黏壤质混合型非酸性热性-腐殖-棕色钙质湿润淋溶土

拟定者：王天巍，陈 芳

分布与环境条件 多出现于赤壁、嘉鱼、咸宁、蕲春等地，低山丘陵坡麓，成土母质为碳酸盐岩类风化坡积物。旱地，多种植小麦、棉花、红薯、苎麻、油菜等。年均气温 17.3～18.5 ℃，无霜期 260 d 左右，年均降水量 1540 mm 左右。

双泉系典型景观

土系特征与变幅 诊断层包括淡薄表层、黏化层；诊断特性包括热性土壤温度、湿润土壤水分状况、碳酸盐岩岩性特征、腐殖质特性、氧化还原特征、铁质特性。土体厚度在 1 m 以上，层次质地构型为壤土-粉质黏壤土-粉砂壤土，pH 6.8～7.4。淡薄表层厚 15～20 cm，黏化层上界出现在 40 cm 左右，厚 20～30 cm，结构面可见黏粒胶膜和铁锰斑纹。淡薄表层之下土体可见腐殖质淀积胶膜。

对比土系 百霓系，成土母质和地形部位一致，无腐殖质特征，同一土类，不同亚类，为普通钙质湿润淋溶土。位于同一乡镇的大田畈系和皂角湾系，地形部位类似，但前者成土母质为泥质岩类风化物，同一亚纲，不同土类，为铁质湿润淋溶土；后者成土母质为碳酸盐岩类风化坡积物，发育弱，不同土纲，为湿润雏形土。

利用性能综述 质地适中，耕性好，通透性强，保水保肥，供肥平稳，肥力较高，适种性广，但磷钾含量偏低，下部土体石灰岩碎屑较多。应合理轮作，增施磷钾肥，实行有机肥与无机肥配合使用，推广绿肥与豆科轮作间种、小麦套种绿肥。

参比土种 黄岩泥土。

代表性单个土体　位于湖北省赤壁市荆泉镇双泉村七组，29°39′32″N，113°55′0″E，海拔 73 m，低丘坡麓，成土母质为碳酸盐岩类风化坡积物，旱地，种植红薯。50 cm 深度土温 16.7 °C。野外调查时间为 2010 年 11 月 12 日，编号 42-050。

双泉系代表性单个土体剖面

Ap：0～18 cm，暗棕色（10YR 3/3，干），浊棕色（10YR 4/3，润），壤土，粒状结构，疏松，轻度石灰反应，pH 为 7.0，向下层波状渐变过渡。

AB：18～40 cm，黄棕色（10YR 5/6，干），黄棕色（10YR 5/8，润），粉质黏壤土，块状结构，坚实，结构面可见模糊的腐殖质淀积胶膜，轻度石灰反应，pH 为 7.4，向下层波状清晰过渡。

Btr：40～75 cm，棕色（7.5YR 4/6，干），亮棕色（7.5YR 5/6，润），粉质黏壤土，块状结构，坚实，结构面 2%～5%铁锰斑纹，可见模糊的黏粒胶膜和腐殖质淀积胶膜，土体中有 10%左右角块状 75～250 mm 碳酸盐岩石碎屑，pH 为 7.0，向下层平滑模糊过渡。

BC：75～120 cm，亮棕色（7.5YR 5/6，干），亮棕色（7.5YR 5/8，润），粉砂壤土，块状结构，坚实，结构面可见模糊的黏粒胶膜，土体中有 20%左右角砾状≥250 mm 碳酸盐岩石碎屑，pH 为 6.8。

双泉系代表性单个土体物理性质

土层	深度 /cm	砾石（>2mm，体积分数）/%	细土颗粒组成（粒径：mm）/（g/kg）			质地	容重 /（g/cm³）
			砂粒 2～0.05	粉粒 0.05～0.002	黏粒 <0.002		
Ap	0～18	0	251	487	262	壤土	1.26
AB	18～40	0	146	568	286	粉质黏壤土	1.54
Btr	40～75	10	127	493	380	粉质黏壤土	1.63
BC	75～120	20	240	500	260	粉砂壤土	1.35

双泉系代表性单个土体化学性质

深度/cm	pH		有机质 /（g/kg）	全氮（N） /（g/kg）	全磷（P） /（g/kg）	全钾（K） /（g/kg）	阳离子交换量 /（cmol/kg）	游离氧化铁 /（g/kg）
	H_2O	KCl						
0～18	7.0	—	40.5	1.81	0.52	12.5	29.2	22.8
18～40	7.4	—	18.9	1.23	0.22	13.1	25.3	18.2
40～75	7.0	—	15.0	0.82	0.20	13.5	25.4	23.6
75～120	6.8	6.7	7.1	0.43	0.15	13.3	25.6	31.0

6.2 普通钙质湿润淋溶土

6.2.1 百霓系（Baini Series）

土 族：粗骨壤质混合型热性-普通钙质湿润淋溶土

拟定者：蔡崇法，王天巍

分布与环境条件 广泛分布于通山、通城、崇阳、咸宁等地，丘岗坡地，成土母质为碳酸盐岩类风化坡积物。林地，多为柏树。年均日照时数 1700 h 左右，年均气温 17～17.5 ℃，年均降水量 1500～1620 mm，年均蒸发量 1430～1510 mm。

百霓系典型景观

土系特征与变幅 诊断层包括淡薄表层、黏化层；诊断特性包括热性土壤温度、湿润土壤水分状况、碳酸盐岩岩性特征、铁质特性。土壤发育较差，多岩石裸露，植被连续性差。土体厚度在 1 m 以上，通体为黏壤土，pH 为 6.0～6.2，土体中有 5%～30%的岩石碎屑。淡薄表层厚 18～25 cm，黏粒含量 180 g/kg 左右；之下为黏化层，黏粒含量 220～240 g/kg，结构面可见黏粒胶膜。

对比土系 双泉系，成土母质和地形部位一致，有腐殖质特征，同一土类，不同亚类，为腐殖-棕色钙质湿润淋溶土。位于同一乡镇的后溪系，成土母质和地形部位一致，土体中无岩石碎屑，无碳酸盐岩岩性特征，为铁质湿润淋溶土。

利用性能综述 土质黏重，通透性较差，保蓄能力强，磷钾含量偏低，坡度较陡。应发展林、牧、特，坡缓土厚处宜种山楂、乌桕、油桐、柿树、油橄榄和果木；岗坡薄地宜种柏树、栎树、黑松、马桑、黄荆条、牡荆、紫穗槐等；注意护林育草，发展莨草、白羊草、白茅草和龙须草；在零星隙地栽泡桐、香椿、核桃和蜜枣等，建成高密度复层林，控制水土流失。

参比土种 红石灰渣土。

代表性单个土体 位于湖北省咸宁市崇阳县百霓镇石山村十二组，29°32′31″N，114°10′4″E，海拔 93 m，丘岗偏地，成土母质为碳酸盐岩类风化坡积物，林地。50 cm

深度土温 19.3 ℃。野外调查时间为 2011 年 3 月 23 日，编号 42-108。

百霓系代表性单个土体剖面

Ah：0～20 cm，亮红棕色（5YR 5/6，干），亮红棕色（5YR 5/6，润），细土质地为黏壤土，粒状结构，极疏松，有 15%～40%灌木根系，5%左右岩石碎屑，pH 为 6.2，向下层平滑渐变过渡。

Bt1：20～80 cm，亮红棕色（5YR 5/6，干），亮红棕色（5YR 5/6，润），细土质地为黏壤土，粒状结构，坚实，有 15%～40%灌木根系，结构面可见模糊的黏粒胶膜，土体中有 25%左右岩石碎屑，轻度石灰反应，pH 为 6.2，向下层平滑渐变过渡。

Bt2：80～100 cm，棕灰色（5YR 4/1，干），亮红棕色（5YR 5/6，润），黏壤土，粒状结构，坚实，5%～15%灌木根系，结构面可见模糊的黏粒胶膜，土体中有 30%左右岩石碎屑，轻度石灰反应，pH 为 6.0，向下层平滑渐变过渡。

Bt3：100～120 cm，亮红棕色（5YR 5/6，干），亮红棕色（5YR 5/6，润），细土质地为黏壤土，粒状结构，坚实，5%～15%灌木根系，结构面可见模糊的黏粒胶膜，土体中有 30%左右岩石碎屑，轻度石灰反应，pH 为 6.2。

百霓系代表性单个土体物理性质

土层	深度/cm	砾石（>2mm，体积分数）/%	细土颗粒组成（粒径：mm）/（g/kg）			质地	容重/（g/cm³）
			砂粒 2～0.05	粉粒 0.05～0.002	黏粒 <0.002		
Ah	0～20	5	386	439	175	黏壤土	1.32
Bt1	20～80	25	338	439	223	黏壤土	1.52
Bt2	80～100	30	336	435	229	黏壤土	1.55
Bt3	100～120	30	333	434	233	黏壤土	1.59

百霓系代表性单个土体化学性质

深度/cm	pH		有机质/（g/kg）	全氮（N）/（g/kg）	全磷（P）/（g/kg）	全钾（K）/（g/kg）	阳离子交换量/（cmol/kg）	游离氧化铁/（g/kg）
	H_2O	KCl						
0～20	6.2	—	26.3	1.64	0.26	15.0	23.5	48.4
20～80	6.2	—	16.0	0.95	0.15	7.7	25.4	49.9
80～100	6.0	—	15.5	0.91	0.17	7.9	25.8	50.3
100～120	6.2	—	14.9	0.86	0.15	7.6	25.0	49.7

6.3　普通黏磐湿润淋溶土

6.3.1　桥洼系（Qiaowa Series）

土　族：黏质伊利石型非酸性热性-普通黏磐湿润淋溶土

拟定者：王天巍，陈　芳

分布与环境条件　主要分布在襄阳、十堰、荆门、随州等地，低丘岗地，海拔一般在 50～200 m，成土母质为第四纪黏土。年均气温 15.8～16.8 ℃，年均降水量 820～980 mm，无霜期 250 d 左右。主要种植小麦、棉花等。

桥洼系典型景观

土系特征与变幅　诊断层包括淡薄表层、黏磐、黏化层；诊断特性包括热性土壤温度、湿润土壤水分状况、铁质特性。土体深厚，厚度在 1 m 以上，pH 5.2～6.3。淡薄表层厚 25～30 cm，黏粒含量约 310 g/kg，为黏壤土；之下为黏磐，黏粒含量约 480 g/kg，为黏土，棱块状结构，结构面可见清晰的黏粒胶膜和少量铁锰胶膜，极坚实。

对比土系　杨司系、余沟系、申畈系、孙庙系、小惠庄系，成土母质和地形部位一致，土体中无黏磐，同一亚纲，不同土类，前四者为铁质湿润淋溶土，后者为简育湿润淋溶土。

利用性能综述　土体深厚，质地黏重，干湿收缩性大，耕性差，作物生长前期不易早发齐苗，养分含量偏低。应适时深耕翻土，实行秸秆还田，施用各种有机肥，促进土壤团粒结构形成，有条件的地方可以客土掺砂，施肥应集中在作物根部，提高肥效。

参比土种　死黄土。

代表性单个土体　位于湖北省襄阳市襄州区古驿镇桥洼，32°12′46″N，112°12′54″E，海拔 100 m，低丘岗地，成土母质为第四纪黏土，旱地，主要种植小麦。50 cm 深度土温 16.3 °C。野外调查时间为 2012 年 5 月 15 日，编号 42-181。

桥洼系代表性单个土体剖面

Ap：0～30 cm，浊棕色（7.5YR 5/3，干），棕色（7.5YR 4/4，润），黏壤土，屑粒状结构，疏松，pH 为 5.2，向下层平滑清晰过渡。

Btm1：30～70 cm，浊棕色（7.5YR 5/3，干），暗棕色（7.5YR 3/4，润），黏土，棱块状结构，极坚实，结构面可见清晰的黏粒胶膜和少量铁锰胶膜，pH 为 6.3，向下层平滑清晰过渡。

Btm2：70～105 cm，浊棕色（7.5YR 5/3，干），暗棕色（7.5YR 3/4，润），黏土，棱块状结构，极坚实，结构面可见清晰的黏粒胶膜和少量铁锰胶膜，pH 为 6.3。

桥洼系代表性单个土体物理性质

土层	深度 /cm	砾石 （>2mm，体积分数）/%	细土颗粒组成（粒径：mm）/（g/kg）			质地	容重 /（g/cm³）
			砂粒 2～0.05	粉粒 0.05～0.002	黏粒 <0.002		
Ap	0～30	0	240	448	312	黏壤土	1.51
Btm1	30～70	0	199	332	479	黏土	1.63
Btm2	70～105	0	195	326	474	黏土	1.63

桥洼系代表性单个土体化学性质

深度/cm	pH		有机质 /（g/kg）	全氮（N） /（g/kg）	全磷（P） /（g/kg）	全钾（K） /（g/kg）	阳离子交换量 /（cmol/kg）	游离氧化铁 /（g/kg）
	H_2O	KCl						
0～30	5.2	4.7	16.8	1.24	0.27	13.7	83.0	25.4
30～70	6.3	—	7.4	0.79	0.13	11.9	53.1	31.4
70～105	6.3	—	7.5	0.83	0.14	11.9	53.2	31.5

6.4　普通铝质湿润淋溶土

6.4.1　郭屋吕系（Guowulü Series）

土　族：黏壤质硅质混合型热性-普通铝质湿润淋溶土

拟定者：陈家赢，柳　琪

分布与环境条件　主要分布于咸宁地区和武汉、蕲春、武穴、鄂州等地。丘岗缓坡和凹地，成土母质为泥质岩类风化坡积物，林地，主要为松、杉、竹。年均日照时数 1935 h 左右，年均气温 17～18.5 ℃，年均降水量 1250～1620 mm，年均蒸发量 1480～1510 mm，无霜期 261 d 左右。

郭屋吕系典型景观

土系特征与变幅　诊断层包括淡薄表层、黏化层；诊断特性包括热性土壤温度、湿润土壤水分状况、铁质特性、氧化还原特征。土体深厚，多在 1 m 以上，层次质地构型为粉砂壤土-黏壤土，pH 为 4.5～5.1。淡薄表层厚 15～25 cm，黏粒含量 300 g/kg 以下；黏化层出现上界约在 40 cm，黏粒含量 470～480 g/kg，结构面可见黏粒胶膜，70 cm 以下土体可见铁锰结核。

对比土系　塘口系，同一土族，成土母质和地形部位一致，层次质地构型为壤土-黏壤土。

利用性能综述　土体深厚，多居坡地，易受旱，磷钾含量偏低。应防止滥砍滥伐，适度施用磷钾肥，促进地表植被生长，提高植被盖度，防止水土流失。

参比土种　红细砂泥土。

代表性单个土体　位于湖北省咸宁市马桥镇郭屋吕村，29°47′47″N，114°18′10″E，海拔 58 m，成土母质为泥质岩类风化坡积物，林地。50 cm 深度土温 16.7 °C。野外调查时间为 2010 年 11 月 11 日，编号 42-047。

郭屋吕系代表性单个土体剖面

Ah：0～20 cm，橙色（7.5YR 6/8，干），亮棕色（7.5YR 5/8，润），粉砂壤土，粒状结构，疏松，5%～15%树根，2～5 条蚯蚓，pH 为 4.5，向下层平滑模糊过渡。

AB：20～45 cm，橙色（7.5YR 6/8，干），亮棕色（7.5YR 5/8，润），粉砂壤土，粒状结构，疏松，5%～15%树根，2～5 条蚯蚓，pH 为 4.5，向下层平滑模糊过渡。

Bt：45～76 cm，黄橙色（7.5YR 7/8，干），橙色（7.5YR 6/8，润），粉砂壤土，块状结构，坚实，2%～5%树根，结构面可见模糊的黏粒胶膜，pH 为 4.5，向下层平滑模糊过渡。

Btr1：76～105 cm，黄橙色（7.5YR 7/8，干），橙色（7.5YR 6/8，润），黏壤土，块状结构，坚实，结构面可见模糊的黏粒胶膜，土体中有 2%左右铁锰结核，pH 为 4.6，向下层平滑模糊过渡。

Btr2：105～160 cm，黄橙色（7.5YR 7/8，干），橙色（7.5YR 6/8，润），黏壤土，块状结构，坚实，结构面可见模糊的黏粒胶膜，土体中有 2%左右铁锰结核，pH 为 4.6。

郭屋吕系代表性单个土体物理性质

土层	深度/cm	砾石（>2mm，体积分数）/%	细土颗粒组成（粒径：mm）/（g/kg）			质地	容重/（g/cm³）
			砂粒 2～0.05	粉粒 0.05～0.002	黏粒 <0.002		
Ah	0～20	0	347	454	199	粉砂壤土	1.53
AB	20～45	0	343	456	201	粉砂壤土	1.53
Bt	45～76	0	243	518	239	粉砂壤土	1.56
Btr1	76～105	2	289	379	332	黏壤土	1.46
Btr2	105～160	2	288	376	336	黏壤土	1.48

郭屋吕系代表性单个土体化学性质

深度/cm	pH		有机质/（g/kg）	全氮（N）/（g/kg）	全磷（P）/（g/kg）	全钾（K）/（g/kg）	阳离子交换量/（cmol/kg）	游离氧化铁/（g/kg）
	H_2O	KCl						
0～20	4.5	3.6	21.4	1.33	0.31	15.8	20.8	23.9
20～45	4.5	3.5	19.3	1.03	0.21	13.8	20.8	25.7
45～76	4.5	3.5	13.8	0.96	0.10	12.7	32.3	28.6
76～105	4.6	3.7	7.8	0.33	0.03	13.9	—	25.8
105～160	4.6	3.7	7.2	0.30	0.04	13.3	—	25.5

6.4.2 塘口系（Tangkou Series）

土 族：黏壤质硅质混合型热性-普通铝质湿润淋溶土
拟定者：蔡崇法，王天巍

分布与环境条件 分布于通城、崇阳、武穴等地，低山丘陵顶部和陡坡，成土母质为泥质岩类风化残积-坡积物，果园。年均日照时数1800～2100 h，年均气温17.3～18 ℃，年均降水量1350～1580 mm，年均蒸发量1480～1520 mm。

塘口系典型景观

土系特征与变幅 诊断层包括淡薄表层、黏化层；诊断特性包括热性土壤温度、湿润土壤水分状况、铝质特性、铁质特性。土体厚度在 1 m 以上，层次质地构型为壤土-黏壤土，pH 4.9～5.2。淡薄表层厚 20～25 cm，黏粒含量 170 g/kg 左右；之下为黏化层，厚约 70 cm，黏粒含量 250～300 g/kg，结构面可见黏粒胶膜，具有铝质特性。

对比土系 郭屋吕系，同一土族，成土母质和地形部位一致，层次质地构型为粉砂壤土-黏壤土。

利用性能综述 土壤较瘠薄，易旱易板易灼苗，质地轻，侵蚀严重，含砾石多，不宜作耕地，造林时应抗旱保苗，先育草灌，稳住土壤，再植树造林，并在幼林间种植绿肥作物，增施肥料，覆盖和培肥土壤。

参比土种 红细泥土。

代表性单个土体 位于湖北省咸宁市崇阳县港口乡塘口村六组，29°25′40″N，114°14′51″E，海拔 123 m，低丘陡坡，成土母质为泥质岩类风化残积-坡积物，果园。50 cm 深度土温 19.3 ℃。野外调查时间为 2011 年 3 月 24 日，编号 42-114。

塘口系代表性单个土体剖面

Ah：0～23 cm，淡黄色（2.5Y 7/3，干），亮黄棕色（10YR 6/8，润），壤土，粒状结构，极疏松，有 5%～15%果树根系，pH 为 5.2，向下层平滑渐变过渡。

Bt1：23～42 cm，浅淡黄色（2.5Y 8/3，干），黄棕色（10YR 5/8，润），壤土，块状结构，坚实，结构面可见黏粒胶膜，有 5%～15%果树根系，土体中有 5%左右岩石碎屑，pH 为 4.9，向下层平滑清晰过渡。

Bt2：42～90 cm，浅淡黄色（2.5Y 8/3，干），亮黄棕色（10YR 7/6，润），黏壤土，粒状结构，坚实，结构面可见黏粒胶膜，土体中有 15%左右岩石碎屑，pH 为 4.9，向下层平滑清晰过渡。

C：90～120 cm，浅淡黄色（2.5Y 8/3，干），黄橙色（10YR 7/8，润），土体中有 40%左右岩石碎屑，细土质地，黏壤土，粒状结构，坚实，pH 为 5.1。

塘口系代表性单个土体物理性质

土层	深度 /cm	砾石 (>2mm，体积分数) /%	细土颗粒组成（粒径：mm）/(g/kg)			质地	容重 /（g/cm³）
			砂粒 2～0.05	粉粒 0.05～0.002	黏粒 <0.002		
Ah	0～23	0	468	358	174	壤土	1.21
Bt1	23～42	5	352	397	251	壤土	1.33
Bt2	42～90	15	351	358	291	黏壤土	1.39
C	90～120	40	—	—	—	—	—

塘口系代表性单个土体化学性质

深度/cm	pH		有机质 /（g/kg）	全氮（N） /（g/kg）	全磷（P） /（g/kg）	全钾（K） /（g/kg）	阳离子交换量 /（cmol/kg）	KCl 浸提铝（Al）黏粒 /（cmol/kg）	铝饱和度 /%
	H_2O	KCl							
0～23	5.2	3.7	19.7	0.86	0.07	13.6	23.5	30.1	34.3
23～42	4.9	3.5	6.3	0.23	0.05	12.7	25.4	38.5	63.5
42～90	4.9	3.3	3.1	0.19	0.03	9.6	—	—	—
90～120	5.1	—	—	—	—	—	—	—	—

6.5 铁质酸性湿润淋溶土

6.5.1 大田畈系（Datianfan Series）

土 族：粗骨壤质酸性混合型热性-铁质酸性湿润淋溶土

拟定者：陈家赢，柳 琪

分布与环境条件 主要分布于咸宁地区和武汉、蕲春、武穴、浠水、鄂州等地，丘岗缓坡和凹地，成土母质为泥质岩类风化坡积物，林地，主要为松、杉、竹。年均日照时数1800～2000 h，年均气温17～18.5 ℃，年均降水量1250～1620 mm，年均蒸发量1480～1510 mm，无霜期261 d左右。

大田畈系典型景观

土系特征与变幅 诊断层包括淡薄表层、黏化层；诊断特性包括热性土壤温度、湿润土壤水分状况、铁质特性。土体深厚，多在1 m以上，有5%～30%的岩石碎屑，层次质地构型为砂质壤土-粉砂壤土，pH为4.7～5.2。淡薄表层厚15～25 cm，黏粒含量140 g/kg左右；之下为黏化层，黏粒含量210～240 g/kg，厚约70 cm，结构面可见黏粒胶膜。

对比土系 五保山系，同一土类，不同亚类，成土母质一致，为铁质湿润淋溶土，且颗粒大小级别为黏质。位于同一乡镇的土系双泉系和皂角湾系，成土母质均为碳酸盐岩类风化物，前者分布于山丘坡底，同一亚纲不同土类，为钙质湿润淋溶土；后者分布于低山丘陵陡坡上部，发育弱，不同土纲，为湿润雏形土。

利用性能综述 土体较厚，质地适中，通透性好，砾石含量较多，磷钾缺乏。应根据地势高低、坡度缓急、土层厚度和植被状况区别对待，加强植物保护，实行梯级开发，分级治理，逐级控制，适度施用磷钾肥，促进植被生长，提高植被盖度，防止水土流失。

参比土种 红细砂泥土。

代表性单个土体 位于湖北省赤壁市荆泉镇大畈田村，29°41′16″N，113°52′30″E，海拔49 m，成土母质为泥质岩类风化坡积物，灌木林地。50 cm深度土温17.3 ℃，热性。野外调查时间为2010年11月14日，编号42-057。

大田畈系代表性单个土体剖面

Ah：0～20 cm，灰棕色（7.5YR 5/2，干），浊棕色（7.5YR 4/4，润），砂质壤土，粒状结构，疏松，15%～40%灌木根系，土体中有 5%左右岩石碎屑，pH 为 5.2，向下层波状清晰过渡。

Bt1：20～52 cm，淡黄橙色（7.5YR 8/6，干），亮棕色（7.5YR 5/6，润），粉砂壤土，块状结构，坚实，5%～15%灌木根系，结构面可见模糊的黏粒胶膜，土体中有 25%左右岩石碎屑，pH 为 5.1，向下层平滑渐变过渡。

Bt2：52～80 cm，淡黄橙色（7.5YR 8/6，干），棕色（7.5YR 4/6，润），粉砂壤土，块状结构，坚实，结构面可见模糊的黏粒胶膜，土体中有 30%左右岩石碎屑，pH 为 4.7，向下层不规则清晰过渡。

R：80～120 cm，泥质岩。

大田畈系代表性单个土体物理性质

土层	深度 /cm	砾石 (>2mm，体积分数) /%	细土颗粒组成（粒径：mm）/（g/kg）			质地	容重 /（g/cm³）
			砂粒 2～0.05	粉粒 0.05～0.002	黏粒 <0.002		
Ah	0～20	5	472	383	145	砂质壤土	1.31
Bt1	20～52	25	255	528	217	粉砂壤土	1.35
Bt2	52～80	30	206	561	233	粉砂壤土	1.44

大田畈系代表性单个土体化学性质

深度/cm	pH		有机质 /（g/kg）	全氮（N） /（g/kg）	全磷（P） /（g/kg）	全钾（K） /（g/kg）	阳离子交换量 /（cmol/kg）	游离氧化铁 /（g/kg）
	H_2O	KCl						
0～20	5.2	3.9	29.3	2.78	0.19	19.4	20.8	30.2
20～52	5.1	3.7	18.7	1.05	0.17	22.0	32.3	33.2
52～80	4.7	3.6	5.6	0.28	0.14	20.4	—	39.9

6.6 红色铁质湿润淋溶土

6.6.1 高铁岭系（Gaotieling Series）

土 族：黏质高岭石混合型酸性热性-红色铁质湿润淋溶土

拟定者：王天巍，秦 聪

分布与环境条件 主要分布在嘉鱼、赤壁、咸宁、武汉等地，丘陵上部或陡坡，成土母质为泥质岩风化坡积物，灌木林地。年均日照时数 1800～2100 h，年均气温 17～17.5 ℃，年均降水量 1230～1590 mm，无霜期 245～258 d。

高铁岭系典型景观

土系特征与变幅 诊断层包括淡薄表层、黏化层；诊断特性包括热性土壤温度、湿润土壤水分状况、铁质特性。土体厚度在 1 m 以上，层次质地构型为粉砂质黏壤土-粉砂质黏土-黏壤土，pH 4.9～5.9。淡薄表层厚 18～25 cm，黏粒含量 270 g/kg 左右；之下为黏化层，厚度 35 cm 左右，黏粒含量 430 g/kg 左右，结构面可见氧化铁-黏粒胶膜。

对比土系 杨司系，同一土族，成土母质为第四纪红黏土，土体无砾石，有网纹层，层次质地构型为粉质黏壤土-粉质黏土。位于同一乡镇的殷家系，分布于低山丘陵坡地中下部，成土母质为碳酸盐岩类风化残积-坡积积物，发育弱，不同土纲，为雏形土。

利用性能综述 自然条件优越，水热植物资源丰富，生物生产量大，土体深厚，但坡陡，易水土流失。应植树造林，进一步加大植被覆盖度，提高植被盖度，防止水土流失。

参比土种 红细砂泥土。

代表性单个土体 位于湖北省咸宁市嘉鱼县高铁岭镇临江村五组，29°53′27″N，113°49′38″E，海拔 38 m，低丘坡地上部，成土母质为泥质岩风化坡积物，灌木林地。50 cm 深度土温 16.7 °C。野外调查时间为 2010 年 12 月 2 日，编号 42-092。

高铁岭系代表性单个土体剖面

Ah：0～25 cm，棕灰色（5YR 4/1，干），亮红棕色（5YR 5/6，润），粉砂质黏壤土，片状结构，坚实，15%～40%灌草根系，土体中有 2%左右岩石碎屑，pH 为 5.9，向下层平滑模糊过渡。

Bt：25～60 cm，棕灰色（5YR 4/1，干），亮红棕色（5YR 5/8，润），粉砂质黏土，块状结构，坚实，有 5%～15%灌草根系，结构面可见模糊的氧化铁-黏粒胶膜，土体中有 5%左右岩石碎屑，pH 为 4.9，向下层平滑渐变过渡。

BC：60～120 cm，棕灰色（5YR 6/1，干），亮红棕色（5YR 5/8，润），黏壤土，块状结构，坚实，土体中有 10%左右岩石碎屑，pH 为 5.2。

高铁岭系代表性单个土体物理性质

土层	深度/cm	砾石（>2mm，体积分数）/%	细土颗粒组成（粒径：mm）/（g/kg）			质地	容重/（g/cm^3）
			砂粒 2～0.05	粉粒 0.05～0.002	黏粒 <0.002		
Ah	0～25	2	134	596	270	粉砂质黏壤土	1.25
Bt	25～60	5	164	410	426	粉砂质黏土	1.38
BC	60～120	10	330	335	335	黏壤土	1.35

高铁岭系代表性单个土体化学性质

深度/cm	pH		有机质/（g/kg）	全氮(N)/（g/kg）	全磷（P）/（g/kg）	全钾（K）/（g/kg）	阳离子交换量/（cmol/kg）	游离氧化铁/（g/kg）
	H_2O	KCl						
0～25	5.9	—	23.3	0.89	0.23	11.2	14.1	27.8
25～60	4.9	3.6	11.5	0.45	0.17	15.2	15.7	46.0
60～120	5.2	4.4	2.7	0.16	0.06	8.1	7.2	27.4

6.6.2 杨司系（Yangsi Series）

土　族：黏质高岭石混合型非酸性热性-红色铁质湿润淋溶土
拟定者：王天巍，秦　聪

分布与环境条件 多分布在咸宁、武汉、赤壁、通城、崇阳等地，丘陵坡地中下部，成土母质为第四纪红色黏土，次生林地，主要为杉树、马尾松。年均日照时数 1700～2000 h，年均气温 17～17.5 ℃，年均降水量 1230～1590 mm，无霜期 245～258 d。

杨司系典型景观

土系特征与变幅 诊断层包括淡薄表层、黏化层；诊断特性包括热性土壤温度、湿润土壤水分状况、铁质特性、氧化还原特征。土体厚度 1 m 以上，层次质地构型为粉质黏壤土-粉质黏土，pH 为 5.2～5.8。淡薄表层厚 18～25 cm，黏粒含量 270 g/kg 左右；之下为黏化层，厚度 35 cm 左右，黏粒含量 430 g/kg 左右，结构面可见氧化铁-黏粒胶膜和铁锰胶膜，1 m 左右出现网纹层。

对比土系 高铁岭系，同一土族，成土母质为泥质岩风化坡积物，土体下部没有网纹层，层次质地构型为粉砂质黏壤土-粉砂质黏土-黏壤土。

利用性能综述 土体深厚，质地黏重，磷钾偏低。适合发展茶叶、苎麻等经济作物，应保护现有植被，提高植被盖度，增施磷钾肥，促进植被生长，防止水土流失。

参比土种 面红土。

代表性单个土体 位于湖北省咸宁市咸安区贺胜桥镇杨司村，30°1′7″N，114°21′47″E，海拔 41 m，丘陵坡地中下部，成土母质为第四纪红色黏土，次生林地。50 cm 深度土温 17.8 ℃。野外调查时间为 2011 年 11 月 19 日，编号 42-172。

杨司系代表性单个土体剖面

Ah：0～25 cm，浅淡红橙色（2.5YR 7/4，干），橙色（2.5YR 6/6，润），粉质黏壤土，粒状结构，15%～40%的灌木根系，pH 为 5.2，向下层平滑清晰过渡。

Bt：25～65 cm，橙色（2.5YR 6/8，干），红棕色（2.5YR 4/8，润），粉质黏土，棱块状结构，坚实，5%～15%的灌木根系，结构面可见模糊的氧化铁-黏粒胶膜，pH 为 5.8，向下层平滑渐变过渡。

Btr：65～95 cm，橙色（2.5YR 6/6，干），暗红棕色（2.5YR 3/6，润），粉质黏土，棱块状结构，坚实，5%～15%的灌木根系，结构面可见清晰的氧化铁-黏粒胶膜和铁锰胶膜，pH 为 5.8，向下层平滑渐变过渡。

Cl：95～140 cm，75%橙色（2.5YR 6/8，干），暗红棕色（2.5YR 3/6，润），25%橙白色（10YR 8/1，干），红棕色（2.5YR 4/8，润），网纹层，棱块状结构，结构面可见清晰的氧化铁-黏粒胶膜。

杨司系代表性单个土体物理性质

土层	深度/cm	砾石（>2mm，体积分数）/%	细土颗粒组成（粒径：mm）/（g/kg）			质地	容重/（g/cm^3）
			砂粒 2～0.05	粉粒 0.05～0.002	黏粒 <0.002		
Ah	0～25	0	131	624	245	粉质黏壤土	1.31
Bt	25～65	0	104	471	425	粉质黏土	1.45
Btr	65～95	0	144	441	415	粉质黏土	1.52
Cl	95～140	0	—	—	—	—	—

杨司系代表性单个土体化学性质

深度/cm	pH		有机质/（g/kg）	全氮（N）/（g/kg）	全磷（P）/（g/kg）	全钾（K）/（g/kg）	阳离子交换量/（cmol/kg）	游离氧化铁/（g/kg）
	H_2O	KCl						
0～25	5.2	4.6	27.7	2.15	0.21	10.2	11.1	25.5
25～65	5.8	—	15.3	1.36	0.14	9.5	12.2	31.6
65～95	5.8	—	8.2	0.42	0.07	9.2	10.8	59.0
95～140	—	—	—	—	—	—	—	—

6.6.3 刘家河系（Liujiahe Series）

土 族：黏质混合型非酸性热性-红色铁质湿润淋溶土

拟定者：王天巍，陈 芳

分布与环境条件 多分布在襄阳、十堰、宜昌、随州等地，低丘岗地中下部缓坡地带，成土母质为石灰岩风化坡积物，旱地，主要种植小麦、红薯、芝麻、棉花等。年均日照时数2010～2060 h，年均气温15.8～17.3 ℃，年均降水量大部分地区在865～1070 mm，无霜期220～240 d。

刘家河系典型景观

土系特征与变幅 诊断层包括淡薄表层、黏化层；诊断特性包括热性土壤温度、湿润土壤水分状况、铁质特性。土体厚度1 m以上，层次质地构型为粉壤土-粉质黏土，pH为6.2～6.8。淡薄表层厚18～25 cm，黏粒含量160 g/kg左右；黏化层出现上界约35 cm，黏粒含量410 g/kg左右，结构面可见黏粒胶膜。

对比土系 庹家系，同一土族，成土母质为紫砂岩风化坡积物，层次质地构型为粉砂质黏壤土-粉质粘土。位于同一乡镇的黄家寨系，地形部位一致，但成土母质为紫色砂页岩风化物残积-坡积物，发育弱，水土流失严重，土体薄，不同土纲，为新成土。

利用性能综述 地势平缓，土体深厚，养分含量偏低，表层疏松，耕性良好。应注重深耕翻土，加厚耕层，结合增施农家肥、有机肥，增施磷钾肥，有条件的地方可以客土掺砂，破除黏重板结土层，改良土壤通透性。

参比土种 黄岩泥土。

代表性单个土体 位于湖北省襄樊市南漳县武安镇刘家河村，31°41′18″N，112°1′0″E，海拔86 m，丘岗地中下部缓坡地带，成土母质为石灰岩风化坡积物，旱地，主要种植小麦、油菜。50 cm深度土温16.5 ℃。野外调查时间为2012年5月16日，编号42-192。

刘家河系代表性单个土体剖面

Ap：0～20 cm，浊棕色（7.5YR 5/3，干），亮棕色（7.5YR 5/6，润），粉壤土，粒状结构，疏松，pH 为 6.2，向下层平滑清晰过渡。

AB：20～35 cm，浊棕色（7.5YR 5/3，干），亮棕色（7.5YR 5/6，润），粉壤土，块状结构，稍坚实，pH 为 6.2，向下层平滑清晰过渡。

Bt1：35～70 cm，浊棕色（7.5YR 5/4，干），棕色（7.5YR 4/4，润），粉质黏土，块状结构，坚实，结构面可见清晰的黏粒胶膜，pH 为 6.8，向下层波状渐变过渡。

Bt2：70～110 cm，浊棕色（7.5YR 5/4，干），棕色（7.5YR 4/4，润），粉质黏土，块状结构，坚实，结构面可见清晰的黏粒胶膜，pH 为 6.8。

刘家河系代表性单个土体物理性质

土层	深度 /cm	砾石 (>2mm，体积分数)/%	细土颗粒组成（粒径：mm）/（g/kg）			质地	容重 /（g/cm³）
			砂粒 2～0.05	粉粒 0.05～0.002	黏粒 <0.002		
Ap	0～20	0	255	581	164	粉壤土	1.31
AB	20～35	0	251	582	166	粉壤土	1.33
Bt1	35～70	0	171	424	405	粉质黏土	1.46
Bt2	70～110	0	170	416	414	粉质黏土	1.50

刘家河系代表性单个土体化学性质

深度/cm	pH		有机质 /（g/kg）	全氮（N） /（g/kg）	全磷（P） /（g/kg）	全钾（K） /（g/kg）	阳离子交换量 /（cmol/kg）	游离氧化铁 /（g/kg）
	H_2O	KCl						
0～20	6.2	—	18.7	1.03	0.19	17.6	23.5	30.5
20～35	6.4	—	15.2	0.85	0.15	15.6	25.3	31.7
35～70	6.8	—	12.3	0.75	0.12	15.2	26.3	32.7
70～110	6.8	—	11.7	0.68	0.14	15.0	26.6	32.9

6.6.4 庹家系（Tuojia Series）

土 族：黏质混合型非酸性热性-红色铁质湿润淋溶土

拟定者：王天巍，陈 芳

分布与环境条件 分布在随州、广水等地。丘陵缓坡地，成土母质为紫砂岩风化坡积物，疏林地，主要有马尾松和刺槐。年均日照时数 2010～2060 h，年均气温 15.8～16.9 ℃，年均降水量大部分地区在 865～1070 mm，无霜期 220～240 d。

庹家系典型景观

土系特征与变幅 诊断层包括淡薄表层、黏化层；诊断特性包括热性土壤温度、湿润土壤水分状况、铁质特性。土体厚度 1 m 以上，层次质地构型为粉质黏壤土-粉质黏土，pH 为 6.8～7.0。淡薄表层厚 18～25 cm，黏粒含量 340 g/kg 左右；之下为黏化层，黏粒含量 430 g/kg 左右，结构面可见黏粒胶膜或氧化铁-黏粒胶膜。

对比土系 刘家河系，同一土族，成土母质为石灰岩风化坡积物，层次质地构型为粉壤土-粉质粘土。

利用性能综述 土体深厚，表层熟化程度高，但质地稍黏重，磷钾含量偏低，土体坚实，不利于植物根系下扎。应保护现有植被，适度施用磷钾肥料，促进植被生长，提高植被盖度，防止水土流失。

参比土种 紫泥土。

代表性单个土体 位于湖北省随州市随县长岗镇庹家村二组，31°35′4″N，112°53′30″E，海拔 213 m，丘陵缓坡地，成土母质为紫色页岩风化坡积物，疏林地，主要为马尾松、刺槐。50 cm 深度土温 16.5 ℃。野外调查时间为 2011 年 5 月 26 日，编号 42-149。

庹家系代表性单个土体剖面

Ah：0～20 cm，浊红棕色（7.5R 4/3，干），灰红色（7.5R 5/2，润），粉质黏壤土，粒状结构，15%～40%林灌根系，结构面可见模糊的黏粒胶膜，pH 为 6.8，向下层平滑清晰过渡。

Bt1：20～60 cm，浊红棕色（7.5R 4/3，干），浊红色（7.5R 4/4，润），粉质黏土，块状结构，坚实，5%～10%少量林灌根系，结构表面可见模糊的氧化铁-黏粒胶膜，pH 为 7.0，向下层平滑渐变过渡。

Bt2：60～120 cm，浊红棕色（7.5R 4/3，干），浊红色（7.5R 4/4，润），粉质黏土，块状结构，坚实，2%～5%少量林灌根系，结构面可见模糊的氧化铁-黏粒胶膜，pH 为 7.0。

庹家系代表性单个土体物理性质

土层	深度/cm	砾石（>2mm，体积分数）/%	细土颗粒组成（粒径：mm）/（g/kg）			质地	容重/（g/cm^3）
			砂粒 2～0.05	粉粒 0.05～0.002	黏粒 <0.002		
Ah	0～20	0	31	624	345	粉质黏壤土	1.36
Bt1	20～60	0	106	473	421	粉质黏土	1.52
Bt2	60～120	0	104	469	427	粉质黏土	1.55

庹家系代表性单个土体化学性质

深度/cm	pH		有机质/（g/kg）	全氮（N）/（g/kg）	全磷（P）/（g/kg）	全钾（K）/（g/kg）	阳离子交换量/（cmol/kg）	游离氧化铁/（g/kg）
	H_2O	KCl						
0～20	6.8	—	25.9	1.14	0.36	0.7	21.9	25.5
20～60	7.0	—	9.5	0.59	0.10	0.2	18.1	32.6
60～120	7.0	—	9.1	0.55	0.14	0.4	18.5	32.9

6.6.5 后溪系（Houxi Series）

土　族：黏壤质混合型石灰性热性-红色铁质湿润淋溶土
拟定者：张海涛，陈　芳

分布与环境条件 主要分布在通山、崇阳、通城等地，低山丘陵坡地中下部，成土母质为石灰岩风化坡积-堆积物，退耕还林地。年均日照时数 1700～1900 h，年均气温 17～17.5 ℃，年均降水量 1480～1620 mm，年均蒸发量 1400～1520 mm。

后溪系典型景观

土系特征与变幅 诊断层包括淡薄表层、黏化层；诊断特性包括热性土壤温度、湿润土壤水分状况、铁质特性、石灰性、石质接触面。土体厚度约 80 cm，层次质地构型为粉砂壤土-黏壤土，pH7.4 左右，通体有轻度石灰反应。淡薄表层厚 18～22 cm，黏粒含量 260 g/kg 左右；之下为黏化层，厚约 60 cm，黏粒含量 350 g/kg 左右，结构面可见模糊的黏粒胶膜，1 m 以下土体有 10%左右的岩石碎屑。

对比土系 黄家营系和邢川系，同一亚类，不同土族，成土母质分别为泥质页岩风化坡积物和酸性结晶岩风化的坡积物，无石灰性。位于同一乡镇的百霓系，成土母质和地形部位一致，土体中有岩石碎屑，有碳酸盐岩岩性特征，为钙质湿润淋溶土。

利用性能综述 土体深厚，质地适中，植被盖度低，磷素缺乏。应保护现有梯田，加大地表植被盖度，保持水土，防止水土流失。

参比土种 红石灰砂泥土。

代表性单个土体 位于湖北省咸宁市崇阳县百霓镇后溪村，29°33′12″N，114°7′14″E，海拔 69 m，低山丘陵坡地中下部，成土母质为碳酸盐岩类风化坡积-堆积物，梯田林地。50 cm 深度土温 18.0 ℃。野外调查时间为 2011 年 3 月 23 日，编号 42-121。

后溪系代表性单个土体剖面

Ah：0～20 cm，暗红棕色（5YR 3/4，干），浊红棕色（5YR 5/4，润），粉砂壤土，粒状结构，疏松，有 5%～15%树根，轻度石灰反应，pH 为 7.4，向下层平滑渐变过渡。

Bt1：20～40 cm，浊红棕色（5YR 4/4，干），红棕色（5YR 4/6，润），黏壤土，块状结构，坚实，有 5%～15%树根，轻度石灰反应，结构面可见模糊的黏粒胶膜，pH 为 7.4，向下层平滑清晰过渡。

Bt2：40～75 cm，浊红棕色（5YR 4/4，干），红棕色（5YR 4/6，润），黏壤土，块状结构，坚实，有 5%～15%树根，轻度石灰反应，结构面可见模糊的黏粒胶膜，pH 为 7.4，向下层平滑清晰过渡。

R：75～80 cm，石灰岩。

后溪系代表性单个土体物理性质

土层	深度/cm	砾石（>2mm，体积分数）/%	细土颗粒组成（粒径：mm）/（g/kg）			质地	容重/（g/cm³）
			砂粒 2～0.05	粉粒 0.05～0.002	黏粒 <0.002		
Ah	0～20	0	215	525	260	粉砂壤土	1.26
Bt1	20～40	0	152	512	346	黏壤土	1.45
Bt2	40～75	0	144	513	343	黏壤土	1.48

后溪系代表性单个土体化学性质

深度/cm	pH		有机质/（g/kg）	全氮（N）/（g/kg）	全磷（P）/（g/kg）	全钾（K）/（g/kg）	阳离子交换量/（cmol/kg）	游离氧化铁/（g/kg）
	H_2O	KCl						
0～20	7.4	—	22.7	1.32	0.34	24.3	25.0	20.5
20～40	7.4	—	5.7	0.33	0.17	15.0	29.0	41.3
40～75	7.3	—	5.2	0.30	0.19	15.4	29.7	41.6

6.6.6 黄家营系（Huangjiaying Series）

土 族：黏壤质混合型非酸性热性-红色铁质湿润淋溶土
拟定者：王天巍，陈 芳

分布与环境条件 多分布在襄阳、十堰、宜昌、随州等地，低山丘陵缓坡地中下部，成土母质为泥质页岩风化坡积物。林地，主要是杨树、樟树。年均日照时数 1800～2100 h，年均气温 15.8～17.3 ℃，年均降水量 800～1200 mm，无霜期 235～275 d。

黄家营系典型景观

土系特征与变幅 诊断层包括淡薄表层、黏化层；诊断特性包括热性土壤温度、湿润土壤水分状况、铁质特性。土体厚度在 1 m 以上，层次质地构型为壤土-黏壤土，pH 为 6.5～6.8。淡薄表层厚 18～22 cm，黏粒含量 160 g/kg 左右；之下为黏化层，黏粒含量 200～210 g/kg 左右，结构面可见氧化铁-黏粒胶膜，1m 以下土体有 10%左右的岩石碎屑。

对比土系 邢川系，同一土族，成土母质为酸性结晶岩风化坡积物，层次质地构型为壤土-黏壤土-壤土。

利用性能综述 地势平缓，土体深厚，表层土层疏松，耕性良好，磷钾含量偏低。应保护现有植被，植树造林，适度施肥，促进林木生长，提高植被盖度，防止水土流失。

参比土种 黄细泥土。

代表性单个土体 位于湖北省襄阳市谷城县石花镇黄家营村，32°20′59″N，111°25′55″E，海拔 143 m，低山丘陵缓坡地中下部，成土母质为泥质页岩风化坡积物，林地，主要是杨树、樟树。50 cm 深度土温 16.4 ℃。野外调查时间为 2012 年 5 月 18 日，编号 42-200。

黄家营系代表性单个土体剖面

Ah：0～25 cm，浊棕色（7.5YR 5/4，干），浊棕色（7.5YR 5/3，润），壤土，粒状结构，疏松，有 15%～40%树根，pH 为 6.6，向下层平滑突变过渡。

Bt1：25～58 cm，浊棕色（5YR 6/3，干），灰棕色（5YR 5/2，润），黏壤土，块状结构，极坚实，有 5%～15%树根，结构面可见清晰的氧化铁-黏粒胶膜，pH 为 6.5，向下层波状模糊过渡。

Bt2：58～100 cm，浊橙色（5YR 6/3，干），灰棕色（5YR 4/2，润），黏壤土，块状结构，坚实，有 5%～15%树根，结构面可见清晰的氧化铁-黏粒胶膜，pH 为 6.5，向下层平滑模糊过渡。

Bt3：100～140 cm，浊橙色（5YR 6/3，干），灰棕色（5YR 4/2，润），黏壤土，棱块状结构，坚实，结构面可见清晰的氧化铁-黏粒胶膜，土体中有 10%左右泥质页岩碎屑，pH 为 6.8。

黄家营系代表性单个土体物理性质

土层	深度/cm	砾石（>2mm，体积分数）/%	细土颗粒组成（粒径：mm）/（g/kg）			质地	容重/（g/cm^3）
			砂粒 2～0.05	粉粒 0.05～0.002	黏粒 <0.002		
Ah	0～25	0	455	381	164	壤土	1.29
Bt1	25～58	0	204	581	215	黏壤土	1.47
Bt2	58～100	0	229	569	202	黏壤土	1.56
Bt3	100～140	10	206	588	206	黏壤土	1.52

黄家营系代表性单个土体化学性质

深度/cm	pH		有机质/（g/kg）	全氮（N）/（g/kg）	全磷（P）/（g/kg）	全钾（K）/（g/kg）	阳离子交换量/（cmol/kg）	游离氧化铁/（g/kg）
	H_2O	KCl						
0～25	6.6	—	25.9	1.16	0.17	15.2	20.4	23.5
25～58	6.5	—	10.4	0.63	0.17	13.5	15.1	28.7
58～100	6.5	—	7.5	0.54	0.21	13.6	12.2	32.7
100～140	6.8	—	4.8	0.26	0.15	13.1	14.5	39.5

6.6.7 邢川系（Xingchuan Series）

土 族：黏壤质混合型非酸性热性-红色铁质湿润淋溶土

拟定者：蔡崇法，陈家赢，廖晓炜

分布与环境条件 集中分布在襄阳、随州、荆门、十堰等地，低山丘陵垄岗的顶部或陡坡，成土母质为酸性结晶岩风化坡积物，旱地，主要种植小麦、芝麻、棉花及杂粮。年均气温 15.8～16.7 ℃，年均降水量 830～980 mm，无霜期235～263 d。

邢川系典型景观

土系特征与变幅 诊断层包括淡薄表层、黏化层；诊断特性包括热性土壤温度、湿润土壤水分状况、铁质特性、氧化还原特征。土体厚度 1 m 以上，层次质地构型为壤土-黏壤土，pH 为 6.6～6.8。土体厚度 1 m 以上，层次质地构型为粉质黏壤土-粉质黏土，pH 为 6.8～7.0。淡薄表层厚 18～22 cm，黏粒含量 240 g/kg 左右；之下为黏化层，黏粒含量 230～330 g/kg 左右，结构面可见黏粒胶膜和铁锰胶膜，土体中有 2%～5%的岩石碎屑。

对比土系 黄家营系，成土母质为泥质页岩风化坡积物，层次质地构型为壤土-黏壤土。位于同一乡镇的大堰系，地形部位和成土母质一致，但发育弱，不同土纲，为湿润雏形土。

利用性能综述 土体深厚，养分含量偏低，遇雨水易形成地表径流，养肥随水流失。地高坡陡的坡耕地应退耕还林，较平缓的耕地，应适当修筑梯田，进行横向等高耕作，逐步加深耕层，注意耕作管理，增施有机肥，适当轮作豆科作物或旱作绿肥，增加氮、磷、钾肥的投入，均可改善土壤理化性状，促进土壤熟化。

参比土种 黄麻砂泥土。

代表性单个土体 位于湖北省襄阳市枣阳县新市镇邢川村，32°23′13″N，113°0′18″E，海拔 124 m，丘陵坡地中上部，成土母质为酸性结晶岩风化坡积物，旱地，主要种植小麦、芝麻。50 cm 深度土温 16.4 ℃。野外调查时间为 2012 年 5 月 14 日，编号 42-177。

邢川系代表性单个土体剖面

Ap：0～20 cm，浊红棕色（5YR 5/3，干），暗红棕色（5YR 3/2，润），壤土，粒状结构，稍坚实，pH 为 6.8，向下层平滑模糊过渡。

Btr1：20～60 cm，浊红棕色（5YR 4/3，干），灰棕色（5YR 4/2，润），黏壤土，棱柱状结构，坚实，结构面可见清晰的黏粒胶膜和模糊的铁锰胶膜，与周围基质对比明显，土体中有 2%左右花岗岩碎屑，pH 为 6.8，向下层平滑模糊过渡。

Btr2：60～100 cm，红棕色（5YR 4/6，干），浊红棕色（5YR 4/4，润），壤土，棱块状结构，坚实，结构面可见清晰的黏粒胶膜和铁锰胶膜，与周围土壤基质对比明显，土体中有 5%左右花岗岩碎屑，pH 为 6.7。

邢川系代表性单个土体物理性质

土层	深度/cm	砾石（>2mm，体积分数）/%	细土颗粒组成（粒径：mm）/（g/kg）			质地	容重/（g/cm^3）
			砂粒 2～0.05	粉粒 0.05～0.002	黏粒 <0.002		
Ap	0～20	0	348	414	238	壤土	1.45
Btr1	20～60	2	329	339	332	黏壤土	1.70
Btr2	60～100	5	382	390	228	壤土	1.72

邢川系代表性单个土体化学性质

深度/cm	pH		有机质/（g/kg）	全氮（N）/（g/kg）	全磷（P）/（g/kg）	全钾（K）/（g/kg）	阳离子交换量/（cmol/kg）	游离氧化铁/（g/kg）
	H_2O	KCl						
0～20	6.8	—	17.5	1.02	0.44	15.2	23.5	24.3
20～60	6.8	—	8.8	0.49	0.37	18.5	25.4	25.9
60～100	6.7	—	7.6	0.09	0.31	11.2	—	26.5

6.7　斑纹铁质湿润淋溶土

6.7.1　余沟系（Yugou Series）

土　族：黏质伊利石混合型非酸性热性-斑纹铁质湿润淋溶土

拟定者：王天巍，陈　芳

分布与环境条件　集中分布在襄阳、随州、荆门、十堰等地，漫岗顶部，成土母质为第四纪沉积物。旱地，主要以种植小麦、玉米、豆类等。年均气温 15.8～16.7 ℃，年均降水量 830～980 mm，无霜期 235～263 d。

余沟系典型景观

土系特征与变幅　诊断层包括淡薄表层、黏化层；诊断特性包括热性土壤温度、湿润土壤水分状况、铁质特性、氧化还原特征。土体厚度在 1 m 以上，通体位粉砂质黏土，pH 6.8～7.0，通体黏粒含量 420～460 g/kg，有氧化还原特征，土体中有 2%左右的铁锰结核。淡薄表层厚 18～25 cm，黏化层出现上界 30 cm 以下，结构面可见黏粒胶膜和少量铁锰斑纹。

对比土系　申畈系，同一土族，分布于平畈地带，层次质地构型为黏壤土-黏土，底部有砂姜。位于同一乡镇的桥洼系，土体中有黏磐，同一亚纲，不同土类，为黏磐湿润淋溶土。

利用性能综述　土体深厚，质地黏重，适耕期短，耕性差，易涝易旱，磷钾含量偏低。应适时深耕翻土，结合施用各种有机肥，改善土性，促进土壤大团聚体形成，增施磷钾肥，有条件的地方可以客土掺砂，增加土壤的粗粒成分，施肥集中在作物根部，提高肥效。

参比土种　死黄土。

代表性单个土体　位于湖北省襄阳市襄州区古驿镇余沟村，32°20′17″N，112°15′32″E，海拔 105 m，漫岗顶部，成土母质为第四纪沉积物，旱地，种植小麦、玉米等。50 cm 深度土温 16.3 °C。野外调查时间为 2012 年 5 月 15 日，编号 42-184。

余沟系代表性单个土体剖面

Ap：0～20 cm，灰棕色（7.5YR 5/2，干），暗棕色（7.5YR 3/4，润），粉砂质黏土，屑粒状结构，疏松，土体中有 2%左右铁锰结核，pH 为 6.8，向下层波状清晰过渡。

AB：20～32 cm，灰棕色（7.5YR 5/2，干），暗棕色（7.5YR 3/4，润），粉砂质黏土，块状结构，稍坚实，土体中有 2%左右铁锰结核，pH 为 6.8，向下层波状清晰过渡。

Btr1：32～50 cm，浊棕色（7.5YR 6/3，干），棕色（7.5YR 4/4，润），粉砂质黏土，棱块状结构，坚实，结构面可见清晰的黏粒胶膜和铁锰胶膜，土体中有 2%左右铁锰结核，pH 为 7.0，向下层波状清晰过渡。

Btr2：50～100 cm，浊棕色（7.5YR 6/3，干），棕色（7.5YR 4/4，润），粉砂质黏土，棱块状结构，坚实，结构面可见清晰的黏粒胶膜、铁锰胶膜和少量铁锰斑纹，土体中有 2%左右铁锰结核，pH 为 7.0。

余沟系代表性单个土体物理性质

土层	深度 /cm	砾石 （>2mm，体积分数）/%	细土颗粒组成（粒径：mm）/（g/kg）			质地	容重 /（g/cm^3）
			砂粒 2～0.05	粉粒 0.05～0.002	黏粒 <0.002		
Ap	0～20	2	84	485	431	粉砂质黏土	1.25
AB	20～32	2	85	486	429	粉砂质黏土	1.25
Btr1	32～50	2	81	473	446	粉砂质黏土	1.43
Btr2	50～100	2	74	475	451	粉砂质黏土	1.46

余沟系代表性单个土体化学性质

深度/cm	pH		有机质 /（g/kg）	全氮（N） /（g/kg）	全磷（P） /（g/kg）	全钾（K） /（g/kg）	阳离子交换量 /（cmol/kg）	游离氧化铁 /（g/kg）
	H_2O	KCl						
0～20	6.8	—	21.7	0.72	0.07	13.8	121.8	26.8
20～32	6.8	—	21.8	0.77	0.09	13.9	121.9	26.9
32～50	7.0	—	14.6	0.39	0.03	15.9	25.4	35.0
50～100	7.0	—	14.2	0.34	0.05	16.2	25.8	35.3

6.7.2 申畈系（Shenfan Series）

土 族：黏质伊利石混合型非酸性热性-斑纹铁质湿润淋溶土
拟定者：王天巍，陈 芳

分布与环境条件 多分布在宜昌、武汉、荆门、孝感、襄樊等地，平畈，成土母质为第四纪沉积物，旱地，主要有小麦、棉花等。年均气温16.3～17.2 ℃，年均降水量840～1250 mm，无霜期235～275 d。

申畈系典型景观

土系特征与变幅 诊断层包括淡薄表层、黏化层；诊断特性包括热性土壤温度、湿润土壤水分状况、铁质特性、氧化还原特征。土体厚度在1 m以上，层次质地构型为黏壤土-黏土，pH 6.5～7.2。淡薄表层厚18～25 cm，黏粒含量270 g/kg左右；之下为黏化层，黏粒含量310～580 g/kg，结构面可见黏粒胶膜，土体中有2%左右的铁锰结核，60 cm以下土体可见2%～5%的砂姜。

对比土系 余沟系，同一土族，分布于漫岗顶部，通体为粉砂质黏土，底部无砂姜。

利用性能综述 土体深厚，质地偏黏中，耕性和通透性较差，供肥平稳，磷钾含量偏低。应注意用养结合，增施有机肥，秸秆还田，增施磷钾肥，促进大团聚体形成。有条件的地方可以客土掺砂，增加土壤的粗粒成分，施肥集中在作物根部，提高肥效。

参比土种 面黄土。

代表性单个土体 位于湖北省襄阳市枣阳县琚湾镇申畈村，32°6′30″N，112°30′46″E，海拔87 m，平畈，成土母质为第四纪沉积物，旱地，种植小麦、玉米。50 cm深度土温16.5 ℃。野外调查时间为2012年5月14日，编号42-176。

申畈系代表性单个土体剖面

Ap：0～18 cm，灰黄棕色（10YR 6/2，干），浊黄棕色（10YR 4/3，润），黏壤土，粒状结构，疏松，2～5 个蚯蚓孔穴，pH 为 6.4，向下层平滑清晰过渡。

Btr1：18～40 cm，浊黄橙色（10YR 7/3，干），黄橙色（10YR 7/8，润），黏壤土，棱块状结构，坚实，孔隙壁存在有颜色较深的腐殖质-黏粒胶膜，结构面可见模糊的黏粒胶膜，土体中有 2%左右铁锰结核，pH 为 6.7，向下层平滑清晰过渡。

Btr2：40～65 cm，浊黄橙色（10YR 7/3，干），黄橙色（10YR 7/8，润），黏壤土，棱块状结构，坚实，结构面可见模糊的黏粒胶膜，土体中有 2%左右铁锰结核，pH 为 6.7，向下层平滑清晰过渡。

Btr3：65～100 cm，黄棕色（10YR 5/8，干），黄棕色（10YR 5/8，润），黏土，棱块状结构，极坚实，结构面可见清晰的氧化铁-黏粒胶膜，土体中有 2%左右铁锰结核，2%左右球状砂姜，pH 为 7.2。

申畈系代表性单个土体物理性质

土层	深度 /cm	砾石 (>2mm，体积分数) /%	细土颗粒组成（粒径：mm）/（g/kg）			质地	容重 /（g/cm³）
			砂粒 2～0.05	粉粒 0.05～0.002	黏粒 <0.002		
Ap	0～18	0	276	450	274	黏壤土	1.25
Btr1	18～40	2	244	442	314	黏壤土	1.51
Btr2	40～65	2	249	441	310	黏壤土	1.49
Btr3	65～100	5	276	148	576	黏土	1.45

申畈系代表性单个土体化学性质

深度/cm	pH		有机质 /（g/kg）	全氮（N） /（g/kg）	全磷（P） /（g/kg）	全钾（K） /（g/kg）	阳离子交换量 /（cmol/kg）	游离氧化铁 /（g/kg）
	H_2O	KCl						
0～18	6.4	—	28.1	0.88	0.14	10.2	25.7	29.0
18～40	6.7	—	8.4	0.42	0.09	6.5	26.1	37.0
40～65	6.7	—	7.5	0.39	0.11	6.8	26.3	37.7
65～100	7.2	—	6.1	0.37	0.05	7.0	35.5	38.9

6.7.3 院子湾系（Yuanziwan Series）

土　族：黏壤质硅质混合型非酸性热性-斑纹铁质湿润淋溶土
拟定者：张海涛，陈　芳

分布与环境条件　多分布在荆门、襄阳、黄冈等地，丘岗冲垄、旁畈，成土母质为泥质页岩风化坡积-堆积物，原为旱地，现水旱轮作。年均气温 13～16 ℃，年均降水量 940～1040 mm，无霜期 201～240 d。

院子湾系典型景观

土系特征与变幅　诊断层包括淡薄表层、黏化层；诊断特性包括热性土壤温度、人为滞水土壤水分状况、氧化还原特征、铁质特性。旱改水时间较短，没有明显犁底层。土体厚度在 1 m 以上，层次质地构型为壤土-粉砂质黏壤土，pH 6.3～7.2。淡薄表层厚 18～25 cm，黏粒含量 220 g/kg 左右；之下为黏化层，黏粒含量 250～290 g/kg，结构面可见黏粒胶膜，土体中有 10%～20%的铁锰结核。

对比土系　余沟系、申畈系和孙庙系，同一亚类，不同土族，成土母质均为第四纪沉积物，层次质地构型余沟系通体为粉砂质黏土，申畈系为黏壤土-黏土，孙庙系为粉砂壤土-黏壤土。

利用性能综述　土体深厚，质地适中，干湿易耕，耕层酥厚，能起浆，不淀板，不裂大缝。土性暖，通透性好，保肥蓄水能力强，供肥平稳，适种性广，不择肥，施肥见效快，肥效稳长，养分含量偏低。应施用农家肥、有机肥，增施复合肥，轮种绿肥，秸秆还田，不断培肥土壤，增进地力。

参比土种　黄细泥土。

代表性单个土体　位于湖北省广水市李店乡李店村院子湾，31°29′53″N，113°56′31″E，海拔 66 m，丘岗冲垄、旁畈，成土母质为泥质页岩风化坡积-堆积物，水旱轮作。50 cm 深度土温 16.7 ℃。野外调查时间为 2011 年 10 月 28 日，编号 42-156。

院子湾系代表性单个土体剖面

Ap1：0～22 cm，浊黄棕色（10YR 4/3，干），浊黄棕色（10YR 4/2，润），壤土，块状结构，疏松，pH 为 6.3，向下层平滑清晰过渡。

Btr1：22～38 cm，亮黄棕色（10YR 7/6，干），黄棕色（10YR 5/8，润），粉砂质黏壤土，块状结构，坚实，结构面可见清晰的黏粒胶膜，土体中有 10%左右铁锰结核，pH 为 7.0，向下层平滑渐变过渡。

Btr2：38～70 cm，亮黄棕色（10YR 7/6，干），黄棕色（10YR 5/8，润），粉砂质黏壤土，块状结构，坚实，结构面可见清晰的黏粒胶膜，土体中有 10%左右铁锰结核，pH 为 7.0，向下层平滑渐变过渡。

Btr3：70～105 cm，亮黄棕色（10YR 7/6，干），黄棕色（10YR 5/8，润），粉砂质黏壤土，块状结构，坚实，结构面可见清晰的黏粒胶膜，土体中有 30%左右铁锰结核，pH 为 7.2。

院子湾系代表性单个土体物理性质

土层	深度/cm	砾石（>2mm，体积分数）/%	细土颗粒组成（粒径：mm）/（g/kg）			质地	容重/（g/cm³）
			砂粒 2～0.05	粉粒 0.05～0.002	黏粒 <0.002		
Ap1	0～22	0	330	450	220	壤土	1.25
Btr1	22～38	10	258	472	270	粉砂质黏壤土	1.40
Btr2	38～70	10	279	440	281	粉砂质黏壤土	1.39
Btr3	70～105	20	156	593	251	粉砂质黏壤土	1.31

院子湾系代表性单个土体化学性质

深度/cm	pH		有机质/（g/kg）	全氮（N）/（g/kg）	全磷（P）/（g/kg）	全钾（K）/（g/kg）	阳离子交换量/（cmol/kg）	游离氧化铁/（g/kg）
	H_2O	KCl						
0～22	6.3	—	13.3	1.75	0.30	12.7	20.8	21.6
22～38	7.0	—	8.6	0.81	0.28	10.5	19.8	27.3
38～70	7.0	—	9.7	0.57	0.20	9.7	19.7	28.1
70～105	7.2	—	6.7	0.52	0.10	9.5	11.3	29.6

6.7.4 孙庙系（Sunmiao Series）

土 族：黏壤质混合型非酸性热性-斑纹铁质湿润淋溶土

拟定者：王天巍，陈 芳

分布与环境条件 集中分布在襄阳、十堰、荆门及随州等地，地势相对平坦的漫岗及垄坡，成土母质为第四纪黄土性沉积物，旱地，主要种植小麦、玉米及豆类和薯类。年均气温15.8～16.7 ℃，年均降水量830～970 mm，无霜期235～263 d。

孙庙系典型景观

土系特征与变幅 诊断层包括淡薄表层、黏化层；诊断特性包括热性土壤温度、湿润土壤水分状况、铁质特性、氧化还原特征。土体厚度1 m以上，层次质地构型为粉砂壤土-黏壤土，pH为5.9～6.4。淡薄表层厚12～20 cm，黏粒含量190 g/kg左右；为黏化层出现上界约30 cm，黏粒含量250～340 g/kg，结构面可见黏粒胶膜和少量铁锰斑纹。

对比土系 余沟系和申畈系，同一亚类，不同土族，成土母质均为第四纪沉积物，层次质地构型余沟系通体为粉砂质黏土，申畈系为黏壤土-黏土。

利用性能综述 土体深厚，表层熟化程度高，土壤结构良好，但下部土体质地黏重坚实，不利于植物根系下扎，磷钾含量偏低。应适时深耕翻土，结合施用各种农家肥、有机肥，促进土壤大团聚体形成，增施磷钾肥，有条件的地方可以客土掺砂，增加土壤的粗粒成分，施肥集中在作物根部，提高肥效，也可以种植一些浅根系作物。

参比土种 黄土。

代表性单个土体 位于湖北省襄阳市襄州区龙王镇孙庙村六组，32°14′24″N，111°56′46″E，海拔110 m，漫岗，成土母质为第四纪黄土性沉积物，旱地，主要种植小麦、玉米。50 cm深度土温16.2 °C。野外调查时间为2012年5月15日，编号42-188。

孙庙系代表性单个土体剖面

Ap：0～15 cm，浊棕色（7.5YR 5/4，干），棕色（7.5YR 4/4，润），粉砂壤土，粒状结构，疏松，pH 为 5.9，向下层平滑清晰过渡。

AB：15～30 cm，浊棕色（7.5YR 5/4，干），棕色（7.5YR 4/4，润），粉砂壤土，块状结构，稍坚实，pH 为 5.9，向下层平滑清晰过渡。

Btr1：30～40 cm，浊棕色（7.5YR 5/4，干），亮棕色（7.5YR 5/8，润），粉砂壤土，棱块状结构，坚实，结构面可见模糊的黏粒胶膜和少量铁锰斑纹，pH 为 6.2，向下层平滑清晰过渡。

Btr2：40～100 cm，浊棕色（7.5YR 5/3，干），暗棕色（7.5YR 3/4，润），黏壤土，棱块状结构，极坚实，结构面可见模糊的黏粒胶膜和少量铁锰斑纹，pH 为 6.4。

孙庙系代表性单个土体物理性质

土层	深度 /cm	砾石 （>2mm，体积分数）/%	细土颗粒组成（粒径：mm）/（g/kg）			质地	容重 /（g/cm^3）
			砂粒 2～0.05	粉粒 0.05～0.002	黏粒 <0.002		
Ap	0～15	0	223	584	193	粉砂壤土	1.34
AB	15～30	0	224	578	198	粉砂壤土	1.37
Btr1	30～40	0	193	557	250	粉砂壤土	1.49
Btr2	40～100	0	208	460	332	黏壤土	1.59

孙庙系代表性单个土体化学性质

深度/cm	pH		有机质 /（g/kg）	全氮（N） /（g/kg）	全磷（P） /（g/kg）	全钾（K） /（g/kg）	阳离子交换量 /（cmol/kg）	游离氧化铁 /（g/kg）
	H_2O	KCl						
0～15	5.9	—	25.0	1.23	0.20	15.2	127.2	22.1
15～30	5.9	—	24.6	1.01	0.21	15.6	127.4	22.5
30～40	6.2	—	12.2	0.48	0.10	17.7	81.4	30.1
40～100	6.4	—	9.3	0.43	0.13	16.0	72.2	35.9

6.8 普通铁质湿润淋溶土

6.8.1 五保山系（Wubaoshan Series）

土 族：黏质伊利石混合型非酸性热性-普通铁质湿润淋溶土
拟定者：张海涛，陈 芳

分布与环境条件 集中分布在随州、孝感、襄阳等地。丘岗底部或谷地，成土母质为泥质页岩风化堆积物，旱地，主要为麦-棉(油)轮作。年均日照时数 1900～2100 h，年均气温 15.6～16.3 ℃，年均降水量 1000 mm 左右，年均蒸发量 1520～1590 mm。

五保山系典型景观

土系特征与变幅 诊断层包括淡薄表层、黏化层；诊断特性包括热性土壤温度、湿润土壤水分状况、铁质特性。土体厚度多在 1 m 以上，层次质地构型为黏壤土-黏土，pH 为 6.0～6.4。淡薄表层厚 10～20 cm，黏粒含量 300 g/kg 以下；黏化层出现上界约在 40 cm，黏粒含量 470～480 g/kg，结构面可见黏粒胶膜。

对比土系 柏墩系，同一亚类，不同土族，成土母质为石英砂岩风化坡积物，颗粒大小级别为黏壤质。位于同一乡镇的梁桥系，地处江河两岸阶地、河漫滩，成土母质为河流冲积物，不同土纲，为潮湿雏形土。

利用性能综述 地势平坦，土体深厚，质地黏重，翻耕难度大，宜耕期短，不易渗水渗气，供肥迟缓，磷钾缺乏。有条件的地方可旱改水，适时深耕翻土炕土，也可施用各种砂质土杂肥，增施磷钾肥，选择种植适宜性强的作物，如豆类、芝麻、玉米等，均可有效培肥土壤。

参比土种 黄细泥土。

代表性单个土体 位于湖北省钟祥市磷矿镇五保山路，31°17′28″N，112°24′38″E，海拔 101 m，丘岗间谷地，成土母质为泥质页岩风化堆积物，旱地，麦-棉轮作。50 cm 深度土温 17.5 ℃。野外调查时间为 2011 年 5 月 24 日，编号 42-138。

五保山系代表性单个土体剖面

Ap：0～12 cm，棕色（7.5YR 4/6，干），棕色（7.5YR 4/4，润），黏壤土，粒状结构，坚实，pH 为 6.0，向下层平滑模糊过渡。

AB：12～22 cm，棕色（7.5YR 4/6，干），暗棕色（7.5YR 3/4，润），黏壤土，块状结构，很坚实，pH 为 6.3，向下层平滑模糊过渡。

Bt1：22～60 cm，暗棕色（7.5YR 3/4，干），暗棕色（7.5YR 3/4，润），黏土，块状结构，极坚实，结构面可见模糊的黏粒胶膜，pH 为 6.4，向下层平滑模糊过渡。

Bt2：60～100 cm，暗棕色（7.5YR 3/4，干），暗棕色（7.5YR 3/4，润），黏土，块状结构，极坚实，结构面可见模糊的黏粒胶膜，pH 为 6.4。

五保山系代表性单个土体物理性质

土层	深度/cm	砾石（>2mm，体积分数）/%	细土颗粒组成（粒径：mm）/（g/kg）			质地	容重/（g/cm³）
			砂粒 2～0.05	粉粒 0.05～0.002	黏粒 <0.002		
Ap	0～12	0	269	432	299	黏壤土	1.31
AB	12～22	0	280	448	272	黏壤土	1.34
Bt1	22～60	0	242	278	480	黏土	1.39
Bt2	60～100	0	245	280	475	黏土	1.37

五保山系代表性单个土体化学性质

深度/cm	pH		有机质/（g/kg）	全氮（N）/（g/kg）	全磷（P_2O_5）/（g/kg）	全钾（K_2O）/（g/kg）	阳离子交换量/（cmol/kg）	游离氧化铁/（g/kg）
	H_2O	KCl						
0～12	6.0	—	22.2	0.86	0.18	12.7	20.5	18.6
12～22	6.3	—	16.3	0.68	0.16	11.3	23.8	20.5
22～60	6.4	—	11.2	0.45	0.21	8.5	22.2	24.1
60～100	6.4	—	10.3	0.40	0.23	8.8	22.6	24.4

6.8.2 柏墩系（Baidun Series）

土 族：黏壤质混合型非酸性热性-普通铁质湿润淋溶土

拟定者：陈家赢，陈 芳

分布与环境条件 主要分布在咸宁、通城、通山、崇阳等地，低山丘陵的坡麓地带，成土母质为石英砂岩风化坡积物，落叶林地。年均日照时数 1934.8 h，年均气温 17～17.5 ℃，年均降水量 1500～1620 mm，年均蒸发量 1430～1510 mm，无霜期 261 d 左右。

柏墩系典型景观

土系特征与变幅 诊断层包括淡薄表层、黏化层；诊断特性包括热性土壤温度、湿润土壤水分状况、铁质特性。土体厚度在 1 m 以上，层次质地构型为壤土-黏壤土，pH 5.8～7.3。淡薄表层厚 12～20 cm，黏粒含量 200 g/kg 左右；之下为黏化层，黏粒含量 300～330 g/kg，结构面可见黏粒胶膜，土体中有 5%～10%的岩石碎屑。

对比土系 五保山系成土母质为泥质岩风化堆积物，分布在平坦地形部位，颗粒大小级别为黏质。位于同一乡镇的朱家湾系，分布在低山丘陵坡地中下部，成土母质为碳酸盐岩类风化物，发育弱，不同土纲，为雏形土。

利用性能综述 土体较厚，砾石较多，磷钾缺乏，难耕作，土性劣。应切实做好封山育林工作，适度施用磷钾肥，促进植被生长，提高植被盖度，防止水土流失。

参比土种 红砂泥土。

代表性单个土体 位于湖北省咸宁市桂花镇柏墩村，29°42′41″N，114°19′55″E，海拔 62 m，成土母质为石英砂岩风化坡积物，落叶林地。50 cm 深度土温 17.9 ℃。野外调查时间为 2010 年 11 月 11 日，编号 42-045。

柏墩系代表性单个土体剖面

Ah：0～15 cm，浊橙色（7.5YR 7/3，干），亮棕色（7.5YR 5/8，润），壤土，粒状结构，疏松，5%～15%树根，pH 为 5.9，向下层平滑渐变过渡。

Bt1：15～50 cm，橙色（7.5YR 7/6，干），亮棕色（7.5YR 5/6，润），黏壤土，块状结构，坚实，2%～5%树根，结构面可见清晰的黏粒胶膜，土体中有 10%左右石灰岩碎屑，pH 为 5.8，向下层平滑模糊过渡。

Bt2：50～70 cm，橙色（7.5YR 7/6，干），亮棕色（7.5YR 5/6，润），黏壤土，块状结构，坚实，结构面可见清晰的黏粒胶膜，土体中有 10%左右石灰岩碎屑，pH 为 5.8，向下层平滑模糊过渡。

Bt3：70～120 cm，橙色（7.5YR 7/6，干），亮棕色（7.5YR 5/6，润），黏壤土，块状结构，坚实，结构面可见清晰的黏粒胶膜，土体中有 5%左右石灰岩碎屑，pH 为 7.3。

柏墩系代表性单个土体物理性质

土层	深度/cm	砾石（>2mm，体积分数）/%	细土颗粒组成（粒径：mm）/（g/kg）			质地	容重/（g/cm³）
			砂粒 2～0.05	粉粒 0.05～0.002	黏粒 <0.002		
Ah	0～15	0	413	386	201	壤土	1.31
Bt1	15～50	10	261	433	306	黏壤土	1.35
Bt2	50～70	10	262	436	302	黏壤土	1.35
Bt3	70～120	5	244	427	329	黏壤土	1.44

柏墩系代表性单个土体化学性质

深度/cm	pH		有机质/（g/kg）	全氮（N）/（g/kg）	全磷（P）/（g/kg）	全钾（K）/（g/kg）	阳离子交换量/（cmol/kg）	游离氧化铁/（g/kg）
	H_2O	KCl						
0～15	5.9	—	23.9	1.92	0.15	21.1	91.0	27.4
15～50	5.8	—	15.4	0.62	0.13	27.1	71.8	32.6
50～70	5.8	—	15.4	0.65	0.11	27.1	71.9	32.6
70～120	7.3	—	8.6	0.45	0.09	—	72.2	35.3

6.9　斑纹简育湿润淋溶土

6.9.1　小惠庄系（Xiaohuizhuang Series）

土　族：黏质混合型非酸性热性-斑纹简育湿润淋溶土

拟定者：王天巍，陈　芳

分布与环境条件　集中分布在襄阳、十堰、随州及荆门等地，相对平坦的漫岗、垄坡及微盆地，成土母质为第四纪沉积物，旱地，主要种植小麦等。年均气温 15.8～16.7 ℃，年均降水量 830～970 mm，无霜期235～263 d。

小惠庄系典型景观

土系特征与变幅　诊断层包括淡薄表层、黏化层；诊断特性包括热性土壤温度、湿润土壤水分状况、氧化还原特征。土体厚度在 1 m 以上，层次质地构型为壤土-黏壤土-黏土，pH 6.1～6.4。淡薄表层厚 20～25 cm，黏粒含量 260 g/kg 左右；黏化层出现上界在 40 cm 左右，黏粒含量 320～400 g/kg，结构面可见黏粒胶膜和铁锰斑纹，土体中有 2%～5%岩石碎屑。

对比土系　白果树系和香隆山系，同一亚类，不同土族，成土母质分别为泥质岩风化坡积物、石英岩风化坡积物，颗粒大小级别为黏壤质，层次质地构型分别为黏壤土-粉砂壤土、粉砂壤土-黏壤土。

利用性能综述　土体深厚，质地偏黏，耕作性较差，适耕期短，遇到大水容易滞水，磷钾含量偏低。应加强田间沟渠建设，适时翻耕，采取冬深耕、春不耕、夏浅耕，合理轮作、间作或套种豆科作物和绿肥，增施磷钾肥，秸秆还田。

参比土种　黄土。

代表性单个土体　位于湖北省襄阳市枣阳县吴店镇小惠庄，32°3′3″N，112°46′3″E，海拔 133 m，岗地，成土母质为第四纪沉积物，旱地，种植小麦。50 cm 深度土温 16.1 °C。野外调查时间为 2012 年 5 月 13 日，编号 42-174。

小惠庄系代表性单个土体剖面

Ap：0～30 cm，浊棕色（7.5YR 5/4，干），棕色（7.5YR 4/4，润），壤土，屑粒状结构，疏松，pH 为 6.1，向下层平滑模糊过渡。

Btr1：30～58 cm，棕色（7.5YR 4/4，干），暗棕色（7.5YR 3/4，润），黏壤土，棱块状结构，坚实，结构面可见清晰的黏粒胶膜和少量铁锰斑纹，pH 为 6.3，向下层平滑模糊过渡。

Btr2：58～95 cm，浊棕色（7.5YR 5/4，干），棕色（7.5YR 4/4，润），黏壤土，棱块状结构，坚实，结构面可见清晰的黏粒胶膜和少量铁锰锈斑，土体中有 2%左右铁锰结核，pH 为 6.4，向下层平滑模糊过渡。

Btr3：95～125 cm，浊棕色（7.5YR 5/4，干），亮棕色（7.5YR 5/6，润），黏土，棱块状结构，极坚实，结构面可见清晰的黏粒胶膜和少量铁锰斑纹，土体中有 2%左右铁锰结核，pH 为 6.4。

小惠庄系代表性单个土体物理性质

土层	深度 /cm	砾石 （>2mm，体积分数）/%	细土颗粒组成（粒径：mm）/（g/kg）			质地	容重 /（g/cm^3）
			砂粒 2～0.05	粉粒 0.05～0.002	黏粒 <0.002		
Ap	0～30	0	289	451	260	壤土	1.33
Btr1	30～58	0	370	269	361	黏壤土	1.55
Btr2	58～95	2	382	259	359	黏壤土	1.57
Btr3	95～125	2	185	387	428	黏土	1.54

小惠庄系代表性单个土体化学性质

深度/cm	pH		有机质 /（g/kg）	全氮（N） /（g/kg）	全磷（P） /（g/kg）	全钾（K） /（g/kg）	阳离子交换量 /（cmol/kg）	游离氧化铁 /（g/kg）
	H_2O	KCl						
0～30	6.1	—	20.3	1.05	0.21	16.4	75.8	17.6
30～58	6.3	—	11.3	0.36	0.11	18.5	90.2	21.1
58～95	6.4	—	8.8	0.41	0.10	20.6	99.1	24.1
95～125	6.4	—	8.1	0.24	0.07	20.3	82.5	17.8

6.9.2 白果树系（Baiguoshu Series）

土　族：黏壤质硅质混合型非酸性温性-斑纹简育湿润淋溶土

拟定者：蔡崇法，张海涛，陈　芳

分布与环境条件　主要分布于秭归、五峰、恩施、利川等地，低山缓坡或山麓台地，成土母质为泥质岩类风化坡积物，茶园。年均日照时数1200～1700 h，年均气温16～17.3 ℃，年均降水量1400 mm左右。

白果树系典型景观

土系特征与变幅　诊断层包括淡薄表层、黏化层；诊断特性包括温性土壤温度、湿润土壤水分状况、氧化还原特征。土体厚度在1 m以上，层次质地构型为黏壤土-粉砂壤土，pH 5.0～6.2。淡薄表层厚18～22 cm，黏粒含量280 g/kg左右；之下为黏化层，厚约40 cm，黏粒含量390 g/kg，结构面可见黏粒胶膜和铁锰斑纹，土体中有5%～10%岩石碎屑。

对比土系　小惠庄系和香隆山系，同一亚类，不同土族，成土母质分别为第四纪沉积物和石英砂岩风化坡积物，前者颗粒大小级别为黏质，层次质地构型为壤土-黏壤土-黏土，后者层次质地构型为粉砂壤土-黏壤土。

利用性能综述　土体深厚，地形平缓，质地较黏，影响耕作，不发小苗，通透性较差，易涝易旱，磷钾缺乏。应把掺砂改良或多施砂性土杂肥作为主要培肥手段，加深耕层，抢墒耕作，增施磷钾肥，施足底肥，重施苗肥。

参比土种　黄细泥土。

代表性单个土体　位于湖北省恩施市芭蕉乡白果树村三组，30°9′30″N，109°29′56″E，海拔654 m，低山山麓台地，成土母质为泥质岩类风化坡积物，茶园。50 cm深度土温14.8 ℃。野外调查时间为2011年11月10日，编号42-164。

白果树系代表性单个土体剖面

Ap：0～20 cm，棕色（7.5YR 4/4，干），棕色（7.5YR 4/4，润），黏壤土，屑粒状结构，松散，pH 为 5.0，向下层平滑清晰过渡。

Btr1：20～32 cm，棕色（7.5YR 4/4，干），棕色（7.5YR 4/4，润），黏壤土，屑粒状结构，坚实，2%～5%茶树根系，结构面可见模糊的黏粒胶膜和少量铁锰斑纹，土体中有 2%左右岩石碎屑，pH 为 5.1，向下层平滑渐变过渡。

Btr2：32～60 cm，棕色（7.5YR 4/4，干），棕色（7.5YR 4/4，润），黏壤土，块状结构，坚实，2%～5%茶树根系，结构面可见模糊的黏粒胶膜和少量铁锰斑纹，土体中有 5%左右岩石碎屑，pH 为 6.0，向下层平滑渐变过渡。

Br：60～100 cm，橙色（7.5YR 7/6，干），亮棕色（7.5YR 5/8，润），粉砂壤土，块状结构，坚实，结构面可见较多铁锰斑纹，土体中有 10%左右岩石碎屑，pH 为 6.2。

白果树系代表性单个土体物理性质

土层	深度/cm	砾石（>2mm，体积分数）/%	细土颗粒组成（粒径：mm）/（g/kg）			质地	容重/（g/cm³）
			砂粒 2～0.05	粉粒 0.05～0.002	黏粒 <0.002		
Ap	0～20	0	307	411	282	黏壤土	1.26
Btr1	20～32	2	306	301	393	黏壤土	1.35
Btr2	32～60	5	247	361	392	黏壤土	1.39
Br	60～100	10	388	359	253	粉砂壤土	1.30

白果树系代表性单个土体化学性质

深度/cm	pH		有机质/（g/kg）	全氮（N）/（g/kg）	全磷（P）/（g/kg）	全钾（K）/（g/kg）	阳离子交换量/（cmol/kg）	游离氧化铁/（g/kg）
	H_2O	KCl						
0～20	5.0	4.3	27.7	1.39	0.30	15.1	22.8	17.8
20～32	5.1	4.6	12.9	0.97	0.19	15.2	21.7	19.7
32～60	6.0	—	10.1	0.62	0.21	12.8	20.8	20.8
60～100	6.2	—	3.3	0.33	0.10	11.3	19.5	18.5

6.9.3 香隆山系（Xianglongshan Series）

土 族：黏壤质混合型非酸性热性-斑纹简育湿润淋溶土
拟定者：王天巍，陈 芳

分布与环境条件 集中分布在宜昌、荆门、襄阳、十堰等地，低山丘陵的坡麓，成土母质为石英砂岩的风化残积-坡积物，马尾松林地。年均气温 15.8～17.3 ℃，年均降水量 810～1130 mm，无霜期 230～275 d。

香隆山系典型景观

土系特征与变幅 诊断层包括淡薄表层、黏化层；诊断特性包括热性土壤温度、湿润土壤水分状况、氧化还原特征。体厚度在 1 m 以上，层次质地构型为粉砂壤土-黏壤土，pH 6.1～6.4。淡薄表层厚 18～22 cm，黏粒含量 200 g/kg 左右；之下为黏化层，厚约 40 cm，黏粒含量 270～340 g/kg，结构面可见黏粒胶膜和铁锰胶膜，土体中有 5%左右岩石碎屑。

对比土系 小惠庄系和白果树系，同一亚类，不同土族，成土母质分别为第四纪沉积物和泥质岩风化坡积物，前者颗粒大小级别为黏质，层次质地构型为壤土-黏壤土-黏土，后者为黏壤土-粉砂壤土。

利用性能综述 部位较低，土体深厚，质地偏黏，耕作差，宜耕期短，土壤不易透水透气，供肥迟缓，磷钾含量偏低。应保护现有林地资源，适度增施磷钾肥，促进地表植被生长，提高植被盖度。

参比土种 黄硅泥土。

代表性单个土体 位于湖北省襄阳市枣阳县吴店镇香隆山，31°58′4″N，112°46′21″E，海拔 136 m，低山丘陵的坡麓，成土母质为石英砂岩的风化残积-坡积物，马尾松林地。50 cm 深度土温 16.4 °C。野外调查时间为 2012 年 5 月 13 日，编号 42-175。

香隆山系代表性单个土体剖面

Ah：0～20 cm，浊棕色（7.5YR 5/3，干），暗棕色（7.5YR 3/4，润），粉砂壤土，屑粒状结构，疏松，15%～40%树根，pH 为 6.1，向下层平滑清晰过渡。

Bt1：20～50 m，浊棕色（7.5YR 6/3，干），暗棕色（7.5YR 3/3，润），黏壤土，块状结构，坚实，2%～5%树根，结构面可见模糊的铁锰胶膜和黏粒胶膜，土体中有 5%左右石英质岩屑，pH 为 6.4，向下层波状渐变过渡。

Bt2：50～95 m，浊棕色（7.5YR 6/3，干），暗棕色（7.5YR 3/3，润），黏壤土，块状结构，坚实，2%～5%树根，结构面可见清晰的铁锰胶膜和黏粒胶膜，土体中有 5%左右石英质岩屑，pH 为 6.4，向下层波状渐变过渡。

Bt3：95～120 cm，浊棕色（7.5YR 5/3，干），亮棕色（7.5YR 5/6，润），黏壤土，棱块状结构，坚实，结构面可见模糊的铁锰胶膜和黏粒胶膜，土体中有 5%左右石英质岩屑，pH 为 6.2。

香隆山系代表性单个土体物理性质

土层	深度 /cm	砾石 (>2mm，体积分数) /%	细土颗粒组成（粒径：mm）/（g/kg）			质地	容重 /（g/cm^3）
			砂粒 2～0.05	粉粒 0.05～0.002	黏粒 <0.002		
Ah	0～20	0	245	559	196	粉砂壤土	1.41
Bt1	20～50	5	226	435	339	黏壤土	1.55
Bt2	50～95	5	229	430	341	黏壤土	1.55
Bt3	95～120	5	291	438	271	黏壤土	1.63

香隆山系代表性单个土体化学性质

深度/cm	pH		有机质 /（g/kg）	全氮（N） /（g/kg）	全磷（P） /（g/kg）	全钾（K） /（g/kg）	阳离子交换量 /（cmol/kg）	游离氧化铁 /（g/kg）
	H_2O	KCl						
0～20	6.1	—	38.2	1.91	0.21	13.4	93.5	21.0
20～50	6.4	—	9.2	0.62	0.15	11.0	80.4	19.3
50～95	6.4	—	9.1	0.65	0.17	11.0	80.4	19.2
95～120	6.2	—	5.5	0.55	0.18	13.6	82.1	39.8

6.10 普通简育湿润淋溶土

6.10.1 盘石岭系（Panshiling Series）

土 族：黏质混合型非酸性热性-普通简育湿润淋溶土
拟定者：王天巍，陈 芳

分布与环境条件 主要分布在钟祥、仙桃、孝感、天门等地，低山丘陵地区、河谷盆地的边缘阶地与低山丘陵的衔接地带，成土母质为第四纪黄土性母质，林地，主要为川柏，刺槐、杂灌等。年均日照时数 1800～2000 h，年均气温 15.6～16.3 ℃，年均降水量 1000 mm 左右，年均蒸发量 1380～1780 mm。

盘石岭系典型景观

土系特征与变幅 诊断层包括淡薄表层、黏化层；诊断特性包括热性土壤温度、湿润土壤水分状况。土体厚度在 1 m 以上，层次质地构型为粉砂壤土-黏壤土，pH 6.8 左右。淡薄表层厚 20～25 cm，黏粒含量 260 g/kg 左右；黏化层出现上界约 40 cm，黏粒含量 320～400 g/kg，结构面可见黏粒胶膜。

对比土系 余沟系、申畈系、孙庙系，成土母质和地形部位一致，有铁质特性，同一亚纲，不同土类，为铁质湿润淋溶土。

利用性能综述 土体深厚，质地适中，但遇雨易板结，土壤通气透水性能差，保肥性能好，肥效后劲尚足，供肥迟缓，磷钾缺乏。应保护好植被资源，适度施肥，促进植被生长，控制水土流失，可发展一些地方优势林木和特产作物，提高土壤的经济效益。

参比土种 面黄土。

代表性单个土体 位于湖北省钟祥市盘石岭农场，31°10′27″N，112°43′15″E，海拔 101 m，河谷盆地的边缘阶地与低山丘陵的衔接地带，成土母质为第四纪黄土性母质，林地。50 cm 深度土温 17.2 °C。野外调查时间为 2011 年 5 月 24 日，编号 42-139。

盘石岭系代表性单个土体剖面

Ah：0～22 cm，灰棕色（7.5YR 5/2，干），棕色（7.5YR 4/6，润），粉砂壤土，粒状结构，疏松，2%～5%灌木根系，pH 为 6.8，向下层平滑模糊过渡。

AB：22～42 cm，灰棕色（7.5YR 5/2，干），暗棕色（7.5YR 3/4，润），黏壤土，块状结构，很坚实，2%～5%灌木根系，pH 为 6.8，向下层平滑模糊过渡。

Bt1：42～72 cm，灰棕色（7.5YR 5/2，干），棕色（7.5YR 4/4，润），黏壤土，块状结构，很坚实，2%～5%灌木根系，结构面可见模糊的黏粒胶膜，pH 为 6.8，向下层平滑模糊过渡。

Bt2：72～125 cm，棕色（7.5YR 4/3，干），暗棕色（7.5YR 3/3，润），黏壤土，块状结构，很坚实，结构面可见模糊的黏粒胶膜，pH 为 6.9。

盘石岭系代表性单个土体物理性质

土层	深度/cm	砾石（>2mm，体积分数）/%	细土颗粒组成（粒径：mm）/（g/kg）			质地	容重/（g/cm³）
			砂粒 2～0.05	粉粒 0.05～0.002	黏粒 <0.002		
Ah	0～22	0	94	649	257	粉砂壤土	1.41
AB	22～42	0	258	476	266	黏壤土	1.59
Bt1	42～72	0	238	436	326	黏壤土	1.65
Bt2	72～125	0	183	417	400	黏壤土	1.58

盘石岭系代表性单个土体化学性质

深度/cm	pH		有机质/（g/kg）	全氮（N）/（g/kg）	全磷（P）/（g/kg）	全钾（K）/（g/kg）	阳离子交换量/（cmol/kg）	游离氧化铁/（g/kg）
	H_2O	KCl						
0～22	6.8	—	37.1	1.72	0.18	11.0	17.0	15.0
22～42	6.8	—	11.8	0.69	0.10	7.7	17.6	17.9
42～72	6.8	—	8.1	0.59	0.10	9.3	15.6	23.8
72～125	6.9	—	5.5	0.37	0.13	8.5	20.9	20.9

第7章　雏　形　土

7.1　水耕淡色潮湿雏形土

7.1.1　沙岗系（Shagang Series）

土　族：壤质混合型石灰性热性-水耕淡色潮湿雏形土

拟定者：蔡崇法，张海涛，陈　芳

分布与环境条件　主要分布在江陵、监利、公安县等地，长江及其支流沿岸的冲积平原，成土母质为近代河流冲积物，原为水田，多已改为林地。年均日照时数 1827～1897 h，年均气温 16～16.4 ℃，年均降水量 900～1100 mm，无霜期 246～262 d。

沙岗系典型景观

土系特征与变幅　诊断层包括淡薄表层、雏形层；诊断特性包括热性土壤温度、潮湿土壤水分状况、氧化还原特征、水耕现象、石灰性。土体厚度 1 m 以上，淡薄表层厚约 20～22 cm，之下雏形层厚 1 m 以上，结构面可见铁锰斑纹，层次质地构型为粉砂壤土-壤土-粉砂土，通体有石灰反应，pH 7.6～8.1。

对比土系　位于同一乡镇的李公垸系和三含系，成土母质和地形部位一致，前者长期植稻，不同土纲，为水耕人为土；后者颗粒大小级别为黏壤质，层次质地构型为砂质壤土-壤土。

利用性能综述　经长期人工水耕熟化，发育较好，但近期已改为林地，深翻后已无犁地层，养分流失过快，造成耗地过剩，土壤养分不足。应综合林地改良措施，多施用有机肥，改善土壤肥力，达到综合治理的目的。

参比土种　灰潮砂田。

代表性单个土体　位于湖北省荆州市江陵县沙岗镇沙岗村，30°4'16.82"N，112°8'26.66"E，海拔 36 m，成土母质为江汉平原的江河冲积物，水田改为林地不久。50 cm 深度土温 17.4 ℃，热性。野外调查时间为 2010 年 8 月 11 日，编号 42-027。

沙岗系代表性单个土体剖面

Ap：0～25 cm，灰棕色（7.5YR 5/2，干），暗棕色（7.5YR 3/4，润），粉砂壤土，粒状结构，疏松，强石灰反应，pH 为 7.6，向下层平滑清晰过渡。

Br1：25～45 cm，灰棕色（5YR 5/2，干），灰棕色（5YR 4/2，润），壤土，弱块状结构，坚实，结构面有 2%～5 %锈纹锈斑，5～15 个螺壳，强石灰反应，pH 为 8.0，向下层平滑清晰过渡。

Br2：45～100 cm，棕灰色（5YR 5/1，干），棕灰色（5YR 4/1，润），粉砂土，粒状结构，松散，结构面有<2 %铁斑纹，强石灰反应，pH 为 8.1。

沙岗系代表性单个土体物理性质

土层	深度/cm	砾石（>2mm，体积分数）/%	细土颗粒组成（粒径：mm）/（g/kg）			质地	容重/（g/cm³）
			砂粒 2～0.05	粉粒 0.05～0.002	黏粒 <0.002		
Ap	0～25	0	223	665	112	粉砂壤土	1.35
Br1	25～45	0	403	446	151	壤土	1.45
Br2	45～100	0	76	880	44	粉砂土	1.31

沙岗系代表性单个土体化学性质

深度/cm	pH		有机质/（g/kg）	全氮（N）/（g/kg）	全磷（P）/（g/kg）	全钾（K）/（g/kg）	阳离子交换量/（cmol/kg）	游离氧化铁/（g/kg）
	H_2O	KCl						
0～25	7.6	—	24.7	1.70	0.32	5.3	16.4	18.8
25～45	8.0	—	14.9	0.65	0.24	3.0	14.7	22.9
45～100	8.1	—	4.4	0.15	0.37	2.6	20.2	25.4

7.2 石灰淡色潮湿雏形土

7.2.1 五三系（Wusan Series）

土 族：砂质硅质混合型热性-石灰淡色潮湿雏形土

拟定者：蔡崇法，张海涛，廖晓炜

分布与环境条件 主要分布在荆州、潜江、荆门、仙桃、天门等地，距河床稍远的开阔洼地，成土母质为河流冲积物，旱地，主要种植小麦、棉花及豆类。年均日照时数 1827～1897 h，年均气温 16～16.4 ℃，年均降水量 900～1100 mm，无霜期 246～262 d。

五三系典型景观

土系特征与变幅 诊断层包括淡薄表层、雏形层；诊断特性包括热性土壤温度、潮湿土壤水分状况、氧化还原特征、石灰性。土体厚度 1 m 以上，淡薄表层厚 18～22 cm，之下雏形层厚 1 m 以上，结构面可见铁斑纹，通体为砂质壤土，强石灰反应，pH 8.0～8.4。

对比土系 同一土族的土系，成土母质和地形部位一致，层次质地构型五三系通体为砂质壤土，青安系为砂质壤土-壤土，金家台系为砂质壤土-壤土-砂土-黏壤土，马家寨系为粉砂土-砂土，刘台系为砂质壤土-砂土，罗集系为砂质壤土-粉砂壤土-砂土-砂质壤土，一社系为砂土-砂质壤土。位于同一乡镇的月堤系和滩桥西，同一亚类，不同土族，颗粒大小级别分别为黏质和壤质。同一土族，成土母质为江汉平原的河流冲积物，通体质地为砂土。

利用性能综述 地势低平凹陷，土体深厚，质地均一，但养分含量偏低。应降低地下水位，防止滞水，适时翻耕，增施有机肥，秸秆还田，配方施肥。

参比土种 灰潮砂泥土。

代表性单个土体 位于湖北省荆州市江陵县滩桥镇五三村四组，30°10'10.45"N，112°18'25.99"E，海拔 30 m，距河床稍远的开阔洼地，成土母质为近现代河流冲积物，旱地，麦-棉（豆）轮作，50 cm 深度土温 19.2 ℃。调查时间为 2010 年 8 月 12 日，编号 42-032。

五三系代表性单个土体剖面

Ap：0～20 cm，浊棕色（7.5YR 6/3，干），黑棕色（7.5YR 3/2，润），砂质壤土，粒状结构，疏松，2～5 个螺壳，强石灰反应，pH 为 8.0，向下层平滑模糊过渡。

Br1：20～80 cm，灰棕色（7.5YR 5/2，干），黑棕色（7.5YR 3/2，润），砂质壤土，块状结构，坚实，2 个螺壳，结构面有 2%～5%清晰的铁斑纹，强石灰反应，pH 为 8.1，向下层平滑模糊过渡。

Br2：80～100 cm，灰棕色（7.5YR 5/2，干），黑棕色（7.5YR 3/2，润），砂质壤土，块状结构，坚实，结构面有 2%～5%清晰的铁斑纹，强石灰反应，pH 为 8.4。

五三系代表性单个土体物理性质

土层	深度/cm	砾石（>2mm，体积分数）/%	细土颗粒组成（粒径：mm）/（g/kg）			质地	容重/（g/cm^3）
			砂粒 2～0.05	粉粒 0.05～0.002	黏粒 <0.002		
Ap	0～20	0	591	337	72	砂质壤土	1.31
Br1	20～80	0	649	276	75	砂质壤土	1.44
Br2	80～100	0	657	281	62	砂质壤土	1.44

五三系代表性单个土体化学性质

深度/cm	pH		有机质/（g/kg）	全氮（N）/（g/kg）	全磷（P）/（g/kg）	全钾（K）/（g/kg）	阳离子交换量/（cmol/kg）
	H_2O	KCl					
0～20	8.0	—	13.1	0.87	0.41	10.6	19.7
20～80	8.1	—	5.1	0.31	0.50	12.4	14.3
80～100	8.4	—	4.6	0.37	0.40	11.5	15.6

7.2.2　青安系（Qingan Series）

土　族：砂质硅质混合型热性-石灰淡色潮湿雏形土
拟定者：蔡崇法，陈家赢，廖晓炜

分布与环境条件　集中分布在荆门、宜昌、荆州等地。长江及其支流沿岸冲积平原，成土母质为近代河流冲积物。旱地，主要种植小麦、棉花、蔬菜等。年均日照时数 1827～1897 h，年均气温 16～16.4 ℃，年均降水量 970～1100 mm，无霜期 246～262 d。

青安系典型景观

土系特征与变幅　诊断层包括淡薄表层、雏形层；诊断特性包括热性土壤温度、潮湿土壤水分状况、氧化还原特征、石灰性。土体厚度 1 m 以上，淡薄表层厚 15～20 cm，之下雏形层厚 1 m 以上，结构面可见铁斑纹，层次质地构型为砂质壤土-壤土，通体有强石灰反应，pH 7.9～8.1。

对比土系　同一土族的土系，成土母质和地形部位一致，层次质地构型五三系通体为砂质壤土，金家台系为砂质壤土-壤土-砂土-黏壤土，马家寨系为粉砂土-砂土，刘台系为砂质壤土-砂土，罗集系为砂质壤土-粉砂壤土-砂土-砂质壤土，一社系为砂土-砂质壤土。位于同一乡镇的耀新系，同一亚类，不同土族，颗粒大小级别为黏壤质，层次质地构型为粉砂壤土-砂土-黏壤土。

利用性能综述　土体深厚，长期人工旱耕熟化，发育较好，干湿易耕，毛管水运动比较活跃，抗旱性好，保肥能力强，肥劲平衡，是所在地的当家土壤，磷钾含量偏低。应加强用地与养地结合，合理轮作换桩，扩大豆科作物的种植；或间作套种绿肥，增施磷钾肥，棉花、油菜注意施用硼肥。

参比土种　灰潮砂泥土。

代表性单个土体　位于湖北省荆州市江陵县马家寨乡青安村，30°6'1.62"N，112°14'23.28"E，海拔 38 m，冲积平原，成土母质为河流冲积物，旱地，种植棉花。50 cm 深度土温 16.7 ℃。野外调查时间为 2010 年 8 月 11 日，编号 42-029。

青安系代表性单个土体剖面

Ap：0～15 cm，浊棕色（7.5YR 5/4，干），灰棕色（7.5YR 4/2，润），砂质壤土，粒状结构，坚实，强石灰反应，pH 为 7.9，向下层平滑渐变过渡。

Br1：15～54 cm，浊棕色（7.5YR 5/4，干），黑棕色（7.5YR 3/2，润），砂质壤土，块状结构，坚实，2%～5%铁斑纹，强石灰反应，pH 为 8.1，向下层平滑模糊过渡。

Br2：54～100 cm，浊棕色（7.5YR 5/4，干），黑棕色（7.5YR 3/2，润），壤土，块状结构，坚实，5%～10%铁斑纹，强石灰反应，pH 为 7.9，向下层平滑模糊过渡。

青安系代表性单个土体物理性质

土层	深度 /cm	砾石 (>2mm，体积分数) /%	细土颗粒组成（粒径：mm）/(g/kg)			质地	容重 / (g/cm³)
			砂粒 2～0.05	粉粒 0.05～0.002	黏粒 <0.002		
Ap	0～15	0	682	159	159	砂质壤土	1.38
Br1	15～54	0	603	253	144	砂质壤土	1.58
Br2	54～100	0	454	377	169	壤土	1.53

青安系代表性单个土体化学性质

深度/cm	pH		有机质 / (g/kg)	全氮（N） / (g/kg)	全磷（P） / (g/kg)	全钾（K） / (g/kg)	阳离子交换量 / (cmol/kg)	游离氧化铁 / (g/kg)
	H_2O	KCl						
0～15	7.9	—	20.20	0.96	0.40	6.3	17.4	18.6
15～54	8.1	—	10.6	0.58	0.31	7.0	16.6	18.9
54～100	7.9	—	9.5	0.67	0.27	7.6	17.4	25.9

7.2.3 金家台系（Jinjiatai Series）

土 族：砂质硅质混合型热性-石灰淡色潮湿雏形土

拟定者：王天巍，柳 琪

分布与环境条件 主要分布在荆州、孝感、武汉等地，江河沿岸的河漫滩和较低的阶地，成土母质为长江近代冲积物，旱作，多种植小麦、黄豆、花生和棉花。年均气温 16.7～17.6 ℃，年均降水量 1100～1280 mm，无霜期 255 d 左右。

金家台系典型景观

土系特征与变幅 诊断层包括淡薄表层、雏形层；诊断特性包括热性土壤温度、潮湿土壤水分状况、氧化还原特征、石灰性。土体厚度 1 m 以上，淡薄表层厚 18～22 cm，之下雏形层厚 1 m 以上，结构面可见铁斑纹，层次质地构型为砂质壤土-壤土-砂土-黏壤土，通体有强石灰反应，pH 7.8～8.3。

对比土系 同一土族的土系，成土母质和地形部位一致，层次质地构型五三系通体为砂质壤土，青安系为砂质壤土-壤土，马家寨系为粉砂土-砂土，刘台系为砂质壤土-砂土，罗集系为砂质壤土-粉砂壤土-砂土-砂质壤土，一社系为砂土-砂质壤土。

利用性能综述 土体深厚，通透性强，水分下渗快且极易蒸发，稳温性差，高温易灼苗，遇雨易沉板，施肥见效快但肥效短，后期易脱肥早衰，磷钾缺乏。应注意客土改良，实行秸秆还田，或种植豆料和绿肥作物，增施磷、钾肥，种地养地相结合。

参比土种 夹砂灰潮砂泥土。

代表性单个土体 位于湖北省汉川市庙头镇金家台村五组，30°34'44.44"N，113°48'15.88"E，海拔 28 m，长江沿岸较低的阶地，成土母质为长江近代冲积物，旱地，种植棉花。50 cm 深度土温 16.8 ℃。野外调查时间为 2010 年 11 月 25 日，编号 42-067。

金家圩系代表性单个土体剖面照

Ap：0～20 cm，浊橙色（7.5YR 7/3，干），灰棕色（7.5YR 4/2，润），砂质壤土，粒状结构，坚实，强石灰反应，pH 为 7.8，向下层平滑清晰过渡。

Br1：20～84 cm，浊橙色（7.5YR 7/3，干），灰棕色（7.5YR 4/2，润），壤土，块状结构，坚实，结构面有<2 %铁斑纹，强石灰反应，pH 为 8.3，向下层平滑清晰过渡。

Br2：84～105 cm，浊棕色（7.5YR 6/3，干），灰棕色（7.5YR 6/2，润），砂土，块状结构，松散，结构面有<2 %铁斑纹，强石灰反应，pH 为 8.2，向下层平滑清晰过渡。

Br3：105～120 cm，浊橙色（7.5YR 7/3，干），灰棕色（7.5YR 4/2，润），黏壤土，块状结构，坚实，结构面有 5%～15%的铁锈斑，强石灰反应，pH 为 7.8。

金家圩系代表性单个土体物理性质

土层	深度 /cm	砾石 （>2mm，体积分数）/%	细土颗粒组成（粒径：mm）/（g/kg）			质地	容重 /（g/cm³）
			砂粒 2～0.05	粉粒 0.05～0.002	黏粒 <0.002		
Ap	0～20	0	611	291	98	砂质壤土	1.56
Br1	20～84	0	411	396	193	壤土	1.46
Br2	84～105	0	826	77	97	砂土	1.44
Br3	105～120	0	369	293	338	黏壤土	1.44

金家圩系代表性单个土体化学性质

深度/cm	pH		有机质 /（g/kg）	全氮（N） /（g/kg）	全磷（P） /（g/kg）	全钾（K） /（g/kg）	阳离子交换量 /（cmol/kg）	游离氧化铁 /（g/kg）
	H_2O	KCl						
0～20	7.8	—	29.4	1.39	0.58	4.6	21.3	18.5
20～84	8.3	—	13.7	0.50	0.23	4.6	23.8	19.7
84～105	8.2	—	8.6	0.35	0.36	4.7	23.4	21.6
105～120	7.8	—	11.5	1.26	0.27	9.9	22.2	25.9

7.2.4　马家寨系（Majiazhai Series）

土　族：砂质硅质混合型热性-石灰淡色潮湿雏形土

拟定者：蔡崇法，陈家赢，廖晓炜

分布与环境条件　主要分布在荆州、荆门、仙桃等地，江河沿岸的河漫滩和较低的阶地，成土母质为长江近代冲积物，旱地，主要种植小麦、棉花、芝麻等。年均日照时数 1827～1897 h，年均气温 16～16.4 ℃，年均降水量 900～1100 mm，无霜期 246～262 d。

马家寨系典型景观

土系特征与变幅　诊断层包括淡薄表层、雏形层；诊断特性包括热性土壤温度、潮湿土壤水分状况、氧化还原特征、石灰性。土体厚度 1 m 以上，淡薄表层厚 18～22 cm，之下雏形层厚 1 m 以上，结构面可见铁斑纹，层次质地构型为粉砂土-砂土，通体有石灰反应，pH 8.1～8.4。

对比土系　同一土族的土系，成土母质和地形部位一致，层次质地构型五三系通体为砂质壤土，青安系为砂质壤土-壤土，金家台系为砂质壤土-壤土-砂土-黏壤土，刘台系为砂质壤土-砂土，罗集系为砂质壤土-粉砂壤土-砂土-砂质壤土，一社系为砂土-砂质壤土。位于同一乡镇的耀新系，同一亚类，不同土族，颗粒大小级别为黏壤质，层次质地构型为粉砂壤土-砂土-黏壤土。

利用性能综述　土体深厚，质地过砂，结构松散，土壤干燥，通气性好，耕性良好，宜耕期长，但氮磷钾含量低，易漏水漏肥，作物易早发早衰，难保收。应注意客土改砂，实行秸秆还田，增施农家肥、有机肥和复合肥，种植豆类、瓜类等耐瘠作物。

参比土种　灰潮沙土。

代表性单个土体　位于湖北省荆州市江陵县马家寨乡白杨村 4 组，30°9'40.72"N，112°15'52.02"E，海拔 34 m，冲积平原，成土母质为近代河流冲积物，旱地，西瓜-棉花套作。50 cm 深度土温 17.4 ℃。野外调查时间为 2010 年 8 月 12 日，编号 42-035。

马家寨系代表性单个土体剖面

Ap：0～20 cm，暗棕色（10YR 3/6，干），浊黄棕色（10YR 4/3，润），粉砂土，粒状结构，疏松，结构面有<2 %铁斑纹，中度石灰反应，pH 为 8.1，向下层平滑渐变过渡。

Br1：20～40 cm，暗棕色（10YR 3/6，干），灰黄棕色（10YR 4/2，润），砂土，弱块状结构，疏松，中度石灰反应，结构面有<2%铁斑纹，pH 为 8.4，向下层平滑渐变过渡。

Br2：40～100 cm，暗棕色（10YR 3/6，干），棕灰色（10YR 5/1，润），砂土，弱块状结构，疏松，结构面有<2 %铁斑纹，强石灰反应，pH 为 8.4。

马家寨系代表性单个土体物理性质

土层	深度 /cm	砾石 (>2mm，体积分数) /%	细土颗粒组成（粒径：mm）/（g/kg）			质地	容重 g/cm^3
			砂粒 2～0.05	粉粒 0.05～0.002	黏粒 <0.002		
Ap	0～20	0	97	829	74	粉砂土	1.31
Br1	20～40	0	888	52	60	砂土	1.25
Br2	40～100	0	899	78	23	砂土	1.24

马家寨系代表性单个土体化学性质

深度/cm	pH		有机质 /（g/kg）	全氮（N） /（g/kg）	全磷（P） /（g/kg）	全钾（K） /（g/kg）	阳离子交换量 /（cmol/kg）	游离氧化铁 /（g/kg）
	H_2O	KCl						
0～20	8.1	—	21.6	1.18	0.46	2.0	15.9	18.8
20～40	8.4	—	17.1	0.69	0.34	1.5	10.1	19.6
40～100	8.4	—	5.3	0.21	0.28	0.7	10.4	22.7

7.2.5　刘台系（Liutai Series）

土　族：砂质硅质混合型热性-石灰淡色潮湿雏形土
拟定者：张海涛，柳　琪

分布与环境条件　主要分布于湖北中南部，江河沿岸冲积平原，成土母质为近代河流冲积物和湖相沉积物，旱地，主要种植瓜果。年均日照时数1920～2000 h，年均气温16.7～17.6 ℃，年均降水量1200～1250 mm，无霜期250～260 d。

刘台系典型景观

土系特征与变幅　诊断层包括淡薄表层、雏形层；诊断特性包括热性土壤温度、潮湿土壤水分状况、氧化还原特征、石灰性。土体厚度1 m以上，淡薄表层厚18～20 cm，之下雏形层厚1 m以上，结构面可见铁斑纹，层次质地构型为砂质壤土-壤土-砂土-黏壤土，通体有强石灰反应，pH 8.1～8.7。

对比土系　同一土族的土系，成土母质和地形部位一致，层次质地构型五三系通体为砂质壤土，青安系为砂质壤土-壤土，金家台系为砂质壤土-砂土，马家寨系为粉砂土-砂土，罗集系为砂质壤土-粉砂壤土-砂土-砂质壤土，一社系为砂土-砂质壤土。

利用性能综述　土体深厚，养分缺乏，砂性重，物理性状较差，水肥气不协调，易漏水漏肥，养分含量低。应多施有机肥料，种植豆料和绿肥作物，实行秸秆还田，增施复合肥。

参比土种　灰潮砂土。

代表性单个土体　位于湖北省仙桃市毛咀镇刘台村二组，30°27'9.79"N，113°5'49.63"E，海拔31 m，冲积平原，成土母质为河流冲积物，瓜地。50 cm深度土温16.8 ℃。野外调查时间为2010年11月29日，编号42-082。

刘台系代表性单个土体剖面

Ap：0～18 cm，黄灰色（2.5Y 5/1，干），橄榄棕色（2.5Y 4/3，润），砂质壤土，粒状结构，松散，强石灰反应，pH 为 8.1，向下层平滑模糊过渡。

Br1：18～50 cm，暗灰黄色（2.5Y 5/2，干），暗灰黄色（2.5Y 4/2，润），砂土，弱块状结构，疏松，结构面有<2 %铁斑纹，强石灰反应，pH 为 8.7，向下层平滑渐变过渡。

Br2：50～90 cm，暗灰黄色（2.5Y 5/2，干），灰黄色（2.5Y 6/2，润），砂土，弱块状结构，疏松，结构面有<2 %铁斑纹，强石灰反应，pH 为 8.4，向下层平滑渐变过渡。

Br3：90～120 cm，暗灰黄色（2.5Y 5/2，干），暗灰黄色（2.5Y 5/2，润），砂土，弱块状结构，疏松，强石灰反应，pH 为 8.4。

刘台系代表性单个土体物理性质

土层	深度/cm	砾石（>2mm，体积分数）/%	细土颗粒组成（粒径：mm）/（g/kg）			质地	容重/（g/cm^3）
			砂粒 2～0.05	粉粒 0.05～0.002	黏粒 <0.002		
Ap	0～18	0	673	245	82	砂质壤土	1.49
Br1	18～50	0	830	110	60	砂土	1.36
Br2	50～90	0	904	41	55	砂土	1.26
Br3	90～120	0	911	42	47	砂土	1.54

刘台系代表性单个土体化学性质

深度/cm	pH		有机质/（g/kg）	全氮（N）/（g/kg）	全磷（P）/（g/kg）	全钾（K）/（g/kg）	阳离子交换量/（cmol/kg）	游离氧化铁/（g/kg）
	H_2O	KCl						
0～18	8.1	—	17.3	1.10	0.31	15.0	21.8	17.9
18～50	8.7	—	15.4	0.72	0.31	14.9	10.6	23.7
50～90	8.4	—	13.4	0.74	0.26	15.1	10.4	17.7
90～120	8.4	—	9.8	0.52	0.15	12.5	10.4	16.6

7.2.6 罗集系（Louji Series）

土 族：砂质硅质混合型热性-石灰淡色潮湿雏形土
拟定者：蔡崇法，陈家嬴，柳 琪

分布与环境条件 主要分布在襄阳、十堰、荆门等地，江河两岸的河漫滩、低阶地及滨湖低平洼地。成土母质为近代河流冲积物和湖相沉积物。旱地，主要种植小麦、棉花、芝麻及豆类。年均日照时数1990～2010 h，年均气温15.6～16.3 ℃，年均降水量900～1060 mm，年均蒸发量1800～1900 mm。

罗集系典型景观

土系特征与变幅 诊断层包括淡薄表层、雏形层；诊断特性包括热性土壤温度、潮湿土壤水分状况、氧化还原特征、石灰性。土体厚度1 m以上，淡薄表层厚18～20 cm，之下雏形层厚1 m以上，结构面可见铁斑纹，层次质地构型为砂质壤土-砂土-砂质壤土，通体有强石灰反应，pH 7.2～7.4。

对比土系 同一土族的土系，成土母质和地形部位一致，层次质地构型五三系通体为砂质壤土，青安系为砂质壤土-壤土，金家台系为砂质壤土-壤土-砂土-黏壤土，马家寨系为粉砂土-砂土，刘台系为砂质壤土-砂土，一社系为砂土-砂质壤土。

利用性能综述 土体深厚，表层质地较轻，50 cm范围内有泥土层，具有托水保肥的作用，遇大雨或连阴雨时，则造成滞水内渍，土壤水分过饱和，作物易烂根死苗，磷钾含量偏低。有条件的地方可深耕翻泥压沙，使上下黏砂质充分混合，挑挖沟泥、塘泥以加厚活土层，种植花生和其他豆科作物，实行秸秆还田，增施磷钾肥。

参比土种 夹砂灰潮砂土。

代表性单个土体 位于湖北省钟祥市旧口镇罗集村，30°58'40.87"N，112°38'6.18"E，海拔31 m，河流沿岸低阶地，成土母质为近代河流冲积物，设施菜地。50 cm深度土温17.3 ℃。野外调查时间为2010年11月1日，编号42-157。

罗集系代表性单个土体剖面

Ap：0～20 cm，暗棕色（10YR 3/6，干），棕灰色（10YR 5/1，润），砂质壤土，粒状结构，松散，强石灰反应，pH 为 7.2，向下层平滑清晰过渡。

Br1：20～43 cm，暗棕色（10YR 3/6，干），棕灰色（10YR 5/1，润），砂质壤土，弱块状结构，疏松，强石灰反应，pH 为 7.2，向下层平滑清晰过渡。

Br2：43～67 cm，亮黄棕色（10YR 7/6，干），灰黄棕色（10YR 5/2，润），粉砂壤土，弱块状结构，疏松，结构面有 <2 %铁斑纹，强石灰反应，pH 为 7.2，向下层平滑清晰过渡。

Br3：67～107 cm，暗棕色（10YR 3/6，干），灰黄棕色（10YR 4/2，润），砂土，弱块状结构，疏松实，2%～5%铁斑纹，强石灰反应，pH 为 7.4，向下层平滑清晰过渡。

Br4：107～120 cm，暗棕色（10YR 3/6，干），灰黄棕色（10YR 4/2，润），砂质壤土，弱块状结构，疏松，结构面有 2%～5%铁斑纹，中度石灰反应，pH 为 7.3。

罗集系代表性单个土体物理性质

土层	深度 /cm	砾石 (>2mm，体积分数)/%	细土颗粒组成（粒径：mm）/(g/kg)			质地	容重 /（g/cm³）
			砂粒 2～0.05	粉粒 0.05～0.002	黏粒 <0.002		
Ap	0～20	0	568	274	158	砂质壤土	1.12
Br1	20～43	0	576	255	169	砂质壤土	1.45
Br2	43～67	0	249	702	49	粉砂壤土	1.36
Br3	67～107	0	883	78	39	砂土	1.58
Br4	107～120	0	755	196	49	砂质壤土	1.49

罗集系代表性单个土体化学性质

深度/cm	pH		有机质 /（g/kg）	全氮（N） /（g/kg）	全磷（P） /（g/kg）	全钾（K） /（g/kg）	阳离子交换量 /（cmol/kg）	游离氧化铁 /（g/kg）
	H_2O	KCl						
0～20	7.2	—	25.9	1.63	0.30	13.0	26.7	18.6
20～43	7.2	—	16.8	1.12	0.27	13.6	13.0	21.6
43～67	7.2	—	15.8	1.17	0.41	12.9	22.7	22.7
67～107	7.4	—	14.6	0.84	0.15	5.9	8.3	17.1
107～120	7.3	—	4.2	0.39	0.19	1.8	7.4	18.5

7.2.7 一社系（Yishe Series）

土 族：砂质硅质混合型热性-石灰淡色潮湿雏形土
拟定者：蔡崇法，陈家赢，廖晓炜

分布与环境条件 主要分布在襄阳、宜昌等地，长江沿岸的一级阶地或河漫滩，成土母质为近代河流冲积物，旱地，多种植花生、芝麻等浅根系作物。年均气温 15～16.8 ℃，年均降水量 800～920 mm，无霜期220～250 d。

一社系典型景观

土系特征与变幅 诊断层包括淡薄表层、雏形层；诊断特性包括热性土壤温度、潮湿土壤水分状况、氧化还原特征、石灰性。土体厚度 1 m 以上，淡薄表层厚 20～30 cm，之下雏形层厚 1 m 以上，结构面可见铁斑纹，层次质地构型为砂土-砂质壤土，通体有石灰反应，pH 7.6～8.1。

对比土系 同一土族的土系，成土母质和地形部位一致，层次质地构型五三系通体为砂质壤土，青安系为砂质壤土-壤土，金家坮系为砂质壤土-壤土-砂土-黏壤土，马家寨系为粉砂土-砂土，刘台系为砂质壤土-砂土，罗集系为砂质壤土-粉砂壤土-砂土-砂质壤土。位于同一乡镇的李家湾系，分布于低丘坡地，成土母质为碳酸盐岩风化坡积物，同一土纲，不同亚纲，为湿润雏形土。

利用性能综述 土体深厚，砂性重，质地轻，土体松散，宜耕期长，干湿易耕，水分下渗快，且极易蒸发，高温易灼苗，肥效快但短，后期易脱肥早衰，磷钾缺乏。可掺泥改土，增施农家肥、有机肥和磷钾肥。

参比土种 灰潮沙土。

代表性单个土体 位于湖北省襄阳市襄州区东津镇一社村，31°59'2.09"N，112°12'34.84"E，海拔 66 m，一级河流阶地，成土母质为近代河流冲积物，旱地。50 cm 深度土温 16.8 ℃。野外调查时间为 2012 年 5 月 15 日，编号 42-183。

一社系代表性单个土体剖面

Ap：0～28 cm，灰黄棕色（10YR 5/2，干），浊黄棕色（10YR 4/3，润），砂土，粒状结构，疏松，轻度石灰反应，pH 为 7.6，向下层平滑清晰过渡。

Br1：28～58 cm，灰黄棕色（10YR 6/2，干），灰黄棕色（10YR 4/2，润），砂质壤土，弱块状结构，稍坚实，结构面有<2 %铁斑纹，中度石灰反应，pH 为 7.8，向下层平滑模糊过渡。

Br2：58～100 cm，浊黄橙色（10YR 7/3，干），灰黄棕色（10YR 4/2，润），砂质壤土，弱块状结构，坚实，强石灰反应，结构面有 2%～5%铁斑纹，pH 为 8.1。

一社系代表性单个土体物理性质

土层	深度 /cm	砾石（>2mm，体积分数）/%	细土颗粒组成（粒径：mm）/（g/kg）			质地	容重 /（g/cm³）
			砂粒 2～0.05	粉粒 0.05～0.002	黏粒 <0.002		
Ap	0～28	0	830	106	64	砂土	1.35
Br1	28～58	0	648	207	145	砂质壤土	1.65
Br2	58～100	0	689	171	140	砂质壤土	1.55

一社系代表性单个土体化学性质

深度/cm	pH		有机质 /（g/kg）	全氮（N） /（g/kg）	全磷（P） /（g/kg）	全钾（K） /（g/kg）	阳离子交换量 /（cmol/kg）	游离氧化铁 /（g/kg）
	H_2O	KCl						
0～28	7.6	—	20.6	1.45	0.34	15.8	7.7	19.7
28～58	7.8	—	10.5	0.81	0.20	15.4	12.4	20.9
58～100	8.1	—	6.6	0.45	0.23	15.0	9.6	22.4

7.2.8 汈汊湖系（Diaochahu Series）

土 族：黏质混合型热性-石灰淡色潮湿雏形土
拟定者：蔡崇法，张海涛，陈 芳

分布与环境条件 主要分布在武汉、天门等地，河流两岸与阶地的连接处和河流阶地，成土母质为近代河流冲积物，旱地或撂荒地。年均气温 15.5～17.2 ℃，年均降水量 1200～1300 mm，无霜期 245～270 d。

汈汊湖系典型景观

土系特征与变幅 诊断层包括淡薄表层、雏形层；诊断特性包括热性土壤温度、潮湿土壤水分状况、氧化还原特征、石灰性。土体厚度 1 m 以上，淡薄表层厚 15～20 cm，之下雏形层厚 1 m 以上，结构面可见铁斑纹，层次质地构型为砂土-砂质壤土，通体有石灰反应，pH 5.9～7.9。

对比土系 同一土族的月堤湖系和沙湖岭系，成土母质和地形部位一致，层次质地构型分别为黏壤土-粉砂质黏土-黏壤土、黏壤土-粉砂壤土-黏壤土。

利用性能综述 土体深厚，地下水位较高，耕作层质地适中，耕性较好，养分含量偏低，但土体下部质地比较黏重，透水性差，遇雨易形成积水内渍，造成缺苗断垄和迟发，但亦可起到一定的保水保肥作用，作物适种性窄，不易早发壮苗，后期尚可稳长壮籽。应注意田内开沟排水，防止内涝渍害，适时深耕炕土，掺砂改土，也可逐步改良土壤的质地和结构，活化土壤。

参比土种 潮砂泥土。

代表性单个土体 位于湖北省汉川市汈汊湖养殖厂六队，30°40'35.00"N，113°39'56.2"E，海拔 26 m，冲积平原，成土母质为江汉平原的河流冲积物，撂荒地。50 cm 深度土温 18.5 ℃。野外调查时间为 2010 年 11 月 27 日，编号 42-074。

汈汉湖系代表性单个土体剖面

Ah：0～17 cm，灰黄棕色（10YR 4/2，干），浊黄棕色（10YR 4/3，润），壤土，粒状结构，松散，15%～40%灌木根系，轻度石灰反应，pH 为 5.9，向下层平滑清晰过渡。

Br1：17～47 cm，浊黄棕色（10YR 5/4，干），棕色（10YR 4/4，润），黏壤土，块状结构，很坚实，5%～15%灌木根系，结构面有 2%～5%的铁斑纹，轻度石灰反应，pH 为 7.1，向下层平滑渐变过渡。

Br2：47～120 cm，灰色（5Y 5/1，干），灰色（5Y 4/1，润），黏土，块状结构，很坚实，2%～5%灌木根系，结构面有<2 %铁斑纹，中度石灰反应，pH 为 7.5。

汈汉湖系代表性单个土体物理性质

土层	深度 /cm	砾石 (>2mm，体积分数) /%	细土颗粒组成（粒径：mm）/（g/kg）			质地	容重 /（g/cm^3）
			砂粒 2～0.05	粉粒 0.05～0.002	黏粒 <0.002		
Ah	0～17	0	323	446	231	壤土	1.44
Br1	17～47	0	312	388	300	黏壤土	1.41
Br2	47～120	0	176	329	495	黏土	1.38

汈汉湖系代表性单个土体化学性质

深度/cm	pH		有机质 /（g/kg）	全氮（N） /（g/kg）	全磷（P） /（g/kg）	全钾（K） /（g/kg）	阳离子交换量 /（cmol/kg）
	H_2O	KCl					
0～17	5.9	—	17.3	1.89	0.45	5.3	23.0
17～47	7.1	—	8.6	0.62	0.09	7.0	25.0
47～120	7.5	—	12.1	0.83	0.09	7.0	23.8

7.2.9　沙湖岭系（Shahuling Series）

土　族：黏质混合型热性-石灰性淡色潮湿雏形土

拟定者：王天巍，秦　聪

分布与环境条件　一般分布在河流两岸地势平坦的冲积平原，成土母质为河流冲积物，菜地。年均日照时数 1720～1790 h，年均气温 16.1～19.1 ℃，年均降水量 1520～1630 mm，无霜期 245～258 d。

沙湖岭系典型景观

土系特征与变幅　诊断层包括淡薄表层、雏形层；诊断特性包括热性土壤温度、潮湿土壤水分状况、氧化还原特征。土体厚度 1 m 以上，淡薄表层厚 13～20 cm，之下雏形层厚 1 m 以上，层次质地构型为黏壤土-粉砂壤土-黏壤土，通体有石灰反应，pH 7.7～8.4。

对比土系　同一土族的汈汊湖系和月堤湖系，成土母质和地形部位一致，层次质地构型分别为壤土-黏壤土-黏土、黏壤土-粉砂质黏土-黏壤土。位于同一乡镇的蜀港系，分布在垄岗上，成土母质为第四纪黏土，长期植稻，不同土纲，为水耕人为土。

利用性能综述　土体深厚，质地偏黏，耕性较差，养分含量偏低。应增施农家肥、有机肥和磷钾肥，实行秸秆还田，种养结合，培肥土壤。

参比土种　灰潮砂泥土。

代表性单个土体　位于湖北省咸宁市嘉鱼县新街镇沙湖岭村五组，30°1'20.9"N，114°2'26.16"E，海拔 25 m，河流冲积平原，成土母质为河流沉积物，菜地。50 cm 深度土温 16.9 ℃。野外调查时间为 2010 年 12 月 3 日，编号 42-090。

沙湖岭系代表性单个土体剖面

Ap：0～13 cm，棕色（7.5YR 4/4，干），灰棕色（7.5YR 4/2，润），黏壤土，屑粒状结构，坚实，pH 为 7.7，轻度石灰反应，向下层平滑渐变过渡。

Br1：13～35 cm，灰棕色（7.5YR 5/2，干），黑棕色（7.5YR 3/2，润），黏壤土，弱块状结构，极坚实，轻度石灰反应，pH 为 7.8，向下层平滑渐变过渡。

Br2：35～65 cm，灰棕色（7.5YR 5/2，干），黑棕色（7.5YR 3/2，润），黏壤土，弱块状结构，坚实，强石灰反应，pH 为 8.2，向下层波状渐变过渡。

Br3：65～100 cm，灰棕色（7.5YR 5/2，干），灰棕色（7.5YR 4/2，润），粉砂壤土，弱块状结构，松散，强石灰反应，pH 为 8.4，向下层波状清晰过渡。

Br4：100～120 cm，淡红棕色（5YR 6/3，干），黑棕色（5YR 3/2，润），黏壤土，弱块状结构，坚实，强石灰反应，pH 为 8.3。

沙湖岭系代表性单个土体物理性质

土层	深度/cm	砾石（>2mm，体积分数）/%	细土颗粒组成（粒径：mm）/（g/kg）			质地	容重/（g/cm³）
			砂粒 2～0.05	粉粒 0.05～0.002	黏粒 <0.002		
Ap	0～13	0	215	385	400	黏壤土	1.44
Br1	13～35	0	250	340	410	黏壤土	1.49
Br2	35～65	0	207	332	461	黏壤土	1.36
Br3	65～100	0	97	774	129	粉砂壤土	1.26
Br4	100～120	0	218	367	415	黏壤土	1.54

沙湖岭系代表性单个土体化学性质

深度/cm	pH		有机质/（g/kg）	全氮（N）/（g/kg）	全磷（P）/（g/kg）	全钾（K）/（g/kg）	阳离子交换量/（cmol/kg）
	H_2O	KCl					
0～13	7.7	—	18.4	1.10	0.39	15.7	32.7
13～35	7.8	—	11.6	0.82	0.34	15.1	31.9
35～65	8.2	—	6.5	0.71	0.34	15.1	30.9
65～100	8.4	—	7.7	0.20	0.31	14.4	34.0
100～120	8.3	—	7.2	0.26	0.27	12.7	23.9

7.2.10　月堤系（Yuedi Series）

土　族：黏质混合型热性-石灰淡色潮湿雏形土

拟定者：蔡崇法，陈家赢，廖晓炜

分布与环境条件　广泛分布在荆州、武汉、宜昌等地，长江及其支流沿岸中、下游的冲积平原，成土母质为近代河流冲积物，旱地，主要种植棉花。年均日照时数1827～1897 h，年均气温16～16.4 ℃，年均降雨量900～1100 mm，无霜期246～262 d。

月堤系典型景观

土系特征与变幅　诊断层包括淡薄表层、雏形层；诊断特性包括热性土壤温度、潮湿土壤水分状况、氧化还原特征、石灰性。土体厚度1 m以上，淡薄表层厚18～25 cm，之下雏形层厚1 m以上，结构面可见铁斑纹，层次质地构型为黏壤土-粉砂质黏土-黏壤土，通体有强石灰反应，pH 8.0～8.2。

对比土系　同一土族的汈汊湖系和沙湖岭系，成土母质和地形部位一致，层次质地构型分别为壤土-黏壤土-黏土、黏壤土-粉砂壤土-黏壤土。位于同一乡镇的五三系和滩桥系，同一亚类，不同土族，颗粒大小级别分别为砂质和壤质，层次质地构型分别为通体砂质壤土、砂质壤土-粉砂质黏壤土。

利用性能综述　土体深厚，经长期人工旱耕熟化，发育较好，质地偏黏，肥劲稳而足，抗旱性能好，磷钾含量偏低。应加强用地与养地结合，多使农家肥、有机肥，实行秸秆还田，增施磷钾肥。

参比土种　灰潮泥土。

代表性单个土体　位于湖北省荆州市江陵县滩桥镇月堤村月堤一组，30°11'41.35"N，112°16'0.95"E，海拔31 m，冲积平原，成土母质为江汉平原的河流冲积物，旱地，种植棉花。50 cm深度土温17.1 ℃。野外调查时间为2010年8月12日，编号42-036。

月堤系代表性单个土体剖面

Ap：0～20 cm，棕色（7.5YR 4/4，干），黑棕色（7.5YR 3/2，润），黏壤土，块状结构，较疏松，强石灰反应，pH 为 8.0，向下层平滑模糊过渡。

Br1：20～50 cm，棕色（7.5YR 4/4，干），黑棕色（7.5YR 3/2，润），黏壤土，块状结构，较疏松，强石灰反应，pH 为 8.0，向下层平滑模糊过渡。

Br2：50～72 cm，棕色（7.5YR 4/4，干），灰棕色（7.5YR 4/2，润），粉砂质黏土，块状结构，很坚实，结构面有<2 %铁斑纹，强石灰反应，pH 为 8.2，向下层平滑渐变过渡。

Br3：72～100 cm，棕色（7.5YR 4/4，干），黑棕色（7.5YR 3/2，润），黏壤土，块状结构，坚实，结构面有<2 %铁斑纹，强石灰反应，pH 为 8.2。

月堤系代表性单个土体物理性质

土层	深度 /cm	砾石 （>2mm，体积分数）/%	细土颗粒组成（粒径：mm）/（g/kg）			质地	容重 /（g/cm³）
			砂粒 2～0.05	粉粒 0.05～0.002	黏粒 <0.002		
Ap	0～20	0	348	316	336	黏壤土	1.31
Br1	20～50	0	348	316	336	黏壤土	1.31
Br2	50～72	0	165	425	410	粉砂质黏土	1.58
Br3	72～100	0	286	411	303	黏壤土	1.38

月堤系代表性单个土体化学性质

深度/cm	pH		有机质 /（g/kg）	全氮（N） /（g/kg）	全磷（P） /（g/kg）	全钾（K） /（g/kg）	阳离子交换量 /（cmol/kg）	游离氧化铁 /（g/kg）
	H_2O	KCl						
0～20	8.0	—	22.2	0.87	0.40	6.6	25.1	19.0
20～50	8.0	—	22.2	0.87	0.40	6.6	25.1	19.0
50～72	8.2	—	18.2	0.64	0.30	5.3	19.0	19.6
72～100	8.2	—	11.7	0.58	0.29	4.6	19.8	23.8

7.2.11　中堡系（Zhongbao Series）

土　族：黏壤质混合型热性-石灰淡色潮湿雏形土

拟定者：陈家赢，秦　聪

分布与环境条件　主要分布在咸宁、武汉、黄冈等地，长江和汉江洲滩地，洪泛区的蝶形洼地，成土母质为近代河流冲积物，芦苇。年均气温 15.2～18.6 ℃，年均降水量 1250～1420 mm，年均蒸发量 1430～1520 mm，无霜期 240～270 d。

中堡系典型景观

土系特征与变幅　诊断层包括淡薄表层、雏形层；诊断特性包括热性土壤温度、潮湿土壤水分状况、氧化还原特征、石灰性。土体厚度 1 m 以上，淡薄表层厚 15～22 cm，之下雏形层厚 1 m 以上，结构面可见铁斑纹，层次质地构型为壤土-黏壤土-砂质壤土，通体有强石灰反应，pH 7.9～8.4，1 m 左右之下土体出现潜育特征。

对比土系　同一土族的土系，成土母质和地形部位一致，层次质地构型走马岭系为砂质壤土-壤土-黏壤土，天新场系为砂质壤土-黏壤土，张家窑系为砂质壤土-粉砂壤土-粉砂壤土-黏壤土，三含系为砂质壤土-壤土，渡普系为壤土-黏壤土-粉砂壤土-黏壤土，冯兴窑系为黏壤土-粉砂壤土-砂质壤土-粉砂壤土，畈湖系为黏壤土-粉砂壤土-壤土-粉砂壤土，耀新系为粉砂壤土-砂土-黏壤土。

利用性能综述　分布于江湖洲滩，一般有 3 个月的季节性淹没过程，水生植物茂盛，湿地资源，土体深厚，质地较轻，磷钾含量偏低。应加强保护，适当增施磷钾肥，促进芦苇生长和提升产量。

参比土种　底砂灰潮砂泥土。

代表性单个土体　位于湖北省咸宁市嘉鱼县簰洲湾镇中堡村三组，30°15'35.39"N，114°0'5.40"E，海拔 23 m，滩地，成土母质为河流冲积物，内陆芦苇滩涂。50 cm 深度土温 18.0 ℃。野外调查时间为 2010 年 12 月 2 日，编号 42-093。

中堡系代表性单个土体剖面

Ah：0～20 cm，灰棕色（5YR 6/2，干），灰棕色（5YR 4/2，润），壤土，块状结构，坚实，强石灰反应，pH 为 7.9，向下层平滑渐变过渡。

Br1：20～30 cm，灰黄棕色（10YR 6/2，干），灰黄棕色（10YR 5/2，润），黏壤土，块状结构，坚实，结构面有<2 %铁斑纹，强石灰反应，pH 为 8.2，向下层平滑清晰过渡。

Br2：30～48 cm，浊橙色（5YR 6/3，干），灰棕色（5YR 5/2，润），黏壤土，块状结构，很坚实，结构面有 2%～5%铁斑纹，强石灰反应，pH 为 8.2，向下层平滑渐变过渡。

Br3：48～72 cm，浊黄橙色（10YR 6/3，干），浊黄棕色（10YR 4/3，润），砂质壤土，块状结构，疏松，结构面有 2%～5%铁斑纹，强石灰反应，pH 为 8.4，向下层平滑渐变过渡。

Br4：72～97 cm，浊黄橙色（10YR 6/3，干），浊黄棕色（10YR 4/3，润），砂质壤土，块状结构，疏松，结构面有 5%～15%铁斑纹，强石灰反应，pH 为 8.3，向下层突变平滑过渡。

Bg：97～130 cm，灰棕色（5YR 5/2，干），黑棕色（5YR 3/1，润），粉砂壤土，块状结构，疏松，中度亚铁反应，强石灰反应，pH 为 8.0。

中堡系代表性单个土体物理性质

土层	深度 /cm	砾石（>2mm，体积分数）/%	细土颗粒组成（粒径：mm）/（g/kg）			质地	容重 /（g/cm^3）
			砂粒 2～0.05	粉粒 0.05～0.002	黏粒 <0.002		
Ah	0～20	0	340	405	255	壤土	1.44
Br1	20～30	0	347	333	320	黏壤土	1.41
Br2	30～48	0	339	303	358	黏壤土	1.38
Br3	48～72	0	664	199	137	砂质壤土	1.58
Br4	72～97	0	601	251	148	砂质壤土	1.56
Bg	97～130	0	95	647	258	粉砂壤土	1.46

中堡系代表性单个土体化学性质

深度/cm	pH		有机质 /（g/kg）	全氮（N） /（g/kg）	全磷（P） /（g/kg）	全钾（K） /（g/kg）	阳离子交换量 /（cmol/kg）
	H_2O	KCl					
0～20	7.9	—	21.5	2.66	0.38	19.6	11.9
20～30	8.2	—	22.0	2.12	0.35	17.7	12.2
30～48	8.2	—	7.9	2.46	0.10	21.1	10.8
48～72	8.4	—	4.8	2.18	0.31	15.2	11.0
72～97	8.3	—	11.0	3.10	0.24	15.9	14.0
97～130	8.0	—	11.1	2.69	0.27	15.1	14.9

7.2.12 走马岭系（Zoumaling Series）

土　族：黏壤质混合型热性-石灰淡色潮湿雏形土

拟定者：蔡崇法，张海涛，姚　莉

分布与环境条件　主要集中在武汉、孝感、黄冈等地。长江及其支流沿岸冲积平原，成土母质为近代河流冲积物，旱地，主要种植小麦、棉花、蔬菜等。年均气温 15～18.2 ℃，年均降水量 1050～1200 mm，无霜期 235～248 d。

走马岭系典型景观

土系特征与变幅　诊断层包括淡薄表层、雏形层；诊断特性包括热性土壤温度、潮湿土壤水分状况、氧化还原特征、石灰性。土体厚度 1 m 以上，淡薄表层厚 15～20 cm，之下雏形层厚 1 m 以上，结构面可见铁锰斑纹，层次质地构型为砂质壤土-壤土-黏壤土，通体有中度石灰反应，pH 7.2～8.6。

对比土系　同一土族的土系，成土母质和地形部位一致，层次质地构型中堡系为壤土-黏壤土-砂质壤土，1 m 左右之下土体出现潜育特征，天新场系为砂质壤土-黏壤土，张家窑系为砂质壤土-粉砂壤土-粉砂壤土-黏壤土，三含系为砂质壤土-壤土，渡普系为壤土-黏壤土-粉砂壤土-黏壤土，冯兴窑系为黏壤土-粉砂壤土-砂质壤土-粉砂壤土，畈湖系为黏壤土-粉砂壤土-壤土-粉砂壤土，耀新系为粉砂壤土-砂土-黏壤土。位于同一区内的向阳系和连通湖系，前者为不同亚类，为酸性淡色潮湿雏形土，后者长期植稻，不同土纲，为水耕人为土。

利用性能综述　土体深厚，发育较好，干湿易耕，毛管水运动比较活跃，抗旱性好，保肥能力强，肥劲平衡，作物一般早期发得起，中期稳得住，后期不早衰，养分含量偏低。应用养结合，增施农家肥和有机肥，注意平衡施肥，间作套种绿肥，后期看苗追肥，棉花、油菜注意施用硼肥。

参比土种　灰潮砂泥土。

代表性单个土体　位于湖北省武汉市东西湖区走马岭，30°38'35.95"N，113°59'13.52"E，海拔 25 m，冲积平原，成土母质为河流冲积物，旱地，主要为棉-蔬（油）轮作。50 cm 深度土温 19.5 ℃。野外调查时间为 2009 年 12 月 3 日，编号 42-001。

走马岭系代表性单个土体剖面

Ap：0～20 cm，浊黄橙色（10YR 7/3，干），浊黄棕色（10YR 4/3，润），砂质壤土，粒状结构，松散，中度石灰反应，pH 为 7.3，向下层平滑渐变过渡。

Br1：20～40 cm，浊黄橙色（10YR 7/3，干），浊黄棕色（10YR 4/3，润），壤土，小块状结构，坚实，结构面有 5%～15%清晰的铁锰斑纹，中度石灰反应，pH 为 7.6，向下层平滑模糊过渡。

Br2：40～75 cm，浊黄橙色（10YR 7/3，干），浊黄棕色（10YR 4/3，润），壤土，小块状结构，坚实，结构面有 5%～15%清晰的铁锰斑纹，中度石灰反应，pH 为 7.6，向下层平滑模糊过渡。

Br3：75～110 cm，浊黄橙色（10YR 7/3，干），浊黄棕色（10YR 4/3，润），黏壤土，块状结构，坚实，结构面有 5%～15%清晰的铁锰斑纹，中度石灰反应，pH 为 7.5。

走马岭系代表性单个土体物理性质

土层	深度/cm	砾石（>2mm，体积分数）/%	细土颗粒组成（g/kg）（粒径：mm）			质地	容重/（g/cm³）
			砂粒 2～0.05	粉粒 0.05～0.002	黏粒 <0.002		
Ap	0～20	0	580	268	152	砂质壤土	1.37
Br1	20～40	0	445	335	220	壤土	1.36
Br2	40～75	0	445	335	220	壤土	1.36
Br3	75～110	0	336	338	326	黏壤土	1.26

走马岭系代表性单个土体化学性质

深度/cm	pH		有机质/（g/kg）	全氮（N）/（g/kg）	全磷（P）/（g/kg）	全钾（K）/（g/kg）	阳离子交换量/（cmol/kg）
	H_2O	KCl					
0～20	7.3	—	12.7	0.87	0.72	12.4	19.0
20～40	7.6	—	5.8	0.86	0.52	12.1	18.4
40～75	7.6	—	5.8	0.86	0.52	12.1	18.4
75～110	7.5	—	7.6	0.44	0.38	12.2	19.4

7.2.13 天新场系（Tianxinchang Series）

土　族：黏壤质混合型热性-石灰淡色潮湿雏形土
拟定者：蔡崇法，张海涛，廖晓炜

分布与环境条件　主要分布在荆州、仙桃、潜江等地、市，江河沿岸的河漫滩地和较低的阶地，成土母质为长江近代冲积物，旱地，主要种植小麦、棉花、芝麻和黄豆。年均日照时数 1620～1934 h，年均气温 15.4～17.3 ℃，年均降水量 972～1115 mm，无霜期 240～256 d。

天新场系典型景观

土系特征与变幅　诊断层包括淡薄表层、雏形层；诊断特性包括热性土壤温度、潮湿土壤水分状况、氧化还原特征、石灰性。土体厚度 1 m 以上，淡薄表层厚 15～20 cm，之下雏形层厚 1 m 以上，结构面可见铁斑纹，层次质地构型为砂质壤土-黏壤土，通体有强石灰反应，土壤 pH 为 7.7～8.0。

对比土系　同一土族的土系，成土母质和地形部位一致，层次质地构型中堡系为壤土-黏壤土-砂质壤土，1 m 左右之下土体出现潜育特征，走马岭系为砂质壤土-壤土-黏壤土，张家窑系为砂质壤土-粉砂壤土-粉砂壤土-黏壤土，三含系为砂质壤土-壤土，渡普系为壤土-黏壤土-粉砂壤土-黏壤土，冯兴窑系为黏壤土-粉砂壤土-砂质壤土-粉砂壤土，畈湖系为黏壤土-粉砂壤土-壤土-粉砂壤土，耀新系为粉砂壤土-砂土-黏壤土。位于同一农场的土系中，黄家台系、流塘系和天新系，长期植稻，不同土纲，为水耕人为土，皇装垸系，无石灰性，同一土类，不同亚类，为普通淡色潮湿雏形土。

利用性能综述　土体深厚，表层质地较轻，土体松散，通透性极强，水分下渗快而且极易蒸发，温度稳定性差，高温易烧苗，遇雨易板结，不易早发齐苗，施肥见效快但肥效短，后期易脱肥早衰，养分缺乏。应采用沟泥、塘泥等掺泥改土，增施各种农家肥、有机肥，并配合施用无机肥，实行秸秆还田和合理轮作。

参比土种　灰潮砂泥土。

代表性单个土体　位于湖北省潜江市后湖农场天新场果园队三角地，30°21'42.26"N，112°44'27.89"E，海拔 27 m，冲积平原，成土母质为长江冲积物，旱地，棉花-蔬菜套作。50 cm 深度土温 19 ℃。野外调查时间为 2010 年 3 月 18 日，编号 42-007。

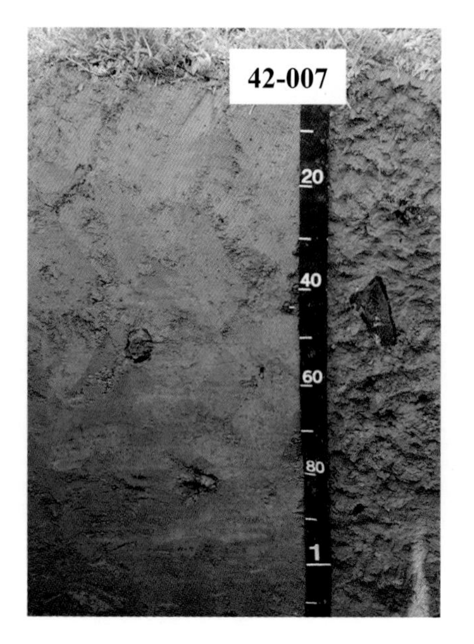

天新场系代表性单个土体剖面

Ap：0～17 cm，淡棕灰色（7.5YR 7/2，干），灰棕色（7.5YR 4/2，润），砂质壤土，粒状结构，疏松，2～3 个蚯蚓孔穴，强石灰反应，pH 为 8.0，向下层平滑渐变过渡。

Br1：17～43 cm，灰棕色（7.5YR 6/2，干），灰棕色（7.5YR 4/2，润），砂质壤土，块状结构，疏松，1～2 条蚯蚓，1～2 个砖块，结构面有<2 %铁斑纹，强石灰反应，pH 为 8.0，向下层平滑渐变过渡。

Br2：43～82 cm，浊橙色（7.5YR 7/3，干），暗棕色（7.5YR 3/4，润），砂质壤土，块状结构，疏松，1～2 个砖块，结构面有 5%～15%铁斑纹，中度石灰反应，pH 为 7.7，向下层平滑渐变过渡。

Br3：82～94 cm，浊橙色（7.5YR 7/3，干），亮棕色（7.5YR 5/6，润），黏壤土，块状结构，结构面有 5%～15%铁斑纹，强石灰反应，pH 为 7.7，向下层平滑突变过渡。

Br4：94～120 cm，浊橙色（7.5YR 7/3，干），亮棕色（7.5YR 5/6，润），黏壤土，块状结构，坚实，结构面有 15%～40%的铁斑纹，强石灰反应，pH 为 8.0。

天新场系代表性单个土体物理性质

土层	深度/cm	砾石（>2mm，体积分数）/%	细土颗粒组成（粒径：mm）/（g/kg）			质地	容重/（g/cm³）
			砂粒 2～0.05	粉粒 0.05～0.002	黏粒 <0.002		
Ap	0～17	0	629	209	162	砂质壤土	1.25
Br1	17～43	0	539	280	181	砂质壤土	1.41
Br2	43～82	0	689	209	102	砂质壤土	1.39
Br3	82～94	0	331	369	300	黏壤土	1.3
Br4	94～120	0	271	412	317	黏壤土	1.26

天新场系代表性单个土体化学性质

深度/cm	pH		有机质/（g/kg）	全氮（N）/（g/kg）	全磷（P）/（g/kg）	全钾（K）/（g/kg）	阳离子交换量/（cmol/kg）
	H_2O	KCl					
0～17	8.0	—	11.8	0.73	0.59	6.6	16.1
17～43	8.0	—	14.0	0.77	0.50	9.1	18.8
43～82	7.7	—	9.6	0.59	0.44	8.9	21.6
82～94	7.7	—	9.1	0.57	0.42	10.1	17.4
94～120	8.0	—	5.3	0.56	0.35	7.4	17.3

7.2.14 张家窑系（Zhangjiayao Series）

土　族：黏壤质混合型热性-石灰淡色潮湿雏形土

拟定者：蔡崇法，张海涛，廖晓炜

分布与环境条件 主要分布在潜江、宜昌、荆州等地，长江及其支流沿岸冲积平原、阶地、湖泊附近的较高地带，成土母质为近代河流冲积物，旱地，主要种植小麦、棉花、蔬菜等。年均日照时数 1620～1934 h，年均气温 15.4～17.3 ℃，年均降水量 972～1115 mm，无霜期 240～256 d。

张家窑系典型景观

土系特征与变幅 诊断层包括淡薄表层、雏形层；诊断特性包括热性土壤温度、潮湿土壤水分状况、氧化还原特征、石灰性。土体厚度 1 m 以上，淡薄表层厚 20～25 cm，之下雏形层厚 1 m 以上，结构面可见铁斑纹，层次质地构型为砂质壤土-粉砂壤土-黏壤土，通体有强石灰反应，pH 为 7.8～8.0。

对比土系 同一土族的土系，成土母质和地形部位一致，层次质地构型中堡系为壤土-黏壤土-砂质壤土，1 m 左右之下土体出现潜育特征，走马岭系为砂质壤土-壤土-黏壤土，天新场系为砂质壤土-黏壤土，三含系为砂质壤土-壤土，渡普系为壤土-黏壤土-粉砂壤土-黏壤土，冯兴窑系为黏壤土-粉砂壤土-砂质壤土-粉砂壤土，畈湖系为黏壤土-粉砂壤土-壤土-粉砂壤土，耀新系为粉砂壤土-砂土-黏壤土。位于同一农场的黄家台系、流塘系和天新系，长期植稻，不同土纲，为水耕人为土，皇装垸系，无石灰性，同一土类，不同亚类，为普通淡色潮湿雏形土。

利用性能综述 土体深厚，经长期人工旱耕熟化，发育较好，干湿易耕，毛管水运动比较活跃，抗旱性好，保肥能力强，肥劲平衡，作物一般早期发得起，中期稳得住，后期不早衰，但养分含量不足。应用养结合，合理轮作豆科作物，或间作套种绿肥，增施农家肥、有机肥，注意平衡施肥，后期看苗追肥，棉花、油菜注意施用硼肥。

参比土种 灰潮砂泥土。

代表性单个土体 位于湖北省潜江市后湖农场张家窑分场，30°23'36.17"N，112°45'29.88"E，海拔 27 m，冲积平原，成土母质为河流冲积物，旱地，油菜-棉花轮作。50 cm 深度土温 19 ℃。野外调查时间为 2010 年 3 月 19 日，编号 42-012。

张家窑系代表性单个土体剖面

Ap：0～24 cm，淡棕灰色（7.5YR 7/2，干），灰棕色（7.5YR 5/2，润），砂质壤土，粒状结构，疏松，强石灰反应，pH 为 7.8，向下层平滑清晰过渡。

Br1：24～36 cm，浊橙色（7.5YR 6/3，干），棕色（7.5YR 4/4，润），粉砂壤土，块状结构，很坚实，结构面有 2%～5% 铁斑纹，强石灰反应，pH 为 8.0，向下层平滑清晰过渡。

Br2：36～50 cm，浊棕色（7.5YR 6/3，干），棕色（7.5YR 4/3，润），粉砂壤土，块状结构，很坚实，结构面有 5%～15% 铁斑纹，强石灰反应，pH 为 8.0，向下层平滑渐变过渡。

Br3：50～100 cm，浊棕色（7.5YR 7/3，干），棕色（7.5YR 4/4，润），黏壤土，棱块状结构，坚实，结构面有 15%～40% 铁斑纹，强石灰反应，pH 为 8.0。

张家窑系代表性单个土体物理性质

土层	深度/cm	砾石（>2mm，体积分数）/%	细土颗粒组成（粒径：mm）/（g/kg）			质地	容重/（g/cm^3）
			砂粒 2～0.05	粉粒 0.05～0.002	黏粒 <0.002		
Ap	0～24	0	604	278	118	砂质壤土	1.11
Br1	24～36	0	152	579	269	粉砂壤土	1.28
Br2	36～50	0	175	578	247	粉砂壤土	1.24
Br3	50～100	0	377	313	310	黏壤土	1.36

张家窑系代表性单个土体化学性质

深度/cm	pH		有机质/（g/kg）	全氮（N）/（g/kg）	全磷（P）/（g/kg）	全钾（K）/（g/kg）	阳离子交换量/（cmol/kg）
	H_2O	KCl					
0～24	7.8	—	16.5	1.13	0.63	8.8	17.6
24～36	8.0	—	12.3	0.84	0.43	11.1	20.1
36～50	8.0	—	10.2	0.49	0.40	5.6	13.9
50～100	8.0	—	10.8	0.63	0.32	5.7	21.8

7.2.15 三含系（Sanhan Series）

土　族：黏壤质混合型热性-石灰淡色潮湿雏形土

拟定者：蔡崇法，张海涛，廖晓炜

分布与环境条件 主要分布在荆州、黄冈等地，沿河两岸的阶地、河漫滩地及冲击平原，成土母质为近代河流冲积物，旱地，主要是棉麦连作，间或有豆类、薯类等旱杂。年均日照时数1827～1897 h，年均气温 16～16.4 ℃，年均降雨量900～1100 mm，无霜期246～262 d。

三含系典型景观

土系特征与变幅 诊断层包括淡薄表层、雏形层；诊断特性包括热性土壤温度、潮湿土壤水分状况、氧化还原特征、石灰性。土体厚度1 m以上，淡薄表层厚18～20 cm，之下雏形层厚1 m以上，结构面可见铁斑纹，层次质地构型为砂质壤土-壤土-黏土，通体有强石灰反应，土壤pH为7.8～8.4。

对比土系 同一土族的土系，成土母质和地形部位一致，层次质地构型中堡系为壤土-黏壤土-砂质壤土，1 m左右之下土体出现潜育特征，走马岭系为砂质壤土-壤土-黏壤土，天新场系为砂质壤土-黏壤土，张家窑系为砂质壤土-粉砂壤土-粉砂壤土-黏壤土，渡普系为壤土-黏壤土-粉砂壤土-黏壤土，冯兴窑系为黏壤土-粉砂壤土-砂质壤土-粉砂壤土，畈湖系为黏壤土-粉砂壤土-壤土-粉砂壤土，耀新系为粉砂壤土-砂土-黏壤土。位于同一乡镇的李公垸系和沙岗系，成土母质和地形部位一致，前者长期植稻，不同土纲，为水耕人为土；后者原为稻田，改为林地，残留水耕现象，同一土类，不同亚类，为水耕淡色潮湿雏形土。

利用性能综述 土体深厚，耕层质地和结构较好，宜耕期长，性暖湿润，供肥平稳后劲长，养分含量偏低；心土层以下为质地黏重的泥土层，具有较好的保肥托水的作用。但因地势较低，遇久雨造成滞水。应注意开沟排水，实行秸秆还田，增施农家肥、有机肥和复合肥，选择生理酸性肥料，同时要注意施用微肥。

参比土种 底泥灰潮砂泥土。

代表性单个土体 位于湖北省江陵县沙岗镇三含村，30°1'29.53"N，112°40'20.39"E，海拔27 m，冲积平原，成土母质为河流冲积物，旱地，棉花-油菜轮作。50 cm深度土温19.2 ℃。野外调查时间为2010年8月10日，编号42-025。

三含系代表性单个土体剖面

Ap：0～20 cm，棕色（7.5YR 4/4，干），暗棕色（7.5YR 3/4，润），砂质壤土，粒状结构，较疏松，具有稍黏和稍塑的性质，强石灰反应，pH 为 8.1，向下层平滑突变过渡。

Br1：20～40 cm，棕色（7.5YR 4/4，干），暗棕色（7.5YR 3/4，润），壤土，块状结构，较疏松，具有稍黏和稍塑的性质，结构面有 2%～5%的锈纹锈斑，强石灰反应，pH 为 7.6，向下层平滑渐变过渡。

Br2：40～75 cm，灰棕色（7.5YR 6/2，干），黑棕色（7.5YR 3/2，润），壤土，块状结构，坚实，结构面有 2%～5%的锈纹锈斑，强石灰反应，pH 为 8.1，向下层平滑渐变过渡。

Br3：75～100 cm，浊棕色（7.5YR 6/3，干），暗棕色（7.5YR 3/4，润），黏土，粒状结构，坚实，结构面有 2%～5%的锈纹，强石灰反应，pH 为 8.1。

三含系代表性单个土体物理性质

土层	深度/cm	砾石（>2mm，体积分数）/%	细土颗粒组成（粒径：mm）/（g/kg）			质地	容重/（g/cm³）
			砂粒 2～0.05	粉粒 0.05～0.002	黏粒 <0.002		
Ap	0～20	0	597	227	176	砂质壤土	1.31
Br1	20～40	0	342	465	193	壤土	1.44
Br2	40～75	0	301	489	210	壤土	1.61
Br3	75～100	0	232	347	421	黏土	1.67

三含系代表性单个土体化学性质

深度/cm	pH		有机质/（g/kg）	全氮（N）/（g/kg）	全磷（P）/（g/kg）	全钾（K）/（g/kg）	阳离子交换量/（cmol/kg）
	H_2O	KCl					
0～20	8.1	—	11.7	0.65	0.36	4.3	17.6
20～40	7.6	—	7.9	0.61	0.31	3.9	24.3
40～75	8.1	—	6.6	0.57	0.27	5.6	19.8
75～100	8.1	—	5.2	0.51	0.21	5.4	23.6

7.2.16　渡普系（Dupu Series）

土　族：黏壤质混合型热性-石灰淡色潮湿雏形土
拟定者：蔡崇法，张海涛，秦　聪

分布与环境条件　主要分布在咸宁、武汉、黄冈等地，近代河流泛滥沉积平原、天然堤的后缘及局部低洼地段，旱地，主要棉麦轮作。年均气温 16.1～18.2 ℃，年均降水量 1322～1359 mm，年均蒸发量 1526～1579 mm，无霜期 251～279 d。

渡普系典型景观

土系特征与变幅　诊断层包括淡薄表层、雏形层；诊断特性包括热性土壤温度、潮湿土壤水分状况、氧化还原特征、石灰性。土体厚度 1 m 以上，淡薄表层厚 15～20 cm，之下雏形层厚 1 m 以上，结构面可见铁斑纹，层次质地构型为壤土-黏壤土-粉砂壤土-黏壤土，50 cm 以上土体有轻度石灰反应，pH 6.1～7.9。

对比土系　同一土族的土系，成土母质和地形部位一致，层次质地构型中堡系为壤土-黏壤土-砂质壤土，1 m 左右之下土体出现潜育特征，走马岭系为砂质壤土-壤土-黏壤土，天新场系为砂质壤土-黏壤土，张家窑系为砂质壤土-粉砂壤土-粉砂壤土-黏壤土，三含系为砂质壤土-壤土，渡普系为壤土-黏壤土-粉砂壤土-黏壤土，冯兴窑系为黏壤土-粉砂壤土-砂质壤土-粉砂壤土，畈湖系为黏壤土-粉砂壤土-壤土-粉砂壤土，耀新系为粉砂壤土-砂土-黏壤土。

利用性能综述　土体深厚，耕性好，有夜潮供水，抗旱性强，弱酸性，适种性广，供肥平稳，有机质和磷含量偏低。应重视施用有机肥，增施磷肥，在耕作制中间作套种豆类、绿肥等养地作物。

参比土种　潮沙泥土。

代表性单个土体　位于湖北省咸宁市嘉鱼县渡普镇渡普口村二组，30°2'43.04"N，114°7'5.92"E，海拔 23 m，冲积平原低洼地段，成土母质为河流冲积物，旱地，棉花-小麦轮作。50 cm 深度土温 19.3 ℃。野外调查时间为 2010 年 12 月 3 日，编号 42-089。

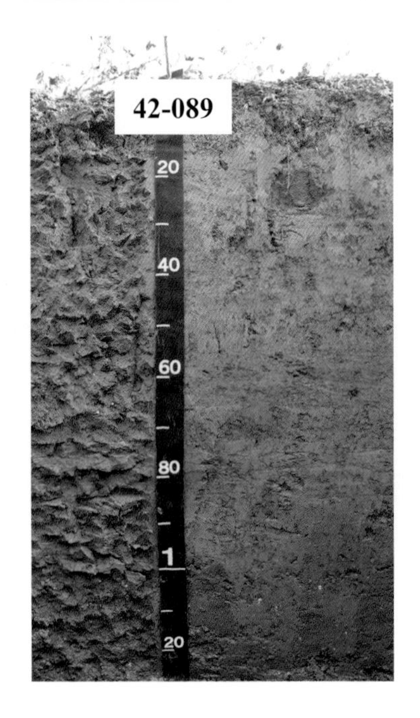

渡普系代表性单个土体剖面

Ap：0～17 cm，灰棕色（7.5YR 5/2，干），黑棕色（7.5YR 3/2，润），壤土，粒状结构，坚实，结构面有<2 %铁斑纹，中度石灰反应，pH 为 7.7，向下层平滑渐变过渡。

Br1：17～35 cm，浊棕色（7.5YR 6/3，干），灰棕色（7.5YR 4/2，润），壤土，块状结构，很坚实，结构面有 2%～5%的铁斑纹，强石灰反应，pH 为 7.9，向下层平滑清晰过渡。

Br2：35～56 cm，浊棕色（7.5YR 6/3，干），灰棕色（7.5YR 4/2，润），黏壤土，块状结构，很坚实，结构面有<2 %铁斑纹，轻度石灰反应，pH 为 6.1，向下层平滑渐变过渡。

Br3：56～84 cm，浊棕色（7.5YR 6/3，干），灰棕色（7.5YR 4/2，润），粉砂壤土，块状结构，坚实，结构面有<2 %铁斑纹，pH 为 5.9，向下层平滑渐变过渡。

Br4：84～100 cm，浊棕色（7.5YR 6/3，干），黑棕色（7.5YR 3/2，润），黏壤土，块状结构，很坚实，结构面有<2 %铁斑纹，pH 为 6.0，向下层平滑渐变过渡。

C：100～120 cm，浊橙色（5YR 6/3，干），绿灰色（10G 6/1，润），黏壤土，块状结构，很坚实，pH 为 5.1。

渡普系代表性单个土体物理性质

土层	深度 /cm	砾石（>2mm，体积分数）/%	细土颗粒组成（粒径：mm）/（g/kg）			质地	容重 /（g/cm^3）
			砂粒 2～0.05	粉粒 0.05～0.002	黏粒 <0.002		
Ap	0～17	0	447	340	213	壤土	1.56
Br1	17～35	0	440	388	172	壤土	1.46
Br2	35～56	0	320	310	370	黏壤土	1.53
Br3	56～84	0	138	742	119	粉砂壤土	1.56
Br4	84～100	0	340	321	339	黏壤土	1.46
C	100～120	0	348	349	303	黏壤土	1.44

渡普系代表性单个土体化学性质

深度/cm	pH		有机质 /（g/kg）	全氮（N） /（g/kg）	全磷（P） /（g/kg）	全钾（K） /（g/kg）	阳离子交换量 /（cmol/kg）
	H_2O	KCl					
0～17	7.7	—	17.5	1.17	0.42	24.4	21.9
17～35	7.9	—	9.6	1.14	0.35	24.1	21.5
35～56	6.1	—	11.4	0.69	0.32	19.2	29.4
56～84	5.9	—	8.7	0.40	0.30	19.1	22.2
84～110	6.0	—	11.5	0.72	0.28	21.1	10.5
110～120	5.1	4.1	17.7	0.71	0.23	20.2	12.0

7.2.17 冯兴窑系（Fengxingyao Series）

土 族：黏壤质混合型热性-石灰淡色潮湿雏形土
拟定者：陈家赢，陈 芳

分布与环境条件 主要分布在武汉、孝感及鄂州、黄冈等地，滨湖地区、河漫滩迴水地带以及冲积泛滥平原区的低洼地区，成土母质为近代河流冲积物和湖相沉积物，旱地，主要种植小麦、豆类、棉花和蔬菜等。年均气温 15.6～17.1 ℃，年均降水量 1212～1243 mm，无霜期 255 d。

冯兴窑系典型景观

土系特征与变幅 诊断层包括淡薄表层、雏形层；诊断特性包括热性土壤温度、潮湿土壤水分状况、氧化还原特征、石灰性。土体厚度 1 m 以上，淡薄表层厚 20～25 cm，之下雏形层厚 1 m 以上，结构面可见铁斑纹，层次质地构型为黏壤土-粉砂壤土-砂质壤土-粉砂壤土，通体有轻度石灰反应，土壤 pH 为 5.2～7.6。

对比土系 同一土族的土系，成土母质和地形部位一致，层次质地构型中堡系为壤土-黏壤土-砂质壤土，1 m 左右之下土体出现潜育特征，走马岭系为砂质壤土-壤土-黏壤土，天新场系为砂质壤土-黏壤土，张家窑系为砂质壤土-粉砂壤土-粉砂壤土-黏壤土，三含系为砂质壤土-壤土，渡普系为壤土-黏壤土-粉砂壤土-黏壤土，畈湖系为黏壤土-粉砂壤土-壤土-粉砂壤土，耀新系为粉砂壤土-砂土-黏壤土。

利用性能综述 土体深厚，耕层质地偏黏，下有砂土层，导致水热状况不稳定，漏水漏肥，施肥见效快，但无后劲，作物苗期尚可，后期则易早衰，有机质和钾含量偏低。应深耕翻土，打破砂土层，使非均质的土层砂黏混合，改善整个土体的结构，增施农家肥、有机肥和钾肥，实行秸秆还田，中后期的追肥要注意防止脱肥早衰。

参比土种 潮砂泥土。

代表性单个土体 位于湖北省汉川市中州农场杨林分场冯兴窑，30°39'49.36"N，113°30'30.64"E，海拔 28 m，冲积平原低洼地段，成土母质为河流冲积物，旱地，小麦-棉花轮作。50 cm 深度土温 18.5 ℃。野外调查时间为 2010 年 11 月 24 日，编号 42-060。

冯兴窑系代表性单个土体剖面

Ap：0～25 cm，灰棕色（7.5YR 5/2，干），灰棕色（7.5YR 4/2，润），黏壤土，粒状结构，很坚实，轻度石灰反应，pH 为 5.2，向下层突变平滑过渡。

Br1：25～45 cm，灰棕色（7.5YR 4/2，干），灰棕色（7.5YR 4/2，润），黏壤土，块状结构，疏松，结构面有 5%～15%的铁斑纹，轻度石灰反应，pH 为 7.0，向下层平滑清晰过渡。

Br2：45～65 cm，棕色（7.5YR 4/3，干），黑棕色（7.5YR 3/2，润），粉砂壤土，块状结构，坚实，结构面有 5%～15%的铁斑纹，轻度石灰反应，pH 为 7.3，向下层平滑清晰过渡。

Br3：65～100 cm，浊橙色（5YR 6/3，干），灰棕色（5YR 4/2，润），砂质壤土，块状结构，疏松，结构面有 5%～15%的铁斑纹，轻度石灰反应，pH 为 7.6，向下层平滑渐变过渡。

Br4：100～120 cm，浊棕色（7.5Y 6/3，干），黑棕色（7.5YR 3/2，润），粉砂壤土，块状结构，坚实，结构面有 5%～15%的铁斑纹，轻度石灰反应，pH 为 7.6。

冯兴窑系代表性单个土体物理性质

土层	深度/cm	砾石（>2mm，体积分数）/%	细土颗粒组成（粒径：mm）/（g/kg）			质地	容重/（g/cm^3）
			砂粒 2～0.05	粉粒 0.05～0.002	黏粒 <0.002		
Ap	0～25	0	324	312	364	黏壤土	1.63
Br1	25～45	0	369	322	309	黏壤土	1.35
Br2	45～65	0	157	649	194	粉砂壤土	1.45
Br3	65～100	0	569	241	190	砂质壤土	1.31
Br4	100～120	0	259	565	176	粉砂壤土	1.35

冯兴窑系代表性单个土体化学性质

深度/cm	pH		有机质/（g/kg）	全氮（N）/（g/kg）	全磷（P）/（g/kg）	全钾（K）/（g/kg）	阳离子交换量/（cmol/kg）
	H_2O	KCl					
0～25	5.2	4.5	19.3	2.21	1.01	10.1	27.9
25～45	7.0	—	10.0	1.45	0.43	8.4	23.0
45～65	7.3	—	8.0	1.31	0.41	7.9	22.8
65～100	7.6	—	17.8	0.51	0.50	3.8	21.5
100～120	7.6	—	13.6	0.74	0.41	5.1	21.5

7.2.18 畈湖系（Fanhu Series）

土 族：黏壤质混合型热性-石灰淡色潮湿雏形土

拟定者：蔡崇法，张海涛，陈 芳

分布与环境条件 一般分布在丘陵地区地势较平坦地段，成土母质为河湖相沉积物，旱地，主要种植棉花。年均日照时数1900～1980 h，年均气温15.2～17.7 ℃，年均降水量1400～1442 mm，年均蒸发量1516～1573 mm，无霜期253～271 d。

畈湖系典型景观

土系特征与变幅 诊断层包括淡薄表层、雏形层；诊断特性包括热性土壤温度、潮湿土壤水分状况、氧化还原特征、石灰性。土体厚度1 m以上，淡薄表层厚15～20 cm，之下雏形层厚1 m以上，结构面可见铁斑纹，层次质地构型为黏壤土-粉砂壤土-壤土-粉砂壤土，通体有强石灰反应，土壤pH 8.0左右。

对比土系 同一土族的土系，成土母质和地形部位一致，层次质地构型中堡系为壤土-黏壤土-砂质壤土，1 m左右之下土体出现潜育特征，走马岭系为砂质壤土-壤土-黏壤土，天新场系为砂质壤土-黏壤土，张家窑系为砂质壤土-粉砂壤土-粉砂壤土-黏壤土，三含系为砂质壤土-壤土，渡普系为壤土-黏壤土-粉砂壤土-黏壤土，冯兴窑系为黏壤土-粉砂壤土-砂质壤土-粉砂壤土，耀新系为粉砂壤土-砂土-黏壤土。位于同一农场的长湖系，长期植稻，不同土纲，为水耕人为土。

利用性能综述 土体深厚，构型协调，表土易耕作，爽水通气性能好，保肥力强，供肥平缓，但磷钾偏低。应与油菜或绿肥轮作，注意增施磷钾肥。

参比土种 灰潮砂泥土。

代表性单个土体 位于湖北省荆州市洪湖市大沙湖农场二分场三队，30°0'56.2"N，113°42'35.24"E，海拔25 m，沟谷沿岸地势较平坦地段，成土母质为河流冲积物，旱地，棉花-小麦轮作。50 cm深度土温19.1 ℃。野外调查时间为2010年12月8日，编号42-106。

畈湖系代表性单个土体剖面

Ap：0～16 cm，灰棕色（7.5YR 6/2，干），灰棕色（7.5YR 4/2，润），黏壤土，块状结构，坚实，强石灰反应，pH 为 8.0，向下层平滑渐变过渡。

Br1：16～30 cm，浊棕色（7.5YR 6/3，干），灰棕色（7.5YR 4/2，润），粉砂壤土，块状结构，坚实，结构面有 2%～5%的铁斑纹，强石灰反应，pH 为 8.1，向下层平滑突变过渡。

Br2：30～46 cm，浊棕色（7.5YR 6/3，干），黑棕色（7.5YR 3/2，润），粉砂壤土，块状结构，坚实，结构面有 2%～5%的铁斑纹，强石灰反应，pH 为 8.1，向下层平滑渐变过渡。

Br3：46～72 cm，浊棕色（7.5YR 6/3，干），灰棕色（7.5YR 4/2，润），粉砂壤土，块状结构，坚实，结构面有 2%～5%的铁斑纹，强石灰反应，pH 为 8.1，向下层平滑渐变过渡。

Br4：72～96 cm，浊棕色（7.5YR 6/3，干），灰棕色（7.5YR 4/2，润），壤土，块状结构，坚实，结构面有 2%～5%的铁斑纹，强石灰反应，pH 为 8.1，向下层平滑清晰过渡。

Br5：96～120 cm，浊棕色（7.5YR 6/3，干），灰棕色（7.5YR 4/2，润），粉砂壤土，块状结构，坚实，结构面有<2%的铁斑纹，强石灰反应，pH 为 8.1。

畈湖系代表性单个土体物理性质

土层	深度/cm	砾石（>2mm，体积分数）/%	细土颗粒组成（粒径：mm）/（g/kg）			质地	容重/（g/cm³）
			砂粒 2～0.05	粉粒 0.05～0.002	黏粒 <0.002		
Ap	0～16	0	379	300	321	黏壤土	1.07
Br1	16～30	0	222	591	187	粉砂壤土	1.23
Br2	30～46	0	220	578	202	粉砂壤土	1.34
Br3	46～72	0	225	532	243	粉砂壤土	1.62
Br4	72～96	0	364	425	211	壤土	1.43
Br5	96～120	0	249	501	250	粉砂壤土	1.40

畈湖系代表性单个土体化学性质

深度/cm	pH		有机质/（g/kg）	全氮（N）/（g/kg）	全磷（P）/（g/kg）	全钾（K）/（g/kg）	阳离子交换量/（cmol/kg）
	H_2O	KCl					
0～16	8.0	—	20.4	1.15	0.28	13.6	23.6
16～30	8.1	—	14.1	0.51	0.27	14.0	23.9
30～46	8.1	—	9.6	0.39	0.27	13.6	23.6
46～72	8.1	—	7.9	0.71	0.27	18.5	23.4
72～96	8.1	—	7.9	0.51	0.25	12.6	23.3
96～120	8.1	—	7.8	0.42	0.20	11.9	22.3

7.2.19　耀新系（Yaoxin Series）

土　族：黏壤质混合型热性-石灰淡色潮湿雏形土

拟定者：蔡崇法，陈家赢，廖晓炜

分布与环境条件　主要分布在荆州、武汉、孝感等地，江河两岸的阶地、平原及河漫滩地，成土母质为近代河流冲积物，旱地，主要种植小麦、棉花。年均日照时数 1827～1897 h，年均气温 16～16.4 ℃，年均降水量 1100～1300 mm，无霜期 246～262 d。

耀新系典型景观

土系特征与变幅　诊断层包括淡薄表层、雏形层；诊断特性包括热性土壤温度、潮湿土壤水分状况、氧化还原特征、石灰性。土体厚度 1 m 以上，淡薄表层厚 18～22 cm，之下雏形层厚 1 m 以上，结构面可见铁斑纹，层次质地构型为粉砂壤土-砂土-黏壤土，通体有强石灰反应，土壤 pH 8.1 左右。

对比土系　同一土族的土系，成土母质和地形部位一致，层次质地构型中堡系为壤土-黏壤土-砂质壤土，1 m 左右之下土体出现潜育特征，走马岭系为砂质壤土-壤土-黏壤土，天新场系为砂质壤土-黏壤土，张家窑系为砂质壤土-粉砂壤土-粉砂壤土-黏壤土，三含系为砂质壤土-壤土，渡普系为壤土-黏壤土-粉砂壤土-黏壤土，冯兴窑系为黏壤土-粉砂壤土-砂质壤土-粉砂壤土，畈湖系为黏壤土-粉砂壤土-壤土-粉砂壤土。位于同一乡镇的青安系和马家寨系，同一亚类，不同土族，颗粒大小级别为砂质，层次质地构型为青安系为砂质壤土-壤土，马家寨系为粉砂土-砂土。

利用性能综述　土体深厚，养分含量偏低，且由于土体中部存在夹砂层，不易保存水分和矿质营养，直根系作物根系不易下扎，易受旱情的影响，中后期易脱肥，土壤缓冲性能也差，遇高温即出现旱情。应增施有机肥和平衡施肥，实行秸秆还田；对于夹砂层出现较浅的土壤，可进行深耕改土，结合施用 15%～40%的泥质土杂肥和有机肥料，使上下土层逐步趋于均质，改善土壤的物理性状。

参比土种　夹砂灰潮砂泥土。

代表性单个土体　位于湖北省荆州市江陵县马家寨乡耀新村六组，30°7'10.02"N，112°12'45.83"E，海拔 37 m，滩地，成土母质为河流冲积物，旱地，种植西瓜。50 cm 深度土温 17.4 ℃。野外调查时间为 2010 年 8 月 11 日，编号 42-030。

耀新系代表性单个土体剖面

Ap：0～20 cm，棕色（7.5YR 4/4，干），棕色（7.5YR 4/4，润），粉砂壤土，粒状结构，疏松，强石灰反应，pH 为 8.1，向下层平滑渐变过渡。

Br1：20～35 cm，棕色（7.5YR 4/3，干），黑棕色（7.5YR 3/2，润），粉砂壤土，块状结构，坚实，结构面有<2 %铁斑纹，强石灰反应，pH 为 8.2，向下层平滑突变过渡。

Br2：35～43 cm，棕色（7.5YR 4/4，干），棕色（7.5YR 4/4，润），夹砂层，砂粒，无结构，强石灰反应，向下层平滑突变过渡。

Br3：43～100 cm，灰棕色（7.5YR 5/2，干），灰棕色（7.5YR 4/2，润），黏壤土，棱块状结构，坚实，结构面有<2 %铁斑纹，强石灰反应，pH 为 8.1。

耀新系代表性单个土体物理性质

土层	深度/cm	砾石（>2mm，体积分数）/%	细土颗粒组成（粒径：mm）/（g/kg）			质地	容重/（g/cm^3）
			砂粒 2～0.05	粉粒 0.05～0.002	黏粒 <0.002		
Ap	0～20	0	172	671	157	粉砂壤土	1.56
Br1	20～35	0	163	724	113	粉砂壤土	1.46
Br2	35～43	0	—	—	—	—	—
Br3	43～100	0	307	335	358	黏壤土	1.44

耀新系代表性单个土体化学性质

深度/cm	pH		有机质/（g/kg）	全氮（N）/（g/kg）	全磷（P）/（g/kg）	全钾（K）/（g/kg）	阳离子交换量/（cmol/kg）	游离氧化铁/（g/kg）
	H_2O	KCl						
0～20	8.1	—	16.1	0.79	0.42	3.9	15.7	19.2
20～35	8.2	—	17.4	0.72	0.42	3.8	18.6	19.7
35～43	—	—	—	—	—	—	—	—
43～100	8.1	—	15.0	0.58	0.29	4.6	14.3	23.7

7.2.20 滩桥系（Tanqiao Series）

土 族：壤质混合型热性-石灰淡色潮湿雏形土
拟定者：蔡崇法，陈家赢，廖晓炜

分布与环境条件 主要分布在荆州、武汉、孝感等地，江河两岸的冲积平原及河漫滩地，成土母质为近代河流冲积物，旱地，主要种植小麦、棉花及少量豆类、玉米等作物。年均日照时数 1827～1897 h，年均气温 16～16.4 ℃，年均降水量 900～1100 mm，无霜期 246～262 d。

滩桥系典型景观

土系特征与变幅 诊断层包括淡薄表层、雏形层；诊断特性包括热性土壤温度、潮湿土壤水分状况、氧化还原特征、石灰性。土体厚度 1 m 以上，淡薄表层厚 18～22 cm，之下雏形层厚 1 m 以上，结构面可见铁斑纹，层次质地构型为砂质壤土-砂土-粉砂质黏壤土，通体有强石灰反应，pH 8.3 左右。

对比土系 同一土族的土系，成土母质和地形部位一致，层次质地构型游湖系为壤土-黏壤土，向阳湖系为黏壤土-粉砂壤土，民山系为粉砂壤土-壤土-砂质壤土-壤土-砂质壤土，阳明系为壤土-粉砂壤土-砂质壤土-粉砂壤土-壤土，分水系为粉砂壤土-壤土-黏壤土，高洪系为砂质壤土-壤土，梁桥系为粉砂壤土-砂质壤土-粉砂壤土，林湾系为粉砂壤土-砂质壤土-粉砂壤土，曹家口系为粉砂壤土-砂质壤土。位于同一乡镇的五三系和月堤系，同一亚类，不同土族，颗粒大小级别分别为砂质和黏质，层次质地构型分别为通体砂质壤土、黏壤土-粉砂质黏土-黏壤土。

利用性能综述 土体深厚，由于夹砂层的存在，土壤不易保存水分和矿质营养，养分含量偏低，直根系作物根系不易下扎，易受旱情的影响，中后期易脱肥。土壤的缓冲性能也差，遇高温即出现旱情。由于夹砂层出现层位较深，不易通过翻耕来改良土壤，可种植须根系作物，如花生、玉米等，同时解决土壤受旱的问题，增施农家肥、有机肥和复合肥。

参比土种 夹砂灰潮砂土。

代表性单个土体　位于湖北省荆州市江陵县滩桥镇滩桥村四组，30°9'16.09"N，112°17'45.82"E，海拔 30 m，冲积平原，成土母质为河流冲积物，旱地，种植黄豆。50 cm 深度土温 17.4 ℃。野外调查时间为 2010 年 8 月 12 日，编号 42-034。

滩桥系代表性单个土体剖面

Ap：0～20 cm，灰棕色（7.5YR 4/2，干），黑棕色（7.5YR 3/2，润），砂质壤土，粒状结构，疏松，强石灰反应，pH 为 8.3，向下层平滑渐变过渡。

Br1：20～50 cm，灰棕色（7.5YR 5/2，干），灰棕色（7.5YR 4/2，润），砂质壤土，弱块状结构，坚实，结构面有<2 %铁斑纹，强石灰反应，pH 为 8.4，向下层平滑渐变过渡。

Bw：50～62 cm，灰棕色（7.5YR 4/2，干），黑棕色（7.5YR 3/2，润），砂土，砂粒，无结构。

Br2：62～100 cm，棕色（7.5YR 4/4，干），灰棕色（7.5YR 4/2，润），粉砂质黏壤土，块状结构，坚实，结构面有 2%～5%铁锰斑纹，强石灰反应，pH 为 8.3。

滩桥系代表性单个土体物理性质

土层	深度 /cm	砾石（>2mm，体积分数）/%	细土颗粒组成（粒径：mm）/（g/kg）			质地	容重 /（g/cm³）
			砂粒 2～0.05	粉粒 0.05～0.002	黏粒 <0.002		
Ap	0～20	0	589	297	114	砂质壤土	1.63
Br1	20～50	0	635	271	94	砂质壤土	1.35
Bw	50～62	0	—	—	—	—	—
Br2	62～100	0	189	463	348	粉砂质黏壤土	1.45

滩桥系代表性单个土体化学性质

深度/cm	pH		有机质 /（g/kg）	全氮（N） /（g/kg）	全磷（P） /（g/kg）	全钾（K） /（g/kg）	阳离子交换量 /（cmol/kg）	游离氧化铁 /（g/kg）
	H_2O	KCl						
0～20	8.3	—	16.0	1.27	0.40	2.3	23.7	18.9
20～50	8.4	—	9.1	0.27	0.28	2.5	18.7	20.3
50～62	—	—	—	—	—	—	—	—
62～100	8.3	—	8.5	0.61	0.31	4.6	21.5	25.9

7.2.21 游湖系（Youhu Series）

土 族：壤质混合型热性-石灰淡色潮湿雏形土

拟定者：张海涛，陈 芳

分布与环境条件 主要分布在荆州、武汉、仙桃等地。冲积平原，成土母质为近代河流冲积物，旱地，主要是麦棉轮作。年均日照时数1961～1963 h，年均气温16.1～17.9 ℃，年均降水量1200～1250 mm，无霜期250～269 d。

游湖系典型景观

土系特征与变幅 诊断层包括淡薄表层、雏形层；诊断特性包括热性土壤温度、潮湿土壤水分状况、氧化还原特征、石灰性。土体厚度1 m以上，淡薄表层厚18～25 cm，之下雏形层厚1 m以上，结构面可见铁斑纹，层次质地构型为壤土-黏壤土，通体有石灰反应，pH 6.8～8.2。

对比土系 同一土族的土系，成土母质和地形部位一致，层次质地构型滩桥系为砂质壤土-砂土-粉砂质黏壤土，向阳湖系为黏壤土-粉砂壤土，民山系为粉砂壤土-壤土-砂质壤土-壤土-砂质壤土，阳明系为壤土-粉砂壤土-砂质壤土-粉砂壤土-壤土，分水系为粉砂壤土-壤土-黏壤土，高洪系为砂质壤土-壤土，梁桥系为粉砂壤土-砂质壤土-粉砂壤土，林湾系为粉砂壤土-砂质壤土-粉砂壤土，曹家口系为粉砂壤土-砂质壤土。

利用性能综述 土体深厚，土壤物理性状较好，耐渍耐旱，毛管作用强，不易受渍，土酥绵软好耕作，潮润温暖通气良好，供肥有前劲少后劲，是较好的旱地土壤，但养分含量偏低。应完善排灌系统，多施农家肥、有机肥和复合肥，轮作换茬。

参比土种 灰潮砂泥土。

代表性单个土体 位于湖北省仙桃市沙湖镇游湖村三组，30°9'31.82"N，113°42'15.34"E，海拔23 m，冲积平原，成土母质为河流冲积物，旱地，小麦-棉花轮作，50 cm深度土温18.9 ℃。野外调查时间为2010年11月30日，编号42-080。

游湖系代表性单个土体剖面

Ap：0～25 cm，浊棕色（7.5YR 5/4，干），灰棕色（7.5YR 4/2，润），壤土，粒状结构，疏松，轻度石灰反应，pH 为 6.8，向下层平滑渐变过渡。

Br1：25～40 cm，浊棕色（7.5YR 5/3，干），灰棕色（7.5YR 4/2，润），壤土，块状结构，坚实，结构面有 2%～5%的铁锰斑纹，强石灰反应，pH 为 8.0，向下层平滑渐变过渡。

Br2：40～80 cm，浊棕色（7.5YR 5/3，干），灰棕色（7.5YR 4/2，润），壤土，块状结构，坚实，结构面有 2%～5%的铁斑纹，强石灰反应，pH 为 8.2，向下层平滑渐变过渡。

Br3：80～120 cm，浊棕色（7.5YR 6/3，干），灰棕色（7.5YR 5/2，润），黏壤土，块状结构，坚实，结构面有 5%～15%铁斑纹，强石灰反应，pH 为 8.2。

游湖系代表性单个土体物理性质

土层	深度 /cm	砾石（>2mm，体积分数）/%	细土颗粒组成（粒径：mm）/（g/kg）			质地	容重 /（g/cm³）
			砂粒 2～0.05	粉粒 0.05～0.002	黏粒 <0.002		
Ap	0～25	0	343	427	230	壤土	1.38
Br1	25～40	0	391	409	200	壤土	1.58
Br2	40～80	0	385	419	196	壤土	1.58
Br3	80～120	0	313	339	348	黏壤土	1.56

游湖系代表性单个土体化学性质

深度/cm	pH		有机质 /（g/kg）	全氮（N） /（g/kg）	全磷（P） /（g/kg）	全钾（K） /（g/kg）	阳离子交换量 /（cmol/kg）
	H_2O	KCl					
0～25	6.8	—	18.1	0.88	0.44	10.2	28.1
25～40	8.0	—	8.5	0.40	0.33	10.3	25.6
40～80	8.2	—	8.3	0.42	0.31	10.1	25.4
80～120	8.2	—	5.0	0.26	0.00	9.9	25.3

7.2.22 向阳湖系（Xiangyanghu Series）

土 族：壤质混合型热性-石灰淡色潮湿雏形土

拟定者：陈家赢，柳 琪

分布与环境条件 主要分布在荆州、武汉等地。河漫滩、阶地与丘陵相交的低洼地区，成土母质为近代河流冲积物，旱地，主要种植小麦、棉花和豆类。年均日照时数 1916 h，年均气温 16.1～18.2 ℃，年均降水量 1400～1490 mm，无霜期 252～273 d。

向阳湖系典型景观

土系特征与变幅 诊断层包括淡薄表层、雏形层；诊断特性包括热性土壤温度、湿润土壤水分状况、氧化还原特征、石灰性。土体厚度 1 m 以上，淡薄表层厚 18～25 cm，之下雏形层厚 1 m 以上，结构面可见铁斑纹，层次质地构型为黏壤土-粉砂壤土，通体有石灰反应，pH 7.7～8.1。

对比土系 同一土族的土系，成土母质和地形部位一致，层次质地构型滩桥系为砂质壤土-砂土-粉砂质黏壤土，游湖系为壤土-黏壤土，民山系为粉砂壤土-壤土-砂质壤土-壤土-砂质壤土，阳明系为壤土-粉砂壤土-砂质壤土-粉砂壤土-壤土，分水系为粉砂壤土-壤土-黏壤土，高洪系为砂质壤土-壤土，梁桥系为粉砂壤土-砂质壤土-粉砂壤土，林湾系为粉砂壤土-砂质壤土-粉砂壤土，曹家口系为粉砂壤土-砂质壤土。位于同一农场的原种二场系，长期水稻，不同土纲，为水耕人为土。

利用性能综述 地形部位地坪凹陷，土体深厚，耕层质地偏黏，收缩性大，干旱易龟裂成壳，湿时则泞烂成糊，耕作困难，宜耕期短，磷钾含量偏低，部分耕地仍受水害的影响较大。应注意开挖深沟，滤水排渍，降低地下水位，防止水害；适时深耕翻土，炕土晒田，客土掺砂；有条件的地方可实行水旱轮作，增加豆科植物的种植。

参比土种 黏土型灰潮土。

代表性单个土体 位于湖北省咸宁市原种场奶牛三场，29°54'56.23"N，114°13'24.35"E，海拔 22 m，冲积平原低洼地带，成土母质为近代河流冲积物，旱地。50 cm 深度土温 17.6 ℃。野外调查时间为 2010 年 11 月 12 日，编号 42-048。

向阳湖系代表性单个土体剖面

Ap：0～20 cm，橙色（7.5YR 6/8，干），暗棕色（7.5YR 3/4，润），黏壤土，粒状结构，稍坚实，5～15 个贝壳，2～5 条蚯蚓，强石灰反应，pH 为 7.7，向下层平滑清晰过渡。

AB：20～40 cm，亮棕色（7.5YR 5/8，干），棕色（7.5YR 4/4，润），粉砂壤土，块状结构，很坚实，2～5 个贝壳，结构面有<2 %铁斑纹，中度石灰反应，pH 为 8.1，向下层平滑渐变过渡。

Br1：40～80 cm，亮棕色（7.5YR 5/8，干），棕色（7.5YR 4/4，润），粉砂壤土，块状结构，坚实，结构面有 2%～5%铁斑纹，轻度石灰反应，pH 为 7.8，向下层平滑渐变过渡。

Br2：80～120 cm，亮棕色（7.5YR 5/8，干），棕色（7.5YR 4/4，润），粉砂壤土，块状结构，坚实，结构面有 2%～5%铁斑纹，轻度石灰反应，pH 为 7.8。

向阳湖系代表性单个土体物理性质

土层	深度 /cm	砾石（>2mm，体积分数）/%	细土颗粒组成（粒径：mm）/（g/kg）			质地	容重 /（g/cm^3）
			砂粒 2～0.05	粉粒 0.05～0.002	黏粒 <0.002		
Ap	0～20	0	290	341	369	黏壤土	1.53
AB	20～40	0	87	726	187	粉砂壤土	1.56
Br1	40～80	0	150	667	183	粉砂壤土	1.46
Br2	80～120	0	150	667	183	粉砂壤土	1.46

向阳湖系代表性单个土体化学性质

深度/cm	pH		有机质 /（g/kg）	全氮（N） /（g/kg）	全磷（P） /（g/kg）	全钾（K） /（g/kg）	阳离子交换量 /（cmol/kg）	游离氧化铁 /（g/kg）
	H_2O	KCl						
0～20	7.7	—	35.9	2.39	0.34	9.4	20.8	21.4
20～40	8.1	—	17.8	1.07	0.17	10.0	32.3	22.4
40～80	7.8	—	6.8	0.49	0.19	9.5	—	20.1
80～120	7.8	—	6.8	0.49	0.19	9.5	—	20.1

7.2.23　民山系（Minshan Series）

土　族：壤质混合型热性-石灰淡色潮湿雏形土

拟定者：张海涛，柳　琪

分布与环境条件　主要分布在荆州、武汉、宜昌、仙桃等地。长江及其沿岸一级阶地和距离河床较近的河漫滩，成土母质为近代河流冲积物。年均日照时数 1916～1969 h，年均气温 15.8～16.9 ℃，年均降水量 1290～1350 mm，年均蒸发量 1416～1487 mm，无霜期 251～269 d。

民山系典型景观

土系特征与变幅　诊断层包括淡薄表层、雏形层；诊断特性包括热性土壤温度、潮湿土壤水分状况、氧化还原特征、石灰性。土体厚度 1 m 以上，淡薄表层厚 15～22 cm，之下雏形层厚 1 m 以上，结构面可见铁斑纹，层次质地构型为粉砂壤土-壤土-砂质壤土-壤土-砂质壤土，通体有中度-强度石灰反应，pH 7.9～8.4。

对比土系　同一土族的土系，成土母质和地形部位一致，层次质地构型滩桥系为砂质壤土-砂土-粉砂质黏壤土，游湖系为壤土-黏壤土，向阳湖系为黏壤土-粉砂壤土，阳明系为壤土-粉砂壤土-砂质壤土-粉砂壤土-壤土，分水系为粉砂壤土-壤土-黏壤土，高洪系为砂质壤土-壤土，梁桥系为粉砂壤土-砂质壤土-粉砂壤土，林湾系为粉砂壤土-砂质壤土-粉砂壤土，曹家口系为粉砂壤土-砂质壤土。位于同一乡镇的南咀系，成土母质为河湖相沉积物，长期植稻，不同土纲，为水耕人为土。

利用性能综述　土体深厚，质地适中，磷钾含量偏低，耕层以下有一个夹砂层，漏水漏肥，对作物生长不利。宜种植豆科作物，增施磷钾肥，可翻砂压过的最好把砂层翻上来，夹层深厚的，只宜种植浅根作物。

参比土种　夹砂灰潮砂泥土。

代表性单个土体　位于湖北省仙桃市胡场镇民山村，30°22'41.05"N，113°16'18.41"E，海拔 30 m，河流沿岸一级阶地，成土母质为河流冲积物，旱地，种植棉花。50 cm 深度土温 17.6 ℃。野外调查时间为 2010 年 12 月 1 日，编号 42-081。

民山系代表性单个土体剖面

Ap: 0～16 cm，浊黄橙色（10YR 7/3，干），浊黄棕色（10YR 4/3，润），粉砂壤土，粒状结构，稍坚实，中度石灰反应，pH 为 7.9，向下层平滑渐变过渡。

Br1：16～32 cm，浊黄橙色（10YR 7/3，干），灰黄棕色（10YR 4/2，润），壤土，弱块状结构，稍坚实，结构面有<2 %铁斑纹，强石灰反应，pH 为 8.4，向下层平滑模糊过渡。

Br2：32～47 cm，浊黄橙色（10YR 7/3，干），灰黄棕色（10YR 5/2，润），砂质壤土，弱块状结构，疏松，结构面有<2 %铁斑纹，强石灰反应，pH 为 8.4，向下层平滑清晰过渡。

Br3: 47～68 cm，浊黄橙色（10YR 6/3，干），黑棕色（10YR 3/2，润），壤土，块状结构，稍坚实，结构面有<2 %铁斑纹，强石灰反应，pH 为 8.3，向下层平滑渐变过渡。

Br4：68～98 cm，浊黄橙色（10YR 6/3，干），灰黄棕色（10YR 4/2，润），壤土，弱块状结构，稍坚实，结构面有 5%～15%铁斑纹，强石灰反应，pH 为 8.4，向下层平滑渐变过渡。

Br5：98～120 cm，浊黄橙色（10YR 6/3，干），灰黄棕色（10YR 4/2，润），砂质壤土，块状结构，很坚实，结构面有 5%～15%铁斑纹，强石灰反应，pH 为 8.2。

民山系代表性单个土体物理性质

土层	深度 /cm	砾石 （>2mm，体积分数）/%	细土颗粒组成（粒径：mm）/（g/kg）			质地	容重 /（g/cm^3）
			砂粒 2～0.05	粉粒 0.05～0.002	黏粒 <0.002		
Ap	0～16	0	222	629	149	粉砂壤土	1.46
Br1	16～32	0	387	422	191	壤土	1.53
Br2	32～47	0	625	247	128	砂质壤土	1.56
Br3	47～68	0	382	409	209	壤土	1.46
Br4	68～98	0	373	411	216	壤土	1.44
Br5	98～120	0	565	288	147	砂质壤土	1.44

民山系代表性单个土体化学性质

深度/cm	pH		有机质 /（g/kg）	全氮（N） /（g/kg）	全磷（P） /（g/kg）	全钾（K） /（g/kg）	阳离子交换量 /（cmol/kg）	游离氧化铁 /（g/kg）
	H_2O	KCl						
0～16	7.9	—	22.2	1.19	0.41	8.0	23.5	21.4
16～32	8.4	—	15.8	0.86	0.30	21.0	25.4	22.6
32～47	8.4	—	20.7	0.82	0.27	21.8	—	22.9
47～68	8.3	—	19.3	0.71	0.16	15.9	—	23.7
68～98	8.4	—	13.7	0.63	0.14	15.7	—	26.0
98～120	8.2	—	14.8	0.72	0.24	15.9	—	26.8

7.2.24　阳明系（Yangming Series）

土　族：壤质混合型热性-石灰淡色潮湿雏形土
拟定者：蔡崇法，张海涛，陈　芳

分布与环境条件　主要分布于宜昌、荆门和荆州市等地，离河床近的滩地，成土母质为河流冲积物，旱地，多年种植棉花。年均气温 15.9～18.2 ℃，年均日照时数为 1914～1963 h，年均降水量 1250～1341 mm，无霜期 250～268 d。

阳明系典型景观

土系特征与变幅　诊断层包括淡薄表层、雏形层；诊断特性包括热性土壤温度、潮湿土壤水分状况、氧化还原特征、石灰性。土体厚度 1 m 以上，淡薄表层厚 12～22 cm，之下雏形层厚 1 m 以上，结构面可见铁斑纹，层次质地构型为壤土-粉砂壤土-砂质壤土-粉砂壤土-壤土，通体有强度石灰反应，pH 8.1～8.3。

对比土系　同一土族的土系，成土母质和地形部位一致，层次质地构型滩桥系为砂质壤土-砂土-粉砂质黏壤土，游湖系为壤土-黏壤土，向阳湖系为黏壤土-粉砂壤土，民山系为粉砂壤土-壤土-砂质壤土-壤土-砂质壤土，分水系为粉砂壤土-壤土-黏壤土，高洪系为砂质壤土-壤土，梁桥系为粉砂壤土-砂质壤土-粉砂壤土，林湾系为粉砂壤土-砂质壤土-粉砂壤土，曹家口系为粉砂壤土-砂质壤土。

利用性能综述　土体深厚，质地适中，保水保肥，水、肥、气热状况协调，但磷钾含量偏低，耕层之下有一个夹砂层，对作物生长不利，漏水漏肥。宜种植浅根作物，如豆科作物，增施磷钾肥。

参比土种　河滩浅色草甸土。

代表性单个土体　位于湖北省仙桃市游湖镇阳明村，30°10'8.4"N，113°46'30.22"E，海拔 23 m，滩地，成土母质为河流冲积物，内陆芦苇滩涂。50 cm 深度土温 17.3 ℃。野外调查时间为 2010 年 11 月 30 日，编号 42-084。

阳明系代表性单个土体剖面

Ap：0～12 cm，浊黄橙色（10YR 7/2，干），灰黄棕色（10YR 5/2，润），壤土，块状结构，疏松，强石灰反应，pH 为 8.3，向下层平滑模糊过渡。

AB：12～28 cm，浊黄橙色（10YR 6/3，干），灰黄棕色（10YR 4/2，润），粉砂壤土，弱块状结构，稍坚实，强石灰反应，pH 为 8.2，向下层平滑模糊过渡。

Br1：28～63 cm，浊黄橙色（10YR 6/3，干），灰黄棕色（10YR 4/2，润），砂质壤土，弱块状结构，坚实，结构面有 2%～5%铁斑纹，强石灰反应，pH 为 8.1，向下层不规则清晰过渡。

Br2：63～112 cm，浊黄橙色（10YR 6/3，干），灰黄棕色（10YR 4/2，润），粉砂壤土，块状结构，坚实，结构面有 5%～15%的铁斑纹，强石灰反应，pH 为 8.2，向下层平滑清晰过渡。

BC：112～120 cm，浊黄橙色（10YR 6/3，干），灰黄棕色（10YR 4/2，润），壤土，块状结构，坚实，结构面有<2%铁斑纹，强石灰反应，pH 为 8.2。

阳明系代表性单个土体物理性质

土层	深度 /cm	砾石 (>2mm，体积分数) /%	细土颗粒组成（粒径：mm）/（g/kg）			质地	容重 /（g/cm³）
			砂粒 2～0.05	粉粒 0.05～0.002	黏粒 <0.002		
Ap	0～12	0	399	417	184	壤土	1.31
AB	12～28	0	143	649	208	粉砂壤土	1.35
Br1	28～63	0	632	240	128	砂质壤土	1.45
Br2	63～112	0	246	643	111	粉砂壤土	1.31
BC	112～120	0	400	415	185	壤土	1.35

阳明系代表性单个土体化学性质

深度/cm	pH		有机质 /（g/kg）	全氮（N） /（g/kg）	全磷（P） /（g/kg）	全钾（K） /（g/kg）	阳离子交换量 /（cmol/kg）
	H_2O	KCl					
0～12	8.3	—	27.0	1.39	0.31	11.8	24.7
12～28	8.2	—	13.6	0.58	0.21	6.0	23.7
28～63	8.1	—	20.9	0.45	0.21	4.3	17.3
63～112	8.2	—	16.2	0.54	0.25	10.1	30.3
112～120	8.2	—	10.6	0.26	0.22	6.9	24.8

7.2.25　分水系（Fenshui Series）

土　族：壤质混合型热性-石灰淡色潮湿雏形土
拟定者：蔡崇法，陈家赢，柳　琪

分布与环境条件　主要分布在荆州、黄冈等地。长江及其支流沿岸冲积平原、湖泊附近的较高地带，成土母质为近代河流冲积物。年均气温 15.2～17.3 ℃，年均降水量 997～1120 mm，无霜期 249～262 d。

分水系典型景观

土系特征与变幅　诊断层包括淡薄表层、雏形层；诊断特性包括热性土壤温度、潮湿土壤水分状况、氧化还原特征、石灰性。土体厚度 1 m 以上，淡薄表层厚 20～25 cm，之下雏形层厚 1 m 以上，结构面可见铁斑纹，层次质地构型为粉砂壤土-壤土-黏壤土，通体有强石灰反应，pH 8.0 左右。

对比土系　同一土族的土系，成土母质和地形部位一致，层次质地构型滩桥系为砂质壤土-砂土-粉砂质黏壤土，游湖系为壤土-黏壤土，向阳湖系为黏壤土-粉砂壤土，民山系为粉砂壤土-壤土-砂质壤土-壤土-砂质壤土，阳明系为壤土-粉砂壤土-砂质壤土-粉砂壤土-壤土，高洪系为砂质壤土-壤土，梁桥系为粉砂壤土-砂质壤土-粉砂壤土，林湾系为粉砂壤土-砂质壤土-粉砂壤土，曹家口系为粉砂壤土-砂质壤土。

利用性能综述　土体深厚，心土层（多为 50 cm 以上）以上的质地和结构较好，土酥绵软，宜耕期长，易耕好耙，性暖湿润，供肥平稳后劲长，养分含量偏低。心土层以下质地黏重的泥土层，往往具有较好的保肥托水作用，可防止作物的中后期早衰。但因地势较低，遇久雨造成滞水渍害。应注意开沟排渍，增施农家肥、有机肥和复合肥，合理配方，选择生理酸性肥料，同时要重视微肥应用。

参比土种　灰潮砂土。

代表性单个土体　位于湖北省汉川市分水镇胜利十三组，30°36'0.50"N，113°38'59.388"E，海拔 26 m，冲积平原，成土母质为河流冲积物，旱地，麦-棉花轮作。50 cm 深度土温 17.2 ℃。野外调查时间为 2010 年 11 月 25 日，编号 42-068。

分水系代表性单个土体剖面

Ap：0～24 cm，浊棕色（7.5YR 6/3，干），灰棕色（7.5YR 5/2，润），砂质壤土，粒状结构，松散，强石灰反应，pH 为 7.9，向下层平滑渐变过渡。

Br1：24～43 cm，浊橙色（7.5YR 7/4，干），灰棕色（7.5YR 4/2，润），粉砂壤土，粒状结构，坚实，结构面有 2%～5%铁斑纹，强石灰反应，pH 为 8.0，向下层平滑模糊过渡。

Br2：43～75 cm，浊橙色（7.5YR 7/4，干），灰棕色（7.5YR 4/2，润），壤土，粒状结构，很坚实，结构面有 2%～5%的铁斑纹，强石灰反应，pH 为 7.9，向下层平滑模糊过渡。

Br3：75～120 cm，浊橙色（7.5YR 7/4，干），灰棕色（7.5YR 4/2，润），黏壤土，块状结构，很坚实，结构面有 2%～5%的铁斑纹，极强石灰反应，pH 为 7.9。

分水系代表性单个土体物理性质

土层	深度 /cm	砾石 （>2mm，体积分数）/%	细土颗粒组成（粒径：mm）/（g/kg）			质地	容重 /（g/cm³）
			砂粒 2～0.05	粉粒 0.05～0.002	黏粒 <0.002		
Ap	0～24	0	561	309	130	砂质壤土	1.49
Br1	24～43	0	304	594	102	粉砂壤土	1.36
Br2	43～75	0	390	406	204	壤土	1.26
Br3	75～120	0	296	370	334	黏壤土	1.54

分水系代表性单个土体化学性质

深度/cm	pH		有机质 /（g/kg）	全氮（N） /（g/kg）	全磷（P） /（g/kg）	全钾（K） /（g/kg）	阳离子交换量 /（cmol/kg）	游离氧化铁 /（g/kg）
	H_2O	KCl						
0～24	7.9	—	14.5	1.64	0.47	5.6	24.3	21.4
24～43	8.0	—	21.2	1.52	0.26	7.1	25.9	22.4
43～75	7.9	—	18.7	1.61	0.24	12.0	26.5	24.9
75～120	7.9	—	23.3	1.09	0.22	8.1	—	25.8

7.2.26　高洪系（Gaohong Series）

土　族：壤质混合型热性-石灰淡色潮湿雏形土

拟定者：蔡崇法，陈家赢，秦　聪

分布与环境条件　主要分布在荆州、黄冈等地。滩地及洪泛区的碟形洼地，成土母质为河流冲积物，旱地，主要种植棉花。年均气温 16.0～17.8 ℃，年均降水量 1361～1389 mm，年均蒸发量 1400～1670 mm，无霜期 261～282 d。

高洪系典型景观

土系特征与变幅　诊断层包括淡薄表层、雏形层；诊断特性包括热性土壤温度、潮湿土壤水分状况、氧化还原特征、石灰性。土体厚度 1 m 以上，淡薄表层厚 20～25 cm，之下雏形层厚 1 m 以上，结构面可见铁斑纹，层次质地构型为砂质壤土-壤土，通体有强度石灰反应，pH 8.1～8.3。

对比土系　同一土族的土系，成土母质和地形部位一致，层次质地构型滩桥系为砂质壤土-砂土-粉砂质黏壤土，游湖系为壤土-黏壤土，向阳湖系为黏壤土-粉砂壤土，民山系为粉砂壤土-壤土-砂质壤土-壤土-砂质壤土，阳明系为壤土-粉砂壤土-砂质壤土-粉砂壤土-壤土，分水系为粉砂壤土-壤土-黏壤土，梁桥系为粉砂壤土-砂质壤土-粉砂壤土，林湾系为粉砂壤土-砂质壤土-粉砂壤土，曹家口系为粉砂壤土-砂质壤土。

利用性能综述　土体深厚，表土质地适中，易耕作，爽水通气性能好，保肥力强，供肥平缓，养分含量偏低。应与绿肥轮作，增施农家肥、有机肥和复合肥，提升地力，以保证作物的持续增产。

参比土种　灰潮砂土。

代表性单个土体　位于湖北省洪湖市龙口镇高洪村七组，29°58'22.73"N，113°49'30.72"E，海拔 27 m，滩地，成土母质为河流冲积物，旱地，种植棉花。50 cm 深度土温 17.8 ℃，热性。野外调查时间为 2010 年 12 月 7 日，编号 42-105。

高洪系代表性单个土体剖面

Ap：0～23 cm，灰棕色（7.5YR 5/2，干），黑棕色（7.5YR 3/2，润），砂质壤土，粒状结构，疏松，强石灰反应，pH 为 8.0，向下层平滑渐变过渡。

Br1：23～52 cm，浊棕色（7.5YR 6/3，干），黑棕色（7.5YR 3/2，润），砂质壤土，弱块状结构，疏松，结构面有 5%～15%铁斑纹，强石灰反应，pH 为 8.1，向下层平滑清晰过渡。

Br2：52～65 cm，浊棕色（7.5YR 6/3，干），灰棕色（7.5YR 4/2，润），壤土，块状结构，坚实，结构面有 5%～15%铁斑纹，强石灰反应，pH 为 7.9，向下层平滑渐变过渡。

Br3：65～100 cm，浊棕色（7.5YR 6/3，干），灰棕色（7.5YR 5/2，润），壤土，块状结构，坚实，结构面有 5%～15%铁斑纹，强石灰反应，pH 为 8.0，向下层平滑突变过渡。

Br4：100～120 cm，浊棕色（7.5YR 6/3，干），黑棕色（7.5YR 3/2，润），壤土，块状结构，坚实，结构面有 15%～40%铁斑纹，强石灰反应，pH 为 8.0。

高洪系代表性单个土体物理性质

土层	深度/cm	砾石（>2mm，体积分数）/%	细土颗粒组成（粒径：mm）/（g/kg）			质地	容重/（g/cm³）
			砂粒 2～0.05	粉粒 0.05～0.002	黏粒 <0.002		
Ap	0～23	0	635	221	144	砂质壤土	1.37
Br1	23～52	0	637	239	124	砂质壤土	1.30
Br2	52～65	0	407	420	173	壤土	1.17
Br3	65～100	0	402	423	175	壤土	1.20
Br4	100～120	0	424	419	157	壤土	1.38

高洪系代表性单个土体化学性质

深度/cm	pH		有机质/（g/kg）	全氮（N）/（g/kg）	全磷（P）/（g/kg）	全钾（K）/（g/kg）	阳离子交换量/（cmol/kg）	游离氧化铁/（g/kg）
	H_2O	KCl						
0～23	8.0	—	19.5	1.11	0.39	15.7	21.1	19.5
23～52	8.1	—	16.7	0.86	0.37	15.5	17.5	20.7
52～65	7.9	—	11.8	0.74	0.34	15.5	12.1	22.4
65～100	8.0	—	7.9	0.20	0.27	14.3	11.7	24.2
100～120	8.0	—	5.0	0.33	0.24	12.5	11.5	25.1

7.2.27 梁桥系（Liangqiao Series）

土 族：壤质混合型热性-石灰淡色潮湿雏形土

拟定者：蔡崇法，陈家赢，柳 琪

分布与环境条件 主要分布在襄阳、枣阳、谷城等地。江河两岸滩地和阶地，成土母质为近代河流冲积物，旱地，主要种植小麦、棉花、蔬菜等。年均日照时数1920～2030 h，年均气温15.6～16.3 ℃，年均降水量1000 mm左右，年均蒸发量1810～1920 mm。

梁桥系典型景观

土系特征与变幅 诊断层包括淡薄表层、雏形层；诊断特性包括热性土壤温度、潮湿土壤水分状况、氧化还原特征、石灰性。土体厚度1 m以上，淡薄表层厚15～25 cm，之下雏形层厚1 m以上，结构面可见铁斑纹，层次质地构型为粉砂壤土-砂质壤土-粉砂壤土，通体有石灰反应，pH 7.4～7.6。

对比土系 同一土族的土系，成土母质和地形部位一致，层次质地构型滩桥系为砂质壤土-砂土-粉砂质黏壤土，游湖系为壤土-黏壤土，向阳湖系为黏壤土-粉砂壤土，民山系为粉砂壤土-壤土-砂质壤土-壤土-砂质壤土，阳明系为壤土-粉砂壤土-砂质壤土-粉砂壤土-壤土，分水系为粉砂壤土-壤土-黏壤土，高洪系为砂质壤土-壤土，林湾系为粉砂壤土-砂质壤土-粉砂壤土，曹家口系为粉砂壤土-砂质壤土。位于同一乡镇的五保山系，地处低山丘陵垄岗的山麓底部，成土母质为泥质页岩风化坡积物，不同土纲，为淋溶土。

利用性能综述 所处地形部位距河床较远，土体深厚，经长期人工旱耕熟化，肥力较高，但耕作层之下出现厚度在40 cm以上的夹砂层，易漏水漏肥，磷钾偏低。应秸秆还田，增施磷钾肥，种植浅根作物为主。

参比土种 灰潮砂泥土。

代表性单个土体 位于湖北省钟祥市磷矿镇梁桥村六组，30°58'40.87"N，112°38'6.18"E，海拔31 m，冲积平原，成土母质为河流冲积物，露天菜地。50 cm深度土温17.3 ℃。野外调查时间为2011年11月2日，编号42-158。

梁桥系代表性单个土体剖面

Ap：0～20 cm，暗棕色（10YR 3/4，干），浊黄棕色（10YR 4/3，润），粉砂壤土，粒状结构，松散，轻度石灰反应，pH 为 7.6，向下层平滑模糊过渡。

AB：20～40 cm，亮黄棕色（10YR 7/6，干），灰黄棕色（10YR 6/2，润），砂质壤土，块状结构，坚实，轻度石灰反应，pH 为 7.5，向下层平滑渐变过渡。

Br1：40～68 cm，亮黄棕色（10YR 7/6，干），灰黄棕色（10YR 6/2，润），砂质壤土，块状结构，坚实，结构面有<2 %铁斑纹，中度石灰反应，pH 为 7.4，向下层平滑渐变过渡。

Br2：68～100 cm，亮黄棕色（10YR 7/6，干），灰黄棕色（10YR 6/2，润），粉砂壤土，块状结构，坚实，结构面有<2 %铁斑纹，强石灰反应，pH 为 7.4。

梁桥系代表性单个土体物理性质

土层	深度 /cm	砾石 (>2mm，体积分数)/%	细土颗粒组成（粒径：mm）/（g/kg）			质地	容重 /（g/cm^3）
			砂粒 2～0.05	粉粒 0.05～0.002	黏粒 <0.002		
AP	0～20	0	103	730	167	粉砂壤土	1.30
AB	20～40	0	698	204	98	砂质壤土	1.36
Br1	40～68	0	660	242	98	砂质壤土	1.41
Br2	68～100	0	189	703	108	粉砂壤土	1.35

梁桥系代表性单个土体化学性质

深度/cm	pH		有机质 /（g/kg）	全氮（N） /（g/kg）	全磷（P） /（g/kg）	全钾（K） /（g/kg）	阳离子交换量 /（cmol/kg）	游离氧化铁 /（g/kg）
	H_2O	KCl						
0～20	7.6	—	25.1	2.21	0.57	14.4	14.6	16.7
20～40	7.5	—	13.8	1.06	0.33	7.2	14.9	18.0
40～68	7.4	—	10.7	0.94	0.31	10.7	13.1	18.8
68～100	7.4	—	9.5	0.67	0.28	12.1	10.5	15.6

7.2.28　林湾系（Linwan Series）

土　族：壤质混合型热性-石灰淡色潮湿雏形土

拟定者：陈家赢，柳　琪

分布与环境条件　主要分布在荆州、黄冈等地。冲积平原距河床较近地区，成土母质为河流冲积物，旱地，主要种植棉花。年均日照时数1914～1969 h，年均气温16.1～18.2 ℃，年均降水量1100～1230 mm，无霜期250～271 d。

林湾系典型景观

土系特征与变幅　诊断层包括淡薄表层、雏形层；诊断特性包括热性土壤温度、潮湿土壤水分状况、氧化还原特征、石灰性。土体厚度1 m以上，淡薄表层厚18～22 cm，之下雏形层厚1 m以上，结构面可见铁斑纹，层次质地构型为粉砂壤土-砂质壤土-粉砂壤土，通体有强度石灰反应，pH 7.9～8.5。

对比土系　同一土族的土系，成土母质和地形部位一致，层次质地构型滩桥系为砂质壤土-砂土-粉砂质黏壤土，游湖系为壤土-黏壤土，向阳湖系为黏壤土-粉砂壤土，民山系为粉砂壤土-壤土-砂质壤土-壤土-砂质壤土，阳明系为壤土-粉砂壤土-砂质壤土-粉砂壤土-壤土，分水系为粉砂壤土-壤土-黏壤土，高洪系为砂质壤土-壤土，梁桥系为粉砂壤土-砂质壤土-粉砂壤土，曹家口系为粉砂壤土-砂质壤土。

利用性能综述　土体深厚，但其下有一个夹砂层，易漏水漏肥，磷钾缺乏。宜种植豆科作物，注意秸秆还田和增施磷钾肥。

参比土种　壤土型灰潮土。

代表性单个土体　位于湖北省仙桃市长土埫口镇林湾一组，30°22'58.58"N，113°34'20.21"E，海拔26 m，冲积平原，成土母质为河流冲积物，旱地，主要种植棉花。50 cm深度土温17.7 ℃。野外调查时间为2010年11月29日，编号42-083。

林湾系代表性单个土体剖面

Ap：0～20 cm，浊黄色（2.5Y 6/3，干），暗灰黄色（2.5Y 4/2，润），粉砂壤土，粒状结构，坚实，强石灰反应，pH 为 8.4，向下层平滑清晰过渡。

Br1：20～35 cm，浊黄色（2.5Y 6/3，干），暗灰黄色（2.5Y 4/2，润），粉砂壤土，弱块状结构，坚实，强石灰反应，pH 为 8.4，向下层平滑清晰过渡。

Br2：35～92 cm，浊黄色（2.5Y 6/3，干），暗灰黄色（2.5Y 4/2，润），砂质壤土，弱块状结构，疏松，结构面有<2 %铁斑纹，强石灰反应，pH 为 8.5，向下层平滑清晰过渡。

Br3：92～120 cm，淡黄色（2.5Y 7/3，干），暗灰黄色（2.5Y 5/2，润），粉砂壤土，弱块状结构，坚实，结构面有<2 %铁斑纹，强石灰反应，pH 为 7.9。

林湾系代表性单个土体物理性质

土层	深度 /cm	砾石（>2mm，体积分数）/%	细土颗粒组成（粒径：mm）/（g/kg）			质地	容重 /（g/cm^3）
			砂粒 2～0.05	粉粒 0.05～0.002	黏粒 <0.002		
Ap	0～20	0	114	698	188	粉砂壤土	1.33
Br1	20～35	0	114	698	188	粉砂壤土	1.34
Br2	35～92	0	653	198	149	砂质壤土	1.35
Br3	92～120	0	31	773	196	粉砂壤土	1.45

林湾系代表性单个土体化学性质

深度/cm	pH		有机质 /（g/kg）	全氮（N） /（g/kg）	全磷（P） /（g/kg）	全钾（K） /（g/kg）	阳离子交换量 /（cmol/kg）	游离氧化铁 /（g/kg）
	H_2O	KCl						
0～20	8.4	—	27.0	1.48	0.38	16.7	20.5	18.5
20～35	8.4	—	20.6	1.04	0.33	16.3	20.6	18.9
35～92	8.5	—	14.2	0.60	0.28	16.0	20.7	19.3
92～120	7.9	—	10.4	0.26	0.28	13.2	18.2	21.7

7.2.29　曹家口系（Caojiakou Series）

土　族：壤质混合型热性-石灰淡色潮湿雏形土

拟定者：张海涛，柳　琪

分布与环境条件　主要分布在汉川、云梦、天门、仙桃等地。冲积平原距河床较近地区，成土母质为河流冲积物，菜地。年均气温15.2～17.3 ℃，年均降水量1200～1280 mm，无霜期248～261 d。

曹家口系典型景观

土系特征与变幅　诊断层包括淡薄表层、雏形层；诊断特性包括热性土壤温度、潮湿土壤水分状况、氧化还原特征、石灰性。土体厚度1 m以上，淡薄表层厚18～22 cm，之下雏形层厚1 m以上，结构面可见铁斑纹，层次质地构型为粉砂壤土-砂质壤土，通体有中度-强度石灰反应，pH 7.6～8.1。

对比土系　同一土族的土系，成土母质和地形部位一致，层次质地构型滩桥系为砂质壤土-砂土-粉砂质黏壤土，游湖系为壤土-黏壤土，向阳湖系为黏壤土-粉砂壤土，民山系为粉砂壤土-壤土-砂质壤土-壤土-砂质壤土，阳明系为壤土-粉砂壤土-砂质壤土-粉砂壤土-壤土，分水系为粉砂壤土-壤土-黏壤土，高洪系为砂质壤土-壤土，梁桥系为粉砂壤土-砂质壤土-粉砂壤土，林湾系为粉砂壤土-砂质壤土-粉砂壤土。

利用性能综述　土体深厚，养分含量高，保水保肥，水、肥、气热状况协调，作物稳长健壮，磷钾含量偏低。应注意秸秆还田，增施磷钾肥，轮作换茬，种地和养地结合。

参比土种　灰潮砂泥土。

代表性单个土体　位于湖北省汉川市新河镇曹家口村，30°39'38.77"N，113°54'53.208"E，海拔26 m，冲积平原，成土母质为河流冲积物，菜地。50 cm深度土温17.3 ℃。野外调查时间为2010年11月27日，编号42-073。

曹家口系代表性单个土体剖面

Ap：0～22 cm，浊橙色（7.5YR 7/3，干），灰棕色（7.5YR 4/2，润），粉砂壤土，粒状结构，坚实，中度石灰反应，pH 为 7.6，向下层平滑渐变过渡。

Br1：22～41 cm，浊橙色（7.5YR 7/3，干），黑棕色（7.5YR 3/2，润），粉砂壤土，弱块状结构，坚实，结构面有<2 %铁斑纹，强石灰反应，pH 为 8.0，向下层平滑渐变过渡。

Br2：41～60 cm，浊橙色（7.5YR 7/3，干），灰棕色（7.5YR 4/2，润），砂质壤土，弱块状结构，疏松，结构面有<2 %铁斑纹，强石灰反应，pH 为 8.0，向下层平滑渐变过渡。

Br3：60～80 cm，浊棕色（7.5YR 6/3，干），灰棕色（7.5YR 4/2，润），砂质壤土，弱块状结构，疏松，结构面有<2 %铁斑纹，强石灰反应，pH 为 8.1，向下层平滑渐变过渡。

Br4：80～120 cm，浊橙色（7.5YR 7/3，干），灰棕色（7.5YR 4/2，润），粉砂壤土，弱块状结构，坚实，结构面有<2 %铁斑纹，强石灰反应，pH 为 8.1。

曹家口系代表性单个土体物理性质

土层	深度 /cm	砾石 (>2mm，体积分数)/%	细土颗粒组成（粒径：mm）/（g/kg）			质地	容重 /（g/cm^3）
			砂粒 2～0.05	粉粒 0.05～0.002	黏粒 <0.002		
Ap	0～22	0	128	793	79	粉砂壤土	1.43
Br1	22～41	0	171	723	106	粉砂壤土	1.35
Br2	41～60	0	690	255	55	砂质壤土	1.45
Br3	60～80	0	558	305	137	砂质壤土	1.31
Br4	80～120	0	192	720	88	粉砂壤土	1.35

曹家口系代表性单个土体化学性质

深度/cm	pH		有机质 /（g/kg）	全氮（N） /（g/kg）	全磷（P） /（g/kg）	全钾（K） /（g/kg）	阳离子交换量 /（cmol/kg）	游离氧化铁 /（g/kg）
	H_2O	KCl						
0～22	7.6	—	23.3	2.06	0.45	6.5	23.8	18.6
22～41	8.0	—	14.2	1.05	0.23	5.7	24.1	19.4
41～60	8.0	—	10.8	0.63	0.34	4.9	21.1	21.8
60～80	8.1	—	5.7	0.36	0.35	2.9	20.9	23.8
80～120	8.1	—	10.8	0.58	0.32	4.9	22.5	25.9

7.3 酸性淡色潮湿雏形土

7.3.1 向阳系（Xiangyang Series）

土 族：黏质伊利石混合型热性-酸性淡色潮湿雏形土

拟定者：蔡崇法，张海涛，姚 莉

分布与环境条件 主要分布在武汉、襄阳、十堰、黄冈及咸宁等地，滨湖平原，成土母质为湖相沉积物，旱地，棉花-蔬菜套作。年均气温17.2～19.3 ℃，年均降水量1050～1200 mm，无霜期236～249 d。

向阳系典型景观

土系特征与变幅 诊断层包括淡薄表层、雏形层；诊断特性包括热性土壤温度、潮湿土壤水分状况、氧化还原特征。土体厚度1 m以上，淡薄表层厚15～20 cm，之下雏形层厚1 m以上，结构面可见铁锰斑纹，通体为黏土，pH 5.2～5.8。

对比土系 郭庄系，同一亚类，不同土族，成土母质为近代河流冲积物，颗粒大小级别为壤质，通体为粉砂壤土。位于同一区内的连通湖系、走马岭系为水田，不同土纲，为水耕人为土。

利用性能综述 土体深厚，质地黏重，透水性差，遇雨水易形成积水内渍，旱时易龟裂板结，收缩性大，宜耕期短，耕性差，养分含量偏低。应注意田内开沟排水，改善土壤的三相比状况，地势低洼的田块应改旱作为水田或退耕还田，增施农家肥、有机肥和磷钾肥。

参比土种 潮泥土。

代表性单个土体 位于湖北省武汉市东西湖区向阳社区，30°45'40.6"N，113°59'22.3"E，海拔21 m，滨湖平原，成土母质为河湖相沉积物，旱地，棉花-蔬菜不定期轮作。50 cm深度土温19.2 ℃。野外调查时间为2009年12月4日，编号42-003。

向阳系代表性单个土体剖面

Ap：0～18 cm，灰棕色（7.5YR 5/2，干），暗棕色（7.5YR 3/4，润），黏土，屑粒状结构，坚实，pH 为 5.8，向下层平滑清晰过渡。

Br1：18～30 cm，棕色（7.5YR 4/3，干），灰棕色（7.5YR 4/2，润），黏土，块状结构，坚实，结构面有 2%～5%的铁锰斑纹，pH 为 5.2，向下层平滑模糊过渡。

Br2：30～80 cm，棕色（7.5YR 4/3，干），灰棕色（7.5YR 4/2，润），黏土，块状结构，极坚实，结构面有 15%～40%的铁锰斑纹，pH 为 5.4，向下层平滑模糊过渡。

Br3：80～100 cm，棕色（7.5YR 4/3，干），灰棕色（7.5YR 4/2，润），黏土，块状结构，极坚实，结构面有 15%～40%的铁锰斑纹，pH 为 5.4。

向阳系代表性单个土体物理性质

土层	深度 /cm	砾石 （>2mm，体积分数）/%	细土颗粒组成（粒径：mm）/（g/kg）			质地	容重 /（g/cm³）
			砂粒 2～0.05	粉粒 0.05～0.002	黏粒 <0.002		
Ap	0～18	0	225	325	450	黏土	1.29
Br1	18～30	0	209	331	460	黏土	1.27
Br2	30～80	0	216	330	454	黏土	1.29
Br3	80～100	0	216	330	454	黏土	1.29

向阳系代表性单个土体化学性质

深度/cm	pH		有机质 /（g/kg）	全氮（N） /（g/kg）	全磷（P） /（g/kg）	全钾（K） /（g/kg）	阳离子交换量 /（cmol/kg）
	H_2O	KCl					
0～18	5.8	4.6	19.8	1.37	0.38	10.0	35.4
18～30	5.2	4.4	21.6	1.37	0.30	10.5	40.6
30～80	5.4	5.8	12.9	0.76	0.23	9.4	30.1
80～100	5.4	5.7	12.8	0.73	0.24	9.7	30.0

7.3.2 郭庄系（Guozhuang Series）

土 族：壤质混合型热性-酸性淡色潮湿雏形土
拟定者：蔡崇法，王天巍，廖晓炜

分布与环境条件 主要分布在襄阳、武汉、荆州等地，河流两岸阶地，成土母质为近代河流冲积物，旱地，主要种植小麦、棉花、花生、豆类。年均气温 15.1～16.7 ℃，年均降水量 820～930 mm，无霜期 239～253 d。

郭庄系典型景观

土系特征与变幅 诊断层包括淡薄表层、雏形层；诊断特性包括热性土壤温度、潮湿土壤水分状况、氧化还原特征。土体厚度 1 m 以上，淡薄表层厚 15～22 cm，之下雏形层厚 1 m 以上，通体为粉砂壤土，pH 4.0～5.6。

对比土系 向阳系，同一亚类，不同土族，成土母质为湖相沉积物，颗粒大小级别为黏质，通体为黏土。

利用性能综述 土体深厚，质地适中，耕性良好，透水性适中，毛管作用强，土壤的缓冲性能较好，阳离子交换量适中，养分含量偏低。应注意用地与养地相结合，增施有机肥、农家肥和复合肥，实行秸秆还田，注意轮作换桩、科学施肥，培肥土壤，提升地力。

参比土种 潮沙泥土。

代表性单个土体 位于湖北省襄阳市襄州区双沟镇郭庄村，32°12'1.5"N，112°22'21.3"E，海拔 75 m，河流二级阶地，成土母质为近代河流冲积物，旱地，主要种植小麦、大豆等。50 cm 深度土温 16.3 °C。野外调查时间为 2012 年 5 月 15 日，编号 42-182。

郭庄系代表性单个土体剖面

Ap：0～20 cm，浊黄橙色（10YR 7/4，干），浊黄棕色（10YR 4/3，润），粉砂壤土，粒状结构，疏松，pH 为 4.0，向下层平滑模糊过渡。

Br1：20～50 cm，浊黄橙色（10YR 6/4，干），灰黄棕色（10YR 4/2，润），粉砂壤土，弱块状结构，稍坚实，pH 为 5.6，向下层平滑模糊过渡。

Br2：50～100 cm，浊黄橙色（10YR 6/4，干），灰黄棕色（10YR 4/2，润），粉砂壤土，弱块状结构，稍坚实，pH 为 5.6。

郭庄系代表性单个土体物理性质

土层	深度 /cm	砾石 (>2mm，体积分数)/%	细土颗粒组成（粒径：mm）/（g/kg）			质地	容重 /（g/cm³）
			砂粒 2～0.05	粉粒 0.05～0.002	黏粒 <0.002		
Ap	0～20	0	135	616	249	粉砂壤土	1.33
Br1	20～50	0	87	737	176	粉砂壤土	1.60
Br2	50～100	0	87	737	176	粉砂壤土	1.60

郭庄系代表性单个土体化学性质

深度/cm	pH		有机质 /（g/kg）	全氮（N） /（g/kg）	全磷（P） /（g/kg）	全钾（K） /（g/kg）	阳离子交换量 /（cmol/kg）	游离氧化铁 /（g/kg）
	H_2O	KCl						
0～20	4.0	3.7	16.2	0.88	0.42	15.1	22.3	18.3
20～50	5.6	4.8	4.6	0.47	0.29	13.5	24.9	20.2
50～100	5.6	4.7	4.6	0.49	0.27	11.5	24.7	20.1

7.4 普通淡色潮湿雏形土

7.4.1 新观系（Xinguan Series）

土 族：黏壤质云母混合型非酸性热性-普通淡色潮湿雏形土

拟定者：蔡崇法，张海涛，廖晓炜

分布与环境条件 主要分布于孝感、武汉、襄阳、黄冈、十堰、荆州、咸宁等地，长江支流沿岸的河谷、近河床的河漫滩地、水网平原湖区低湿地带，成土母质为近代河流冲积物，旱地，麦(油)-棉轮作。年均日照时数1800～2000 h，年均气温15.3～17.9 ℃，年均降水量1100～1300 mm，无霜期242～263 d。

新观系典型景观

土系特征与变幅 诊断层包括淡薄表层、雏形层；诊断特性包括热性土壤温度、潮湿土壤水分状况、氧化还原特征。土体厚度1 m以上，淡薄表层厚15～25 cm，之下雏形层厚1 m以上，结构面可见铁锰斑纹，层次质地构型为壤土-黏土，pH为6.4～7.9，70 cm左右以上土体无石灰性。

对比土系 同一亚类中的其他土系，不同土族，矿物学类型为混合型，层次质地构型为壤土-黏土，益家堤系通体为黏壤土，太平口系层次质地构型为壤土-粉砂壤土，皇装垸系层次质地构型为砂质壤土-粉砂质黏壤土-粉砂壤土-粉砂质黏壤土-黏壤土。

利用性能综述 土体深厚，松散，不易保水保肥，作物常易受高温烧苗的危害，养分含量偏低。应搞好合理轮作换桩，增施农家肥和有机肥，注意氮、磷、钾的配合平衡施用。

参比土种 潮砂土。

代表性单个土体 位于湖北省荆州市监利县汪桥镇新观村，30°0'21.6"N，112°39'14.6"E，海拔26 m，水网平原，成土母质为河流冲积物，旱地，小麦-棉花轮作。50 cm深度土温19.8 ℃。野外调查时间为2010年8月10日，编号42-026。

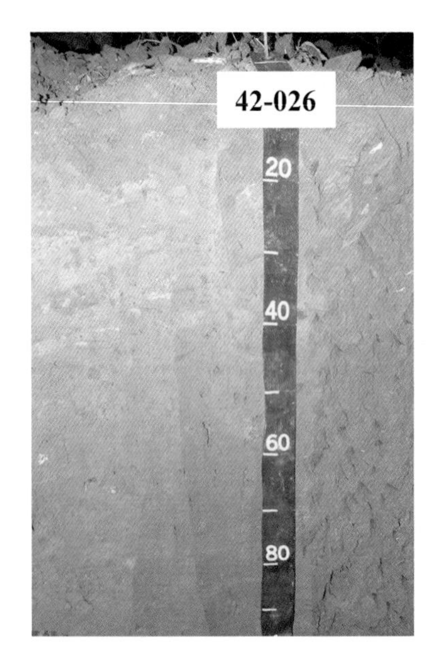

新观系代表性单个土体剖面

Ap：0～20 cm，灰棕色（7.5YR 5/2，干），灰棕色（7.5YR 4/2，润），壤土，粒状结构，较疏松，pH 为 6.4，向下层平滑清晰过渡。

Br1：20～38 cm，灰棕色（7.5YR 5/2，干），灰棕色（7.5YR 4/2，润），壤土，块状结构，疏松，结构面有 2%～5%的铁锰斑纹，pH 为 6.4，向下层平滑清晰过渡。

Br2：38～72 cm，灰棕色（7.5YR 5/2，干），黑棕色（7.5YR 3/2，润），壤土，块状结构，坚实，结构面有 2%～5%的铁锰斑纹，轻度石灰反应，pH 为 7.0，向下层平滑渐变过渡。

Br3：72～100 cm，浊棕色（7.5YR 6/3，干），黑棕色（7.5YR 3/2，润），黏土，弱块状结构，坚实，结构面有 2%～5%的铁锰斑纹，轻度石灰反应，pH 为 7.9。

新观系代表性单个土体物理性质

土层	深度/cm	砾石（>2mm，体积分数）/%	细土颗粒组成（粒径：mm）/（g/kg）			质地	容重/（g/cm³）
			砂粒 2～0.05	粉粒 0.05～0.002	黏粒 <0.002		
Ap	0～20	0	374	377	249	壤土	1.53
Br1	20～38	0	351	416	233	壤土	1.54
Br2	38～72	0	353	413	234	壤土	1.54
Br3	72～100	0	355	212	433	黏土	1.63

新观系代表性单个土体化学性质

深度/cm	pH		有机质/（g/kg）	全氮（N）/（g/kg）	全磷（P）/（g/kg）	全钾（K）/（g/kg）	阳离子交换量/（cmol/kg）
	H_2O	KCl					
0～20	6.4	5.2	17.3	1.25	0.50	3.3	13.2
20～38	7.0	—	7.9	0.74	0.31	3.4	18.9
38～72	7.0	—	7.9	0.78	0.33	3.5	19.0
72～100	7.9	—	8.9	0.63	0.27	7.1	18.7

7.4.2　益家堤系（Yijiadi Series）

土　族：黏壤质混合型非酸性热性-普通淡色潮湿雏形土

拟定者：陈家赢，陈　芳

分布与环境条件　主要分布在武汉、襄阳、荆州、咸宁等地，水网平原湖区湖沼地带，成土母质为湖相沉积物，旱地，多种植棉花、小麦。年均日照时数 1910～1960 h，年均气温 16.1～17.9 ℃，年均降水量 1392～1461 mm，年均蒸发量 1514～1592 mm，无霜期 251～269 d。

益家堤系典型景观

土系特征与变幅　诊断层包括淡薄表层、雏形层；诊断特性包括热性土壤温度、潮湿土壤水分状况、氧化还原特征。土体深厚，1 m 以上，淡薄表层厚 20～30 cm，之下雏形层厚 1 m 以上，结构面可见铁斑纹，通体为黏壤土，pH 6.5 左右。

对比土系　太平口系和皇装垸，同一土族，太平口系层次质地构型为壤土-粉砂壤土，皇装垸系层次质地构型为砂质壤土-粉砂质黏壤土-粉砂壤土-粉砂质黏壤土-黏壤土。位于同一乡镇的腊里山系，成土母质和地形部位一致，但长期植稻，不同土纲，为水耕人为土。

利用性能综述　土体深厚，地下水位较高，质地较黏，耕性差，水分物理性状不良，透水性差，遇雨易形成积水内渍，旱时易龟裂板结。应注意田内开沟排水，防止内涝渍害，适时深耕炕土，掺砂改土，也可逐步改良土壤的质地和结构，活化土壤。

参比土种　潮泥土。

代表性单个土体　位于湖北省赤壁市柳山湖镇益家堤村一组，29°50'56.5"N，113°38'17.2"E，海拔 24 m，冲积-湖积平原，成土母质为冲积-湖积物，旱地，小麦-棉花轮作。50 cm 深度土温 18.8 ℃，热性。野外调查时间为 2010 年 11 月 13 日，编号 42-055。

益家堤系代表性单个土体剖面

Ap：0～28 cm，棕色（7.5YR 4/4，干），暗棕色（7.5YR 3/4，润），黏壤土，块状结构，坚实，pH 为 6.4，向下层平滑清晰过渡。

Br1：28～68 cm，棕色（7.5YR 4/4，干），黑棕色（7.5YR 3/2，润），黏壤土，块状结构，坚实，结构面有 5%～15%铁锰斑纹，5～15 条蚯蚓，pH 为 6.5，向下层平滑清晰过渡。

Br2：68～95 cm，棕色（7.5YR 4/4，干），黑棕色（7.5YR 3/2，润），黏壤土，块状结构，坚实，结构面有 2%～5%的铁斑纹，pH 为 6.4，向下层平滑渐变过渡。

Br3：95～130 cm，棕色（7.5YR 4/4，干），灰棕色（7.5YR 4/2，润），黏壤土，块状结构，坚实，结构面有<2%的铁斑纹，pH 为 6.4。

益家堤系代表性单个土体物理性质

土层	深度/cm	砾石（>2mm，体积分数）/%	细土颗粒组成（粒径：mm）/（g/kg）			质地	容重/（g/cm³）
			砂粒 2～0.05	粉粒 0.05～0.002	黏粒 <0.002		
Ap	0～28	0	269	342	389	黏壤土	1.36
Br1	28～68	0	267	419	314	黏壤土	1.26
Br2	68～95	0	239	399	362	黏壤土	1.54
Br3	95～130	0	274	401	325	黏壤土	1.63

益家堤系代表性单个土体化学性质

深度/cm	pH		有机质/（g/kg）	全氮（N）/（g/kg）	全磷（P）/（g/kg）	全钾（K）/（g/kg）	阳离子交换量/（cmol/kg）
	H_2O	KCl					
0～28	6.4	—	27.0	2.19	0.63	21.6	24.9
28～68	6.5	—	11.0	1.56	0.37	21.2	22.8
68～95	6.4	—	19.1	1.62	0.36	21.7	23.1
95～130	6.4	—	22.3	1.31	0.47	10.6	22.9

7.4.3 太平口系（Taipingkou Series）

土 族：黏壤质混合型非酸性热性-普通淡色潮湿雏形土
拟定者：陈家赢，陈 芳

分布与环境条件 主要分布在襄阳、孝感、武汉、咸宁等地，其他地、市也有少量分布。冲积平原湖积地带，成土母质为近代河流冲积物，旱地，主要种植小麦、棉花、花生、豆类等。年均日照时数1914～1967 h，年均气温16.1～17.9 ℃，年均降水量1401～1473 mm，年均蒸发量1531～1613 mm，无霜期252～269 d。

太平口系典型景观

土系特征与变幅 诊断层包括淡薄表层、雏形层；诊断特性包括热性土壤温度、潮湿土壤水分状况、氧化还原特征。土体深厚，1 m以上，淡薄表层厚15～25 cm，之下雏形层厚1 m以上，结构面可见铁锰斑纹，层次质地构型为壤土-粉砂壤土，pH 6.5～6.9。

对比土系 益家堤系和皇装垸，同一土族，益家堤系通体为黏壤土，皇装垸系层次质地构型为砂质壤土-粉砂质黏壤土-粉砂壤土-粉砂质黏壤土-黏壤土。位于同一乡镇的九毫堤系，同一亚类，不同土族，颗粒大小级别为壤质，层次质地构型为黏壤土-粉砂壤土。

利用性能综述 土壤发育程度较好，土体深厚，质地适中，土酥绵软，耕性良好，透水性适中，毛管作用强，多有夜潮现象，土壤的缓冲性能较好，磷钾含量偏低。应注意用养结合，合理轮作换桩，增施磷钾肥，间种套种豆科绿肥。

参比土种 潮砂泥土。

代表性单个土体 位于湖北省赤壁市赤壁镇太平口村六组，29°49'27.1"N，113°34'28.4"E，海拔25 m，冲积平原湖积地带，成土母质为冲积-湖积物，旱地或菜地。50 cm深度土温18.6 ℃。野外调查时间为2010年11月13日，编号42-054。

太平口系代表性单个土体剖面

Ap：0～15 cm，灰棕色（7.5YR 5/2，干），灰棕色（7.5YR 5/2，润），壤土，粒状结构，很坚实，2 个贝壳，pH 为 6.5，向下层平滑清晰过渡。

Br1：15～40 cm，灰棕色（7.5YR 5/2，干），灰棕色（7.5YR 4/2，润），壤土，块状结构，坚实，结构面有 2%～5%的铁锰斑纹，pH 为 6.7，向下层平滑渐变过渡。

Br2：40～85 cm，灰棕色（7.5YR 5/2，干），灰棕色（7.5YR 4/2，润），粉砂壤土，块状结构，疏松，结构面有 2%～5%的铁锰斑纹，pH 为 6.7，向下层平滑渐变过渡。

Br3：85～120 cm，灰棕色（5YR 5/2，干），暗红棕色（5YR 3/2，润），粉砂壤土，块状结构，坚实，结构面有 2%～5%的铁锰斑纹，pH 为 6.9。

太平口系代表性单个土体物理性质

土层	深度 /cm	砾石 (>2mm，体积分数)/%	细土颗粒组成（粒径：mm）/（g/kg）			质地	容重 /（g/cm³）
			砂粒 2～0.05	粉粒 0.05～0.002	黏粒 <0.002		
Ap	0～15	0	313	460	225	壤土	1.46
Br1	15～40	0	391	366	241	壤土	1.44
Br2	40～85	0	105	664	230	粉砂壤土	1.44
Br3	85～120	0	253	584	161	粉砂壤土	1.49

太平口系代表性单个土体化学性质

深度/cm	pH		有机质 /（g/kg）	全氮（N） /（g/kg）	全磷（P） /（g/kg）	全钾（K） /（g/kg）	阳离子交换量 /（cmol/kg）
	H_2O	KCl					
0～15	6.5	6.0	23.1	2.61	0.39	18.4	16.2
15～40	6.7	6.4	19.4	2.13	0.36	18.8	18.7
40～85	6.7	6.3	13.2	1.16	0.35	17.5	17.8
85～120	6.9	6.5	15.9	0.97	0.38	16.4	18.2

7.4.4 皇装垸系（Huangzhuangyuan Series）

土 族：黏壤质混合型非酸性热性-普通淡色潮湿雏形土

拟定者：蔡崇法，张海涛，廖晓炜

分布与环境条件 主要分布在孝感、武汉、荆州、黄冈等地。滨湖平原，成土母质为湖相沉积物，旱地，主要种植小麦、棉花、玉米、花生、芝麻及薯类。年均日照时数 1620～1934 h，年均气温 15.4～17.3 ℃，年均降水量 972～1115 mm，无霜期 240～256 d。

皇装垸系典型景观

土系特征与变幅 诊断层包括淡薄表层、雏形层；诊断特性包括热性土壤温度、潮湿土壤水分状况、氧化还原特征。土体深厚，1 m 以上，淡薄表层厚 15～20 cm，之下雏形层厚 1 m 以上，结构面可见铁斑纹，层次质地构型为砂质壤土-粉砂质黏壤土-粉砂壤土-粉砂质黏壤土-黏壤土，pH 5.0～7.3，30～70 cm 土体有弱至中度石灰反应。

对比土系 益家堤系和太平口系，同一亚类，不同土族，益家堤系通体为黏壤土，太平口系层次质地构型为壤土-粉砂壤土。位于同一农场的黄家台系、流塘系和天新系，长期植稻，不同土纲，为水耕人为土；天新场系和张家窑系，同一土类，不同亚类，有石灰性，为石灰淡色潮湿雏形土。

利用性能综述 经过人工耕作熟化后形成，土体深厚，耕性良好，透水性适度，毛管作用强，磷钾含量偏低。应注意用养结合，合理轮作，增施磷钾肥，间作套种豆科绿肥。

参比土种 潮沙泥土。

代表性单个土体 位于湖北省潜江市后湖农场五分场皇装垸，30°9'15.26"N，112°20'53.45"E，海拔 26 m，滨湖平原，成土母质为湖积物，旱地，种植棉花为主。50 cm 深度土温 18.3 ℃。野外调查时间为 2010 年 3 月 18 日，编号 42-008。

皇装垸系代表性单个土体剖面

Ap：0～17 cm，浊棕色（7.5YR 6/3，干），灰棕色（7.5YR 4/2，润），砂质壤土，粒状结构，疏松，2～5 条蚯蚓，pH 为 5.0，向下层平滑清晰过渡。

Br1：17～32 cm，灰棕色（7.5YR 5/2，干），黑棕色（7.5YR 3/2，润），粉砂壤土，块状结构，坚实，2 条蚯蚓，结构面有 2%～5%铁斑纹，pH 为 6.3，向下层平滑清晰过渡。

Br2：32～54 cm，浊橙色（7.5YR 7/3，干），灰棕色（7.5YR 4/2，润），粉砂质黏壤土，块状结构，坚实，结构面有 2%～5%铁斑纹，轻度石灰反应，pH 为 7.2，向下层平滑清晰过渡。

Br3：54～70 cm，橙白色（7.5YR 8/2，干），灰棕色（7.5YR 5/2，润），粉砂质黏壤土，块状结构，坚实，结构面有 5%～15%铁斑纹，中度石灰反应，pH 为 7.3，向下层平滑清晰过渡。

Br4：70～100 cm，浊棕色（7.5YR 6/3，干），灰棕色（7YR 5/2，润），黏壤土，块状结构，极坚实，结构面有 15%～40%铁斑纹，中度石灰反应，pH 为 7.2。

皇装垸系代表性单个土体物理性质

土层	深度 /cm	砾石 （>2mm，体积分数）/%	细土颗粒组成（粒径：mm）/（g/kg）			质地	容重 /（g/cm^3）
			砂粒 2～0.05	粉粒 0.05～0.002	黏粒 <0.002		
Ap	0～17	0	595	300	105	砂质壤土	1.27
Br1	17～32	0	161	464	375	粉砂质黏壤土	1.38
Br2	32～54	0	98	520	382	粉砂壤土	1.29
Br3	54～70	0	113	544	343	粉砂质黏壤土	1.30
Br4	70～100	0	387	444	169	黏壤土	1.32

皇装垸系代表性单个土体化学性质

深度/cm	pH		有机质 /（g/kg）	全氮（N） /（g/kg）	全磷（P） /（g/kg）	全钾（K） /（g/kg）	阳离子交换量 /（cmol/kg）	游离氧化铁 /（g/kg）
	H_2O	KCl						
0～17	5.0	4.2	27.1	1.42	0.68	10.2	31.4	16.6
17～32	6.3	—	20.8	0.93	0.48	8.1	40.9	19.2
32～54	7.2	—	15.7	0.57	0.69	9.8	37.6	19.5
54～70	7.3	—	14.0	0.43	1.64	9.60	27.4	21.0
70～100	7.2	—	18.7	0.62	1.18	12.50	27.3	20.8

7.4.5 九毫堤系（Jiuhaodi Series）

土 族：壤质混合型非酸性热性-普通淡色潮湿雏形土

拟定者：陈家赢，柳 琪

分布与环境条件 主要分布在武汉、襄阳、咸宁等地，河流两岸与阶地的连接处、河流阶地与低山丘陵衔接处的低洼地和水网平原湖沼地带，成土母质为近代河流冲积物。旱地，多种植棉花、小麦等。年均日照时数 1912～1967 h，年均气温 16.1～17.9 ℃，年均降水量 1398～1467 mm，年均蒸发量 1500～1640 mm，无霜期 251～273 d。

九毫堤系典型景观

土系特征与变幅 诊断层包括淡薄表层、雏形层；诊断特性包括热性土壤温度、潮湿土壤水分状况、氧化还原特征。土体深厚，1 m 以上，淡薄表层厚 18～22 cm，之下雏形层厚 1 m 以上，结构面可见铁斑纹，层次质地构型为黏壤土-粉砂壤土，pH 7.1～7.3。

对比土系 益家堤系和皇装垸，同一亚类，不同土族，颗粒大小级别为黏壤质，益家堤系通体为黏壤土，皇装垸系层次质地构型为砂质壤土-粉砂质黏壤土-粉砂壤土-粉砂质黏壤土-黏壤土。位于同一乡镇的太平口系，同一亚类，不同土族，颗粒大小级别为黏壤质，层次质地构型为壤土-粉砂壤土。

利用性能综述 土体较厚，地下水位较高，耕层质地偏黏，水分物理性状不良，透水性差，遇雨易形成积水内渍，干旱时由于较强的内聚力而产生龟裂板结，收缩性大，宜耕期短，耕性差，作物适种性窄，不易早发壮苗，后期尚可稳长壮籽。应注意田内开沟排水，深耕炕土，掺砂改土，实行秸秆还田，增施有机肥和磷钾肥，地势低洼的部分田块应改旱作为水田，或退耕还田，发展水产养殖。

参比土种 潮泥土。

代表性单个土体 位于赤壁市赤壁镇九毫堤村，29°51'19.0"N，113°36'13.1"E，海拔 26 m，冲积平原，成土母质为近代河流冲积物，林地。50 cm 深度土温 17.6 ℃。野外调查时间为 2010 年 11 月 14 日，编号 42-058。

九毫堤系代表性单个土体剖面

Ah：0～20 cm，灰棕色（7.5YR 6/2，干），黑棕色（7.5YR 3/2，润），黏壤土，粒状结构，疏松，2%～5%树根，结构表面有＜2%铁斑纹，pH 为 7.2，向下层平滑渐变过渡。

Br1：20～40 cm，灰棕色（7.5YR 6/2，干），灰棕色（7.5YR 4/2，润），粉砂壤土，弱块状结构，坚实，2%～5%树根，结构表面有＜2%铁斑纹，pH 为 7.1，向下层平滑渐变过渡。

Br2：40～70 cm，灰棕色（7.5YR 6/2，干），灰棕色（7.5YR 4/2，润），粉砂壤土，弱块状结构，坚实，2%～5%树根，结构表面有＜2%铁斑纹，pH 为 7.1，向下层平滑渐变过渡。

Br3：70～120 cm，灰棕色（7.5YR 6/2，干），灰棕色（7.5YR 4/2，润），粉砂壤土，弱块状结构，坚实，结构表面有 2%～5%铁斑纹，pH 为 7.3。

九毫堤系代表性单个土体物理性质

土层	深度 /cm	砾石（>2mm，体积分数）/%	细土颗粒组成（粒径：mm）/（g/kg）			质地	容重 /（g/cm^3）
			砂粒 2～0.05	粉粒 0.05～0.002	黏粒 <0.002		
Ah	0～20	0	263	421	316	黏壤土	1.58
Br1	20～40	0	171	659	170	粉砂壤土	1.49
Br2	40～70	0	174	658	168	粉砂壤土	1.49
Br3	70～120	0	136	698	166	粉砂壤土	1.56

九毫堤系代表性单个土体化学性质

深度/cm	pH		有机质 /（g/kg）	全氮（N） /（g/kg）	全磷（P） /（g/kg）	全钾（K） /（g/kg）	阳离子交换量 /（cmol/kg）	游离氧化铁 /（g/kg）
	H_2O	KCl						
0～20	7.2	—	23.6	2.12	0.79	17.3	34.4	12.5
20～40	7.1	—	15.1	1.10	0.57	26.8	37.0	12.0
40～70	7.1	—	15.1	1.13	0.58	26.7	37.0	12.8
70～120	7.3	—	6.2	0.43	0.60	-	37.1	11.2

7.5 棕色钙质湿润雏形土

7.5.1 殷家系（Yinjia Series）

土 族：粗骨黏质混合型热性-棕色钙质湿润雏形土

拟定者：王天巍，秦 聪

分布与环境条件 在全省各县、市均有分布，低山丘坡地中下坡部，成土母质为石灰岩风化残积-坡积物，灌木林地。年均日照时数1720～1790 h，年均气温15.3～17.2 ℃，年均降水量1520～1630 mm，无霜期245～258 d。

殷家系典型景观

土系特征与变幅 诊断层包括淡薄表层、雏形层；诊断特性包括热性土壤温度、湿润土壤水分状况、碳酸盐岩岩性特征、石灰性、石质接触面。土体厚度1.2 m左右，淡薄表层厚20～25 cm，之下雏形层厚 1 m左右。通体为黏土，有10%～30%的碳酸盐岩岩石碎屑，pH 8.0左右。

对比土系 本亚类中其他土系，不同土族，颗粒大小级别为粗骨壤质、黏壤质、壤质。位于同一乡镇的高铁岭系，分布于丘陵上部或陡坡，成土母质为泥质岩风化物，发育更强，不同土纲，为淋溶土。

利用性能综述 土体较厚，砾石碎屑多，通气性好。宜发展林、牧业及薪炭林，应封山育林，提高植被盖度，防止水土流失。

参比土种 薄层石灰泥土。

代表性单个土体 位于湖北省咸宁市嘉鱼县高铁岭镇梅山殷家，29°50'28.1"N，113°52'24.3"E，海拔 70 m，低丘坡地中下部，成土母质为石灰岩风化残积-坡积物，灌木林地。50 cm深度土温16.8 ℃。野外调查时间为2010年12月2日，编号42-091。

殷家系代表性单个土体剖面

Ah：0～25 cm，棕色（7.5YR 4/4，干），暗棕色（7.5YR 3/4，润），黏土，屑粒状结构，坚实，15%～40%灌木根系，10%左右碳酸盐岩岩石碎屑，强石灰反应，pH 为 8.1，向下层平滑模糊过渡。

Bw：25～120 cm，棕色（7.5YR 4/4，干），棕色（7.5YR 4/4，润），黏土，块状结构，坚实，5%～15%灌木根系，30%左右碳酸盐岩岩石碎屑，强石灰反应，pH 为 8.0，向下层不规则模糊过渡。

R：120～140 cm，石灰岩。

殷家系代表性单个土体物理性质

土层	深度/cm	砾石（>2mm，体积分数）/%	细土颗粒组成（粒径：mm）/（g/kg）			质地	容重/（g/cm^3）
			砂粒 2～0.05	粉粒 0.05～0.002	黏粒 <0.002		
Ah	0～25	10	54	489	457	黏土	1.63
Bw	25～120	30	64	529	407	黏土	1.35

殷家系代表性单个土体化学性质

深度/cm	pH		有机质/（g/kg）	全氮（N）/（g/kg）	全磷（P）/（g/kg）	全钾（K）/（g/kg）	阳离子交换量/（cmol/kg）	游离氧化铁/（g/kg）
	H_2O	KCl						
0～25	8.1	—	27.5	1.25	0.18	18.8	11.8	44.9
25～120	8.0	—	7.2	0.48	0.13	18.4	41.5	54.7

7.5.2 李湾系（Liwan Series）

土 族：粗骨壤质混合型热性-棕色钙质湿润雏形土
拟定者：王天巍，廖晓炜

分布与环境条件 主要分布在襄阳、宜昌、荆门等地，低丘坡地，成土母质为碳酸盐岩风化坡积物，疏林地。年均气温 15.2～16.8 ℃，年均降水量 832～910 mm，无霜期 239～256 d。

李湾系典型景观

土系特征与变幅 诊断层包括淡薄表层、雏形层；诊断特性包括热性土壤温度、湿润土壤水分状况、碳酸盐岩岩性特征、石灰性。地表有 15%～40%岩石露头，土体厚度 80 cm 左右，淡薄表层厚度 20～30 cm，之下雏形层厚 50～60 cm。通体为壤土，土体中有 10%～30%碳酸盐岩岩石碎屑，pH 7.4～7.6，碳酸钙相当物含量 28～36 g/kg。

对比土系 本亚类中其他土系，不同土族，颗粒大小级别为粗骨黏质、黏壤质、壤质。位于同一乡镇的一社系，分布在江河沿岸，成土母质为石灰性近代河流冲积物，同一土纲，不同亚纲，为潮湿雏形土。

利用性能综述 石灰岩地区劣质土壤，地形陡峭，石多土少，养分贫乏。应加强植被保护，发展速生林，种植草灌，加速绿化，提高植被盖度，防治水土流失。

参比土种 石灰骨土。

代表性单个土体 位于湖北省襄阳市襄州区东津镇李湾村，31°56'22.6"N，112°12'26.2"E，海拔 66 m，低丘坡地，成土母质为碳酸盐岩风化坡积物，疏林地。50 cm 深度土温 16.8 ℃。野外调查时间为 2012 年 5 月 15 日，编号 42-185。

李湾系代表性单个土体剖面

Ah：0～22 cm，棕色（7.5YR 4/3，干），棕色（7.5YR 4/4，润），壤土，粒状结构，疏松，5%～15%灌木根系，10%左右10～20 mm 碳酸盐岩岩石碎屑，轻度石灰反应，pH 为 7.4，向下层平滑渐变过渡。

Bw：22～80 cm，棕色（7.5YR 4/3，干），棕色（7.5YR 4/4，润），壤土，块状结构，坚实，2%～5%灌木根系，30%左右10～30 mm 碳酸盐岩碎屑，强石灰反应，pH 为 7.6，向下层波状渐变过渡。

C：80～105 cm，碳酸岩风化碎屑。

李湾系代表性单个土体物理性质

土层	深度 /cm	砾石 (>2mm，体积分数)/%	细土颗粒组成（粒径：mm）/（g/kg）			质地	容重 /（g/cm^3）
			砂粒 2～0.05	粉粒 0.05～0.002	黏粒 <0.002		
Ah	0～22	10	348	399	253	壤土	1.33
Bw	22～80	30	378	389	233	壤土	1.34

李湾系代表性单个土体化学性质

深度/cm	pH		有机质 /（g/kg）	全氮（N） /（g/kg）	全磷（P） /（g/kg）	全钾（K） /（g/kg）	阳离子交换量 /（cmol/kg）	$CaCO_3$ /（g/kg）
	H_2O	KCl						
0～22	7.4	—	10.7	1.35	0.27	11.2	20.9	35.3
22～80	7.6	—	3.3	0.25	0.14	11.9	18.2	28.6

7.5.3　朱家湾系（Zhujiawan Series）

土　族：黏壤质混合型热性-棕色钙质湿润雏形土

拟定者：陈家赢，陈　芳

分布与环境条件　在全省各地均有分布，低丘坡地中下部，成土母质为碳酸盐岩类风化坡积物，灌木林地。年均日照时数1916～1973 h，年均气温15.7～17.8 ℃，年均降水量1399～1476 mm，年均蒸发量1521～1574 mm，无霜期254～269 d。

朱家湾系典型景观

土系特征与变幅　诊断层包括淡薄表层、雏形层；诊断特性包括热性土壤温度、湿润土壤水分状况、碳酸盐岩岩性特征、石灰性。土体厚度1 m以上，淡薄表层厚20～30 cm，之下雏形层厚1 m以上。层次质地构型为粉砂壤土-黏壤土，有10%左右的碳酸盐岩岩石碎屑，pH 8.0左右。

对比土系　曲阳岗系，同一土族，通体为壤土。位于同一乡镇的柏墩系，分布于低山丘陵坡麓地带，成土母质为石英砂岩风化物，发育更强，不同土纲，为淋溶土。

利用性能综述　土体中砾石较多，耕作困难，磷钾含量偏低，应发展林业和牧业，种植喜钙草木和木质坚硬的特殊用材，林下可种植喜阴的药材植物，如天麻等，在土壤条件稍好的地方，可发展桑、栗、梨等经济林。

参比土种　石灰渣土。

代表性单个土体　位于湖北省咸宁市桂花镇朱家湾村，29°43'55.2"N，114°21'28.3"E，海拔68 m，低丘坡地中下部，成土母质为碳酸盐岩风化坡积物，灌木林地。50 cm深度土温17.6 ℃。野外调查时间为2010年11月11日，编号42-046。

朱家湾系代表性单个土体剖面

Ah：0～25 cm，暗棕色（7.5YR 3/4，干），暗棕色（7.5YR 3/4，润），粉砂壤土，粒状结构，稍坚实，5%～15%林灌木系，2～5 条蚯蚓，10%碳酸盐岩岩石碎屑，强石灰反应，pH 为 8.0，向下层平滑清晰过渡。

Bw1：25～60 cm，暗棕色（7.5YR 3/4，干），暗棕色（7.5YR 3/4，润），粉砂壤土，块状结构，很坚实，2%～5%灌木根系，10%碳酸盐岩岩石碎屑，强石灰反应，pH 为 8.1，向下层平滑渐变过渡。

Bw2：60～120 cm，暗棕色（7.5YR 3/4，干），暗棕色（7.5YR 3/4，润），黏壤土，块状结构，很坚实，10%碳酸盐岩岩石碎屑，强石灰反应，pH 为 8.1。

朱家湾系代表性单个土体物理性质

土层	深度/cm	砾石（>2mm，体积分数）/%	细土颗粒组成（粒径：mm）/（g/kg）			质地	容重/（g/cm^3）
			砂粒 2～0.05	粉粒 0.05～0.002	黏粒 <0.002		
Ah	0～25	10	233	639	128	粉砂壤土	1.41
Bw1	25～60	10	241	519	240	粉砂壤土	1.38
Bw2	60～120	10	246	432	322	黏壤土	1.58

朱家湾系代表性单个土体化学性质

深度/cm	pH		有机质/（g/kg）	全氮（N）/（g/kg）	全磷（P）/（g/kg）	全钾（K）/（g/kg）	阳离子交换量/（cmol/kg）
	H_2O	KCl					
0～25	8.0	—	20.4	1.94	0.77	8.0	13.2
25～60	8.1	—	12.6	0.89	0.38	6.6	13.0
60～120	8.1	—	5.1	0.35	0.28	6.7	10.8

7.5.4 曲阳岗系（Quyanggang Series）

土 族：黏壤质混合型热性-棕色钙质湿润雏形土

拟定者：王天巍，廖晓炜

分布与环境条件 分布在宜昌、襄阳等地，低山丘陵陡坡或山脊，成土母质为石灰岩风化残积-坡积物，稀疏柏树林地。年均气温 14.7～16.2 ℃，年均降水量 870～960 mm，无霜期236～254 d。

曲阳岗系典型景观

土系特征与变幅 诊断层包括淡薄表层、雏形层；诊断特性包括热性土壤温度、湿润土壤水分状况、碳酸盐岩岩性特征、石灰反应、准石质接触面。土体厚度 80 cm 左右，淡薄表层厚 10～20 cm，之下雏形层厚 60～70 cm。通体为壤土，pH 6.5 左右，有轻度石灰反应，5%左右的石灰岩岩石碎屑。

对比土系 曲阳岗系，同一土族，质地层次构型为粉砂壤土-黏壤土。位于同一乡镇的肖堰系，地处低丘冲垄地带，成土母质为紫色砂页岩风化坡积物，同一亚纲，不同土类，为铁质湿润雏形土。

利用性能综述 坡陡，易水土流失，土体略薄，质地适中，养分缺乏，岩石多裸露，难涵养水分，改良较为困难。应种植速生树木，适度施肥，促进植被生长，提高植被盖度，防止水土流失，改善生态环境。

参比土种 薄层石灰泥土。

代表性单个土体 位于湖北省襄阳市南漳县肖堰镇曲阳岗，31°30'38.0"N，111°47'52.1"E，海拔 406 m，低山丘陵陡坡坡脚，成土母质为石灰岩风化残积-坡积物，稀疏柏树林地。50 cm 深度土温 16.7 ℃。野外调查时间为 2012 年 5 月 17 日，编号 42-189。

曲阳岗系代表性单个土体剖面

Ah：0～18 cm，浊红棕色（5YR 5/4，干），红棕色（5YR 4/6，润），壤土，粒状结构，疏松，15%～40%树根，5%左右石灰岩岩石碎屑，轻度石灰反应，pH 为 6.6，向下层不规则渐变过渡。

Bw：18～80 cm，浊红棕色（5YR 5/4，干），红棕色（5YR 4/6，润），壤土，粒状结构，疏松，15%～40%树根，5%左右石灰岩岩石碎屑，轻度石灰反应，pH 为 6.6，向下层不规则渐变过渡。

R：80～94 cm，石灰岩。

曲阳岗系代表性单个土体物理性质

土层	深度/cm	砾石（>2mm，体积分数）/%	细土颗粒组成（粒径：mm）/（g/kg）			质地	容重/（g/cm³）
			砂粒 2～0.05	粉粒 0.05～0.002	黏粒 <0.002		
Ah	0～18	5	241	554	205	壤土	1.35
Bw	18～80	5	245	549	206	壤土	1.35

曲阳岗系代表性单个土体化学性质

深度/cm	pH		有机质/（g/kg）	全氮（N）/（g/kg）	全磷（P）/（g/kg）	全钾（K）/（g/kg）	阳离子交换量/（cmol/kg）	游离氧化铁/（g/kg）
	H_2O	KCl						
0～18	6.6	—	15.0	1.41	0.21	20.1	18.3	32.4
18～80	6.6	—	15.1	1.40	0.21	20.0	18.2	32.5

7.5.5 下坝系（Xiaba Series）

土　族：壤质混合型温性-棕色钙质湿润雏形土
拟定者：蔡崇法，张海涛，柳　琪

分布与环境条件　集中分布在宜昌地区和鄂西北、鄂西南等地，中山区河谷地带，成土母质为碳酸盐岩类风化沟谷堆积物，旱地或露天菜地。年均日照时数 1170～1230 h，年均气温 14.9～16.7 ℃，年均降水量 1400 mm 左右。

下坝系典型景观

土系特征与变幅　诊断层包括淡薄表层、雏形层；诊断特性包括温性土壤温度、湿润土壤水分状况、碳酸盐岩岩性特征、石灰性。土体厚度 1 m 以上，淡薄表层厚 20～25 cm，之下雏形层厚 1 m 以上，结构面可见结构面少量铁锰斑纹。层次质地构型为砂壤土-粉砂壤土-砂土，有 2%～20%的碳酸盐岩岩石碎屑，pH 为 7.0～7.5。

对比土系　本亚类中其他土系，不同土族，颗粒大小级别为粗骨壤质、粗骨黏质、黏壤质。

利用性能综述　地形部位平缓，土体深厚，质地适中，耕性、适种性及保肥蓄水的能力较好，磷钾含量偏低。应种养结合，轮种一些绿肥和豆科植物，增施磷钾肥，保持土壤的肥力。

参比土种　黄岩砂泥土。

代表性单个土体　位于湖北省恩施市新塘乡下坝村下坝组，30°10'59.7"N，109°48'57.5"E，海拔 1453 m，中山河谷地，成土母质为碳酸盐岩类风化沟谷堆积物，菜地。50 cm 深度土温 12.4 ℃。野外调查时间为 2011 年 11 月 9 日，编号 42-163。

下坝系代表性单个土体剖面

Ap：0～24 cm，棕色（10YR 4/3，干），棕色（10YR 4/3，润），砂壤土，粒状结构，松散，2%左右碳酸盐岩岩石碎屑，轻度石灰反应，pH 为 7.0，向下层平滑渐变过渡。

Br1：24～45 cm，棕色（10YR 4/3，干），棕色（10YR 4/3，润），砂壤土，块状结构，稍坚实，结构面有 2%～5%的铁锰斑纹，10%左右碳酸盐岩岩石碎屑，轻度石灰反应，pH 为 7.3，向下层波状模糊过渡。

Br2：45～70 cm，棕色（10YR 4/3，干），棕色（10YR 4/4，润），粉砂壤土，块状结构，稍坚实，结构面有 2%～5%的铁锰斑纹，15%左右碳酸盐岩岩石碎屑，轻度石灰反应，pH 为 7.4，向下层波状渐变过渡。

BC：70～90 cm，棕色（10YR 4/3，干），棕色（10YR 4/4，润），砂土，块状结构，稍坚实，20%左右碳酸盐岩岩石碎屑，中度石灰反应，pH 为 7.5。

下坝系代表性单个土体物理性质

土层	深度 /cm	砾石 （>2mm，体积分数）/%	细土颗粒组成（粒径：mm）/（g/kg）			质地	容重 /（g/cm^3）
			砂粒 2～0.05	粉粒 0.05～0.002	黏粒 <0.002		
Ap	0～24	2	376	443	181	砂壤土	1.13
Br1	24～45	10	392	433	175	砂壤土	1.25
Br2	45～70	15	217	603	180	粉砂壤土	1.26
BC	70～90	20	—	—	—	砂土	—

下坝系代表性单个土体化学性质

深度/cm	pH		有机质 /（g/kg）	全氮（N） /（g/kg）	全磷（P） /（g/kg）	全钾（K） /（g/kg）	阳离子交换量 /（cmol/kg）
	H_2O	KCl					
0～24	7.0	6.3	22.3	1.42	0.22	15.3	26.8
24～45	7.3	—	13.0	0.62	0.21	13.0	20.6
45～70	7.4	—	13.2	0.38	0.10	12.8	—
70～90	7.5	—	—	—	—	—	—

7.6 黄色铝质湿润雏形土

7.6.1 白螺坳系（Bailuoao Series）

土 族：黏壤质混合型酸性热性-黄色铝质湿润雏形土

拟定者：蔡崇法，王天巍，柳 琪

分布与环境条件 主要分布在鄂东南的通山、崇阳、通城、阳新和咸宁等地。低丘坡地，成土母质为泥质岩类风化坡积物，杂木林地。年均日照时数 1640～1720 h，年均气温 17.6～19.1 ℃，年均降水量 1519～1671 mm，年均蒸发量 1510～1620 mm。

白螺坳系典型景观

土系特征与变幅 诊断层包括淡薄表层、雏形层；诊断特性包括热性土壤温度、湿润土壤水分状况、铝质特性。土体厚度 1 m 以上，淡薄表层厚 10～20 cm，之下雏形层厚 1 m 以上，通体为黏壤土，pH 为 4.6～5.4。

对比土系 天岳系，同一亚类，不同土族，颗粒大小级别为壤质，成土母质为花岗岩风化物。位于同一乡镇的黄龙系，地形部位一致，但成土母质为红色砂页岩风化坡积物，灌木林地，同一亚纲不同土类，为铁质湿润雏形土。

利用性能综述 多居坡地，质地黏重，易受旱，肥力偏低，应封山育林，促进植被生长，防治水土流失，有条件的可适度开垦为果园，增施农家肥、有机肥和化肥，培育土壤。

参比土种 红细泥土。

代表性单个土体 位于湖北省咸宁市崇阳县石城镇白螺坳村四组，29°26'24.3"N，113°52'54.5"E，海拔 111 m，低丘坡地，成土母质为泥质岩类风化坡积物，杂木林地。50 cm 深度土温 19.3 ℃。野外调查时间为 2011 年 3 月 21 日，编号 42-115。

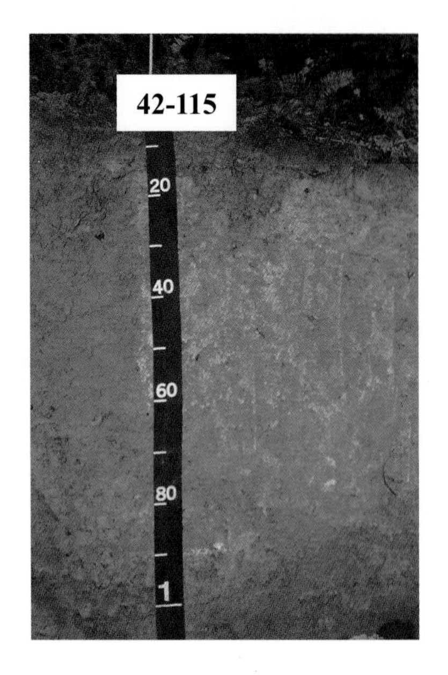

白螺坳系代表性单个土体剖面

Ah：0～15 cm，浊黄橙色（7.5YR 8/6，干），暗棕色（7.5YR 3/4，润），黏壤土，粒状结构，疏松，有 15%～40%树灌根系，pH 为 4.6，向下层平滑渐变过渡。

Bw1：15～60 cm，浊黄橙色（7.5YR 8/6，干），橙色（7.5YR 6/8，润），黏壤土，弱块状结构，稍坚实，有 5%～15%树灌根系，pH 为 4.5，向下层平滑渐变过渡。

Bw2：60～90 cm，浊黄橙色（7.5YR 8/6，干），橙色（7.5YR 6/8，润），黏壤土，弱块状结构，坚实，有 5%～15%树灌根系，pH 为 4.9，向下层平滑渐变过渡。

Bw3：90～120 cm，浊黄橙色（7.5YR 7/8，干），亮棕色（7.5YR 5/6，润），黏壤土，块状结构，很坚实，pH 为 5.0。

白螺坳系代表性单个土体物理性质

土层	深度/cm	砾石（>2mm，体积分数）/%	细土颗粒组成（粒径：mm）/（g/kg）			质地	容重/（g/cm^3）
			砂粒 2～0.05	粉粒 0.05～0.002	黏粒 <0.002		
Ah	0～15	0	291	371	338	黏壤土	1.25
Bw1	15～60	0	297	367	336	黏壤土	1.38
Bw2	60～90	0	342	334	324	黏壤土	1.32
Bw3	90～120	0	301	375	324	黏壤土	1.26

白螺坳系代表性单个土体化学性质

深度/cm	pH		有机质/（g/kg）	全氮（N）/（g/kg）	全磷（P）/（g/kg）	全钾（K）/（g/kg）	阳离子交换量/（cmol/kg）	KCl 浸提铝（Al）黏粒/（cmol/kg）	铝饱和度/%
	H_2O	KCl							
0～15	4.6	3.1	15.6	0.77	0.24	21.0	23.5	24.9	70.3
15～60	4.5	3.2	7.9	0.42	0.14	13.4	25.4	26.5	68.5
60～90	4.9	3.2	5.1	0.23	0.14	7.7	—	—	—
90～120	5.0	3.4	3.1	0.31	0.12	14.6	—	—	—

7.6.2　天岳系（Tianyue Series）

土　族：壤质硅质混合型酸性热性-黄色铝质湿润雏形土

拟定者：陈家赢，柳　琪

分布与环境条件　集中分布在通城、通山两县，低山丘陵顶部或陡坡，成土母质为花岗岩风化残积-坡积物，灌木林地。年均气温15.5～16.7 ℃，年均降水量1450～1600 mm，无霜期246～261 d。

天岳系典型景观

土系特征与变幅　诊断层包括淡薄表层、雏形层；诊断特性包括热性土壤温度、湿润土壤水分状况、铝质现象。土体厚度1 m以上，淡薄表层厚度雏形层出现上界约50 cm，厚度约60 cm。砂壤土-壤土，pH为5.0～5.5。

对比土系　白骡坳系，同一亚类，不同土族，颗粒大小级别为黏壤质，成土母质为泥质岩风化物。位于同一乡镇的土系中，西冲系和井堂系，水田，不同土纲，为水耕人为土；天岳系，地形和土地利用一致，成土母质为花岗岩风化物，同一亚纲，不同土类，为铝质湿润雏形土。麦市系和陈椴木系，地形和土地利用基本一致，成土母质为酸性结晶岩风化的残、坡积物，同一亚纲，不同土类，为铁质湿润雏形土。

利用性能综述　质地轻，保水保肥能力差，坡度较大，水土易流失，养分含量较低。应加强封山育林，适宜发展浅根系喜酸性树种，增施肥料，促进植被生长，提高植被盖度，防治水土流失，植茶应选择坡度较缓地带，增施肥料，并间种绿肥。

参比土种　黄白砂土。

代表性单个土体　位于湖北省咸宁市通城县麦市镇天岳村一组，29°3'33.6"N，113°55'58.0"E，海拔973 m，低山丘陵顶部或陡坡，成土母质为花岗岩风化残积-坡积物，灌木林地。50 cm深度土温16.3 ℃。野外调查时间为2011年3月26日，编号42-131。

天岳系代表性单个土体剖面

Ah1：0～20 cm，浊黄橙色（10YR 7/2，干），黄棕色（10YR 5/6，润），砂质壤土，粒状结构，疏松，有 5%～15%灌草根系，pH 为 5.2，向下层平滑清晰过渡。

Ah2：20～47 cm，浊黄橙色（10YR 7/3，干），黄棕色（10YR 5/8，润），砂质壤土，粒状结构，疏松，有 2%～5%灌草根系，10%左右岩石碎屑，pH 为 5.2，向下层平滑清晰过渡。

Bw：47～110 cm，亮黄棕色（7.5YR 7/6，干），亮棕色（7.5YR 5/6，润），粉砂壤土，弱块状结构，疏松，有 2%左右灌草根系，10%左右岩石碎屑，pH 为 5.2，向下层平滑渐变过渡。

C：110～120 cm，花岗岩风化碎屑。

天岳系代表性单个土体物理性质

土层	深度 /cm	砾石 （>2mm，体积分数）/%	细土颗粒组成（粒径：mm）/（g/kg）			质地	容重 /（g/cm³）
			砂粒 2～0.05	粉粒 0.05～0.002	黏粒 <0.002		
Ah1	0～20	0	546	279	175	砂质壤土	1.29
Ah2	20～47	10	204	610	186	粉砂壤土	1.33
Bw	47～110	10	246	550	204	壤土	1.41

天岳系代表性单个土体化学性质

深度/cm	pH		有机质 /（g/kg）	全氮（N） /（g/kg）	全磷（P） /（g/kg）	全钾（K） /（g/kg）	阳离子交换量 /（cmol/kg）	KCl 浸提铝（Al）黏粒 /（cmol/kg）	铝饱和度 /%
	H_2O	KCl							
0～20	5.2	4.5	14.2	0.91	0.11	12.7	24.3	50.0	62.5
20～47	5.2	3.9	8.7	0.33	0.09	12.7	25.9	48.6	60.3
47～110	5.3	3.8	4.4	0.48	0.07	12.7	26.5	45.3	61.7

7.7 红色铁质湿润雏形土

7.7.1 关庙集系（Guanmiaoji Series）

土 族：砂质混合型非酸性热性-红色铁质湿润雏形土

拟定者：王天巍，廖晓炜

分布与环境条件 主要分布在襄阳、枣阳、南漳等地，低山丘陵的缓坡地带，成土母质为泥质岩类风化物，林灌地。年均气温 15.0～16.0 ℃，年均降水量 870～920 mm，无霜期 237～251 d。

关庙集系典型景观

土系特征与变幅 诊断层包括淡薄表层、雏形层；诊断特性包括热性土壤温度、湿润土壤水分状况、铁质特性、准石质接触面。土体厚度约 50 cm，淡薄表层厚 20～30 cm，之下雏形层厚 20～30 cm。土体中含有 2%～15%的岩石碎屑，层次质地构型为砂质壤土-砂土，pH 约 7.0，游离氧化铁含量 20～33 g/kg。

对比土系 本亚类中其他土系，属不同土族，成土母质分别为红砂岩、紫色砂页岩和碳酸盐岩，颗粒大小级别分别为黏壤质和壤质。位于同一乡镇的沙河系，成土母质和景观一致，但分布在低山丘陵顶部或陡坡地带，发育较弱，不同土纲，为雏形土。

利用性能综述 砂性重，结持性差，结构差，土体松散，蓄水保肥能力弱，养分含量低。应植树造林，适当施肥，促进植被生长，提高地表植被盖度，防止水土流失。

参比土种 黄细砂泥土。

代表性单个土体 位于湖北省襄阳市南漳县城关镇关庙集村，31°42'20.3"N，111°51'52.9"E，海拔 105 m，丘陵坡地下部，成土母质为泥质岩风化残积-坡积物，灌木林。50 cm 深度土温 16.6 ℃。野外调查时间为 2012 年 5 月 17 日，编号 42-198。

关庙集系代表性单个土体剖面

Ah：0～30 cm，浊红棕色（5YR 5/4，干），亮红棕色（5YR 5/6，润），2%左右岩石碎屑，砂质壤土，粒状结构，疏松，15%～40%灌木根系，2%左右岩石碎屑，pH 为 7.0，向下层波状渐变过渡。

Bw：30～55 cm，亮红棕色（5YR 5/8，干），红棕色（5YR 4/6，润），2%～5%岩石碎屑，砂土，粒状结构，疏松，15%～40%灌木根系，10%左右岩石碎屑，pH 为 6.9，向下层波状突变过渡。

R：55～120 cm，泥质岩。

关庙集系代表性单个土体物理性质

土层	深度/cm	砾石（>2mm，体积分数）/%	细土颗粒组成（粒径：mm）/（g/kg）			质地	容重/（g/cm³）
			砂粒 2～0.05	粉粒 0.05～0.002	黏粒 <0.002		
Ah	0～30	2	767	97	136	砂质壤土	1.29
Bw	30～55	10	802	119	79	砂土	1.25

关庙集系代表性单个土体化学性质

深度/cm	pH		有机质/（g/kg）	全氮（N）/（g/kg）	全磷（P）/（g/kg）	全钾（K）/（g/kg）	阳离子交换量/（cmol/kg）	游离氧化铁/（g/kg）
	H_2O	KCl						
0～30	7.0	—	5.0	0.34	0.10	12.7	8.9	23.5
30～55	6.9	—	4.0	0.26	0.07	13.7	7.2	25.4

7.7.2　黄龙系（Huanglong Series）

土　族：黏壤质混合型酸性热性-红色铁质湿润雏形土

拟定者：蔡崇法，王天巍，柳　琪

分布与环境条件　分布于通山、崇阳、蕲春、浠水、武穴等县、市，丘岗坡地中下部，成土母质为红色砂页岩风化坡积物，灌木林地。年均日照时数 1671～1693 h，气温 17.6～18.8 ℃，降水量 1592～1671 mm，蒸发量 1580～1620 mm。

黄龙系典型景观

土系特征与变幅　诊断层包括淡薄表层、雏形层；诊断特性包括热性土壤温度、湿润土壤水分状况、铁质特性、氧化还原特征。土体厚度 1 m 以上，淡薄表层厚 15～20 cm，之下雏形层厚度 1 m 以上，有 10%左右的铁锰结核和 10%左右的岩石碎屑。通体为黏壤土，pH 约 4.5，游离氧化铁含量 21～29 g/kg。

对比土系　本亚类中的其他土系，属不同土族，成土母质分别为泥质岩、紫色砂页岩和碳酸盐岩。位于同一乡镇的白螺坳系，地形部位一致，但成土母质为泥质岩类风化坡积物，林地，同一亚纲不同土类，为铝质湿润雏形土。

利用性能综述　土体深厚，质地偏黏，宜耕期短，易旱，土壤养分含量偏低。应轮作炕土，套种绿肥，适量施用石灰，抢墒耕作，苗期施速效肥，后期看苗施肥，实行氮、磷、钾肥配合施用，水源条件好的可旱改水或水旱轮作。林荒地的肥力较高，可发展果、麻、茶等多种经济作物，但要注意水土保持，套种绿肥，有计划地进行林种更新。

参比土种　红赤泥土。

代表性单个土体　位于湖北省咸宁市崇阳县石城镇黄龙村九组，29°27'18.1"N，113°55'0.4"E，海拔 95 m，岗坡地中下部，成土母质为红砂岩风化坡积物，灌木林地。50 cm 深度土温 19.3 ℃。野外调查时间为 2011 年 3 月 21 日，编号 42-110。

黄龙系代表性单个土体剖面

Ah：0～20 cm，亮红棕色（2.5YR 5/8，干），红棕色（2.5YR 4/8，润），黏壤土，粒状结构，极疏松，5%～15%灌木根系，2%岩石碎屑，pH 为 4.6，向下层平滑渐变过渡。

Br1：20～80 cm，亮红棕色（2.5YR 5/8，干），红棕色（2.5YR 4/8，润），黏壤土，块状结构，稍坚硬，2%～5%灌木根系，10%左右铁锰结核，10%左右岩石碎屑，pH 为 4.6，向下层平滑渐变过渡。

Br2：80～110 cm，亮红棕色（2.5YR 5/8，干），红棕色（2.5YR 4/8，润），黏壤土，块状结构，稍坚硬，2%～5%灌木根系，10%左右铁锰结核，10%左右岩石碎屑，pH 为 4.5。

黄龙系代表性单个土体物理性质

土层	深度 /cm	砾石（>2mm，体积分数）/%	细土颗粒组成（粒径：mm）/（g/kg）			质地	容重 /（g/cm³）
			砂粒 2～0.05	粉粒 0.05～0.002	黏粒 <0.002		
Ah	0～20	2	317	326	357	黏壤土	1.19
Br1	20～80	20	347	326	327	黏壤土	1.32
Br2	80～110	20	347	326	327	黏壤土	1.32

黄龙系代表性单个土体化学性质

深度/cm	pH		有机质 /（g/kg）	全氮（N） /（g/kg）	全磷（P） /（g/kg）	全钾（K） /（g/kg）	阳离子交换量 /（cmol/kg）	游离氧化铁 /（g/kg）
	H_2O	KCl						
0～20	4.6	3.2	17.6	0.82	0.20	7.6	16.5	21.5
40～80	4.6	3.1	5.8	0.23	0.11	9.4	13.0	28.2
80～110	4.5	3.0	5.8	0.24	0. 21	9.7	11.0	27.1

7.7.3　肖堰系（Xiaoyan Series）

土　族：黏壤质混合型非酸性热性-红色铁质湿润雏形土

拟定者：王天巍，陈　芳

分布与环境条件　主要分布在襄阳、十堰、黄冈、荆州等地。低丘坡地冲垄地带，成土母质为紫色砂页岩风化坡积物。年均气温 15.0～16.0 ℃，年均降水量 880～960 mm，无霜期 240～260 d。

肖堰系典型景观

土系特征与变幅　诊断层包括淡薄表层、雏形层；诊断特性包括热性土壤温度、湿润土壤水分状况、铁质特性。土体厚度 1 m 以上，有 5%～40%的岩石碎屑，淡薄表层厚 20～25 cm，之下雏形层厚 1 m 以上。层次质地构型为壤土-砂质黏壤土，pH 6.6～6.9，游离铁含量 24～27 g/kg。

对比土系　本亚类中的其他土系，属不同土族，成土母质分别为泥质岩、红色砂页岩和碳酸盐岩。位于同一乡镇的曲阳岗系，地处陡坡或山脊，成土母质为碳酸盐岩类风化坡积物，同一亚纲，不同土类，为钙质湿润雏形土。

利用性能综述　土体深厚，表层熟化程度高，质地适中，结构好，下部土体黏重坚实，不利于植物根系下扎，磷钾缺乏。应适时深耕翻土，结合施用农家肥和有机肥，增施磷钾肥，改善土性，促进土壤团粒结构形成，施肥集中在作物根部，提高肥效，也可以种植一些浅根系作物。

参比土种　黄赤砂泥土。

代表性单个土体　位于湖北省襄阳市南漳县肖堰镇太平村，31°25'36.2"N，111°51'57.4"E，海拔 290 m，低丘坡地冲垄地带，成土母质为紫色砂页岩风化坡积物，旱地。50 cm 深度土温 16.6 ℃。野外调查时间为 2012 年 5 月 17 日，编号 42-197。

肖堰系代表性单个土体剖面

Ap：0～25 cm，淡棕灰色（7.5YR 7/2，干），灰棕色（7.5YR 6/2，润），壤土，粒状结构，疏松，5%左右岩石碎屑，pH 为 6.6，向下层波状渐变过渡。

AB：25～75 cm，浊棕色（7.5YR 6/3，干），浊棕色（7.5YR 5/4，润），壤土，粒状结构，疏松，20%左右岩石碎屑，pH 为 6.9，向下层不规则清晰过渡。

Bw1：75～110 cm，浊橙色（5YR 6/3，干），灰棕色（5YR 5/2，润），砂质黏壤土，块状结构，坚实，20%左右岩石碎屑，pH 为 6.7，向下层不规则清晰过渡。

Bw2：110～140 cm，浊橙色（5YR 6/3，干），灰棕色（5YR 5/2，润），砂质黏壤土，块状结构，坚实，60%左右岩石碎屑，pH 为 6.7。

肖堰系代表性单个土体物理性质

土层	深度/cm	砾石（>2mm，体积分数）/%	细土颗粒组成（粒径：mm）/（g/kg）			质地	容重/（g/cm^3）
			砂粒 2～0.05	粉粒 0.05～0.002	黏粒 <0.002		
Ap	0～25	5	393	357	250	壤土	1.14
AB	25～75	20	588	160	252	壤土	1.20
Bw1	75～110	20	486	398	116	砂质黏壤土	1.31
Bw2	110～140	60	486	398	116	砂质黏壤土	1.31

肖堰系代表性单个土体化学性质

深度/cm	pH		有机质/（g/kg）	全氮（N）/（g/kg）	全磷（P）/（g/kg）	全钾（K）/（g/kg）	阳离子交换量/（cmol/kg）	游离氧化铁/（g/kg）
	H_2O	KCl						
0～25	6.6	—	27.0	1.36	0.18	14.3	23.3	25.3
25～75	6.9	—	12.3	0.51	0.09	16.8	14.3	25.2
75～110	6.7	—	6.1	0.43	0.12	16.2	19.7	25.8
110～140	6.7	—	6.1	0.43	0.17	16.7	18.7	25.9

7.7.4 白羊山系（Baiyangshan Series）

土 族：壤质混合型石灰性热性-普通铁质湿润雏形土

拟定者：王天巍，柳 琪

分布与环境条件 主要分布于崇阳、阳新、通城、京山、松滋等地，丘岗低洼地带，成土母质为石灰岩风化物堆积物或搬运后再沉积物，灌木草地。年均日照时数 1630～1690 h，年均气温 17.5～18.5 ℃，年均降水量 1582～1639 mm，年均蒸发量 1532～1616 mm。

白羊山系典型景观

土系特征与变幅 诊断层包括淡薄表层、雏形层；诊断特性包括热性土壤温度、湿润土壤水分状况、铁质特性、石灰性。土体厚度 1 m 以上，淡薄表层厚 12～18 cm，之下雏形层厚 1 m 以上。层次质地构型为黏壤土-砂质壤土-粉砂壤土，通体有轻度石灰反应，pH 6.8～7.1，游离铁含量 26～46 g/kg。

对比土系 皂角湾系，同一亚类，不同土族，成土母质与地形部位一致，有石灰性。位于同一乡镇的白羊系，地形部位一致，但成土母质为泥质板岩类风化残积-坡积物，旱地，同一土类不同亚类，为普通铁质湿润雏形土。黑桥系，地形部位类似，但为水田，不同土纲，为水耕人为土。

利用性能综述 土体深厚，质地适中，结构好，疏松透气，磷钾含量偏低。应保护现有植被，增种经济林木，维系良好生态，防止水土流失，发展山林的经济效益。

参比土种 砾质黑石灰泥土。

代表性单个土体 位于湖北省咸宁市崇阳县路口镇白羊山，29°36'16.9"N，114°15'48.8"E，海拔 165 m，成土母质为碳酸盐岩类风化坡积物，灌木草地。50 cm 深度土温 19.3 ℃。野外调查时间为 2011 年 3 月 23 日，编号 42-119。

白羊山系代表性单个土体剖面

Ah：0～12 cm，浊红棕色（5YR 4/4，干），暗红棕色（5YR 3/3，润），黏壤土，粒状结构，坚实，有15%～40%灌草根系，轻度石灰反应，pH为6.8，向下层平滑清晰过渡。

Bw1：12～30 cm，浊红棕色（5YR 4/4，干），暗红棕色（5YR 3/3，润），砂质壤土，弱块状结构，坚实，5%～15%灌草根系，2%左右岩石碎屑，轻度石灰反应，pH为7.1，向下层平滑清晰过渡。

Bw2：30～110 cm，亮红棕色（5YR 5/6，干），浊红棕色（5YR 4/4，润），粉砂壤土，块状结构，很坚实，有2%～5%灌木根系，轻度石灰反应，pH为7.0。

白羊山系代表性单个土体物理性质

土层	深度 /cm	砾石 （>2mm，体积分数）/%	细土颗粒组成（粒径：mm）/（g/kg）			质地	容重 /（g/cm^3）
			砂粒 2～0.05	粉粒 0.05～0.002	黏粒 <0.002		
Ah	0～12	0	307	447	246	黏壤土	1.19
Bw1	12～30	2	487	381	132	砂质壤土	1.15
Bw2	30～110	0	296	561	143	粉砂壤土	1.25

白羊山系代表性单个土体化学性质

深度/cm	pH		有机质 /（g/kg）	全氮（N） /（g/kg）	全磷（P） /（g/kg）	全钾（K） /（g/kg）	阳离子交换量 /（cmol/kg）	游离氧化铁 /（g/kg）
	H_2O	KCl						
0～12	6.8	—	27.0	1.53	0.08	17.6	21.5	26.4
12～30	7.1	—	10.8	1.23	0.05	7.7	18.2	43.7
30～110	7.0	—	4.6	0.27	0.04	6.7	—	45.6

7.7.5 皂角湾系（Zaojiaowan Series）

土　族：壤质混合型酸性热性-红色铁质湿润雏形土

拟定者：蔡崇法，陈家赢，陈　芳

分布与环境条件　多出现于通山、咸宁、赤壁、通城、崇阳、嘉鱼等县、市，低山丘陵陡坡上部。成土母质为碳酸盐岩类风化坡积物，竹林。年均气温 16.5～17.5 ℃，降水量 1540 mm 左右，无霜期 255～265 d。

皂角湾系典型景观

土系特征与变幅　诊断层包括淡薄表层、雏形层；诊断特性包括热性土壤温度、湿润土壤水分状况、碳酸盐岩岩性特征、铁质特性。土体厚度 1 m 以上，淡薄表层厚 15～20 cm，之下雏形层厚 1 m 以上。通体为粉壤为主，有 5%～15%岩石碎屑，pH 4.9～5.2，游离氧化铁含量 42～49 g/kg。

对比土系　白羊山系，同一亚类，不同土族，成土母质与地形部位一致，无石灰性。位于同一乡镇的土系双泉系和大田畈系，前者分布于山丘坡底，成土母质为碳酸盐岩类风化物，后者地形部位类似，但成土母质为泥质岩类风化物，两者发育更强，不同土纲，为淋溶土。

利用性能综述　多处于低山丘陵区的上部和陡坡处，土体中砾石较多，质地适中，呈酸性，磷钾缺乏。应封山育林，注意施用磷钾肥和抗旱，提高植被盖度，防止水土流失。

参比土种　红石灰渣土。

代表性单个土体　位于湖北省咸宁市赤壁市荆泉镇皂角湾，29°38’39.7”N，113°55’47.3”E，海拔 154 m，低丘坡地上部，成土母质为碳酸盐岩类风化坡积物，竹林。50 cm 深度土温 16.5 °C。野外调查时间为 2010 年 11 月 12 日，编号 42-051。

Ah：0～15 cm，灰棕色（7.5YR 5/2，干），暗棕色（7.5YR 3/4，润），粉砂壤土，粒状结构，有 15%～40%竹根，疏松，含 10%左右 5～20 mm 角砾状岩石碎屑，pH 为 4.9，向下层波状渐变过渡。

Bw1：15～80 cm，浅淡红橙色（2.5YR 7/3，干），暗红棕色（2.5YR 3/6，润），粉砂壤土，弱块状结构，很坚实，有 15%～40%竹根，含 10%左右 75～250 mm 角砾状岩石碎屑，pH 为 5.2，向下层波状渐变过渡。

Bw2：80～120 cm，浅淡红橙色（2.5YR 7/3，干），暗红棕色（2.5YR 3/6，润），粉砂壤土，弱块状结构，很坚实，有 15%～40%竹根，含 10%左右角砾状岩石碎屑，pH 为 5.2。

皂角湾系代表性单个土体剖面

皂角湾系代表性单个土体物理性质

土层	深度 /cm	砾石 (>2mm，体积分数) /%	细土颗粒组成（粒径：mm）/（g/kg）			质地	容重 /（g/cm³）
			砂粒 2～0.05	粉粒 0.05～0.002	黏粒 <0.002		
Ah	0～15	10	222	623	155	粉砂壤土	1.45
Bw1	15～80	10	238	639	123	粉砂壤土	1.31
Bw2	80～120	10	238	639	123	粉砂壤土	1.31

皂角湾系代表性单个土体化学性质

深度 /cm	pH		有机质 /（g/kg）	全氮（N） /（g/kg）	全磷（P） /（g/kg）	全钾（K） /（g/kg）	阳离子交换量 /（cmol/kg）	游离氧化铁 /（g/kg）
	H_2O	KCl						
0～15	4.9	3.6	29.0	1.98	0.14	12.7	24.3	42.1
15～80	5.2	3.9	7.0	0.36	0.12	11.9	25.9	48.3
80～120	5.2	3.8	7.1	0.37	0.10	10.9	25.8	48.5

7.8 普通铁质湿润雏形土

7.8.1 李塅系（Liduan Series）

土 族：粗骨砂质硅质混合型酸性热性-普通铁质湿润雏形土

拟定者：张海涛，柳 琪

分布与环境条件 集中分布在通城、通山两县。地处低山丘陵垄岗的顶部或陡坡，成土母质为花岗岩风化残积-坡积物，稀疏马尾松林地。年均气温 15.5～16.7 °C，年均降水量 1450～1600 mm，无霜期 258 d 左右。

李塅系典型景观

土系特征与变幅 诊断层包括淡薄表层、雏形层；诊断特性包括热性土壤温度、湿润土壤水分状况、铁质特性、准石质接触面。土体厚度一般 50 cm 左右，淡薄表层厚度约 40 cm，有 10%左右的花岗岩风化碎屑；之下雏形层厚度约 10 cm，有 30%左右的花岗岩风化碎屑。通体砂土，pH 约 4.7，游离氧化铁含量 20～33 g/kg。

对比土系 隽水系，成土母岩和景观类型一致，同一亚类，不同土族，颗粒大小级别为壤质，土体厚度超过 100 cm。

利用性能综述 砂性重，质地轻，保水保肥能力差，坡度较大，易水土流失。应封山育林，提高植被盖度，防治水土流失。

参比土种 白砂土。

代表性单个土体 位于湖北省咸宁市通城县青山镇李塅村七组，29°7'48.4"N，113°59'9.3"E，海拔 473 m，丘陵坡地，成土母质为花岗岩风化残积-坡积物，稀疏马尾松林地。50 cm 深度土温 16.1 ℃，野外调查时间为 2011 年 3 月 26 日，编号 42-125。

李堌系代表性单个土体剖面

Ah：0～40 cm，浅淡黄色（2.5Y 8/3，干），橄榄棕色（2.5Y 4/4，润），砂土，粒状结构，疏松，15%～40%树根，10%左右岩石碎屑，pH 为 4.7，向下层平滑渐变过渡。

Bw：40～50 cm，浅淡黄色（2.5Y 8/3，干），橄榄棕色（2.5Y 4/4，润），砂土，粒状结构，疏松，有 5%～15%树根，30%左右岩石碎屑，pH 为 4.7，向下层平滑渐变过渡。

R：50～120 cm，花岗岩。

李堌系代表性单个土体物理性质

土层	深度 /cm	砾石 (>2mm，体积分数) /%	细土颗粒组成（粒径：mm）/（g/kg）			质地	容重 /（g/cm³）
			砂粒 2～0.05	粉粒 0.05～0.002	黏粒 <0.002		
Ah	0～40	10	780	161	59	砂土	1.2
Bw	40～50	30	783	159	58	砂土	1.32

李堌系代表性单个土体化学性质

深度/cm	pH		有机质 /（g/kg）	全氮（N） /（g/kg）	全磷（P） /（g/kg）	全钾（K） /（g/kg）	阳离子交换量 /（cmol/kg）	游离氧化铁 /（g/kg）
	H_2O	KCl						
0～40	4.7	3.2	20.0	1.00	0.89	35.0	44.9	20.8
40～50	4.7	3.5	3.6	0.12	0.28	26.6	54.7	32.3

7.8.2　大堰系（Dayan Series）

土　族：粗骨砂质混合型非酸性热性-普通铁质湿润雏形土

拟定者：王天巍，廖晓炜

分布与环境条件　主要分布在郧阳、襄阳等地区。低山丘陵的缓坡，成土母质为泥质岩类风化坡积物，茶园。年均气温 15.0～16.0 ℃，年均降水量 860～920 mm，无霜期 216～231 d。

大堰系典型景观

土系特征与变幅　诊断层包括淡薄表层、雏形层；诊断特性包括热性土壤温度、湿润土壤水分状况、铁质特性。土体深厚，1 m 以上，淡薄表层厚约 20 cm，之下为雏形层，厚 1 m 以上，有 30%左右岩石碎屑。通体砂质壤土，pH 为 5.9～6.0，游离氧化铁含量介于 22～25 g/kg。

对比土系　白羊系、刘坪系和金塘系，成土母质与地形部位一致，同一亚类，不同土族，前者为梯田旱地，颗粒大小级别为砂质；后两者为林地，颗粒大小级别为壤质。魏家畈系，不同土纲，同一景观系列的高海拔位置，成土母质一致，发育弱，土体浅薄，为新成土。位于同一乡镇的邢川系，地形部位和成土母质一致，但发育较强，不同土纲，为湿润淋溶土。

利用性能综述　砂性重，结持性差，结构较差，蓄水保肥性能差，养分含量偏低。应尽可能修筑梯田，等高种植，防止水土流失。有条件的地方可以客土掺泥，改善土壤物理性状，提高保水保肥的能力；注意化肥与农家肥配合施用，实行秸秆还田，不宜多耕多耙。

参比土种　黄细砂泥土。

代表性单个土体　位于湖北省襄阳市枣阳县新市镇大堰村，32°19'48.1"N，113°0'11.4"E，海拔 107 m，丘陵坡中部，茶园，成土母质为泥质岩风化坡积物。50 cm 深度土温 16.1 °C，热性。野外调查时间为 2012 年 5 月 14 日，编号 42-178。

大堰系代表性单个土体剖面

Ap：0～20 cm，浊黄橙色（10YR 5/4，干），浊黄棕色（10YR 4/3，润），砂质壤土，粒状结构，疏松，2%～5%灌草根系，2%左右岩石碎屑，pH 为 6.0，向下层平滑模糊过渡。

Bw1：20～60 cm，浊黄橙色（10YR 6/4，干），棕色（10YR 4/4，润），砂质壤土，块状结构，疏松，25%左右的岩石碎屑，pH 为 6.0，向下层平滑模糊过渡。

Bw2：60～90 cm，浊黄橙色（10YR 6/4，干），黄棕色（10YR 5/8，润），砂质壤土，块状结构，30%左右岩石碎屑，pH 为 5.9，向下层平滑模糊过渡。

Bw3：90～110 cm，浊黄橙色（10YR 6/4，干），黄棕色（10YR 5/8，润），砂质壤土，块状结构，30%左右岩石碎屑，pH 为 5.9。

大堰系代表性单个土体物理性质

土层	深度 /cm	砾石 (>2mm，体积分数)/%	细土颗粒组成（粒径：mm）/(g/kg)			质地	容重 /(g/cm³)
			砂粒 2～0.05	粉粒 0.05～0.002	黏粒 <0.002		
Ap	0～20	2	767	97	136	砂质壤土	1.49
Bw1	20～60	25	801	89	110	砂质壤土	1.55
Bw2	60～90	30	722	122	156	砂质壤土	1.62
Bw3	90～110	30	722	122	156	砂质壤土	1.62

大堰系代表性单个土体化学性质

深度/cm	pH		有机质 /(g/kg)	全氮（N） /(g/kg)	全磷（P） /(g/kg)	全钾（K） /(g/kg)	阳离子交换量 /(cmol/kg)	游离氧化铁 /(g/kg)
	H_2O	KCl						
0～20	6.0	—	13.0	0.64	0.09	12.7	20.8	22.3
20～60	6.0	—	4.0	0.21	0.06	10.3	32.3	24.8
60～90	5.9	—	3.0	0.12	0.06	7.9	—	23.0
90～110	5.9	—	3.0	0.12	0.04	7.7	—	23.1

7.8.3　麦市系（Maishi Series）

土　族：砂质混合型酸性热性-普通铁质湿润雏形土

拟定者：陈家赢，柳　琪

分布与环境条件　集中分布在黄冈、孝感、咸宁、襄阳等地，低山丘陵垄岗的顶部或陡坡。成土母质为酸性结晶岩风化残积-坡积物。年均气温 15.5～16.7 °C，年均降水量 1450～1600 mm，无霜期 253～263 d。

麦市系典型景观

土系特征与变幅　诊断层包括淡薄表层、雏形层；诊断特性包括热性土壤温度、湿润土壤水分状况、铁质特性、准石质接触面。土体厚度不足 80 cm，淡薄表层厚度 30～40 cm，之下为雏形层，厚度约 40 cm。通体砂质壤土，pH 为 5.2～5.5，游离氧化铁含量 34～38 g/kg。

对比土系　陈塅系，成土母质与地形部位一致，同一土族，但土体色调为 2.5Y。西冲系、井堂系和天岳系，位于同一乡镇，前两者为水田，不同土纲，为水耕人为土；后者地形部位和土地利用一致，但成土母质为花岗岩风化物，同一亚纲但不同土类，为铝质湿润雏形土。

利用性能综述　由于不适当的伐木，使植被覆盖率降低，水土流失加剧，磷钾含量偏低。应采取治坡改梯的工程措施，划片封山育林，防治水土流失，增强土壤涵养水分的能力。

参比土种　白砂土。

代表性单个土体　位于湖北省咸宁市通城县麦市镇黄龙林场，29°3'18.5"N，113°52'21.2"E，海拔 840 m，低山坡地，成土母质为酸性结晶岩风化残积-坡积物，毛竹与马尾松混交林地。50 cm 深度土温 16.1 ℃，野外调查时间为 2011 年 3 月 25 日，编号 42-130。

麦市系代表性单个土体剖面

Ah：0～35 cm，棕色（7. 5YR 4/3，干），黑棕色（7. 5YR 3/2，润），砂质壤土，粒状结构，疏松有 15%～40%竹、马尾松根系，10%左右岩石碎屑，pH 为 5.5，向下层平滑突变过渡。

Bw：35～78 cm，浊棕色（7. 5YR 6/3，干），灰棕色（7. 5YR 4/2，润），砂质壤土，粒状结构，疏松，有 5%～15%竹、马尾松根系，10%左右岩石碎屑，pH 为 5.2，向下层平滑突变过渡。

R：78～120 cm，酸性结晶岩。

麦市系代表性单个土体物理性质

土层	深度/cm	砾石（>2mm，体积分数）/%	细土颗粒组成（粒径：mm）/（g/kg）			质地	容重/（g/cm³）
			砂粒 2～0.05	粉粒 0.05～0.002	黏粒 <0.002		
Ah	0～35	10	625	200	175	砂质壤土	1.31
Bw	35～78	10	627	238	135	砂质壤土	1.47

麦市系代表性单个土体化学性质

深度/cm	pH		有机质/（g/kg）	全氮（N）/（g/kg）	全磷（P）/（g/kg）	全钾（K）/（g/kg）	阳离子交换量/（cmol/kg）	游离氧化铁/（g/kg）
	H_2O	KCl						
0～35	5.5	5.0	24.1	1.24	0.18	14.4	24.3	34.7
35～78	5.2	4.6	11.6	0.57	0.20	11.9	25.9	37.2

7.8.4　陈塅系（Chenduan Series）

土　族：砂质混合型酸性热性-普通铁质湿润雏形土
拟定者：王天巍，柳　琪

分布与环境条件　广泛分布于通城、阳新、通山、崇阳等县、市的低山丘陵缓坡。成土母质为酸性结晶岩风化残积-坡积物，以坡积物为主。年均气温 15.5～16.7 ℃，年均降水量 1450～1600 mm，无霜期 258 d 左右。

陈塅系典型景观

土系特征与变幅　诊断层包括淡薄表层、雏形层；诊断特性包括热性土壤温度、湿润土壤水分状况、铁质特性、准石质接触面。土体厚度 70 cm 左右，岩石碎屑约 2%；淡薄表层厚 15～20 cm，之下雏形层厚 50～65 cm，岩石碎屑介于 5%～20%。通体为砂质壤土，pH 介于 5.3～5.4，游离氧化铁含量 32～36 g/kg。

对比土系　麦市系，成土母质与地形部位一致，同一土族，但土体色调为 7.5 YR。西冲系、井堂系和天岳系，位于同一乡镇，前两者为水田，不同土纲，为水耕人为土；后者地形部位和土地利用一致，但成土母质为花岗岩风化物，同一亚纲，不同土类，为铝质湿润雏形土。

利用性能综述　土体较厚，质地偏砂，养分含量低，易受干旱威胁，不易开垦。应封山育林，提升植被盖度，防止水土流失。有条件地区，可发展桑、栗、梨园。

参比土种　白砂土。

代表性单个土体　位于湖北省咸宁市通城县麦市镇陈塅村，29°7'58.6"N，113°56'52.5"E，海拔 143 m，丘陵缓坡地，成土母质为酸性结晶岩风化残积-坡积物，灌木林地。50 cm 深度土温 16.4 ℃，热性。野外调查时间为 2011 年 3 月 26 日，编号 42-132。

陈塅系代表性单个土体剖面

Ah：0～15 cm，橄榄棕色（2.5Y 6/4，干），暗灰黄（2.5Y 4/2，润），砂质壤土，粒状结构，松散，有 15%～40%灌木根系，2%左右岩石碎屑，pH 为 5.3，向下层平滑模糊过渡。

Bw1：15～40 cm，亮黄棕色（2.5Y 7/6，干），黄棕色（2.5Y 5/4，润），砂质壤土，粒状结构，松散，有 5%～15%灌木根系，5%左右岩石碎屑，pH 为 5.4，向下层平滑模糊过渡。

Bw2：40～70 cm，黄色（2.5Y 7/8，干），黄棕色（2.5Y 5/6，润），砂质壤土，粒状结构，松散，有 5%～15%灌木根系，20%左右岩石碎屑，pH 为 5.1。向下层波状模糊过渡。

R：70～120 cm，酸性结晶岩。

陈塅系代表性单个土体物理性质

土层	深度/cm	砾石（>2mm，体积分数）/%	细土颗粒组成（粒径：mm）/（g/kg）			质地	容重/（g/cm³）
			砂粒 2～0.05	粉粒 0.05～0.002	黏粒 <0.002		
Ah	0～15	2	624	279	97	砂质壤土	1.19
Bw1	15～40	5	705	199	96	砂质壤土	1.26
Bw2	40～70	20	—	—	—	砂质壤土	—

陈塅系代表性单个土体化学性质

深度/cm	pH		有机质/（g/kg）	全氮（N）/（g/kg）	全磷（P）/（g/kg）	全钾（K）/（g/kg）	阳离子交换量/（cmol/kg）	游离氧化铁/（g/kg）
	H_2O	KCl						
0～15	5.3	4.7	17.8	0.36	0.09	31.0	24.3	32.0
15～40	5.4	4.6	8.6	0.23	0.14	21.8	25.9	35.6
40～70	—	—	—	—	—	—	—	—

7.8.5　白羊系（Baiyang Series）

土　族：砂质混合型非酸性热性-普通铁质湿润雏形土
拟定者：陈家赢，柳　琪

分布与环境条件　主要分布于通城、嘉鱼、通山、崇阳、咸宁、黄石等县、市，低山丘陵坡地。成土母质为泥质板岩类风化残积-坡积物，梯田旱地，主要种植小麦、红薯、豆、油菜。年均日照时数 1620～1710 h，年均气温 18.0～19.0 ℃，年均降水量 1580～1630 mm，年均蒸发量 1520～1630 mm，无霜期 253～267 d。

白羊系典型景观

土系特征与变幅　诊断层包括淡薄表层、雏形层；诊断特性包括热性土壤温度、湿润土壤水分状况、铁质特性、准石质接触面。土体厚度约 50 cm，淡薄表层厚约 20 cm，之下为雏形层，厚度 25～30 cm。通体砂质壤土，pH 为 5.3～5.7，游离氧化铁含量 42～44 g/kg。

对比土系　大堰系、金塘系和刘坪系，成土母质和地形部位一致，同一亚类，不同土族，前者为茶园，颗粒大小级别为粗骨砂质，后两者为林地，颗粒大小级别为壤质。

利用性能综述　土体浅薄，易受旱，磷钾含量偏低，作物产量中等。应增施有机肥和磷钾肥，间种绿肥，实行秸秆还田或退耕还林，防止抛荒。

参比土种　红细砂泥土。

代表性单个土体　位于湖北省咸宁市崇阳县路口镇白羊村五组，29°36'50.8"N，114°14'59.2"E，海拔 139 m，丘陵梯田旱地，成土母质为泥质板岩类风化残积-坡积物。50 cm 深度土温 19.3 ℃，野外调查时间为 2011 年 3 月 23 日，编号 42-113。

白羊系代表性单个土体剖面

Ap：0～22 cm，浊橙色（10YR 7/3，干），棕色（10YR 4/3，润），砂质壤土，粒状结构，疏松，pH 为 5.7，向下层平滑渐变过渡。

Bw：22～50 cm，浊橙色（10YR 7/3，干），橙色（10YR 5/8，润），砂质壤土，粒状结构，疏松，2%砾石碎屑，pH 为 5.5，向下层平滑渐变过渡。

R：50～110 cm，泥质板岩。

白羊系代表性单个土体物理性质

土层	深度 /cm	砾石 （>2mm，体积分数）/%	细土颗粒组成（粒径：mm）/（g/kg）			质地	容重 /（g/cm³）
			砂粒 2～0.05	粉粒 0.05～0.002	黏粒 <0.002		
Ah	0～22	0	545	319	136	砂质壤土	1.29
Bw	22～50	2	624	279	97	砂质壤土	1.38

白羊系代表性单个土体化学性质

深度/cm	pH		有机质 /（g/kg）	全氮（N） /（g/kg）	全磷（P） /（g/kg）	全钾（K） /（g/kg）	阳离子交换量 /（cmol/kg）	游离氧化铁 /（g/kg）
	H_2O	KCl						
0～22	5.7	3.8	21.8	1.73	0.19	15.2	23.5	42.4
22～50	5.5	3.9	6.6	0.45	0.14	12.8	25.4	43.5

7.8.6　隽水系（Juanshui Series）

土　族：壤质硅质混合型酸性热性-普通铁质湿润雏形土
拟定者：张海涛，柳　琪

分布与环境条件　广泛分布于通城、阳新、通山、崇阳、黄石、鄂州、黄冈等县、市，低山丘陵的坡地中上部。成土母质为花岗岩风化坡积物，灌木林地。年均气温 15.5～16.7 ℃，年均降水量 1450～1600 mm，无霜期 258 d 左右。

隽水系典型景观

土系特征与变幅　诊断层包括淡薄表层、雏形层；诊断特性包括热性土壤温度、湿润土壤水分状况、铁质特性。土体厚度 1 m 以上，淡薄表层厚约 40 cm，之下雏形层厚 1 m 以上。通体为砂质壤土，pH 为 4.5～5.0，游离氧化铁含量 19～26 g/kg。

对比土系　李椴系，成土母质和地形部位一致，同一亚类，不同土族，颗粒大小级别为粗骨砂质，土体厚度约 50 cm。

利用性能综述　坡度大，质地粗，易水土流失，结构松散，漏水漏肥，易受干旱威胁，磷钾含量较低。应坡改梯，封山育林，造林以穴植为主，幼林间可种植绿肥培肥土壤。

参比土种　白砂泥土。

代表性单个土体　位于湖北省咸宁市通城县隽水镇桃源村八组，29°13'35.2"N，113°51'49.9"E，海拔 155 m，丘陵坡地，成土母质为花岗岩风化坡积物，灌木林地。50 cm 深度土温 17.1 ℃。野外调查时间为 2011 年 3 月 25 日，编号 42-126。

隽水系代表性单个土体剖面

Ah：0～40 cm，浊棕色（7.5YR 6/3，干），棕色（7.5YR 4/4，润），砂质壤土，粒状结构，疏松，有 5%～15%灌木根系，pH 为 5.0，向下层平滑突变过渡。

Bw1：40～70 cm，浊棕色（7.5YR 6/3，干），橙色（7.5YR 5/8，润），粉砂壤土，弱块状结构，疏松，有 5%～15%灌木根系，pH 为 4.5，向下层平滑清晰过渡。

Bw2：70～100 cm，浊棕色（7.5YR 6/3，干），亮棕色（7.5YR 5/6，润），粉砂壤土，弱块状结构，疏松，pH 为 4.5，向下层平滑突变过渡。

Bw3：100～150 cm，灰色（5Y 6/1，干），淡灰色（5Y 7/1，润），砂质壤土，弱块状结构，疏松，pH 为 4.7。

隽水系代表性单个土体物理性质

土层	深度/cm	砾石（>2mm，体积分数）/%	细土颗粒组成（粒径：mm）/（g/kg）			质地	容重/（g/cm^3）
			砂粒 2～0.05	粉粒 0.05～0.002	黏粒 <0.002		
Ah	0～40	0	786	79	135	砂质壤土	1.45
Bw1	40～70	0	583	216	201	粉砂壤土	1.55
Bw2	70～100	0	166	659	175	粉砂壤土	1.52
Bw3	100～150	0	598	243	59	砂质壤土	1.46

隽水系代表性单个土体化学性质

深度/cm	pH		有机质/（g/kg）	全氮（N）/（g/kg）	全磷（P）/（g/kg）	全钾（K）/（g/kg）	阳离子交换量/（cmol/kg）	游离氧化铁/（g/kg）
	H_2O	KCl						
0～40	5.0	4.1	25.7	1.82	0.41	16.0	24.3	19.5
40～70	4.5	3.9	14.9	1.02	0.28	7.5	25.9	25.9
70～100	4.5	3.8	8.1	0.56	0.14	13.7	26.5	18.9
100～150	4.7	4.1	5.0	0.29	0.04	11.8	—	22.4

7.8.7 金塘系（Jintang Series）

土 族：壤质硅质混合型非酸性热性-普通铁质湿润雏形土

拟定者：蔡崇法，陈家嬴，柳 琪

分布与环境条件 主要分布于崇阳、通山、咸宁、阳新、枝城、武穴、武汉等地，低山丘陵陡坡顶部和中上部。成土母质为泥质岩类风化坡积物，马尾松林地。年均日照时数1620～1710 h，年均气温17.5～18.9 ℃，年均降水量1586～1632 mm，年均蒸发量1524～1617 mm。

金塘系典型景观

土系特征与变幅 诊断层包括淡薄表层、雏形层；诊断特性包括热性土壤温度、湿润土壤水分状况、铁质特性、氧化还原特征。土体厚度1 m以上，淡薄表层厚约20 cm，之下雏形层厚度1 m以上，结构面可见铁斑纹。通体为壤土，pH介于6.7～6.8，游离氧化铁含量39～45 g/kg。

对比土系 刘坪系，同一亚类，不同土族，成土母质与地形部位一致，矿物学类型为混合型，雏形层无铁锰斑纹。

利用性能综述 土体较厚，质地适中，通透性好。但坡陡，易水土流失，磷钾含量偏低，应封山育林，提升植被盖度，防治水土流失。

参比土种 泥质岩红壤性土。

代表性单个土体 位于湖北省咸宁市崇阳县金塘镇金塘村，29°20'9.6"N，114°11'20.9"E，海拔219 m，丘陵坡地，成土母质为泥质岩类风化坡积物，马尾松林地。50 cm深度土温19.3 ℃，野外调查时间为2011年3月24日，编号42-120。

金塘系代表性单个土体剖面

Ah：0～20 cm，浊黄橙色（10YR 7/3，干），黄棕色（10YR 5/8，润），壤土，粒状结构，疏松，有 15%～40%林灌根系，pH 为 6.8，向下层平滑清晰过渡。

Br1：20～59 cm，淡黄橙色（10YR 8/3，干），棕色（10YR 4/4，润），壤土，粒状结构，疏松，有 2%～5%林灌根系，结构面有 5%～15%铁斑纹，pH 为 6.8，向下层平滑渐变过渡。

Br2：59～120 cm，淡黄橙色（10YR 8/3，干），棕色（10YR 4/4，润），壤土，粒状结构，坚实，有 2%～5%林灌根系，结构面有 2%～5%铁斑纹，pH 为 6.7。

金塘系代表性单个土体物理性质

土层	深度 /cm	砾石（>2mm，体积分数）/%	细土颗粒组成（粒径：mm）/（g/kg）			质地	容重 /（g/cm^3）
			砂粒 2～0.05	粉粒 0.05～0.002	黏粒 <0.002		
Ah	0～20	0	393	419	188	壤土	1.36
Br1	20～59	0	421	430	149	壤土	1.32
Br2	59～120	0	424	440	136	壤土	1.39

金塘系代表性单个土体化学性质

深度/cm	pH		有机质 /（g/kg）	全氮（N） /（g/kg）	全磷（P） /（g/kg）	全钾（K） /（g/kg）	阳离子交换量 /（cmol/kg）	游离氧化铁 /（g/kg）
	H_2O	KCl						
0～20	6.8	6.5	22.8	1.71	0.27	6.7	19.8	39.0
20～59	6.8	6.3	9.1	1.03	0.14	4.3	21.2	44.5
59～120	6.7	6.2	7.5	0.89	0.12	5.0	20.8	41.9

7.8.8 菖蒲系（Changpu Series）

土 族：壤质混合型石灰性热性-普通铁质湿润雏形土
拟定者：王天巍，柳 琪

分布与环境条件 主要分布于崇阳、阳新、通城、京山、松滋、荆门、大冶等地，丘陵坡地，成土母质为石灰岩风化堆积或搬运物，灌木林地，有川柏、合欢、马桑、刺灌。年均日照时数1668.5 h，年均气温17.2～18.9 ℃，年均降水量1583～1636 mm，年均蒸发量1551～1627 mm。

菖蒲系典型景观

土系特征与变幅 诊断层包括淡薄表层、雏形层；诊断特性包括热性土壤温度、湿润土壤水分状况、铁质特性、石灰性。土体厚度1 m以上，淡薄表层厚度介于18～25 cm，之下雏形层厚度 1 m以上。通体为粉砂壤土，石灰反应明显，pH介于7.8～8.2，游离氧化铁含量43～47 g/kg。

对比土系 与本亚类中其他土系为不同土族，成土母岩不同，为酸性或非酸性，无石灰性。位于同一乡镇的花山系和下津系，长期植稻，不同土纲，为水耕人为土。

利用性能综述 这类土壤土体较厚，质地黏，但结构好，疏松透气，有机质和氮、钾含量丰富，自然肥力较高。由于山地湿冷气候和交通闭塞等不利条件，农耕活动受到限制，常因大块岩石突出地表，土被不连续，造成耕作困难。林荒地虽植被较好，但经济效益低，且不合理利用现象严重，植被覆盖率下降较快。因此，要先保护好植被现状，保持水土，维系良好生态，然后逐步更新林种，发展山林的经济效益。

参比土种 黑石灰泥土。

代表性单个土体 位于湖北省咸宁市崇阳县天城镇菖蒲村八组，29°34'43.3"N，114°0'27.9"E，海拔109 m，丘陵坡地，成土母质为石灰岩风化堆积-搬运物，灌木林地。50 cm深度土温19.3 ℃，野外调查时间为2011年3月22日，编号42-116。

菖蒲系代表性单个土体剖面

Ah：0～22 cm，灰黄棕色（10YR 5/2，干），浊黄棕色（10YR 4/3，润），粉砂壤土，粒状结构，疏松，有 15%～40%灌木根系，强石灰反应，pH 为 7.8，向下层平滑渐变过渡。

AB：22～32 cm，灰黄棕色（10YR 4/4，干），浊黄棕色（10YR 4/3，润），粉砂壤土，弱块状结构，坚实，有 5%～15%灌木根系，强石灰反应，pH 为 7.9，向下层平滑渐变过渡。

Bw1：32～60 cm，浊黄棕色（10YR 5/4，干），棕色（10YR 4/4，润），粉砂壤土，弱块状结构，稍坚实，有 2%～5%灌木根系，中度石灰反应，pH 为 8.2，向下层平滑渐变过渡。

Bw2：60～110 cm，浊黄棕色（10YR 5/4，干），棕色（10YR 4/4，润），粉砂壤土，弱块状结构，稍坚实，有 2%～5%林灌根系，中度石灰反应，pH 为 8.2。

菖蒲系代表性单个土体物理性质

土层	深度 /cm	砾石（>2mm，体积分数）/%	细土颗粒组成（粒径：mm）/（g/kg）			质地	容重 /（g/cm³）
			砂粒 2～0.05	粉粒 0.05～0.002	黏粒 <0.002		
Ah	0～22	0	354	460	186	粉砂壤土	1.36
AB	22～32	0	353	483	164	粉砂壤土	1.59
Bw1	32～60	0	306	508	186	粉砂壤土	1.54
Bw2	60～110	0	306	508	186	粉砂壤土	1.54

菖蒲系代表性单个土体化学性质

深度/cm	pH		有机质 /（g/kg）	全氮（N） /（g/kg）	全磷（P） /（g/kg）	全钾（K） /（g/kg）	阳离子交换量 /（cmol/kg）	游离氧化铁 /（g/kg）
	H_2O	KCl						
0～22	7.8	—	29.9	2.17	0.36	15.5	23.5	43.2
22～32	7.9	—	4.0	0.2	0.23	15.1	25.4	46.8
32～60	8.2	—	4.4	0.2	0.10	16.7	—	45.7
60～110	8.2	—	4.4	0.2	0.16	19.7	—	45.6

7.8.9 推垄系（Tuilong Series）

土 族：壤质混合型酸性温性-普通铁质湿润雏形土

拟定者：蔡崇法，陈家赢，柳 琪

分布与环境条件 广泛分布于通城、阳新、通山、崇阳等县，低山丘陵坡地下部，成土母质为酸性结晶岩类风化坡积物，菜地。年均气温 15.0～16.0 ℃，年均降水量 1450～1600 mm，无霜期 251～263 d。

推垄系典型景观

土系特征与变幅 诊断层包括淡薄表层、雏形层；诊断特性包括热性土壤温度、湿润土壤水分状况、铁质特性、氧化还原特征。土体厚度 1 m 以上，淡薄表层厚度介于 15～20 cm，之下雏形层厚度 1 m 以上，可见 5%～40%的铁斑纹。通体砂土壤土，岩石碎屑含量介于 5%～15%，pH 为 5.3～5.8，游离氧化铁含量 22～27 g/kg。

对比土系 麦市系和陈塅系，同一亚类，不同土族，成土母质和地形部位一致，但颗粒大小级别为砂质，雏形无铁斑纹。

利用性能综述 土体深厚，质地偏砂，耕性较好，养分含量偏低，应增施农家肥、有机肥和复合肥。

参比土种 白砂土。

代表性单个土体 位于湖北省咸宁市通城县九岭镇推垄村，29°10'9.9"N，113°46'50.3"E，海拔 179 m，丘陵坡地，成土母质为酸性结晶岩类风化物，菜地。50 cm 深度土温 14.1°C。野外调查时间为 2011 年 3 月 24 日，编号 42-133。

推垄系代表性单个土体剖面

Ap：0～18 cm，灰黄棕色（10YR 5/2，干），暗棕色（10YR 3/4，润），砂质壤土，粒状结构，松散，10%左右岩石碎屑，pH 为 5.3，向下层平滑渐变过渡。

Br1：18～41 cm，灰黄棕色（10YR 5/2，干），浊黄棕色（10YR 4/3，润），砂质壤土，弱块状结构，稍紧实，结构面有 5%～15%的铁斑纹，土体中有 10%左右岩石碎屑，pH 为 5.4，向下层平滑清晰过渡。

Br2：41～100 cm，棕灰色（10YR 5/1，干），棕灰色（10YR 5/1，润），粉砂壤土，弱块状结构，稍紧实，结构面有 15%～40%的铁斑纹，土体中有 10%左右岩石碎屑，pH 为 5.8。

推垄系代表性单个土体物理性质

土层	深度 /cm	砾石 （>2mm，体积分数）/%	细土颗粒组成（粒径：mm）/（g/kg）			质地	容重 /（g/cm^3）
			砂粒 2～0.05	粉粒 0.05～0.002	黏粒 <0.002		
Ap	0～18	10	743	199	58	砂质壤土	1.45
Br1	18～41	10	684	297	19	砂质壤土	1.59
Br2	41～100	10	323	558	119	粉砂壤土	1.66

推垄系代表性单个土体化学性质

深度/cm	pH		有机质 /（g/kg）	全氮（N） /（g/kg）	全磷（P） /（g/kg）	全钾（K） /（g/kg）	阳离子交换量 /（cmol/kg）	游离氧化铁 /（g/kg）
	H_2O	KCl						
0～18	5.3	4.6	12.6	0.63	0.10	21.3	14.5	24.9
18～41	5.4	4.5	8.0	0.38	0.10	21.8	17.8	26.9
41～100	5.8	4.6	7.4	0.08	0.07	19.2	18.7	23.9

7.8.10 杨湾系（Yangwan Series）

土 族：壤质混合型非酸性热性-普通铁质湿润雏形土

拟定者：蔡崇法，陈家赢，廖晓炜

分布与环境条件 集中分布在襄阳的“三北”岗地及荆州等地，地势相对平坦的漫岗、垄坡及微盆地，成土母质为第四纪沉积物，旱地，种植小麦、玉米及其他豆类和薯类。年均气温 15.0～16.5 ℃，年均降水量 817～893 mm，无霜期 241～253 d。

杨湾系典型景观

土系特征与变幅 诊断层包括淡薄表层、雏形层；诊断特性包括热性土壤温度、湿润土壤水分状况、铁质特性、氧化还原特征。土体深厚，淡薄表层厚约 20 cm，之下雏形层厚度 1 m 以上，棱块状结构，结构面可见铁锰斑纹。通体为壤土，pH 为 5.4～6.3，游离氧化铁含量 22～24 g/kg。

对比土系 与本亚类中其他土系相比，属于不同土族，成土母质不同，其他土系为泥质岩、酸性结晶岩、花岗岩等岩类风化物。

利用性能综述 土体深厚，质地适中，但地下水位高，适耕期短，遇雨水易滞水形成内涝，氮磷含量偏低。应适时深耕翻土，结合施用农家肥和有机肥，增施磷肥，实行秸秆还田，以改善土性，促进土壤团粒结构形成，施肥集中在作物根部，提高肥效。

参比土种 岗面黄土。

代表性单个土体 位于湖北省襄阳市襄州区黄龙镇杨湾村，31°56'44.2"N，112°27'13.6"E，海拔 90 m，垄坡地，成土母质为第四纪沉积物，旱地，种植小麦、小麦-玉米。50 cm 深度土温 16.8 ℃。野外调查时间为 2012 年 5 月 15 日，编号 42-186。

杨湾系代表性单个土体剖面

Ap：0～20 cm，浊黄橙色（10YR 6/3，干），灰黄棕色（10YR 4/2，润），壤土，粒状结构，松软，pH 为 5.4，向下层平滑清晰过渡。

Br1：20～35 cm，浊橙色（7.5YR 6/4，干），灰棕色（7.5YR 5/2，润），壤土，棱块状结构，坚实，结构面有 15%～40%铁锰斑纹，pH 为 6.1，向下层平滑清晰过渡。

Br2：35～75 cm，浊橙色（7.5YR 6/4，干），灰棕色（7.5YR 5/2，润），壤土，棱块状结构，坚实，结构面有 15%～40%铁锰斑纹，向下层平滑清晰过渡。

Br3：75～100 cm，浊橙色（7.5YR 6/4，干），灰棕色（7.5YR 4/2，润），壤土，棱块状结构，坚实，结构面有 2%～5%铁锰斑纹，pH 为 6.3。

杨湾系代表性单个土体物理性质

土层	深度/cm	砾石（>2mm，体积分数）/%	细土颗粒组成（粒径：mm）/（g/kg）			质地	容重/（g/cm^3）
			砂粒 2～0.05	粉粒 0.05～0.002	黏粒 <0.002		
Ap	0～20	0	428	372	200	壤土	1.27
Br1	20～35	0	437	363	200	壤土	1.45
Br2	35～75	0	437	363	200	壤土	1.45
Br3	75～100	0	423	410	167	壤土	1.51

杨湾系代表性单个土体化学性质

深度/cm	pH		有机质/（g/kg）	全氮（N）/（g/kg）	全磷（P）/（g/kg）	全钾（K）/（g/kg）	阳离子交换量/（cmol/kg）	游离氧化铁/（g/kg）
	H_2O	KCl						
0～20	5.4	5.0	21.0	0.74	0.18	21.9	22.7	22.8
20～35	6.1	5.6	8.2	0.24	0.10	16.0	24.8	23.6
35～75	6.0	5.5	8.1	0.25	0.10	15.1	29.1	24.1
75～100	6.3	6.0	8.5	0.26	0.06	15.2	26.4	25.9

7.8.11 刘坪系（Liuping Series）

土 族：壤质混合型非酸性热性-普通铁质湿润雏形土
拟定者：蔡崇法，陈家嬴，廖晓炜

分布与环境条件 集中分布在襄阳、宜昌等地，丘陵坡地，成土母质为泥质岩类的风化坡积物。马尾松林地。年均气温 15.0～16.0 ℃，年均降水量 820～960 mm，无霜期 240～260 d。

刘坪系典型景观

土系特征与变幅 诊断层包括淡薄表层、雏形层；诊断特性包括热性土壤温度、湿润土壤水分状况、铁质特性、准石质接触面。土体厚度 60 cm 左右，淡薄表层厚 15～20 cm，之下雏形层厚约 50 cm。通体为壤土，岩石碎屑含量介于 5%～10%，pH 约 6.0，游离氧化铁含量 18～24 g/kg。

对比土系 结构面金塘系，成土母质和景观类型一致，同一亚类，不同土族，矿物学类型为硅质混合型，雏形层有铁锰斑纹。

利用性能综述 土体深厚，质地适中，但易受干旱威胁，养分含量偏低。应封山育林，适当施肥，促进植被生长，增加植被覆盖率，提高涵养水源能力，减少水土流失。

参比土种 黄细渣土。

代表性单个土体 位于湖北省襄阳市南漳县李庙镇刘坪，31°47'56.9"N，111°45'50.2"E，海拔 192 m，丘陵陡坡地，成土母质为泥质岩风化坡积物，马尾松林地。50 cm 深度土温 16.6 ℃。野外调查时间为 2012 年 5 月 16 日，编号 42-190。

刘坪系代表性单个土体剖面

+2～10，枯枝落叶。

Ah：0～15 cm，浊黄橙色（10YR 6/3，干），暗黄棕色（10YR 4/2，润），壤土，粒状结构，松散，15%～40%林灌根系，5%左右岩石碎屑，pH 为 6.1，向下层平滑渐变过渡。

Bw：15～60 cm，浊黄橙色（10YR 7/2，干），棕色（10YR 4/4，润），壤土，粒状结构，疏松，15%～40%林灌根系，10%左右岩石碎屑，pH 为 6.1，向下层平滑清晰过渡。

R：60～100 cm，泥质岩。

刘坪系代表性单个土体物理性质

土层	深度/cm	砾石（>2mm，体积分数）/%	细土颗粒组成（粒径：mm）/（g/kg）			质地	容重/（g/cm³）
			砂粒 2～0.05	粉粒 0.05～0.002	黏粒 <0.002		
Ah	0～15	5	344	473	182	壤土	1.29
Bw	15～60	10	384	489	127	壤土	1.82

刘坪系代表性单个土体化学性质

深度/cm	pH		有机质/（g/kg）	全氮（N）/（g/kg）	全磷（P）/（g/kg）	全钾（K）/（g/kg）	阳离子交换量/（cmol/kg）	游离氧化铁/（g/kg）
	H_2O	KCl						
0～15	6.1	5.4	12.1	0.59	0.04	5.2	15.0	18.8
15～60	6.1	5.4	4.3	0.47	0.06	3.6	14.3	23.8

第8章　新　成　土

8.1　普通湿润冲积新成土

8.1.1　锌山系（Xinshan Series）

土　族：砂质硅质型非酸性热性-普通湿润冲积新成土

拟定者：王天巍，柳　琪

分布与环境条件　主要分布于咸宁、武汉、黄石、荆州等地的河漫滩，成土母质为近代河流冲积物。多新垦为水田，种植两季水稻，具有水耕现象。年均气温 15.5～16.7 ℃，年均降水量 1450～1600 mm，无霜期 258 d 左右。

锌山系典型景观

土系特征与变幅　诊断层包括淡薄表层；诊断特性包括热性土壤温度、潮湿土壤水分状况、冲积物岩性特征。水耕表层厚度在 20 cm 左右，之下为河床，壤质砂土，粒状结构，pH 约 6.0。

对比土系　关刀系，地形部位略高，为河谷平原或平畈地带，种植水稻年限长，已发育为水耕人为土。

利用性能综述　砂性重，物理性状很差、水肥气很不协调，漏水漏肥，易洪涝，有机质、氮磷钾含量偏低。应加强水利设施建设，防洪排涝，有条件的可搬运客土加厚土体，轮作种植豆科和绿肥，增施有机肥和复合肥，实行秸秆还田。

参比土种　酸性新积土。

代表性单个土体　位于湖北省咸宁市通城县五里镇锌山村三组，29°12'28.5"N，113°46'52.9"E，海拔 109 m，河漫滩，成土母质为近代河流冲积物，水田。50 cm 深度土温 16.5 ℃，热性。野外调查时间为 2011 年 3 月 24 日，编号 42-128。

锌山系代表性单个土体剖面

Ap：0～20 cm，蓝灰色（5PB 5/1，干），蓝灰色（5PB 5/1，润），壤质砂土，粒状结构，疏松，pH 为 5.8，向下层平滑突变过渡。

C：20～50 cm，河床，砂粒与砾石组成，无结构。

锌山系代表性单个土体物理性质

土层	深度/cm	砾石（>2mm，体积分数）/%	细土颗粒组成（粒径：mm）/（g/kg）			质地	容重/（g/cm³）
			砂粒 2～0.05	粉粒 0.05～0.002	黏粒 <0.002		
Ap	0～20	0	707	197	96	壤质砂土	1.35

锌山系代表性单个土体化学性质

深度/cm	pH		有机质/（g/kg）	全氮（N）/（g/kg）	全磷（P）/（g/kg）	全钾（K）/（g/kg）	阳离子交换量/（cmol/kg）	游离氧化铁/（g/kg）
	H_2O	KCl						
0～20	5.8	—	36.4	1.63	0.45	15.2	28.1	16.3

8.2 石灰红色正常新成土

8.2.1 凤山系（Fengshan Series）

土 族：壤质混合型温性-石灰红色正常新成土
拟定者：王天巍，陈 芳

分布与环境条件 分布于老河口、南漳、保康和宜城的丘陵坡地，成土母质为石灰性红砂岩风化残积物，灌木林地。年均气温 15.0～16.0 ℃，年均降水量 820～960 mm，无霜期 237～261 d。

凤山系典型景观

土系特征与变幅 诊断层包括淡薄表层；诊断特性包括热性土壤温度、湿润土壤水分状况、红色砂、页岩岩性特征、准石质接触面。淡薄表层厚度不足 20 cm，之下为红砂岩准石质接触面，粒状结构，砂质壤土，强石灰反应，土体中有 5%～15%岩石碎屑。

对比土系 小漳河系，位于同一乡镇，同一亚纲，不同土类，成土母岩为非石灰性紫色砂岩风化残积物，为湿润正常新成土。

利用性能综述 有效土层薄，含较多半风化的岩石碎屑和砾石，表土质地较粗，保土保水的能力差，有机质、全氮、速效磷较缺乏。应做好荒山荒坡的治理，解决水土流失的问题。可选择适应性强、生长快的马尾松、胡枝子等树种。

参比土种 林灰紫渣土。

代表性单个土体 位于湖北省襄阳市南漳县巡检镇凤山村，31°22'51.4"N，111°35'47.1"E，海拔 399 m，丘陵坡地，成土母质为红砂岩风化残积物，灌木林地。50 cm 深度土温 16.5 ℃，热性。野外调查时间为 2012 年 5 月 17 日，编号 42-199。

凤山系代表性单个土体剖面

Ah：0～10 cm，浊红色（5R 6/6，润），浊红色（5R 5/8，干），砂质壤土，粒状结构，疏松，15%～40%灌木根系，10%左右岩石碎屑，强石灰反应，pH 为 7.2，向下层波状渐变过渡。

R：10～108 cm，石灰性红砂岩。

凤山系代表性单个土体物理性质

土层	深度 /cm	砾石 (>2mm，体积分数)/%	细土颗粒组成（粒径：mm）/（g/kg）			质地	容重 /（g/cm³）
			砂粒 2～0.05	粉粒 0.05～0.002	黏粒 <0.002		
Ah	0～10	10	473	363	164	砂质壤土	1.24

凤山系代表性单个土体化学性质

深度/cm	pH		有机质 /（g/kg）	全氮（N） /（g/kg）	全磷（P） /（g/kg）	全钾（K） /（g/kg）	阳离子交换量 /（cmol/kg）	游离氧化铁 /（g/kg）
	H_2O	KCl						
0～10	7.2	—	9.9	0.46	0.14	13.0	17.9	23.7

8.3 钙质湿润正常新成土

8.3.1 马湾系（Mawan Series）

土 族：黏壤质混合型热性-钙质湿润正常新成土
拟定者：王天巍，柳 琪

分布与环境条件 主要分布在宜昌地区的当阳、长阳等县以及荆州、荆门、钟祥等市的低山丘陵的坡地，其他地方也有零星分布。成土母质为石灰岩风化的残积物。灌木林地。年均日照时数1910～2070 h，年均气温15.6～16.3 ℃，年均降水量1000 mm左右，年均蒸发量1820～1890 mm。

马湾系典型景观

土系特征与变幅 诊断层包括淡薄表层；诊断特性包括热性土壤温度、湿润土壤水分状况、碳酸盐岩岩性特征、石灰反应、准石质接触面。淡薄表层厚度不足20 cm，之下为石灰岩石质接触面，壤土，pH约7.2，轻度石灰反应，土体中20%左右岩石碎屑。

对比土系 下坝系和曲阳岗系，成土母质与景观类型一致，但发育程度高，有雏形层，不同土纲，为钙质湿润雏形土。

利用性能综述 林木生长缓慢，地表植被稀少，水土流失较为严重，土体浅薄，岩石碎屑多，结构差，磷钾含量低。应封山育林，种草育灌，提高植被盖度，综合治理水土流失。

参比土种 石灰渣土。

代表性单个土体 位于湖北省荆门市钟祥市客店镇马湾村五组，31°19’24.1”N，112°50’26.8”E，海拔91 m，丘陵坡地，成土母质为石灰岩风化残积物，灌木林地。50 cm深度土温16.4 ℃，热性。野外调查时间为2011年5月25日，编号42-145。

马湾系代表性单个土体剖面

Ah：0～12 cm，灰棕色（5YR 5/2，干），红棕色（5YR 4/6，润），壤土，粒状结构，疏松，有 2%～5%灌木根系，20%石灰岩碎屑，轻度石灰反应，pH 7.2，向下层平滑模糊过渡。

R：12～125 cm，石灰岩。

马湾系代表性单个土体物理性质

土层	深度 /cm	砾石 (>2mm，体积分数) /%	细土颗粒组成（粒径：mm）/（g/kg）			质地	容重 /（g/cm^3）
			砂粒 2～0.05	粉粒 0.05～0.002	黏粒 <0.002		
Ah	0～12	20	257	476	267	壤土	1.21

马湾系代表性单个土体化学性质

深度/cm	pH		有机质 /（g/kg）	全氮（N） /（g/kg）	全磷（P） /（g/kg）	全钾（K） /（g/kg）	阳离子交换量 /（cmol/kg）	游离氧化铁 /（g/kg）
	H_2O	KCl						
0～12	7.2	—	24.4	1.49	0.12	14.4	19.5	34.7

8.4　石质湿润正常新成土

8.4.1　魏家畈系（Weijiafan Series）

土　族：砂质硅质混合型非酸性热性-石质湿润正常新成土

拟定者：王天巍，廖晓炜

分布与环境条件　主要分布在襄阳、十堰及宜昌、神农架等地，低山丘陵的顶部和坡地。成土母质为泥质岩类风化的残积物，稀疏林地，多为马尾松、栎树、杉树等。年均气温 15.0～16.0 ℃，年均降水量 810～960 mm，无霜期 210～240 d。

魏家畈系典型景观

土系特征与变幅　诊断层包括淡薄表层；诊断特性包括热性土壤温度、湿润土壤水分状况、准石质接触面。淡薄表层厚度不足 20 cm，之下为泥质岩准石质接触面，砂质壤土，pH 为 6.5～7.0，土体中有 2%左右岩石碎屑。

对比土系　汪家畈系，同一土族，成土母质和景观类型一致，但淡薄表层较厚，约 40 cm。沙河系，同一亚类，不同土族，成土母质相同，但海拔低，颗粒大小级别为壤质，有石灰性。大堰系，同一景观系列的低海拔位置，成土母质一致，发育较强，土体深厚，有雏形层，不同土纲，为雏形土。

利用性能综述　受地形条件、水土流失的影响，发育程度较差，土体浅薄，有少量岩石碎屑，质地粗，有机质、氮磷含量偏低。应林、草结合，加大植被覆盖度，防治水土流失，增加土体厚度，不要开垦。

参比土种　薄黄细渣土。

代表性单个土体　位于湖北省襄阳市枣阳县魏家畈，31°53'14.5"N，112°48'39.9"E，海拔 290 m，丘陵坡地，成土母质为泥质页岩风化残积物，马尾松、栎树、杉树为主的稀疏林地。50 cm 深度土温 16.2 ℃。野外调查时间为 2012 年 5 月 13 日，编号 42-173。

魏家畈系代表性单个土体剖面

Ah：0～10 cm，亮黄棕色（10YR 7/6，干），黄棕色（10YR 5/8，润），砂质壤土，屑粒状结构，疏松，5%～15%灌茅根系，2%左右的岩石碎屑，pH 为 6.7，向下层不规则清晰过渡。

R：10～45 cm，泥质岩。

魏家畈系代表性单个土体物理性质

土层	深度 /cm	砾石 （>2mm，体积分数）/%	细土颗粒组成（粒径：mm）/（g/kg）			质地	容重 /（g/cm^3）
			砂粒 2～0.05	粉粒 0.05～0.002	黏粒 <0.002		
Ah	0～10	2	733	166	101	砂质壤土	1.39

魏家畈系代表性单个土体化学性质

深度/cm	pH		有机质 /（g/kg）	全氮（N） /（g/kg）	全磷（P） /（g/kg）	全钾（K） /（g/kg）	阳离子交换量 /（cmol/kg）	游离氧化铁 /（g/kg）
	H_2O	KCl						
0～10	6.7	—	18.0	0.57	0.11	20.6	23.1	29.8

8.4.2 汪家畈系（Wangjiafan Series）

土 族：砂质硅质混合型非酸性热性-石质湿润正常新成土
拟定者：王天巍，廖晓炜

分布与环境条件 主要分部在襄阳、孝感、十堰、荆州等地。低山丘陵的岗顶和坡地，成土母质为泥质岩风化物，林地，主要为马尾松、栎树等混交。年均气温15.0～16.0 ℃，年均降水量810～960 mm，无霜期236～252 d。

汪家畈系典型景观

土系特征与变幅 诊断层包括淡薄表层；诊断特性包括热性土壤温度、湿润土壤水分状况、准石质接触面。淡薄表层厚度介于40～50 cm，砂质壤土，pH为7.0～8.0，土体中有2%～5%岩石碎屑。

对比土系 魏家畈系，同一土族，成土母质和景观类型一致，但淡薄表层较薄，约10～20 cm。

利用性能综述 砂粒含量很高，不易早发壮苗。大雨易形成径流，土壤熟化程度低。有机质、氮磷含量偏低。可酌情施用农家肥和复合肥，提高土壤肥力，进一步提升植被盖度，控制水土流失，不易开垦。

参比土种 黄细砂土。

代表性单个土体 位于湖北省襄阳市南漳县东巩镇汪家畈村，31°18'45.5"N，111°50'40.1"E，海拔201 m，低丘坡脚，成土母质为泥质岩类风化残积-坡积物，马尾松林地。50 cm深度土温16.3 ℃。野外调查时间为2012年5月17日，编号42-194。

汪家畈系代表性单个土体剖面

Ah1：0～20 cm，浊黄橙色（10YR 6/4，干），浊黄棕色（10YR 4/3，润），砂质壤土，粒状结构，5%～15%树根，2%左右岩石碎屑，pH 为 7.4，向下层不规则清晰过渡。

Ah2：20～40 cm，浊黄橙色（10YR 6/4，干），浊黄棕色（10YR 4/3，润），砂质壤土，粒状结构，2%～5%树根，5%左右岩石碎屑，pH 为 7.4，向下层不规则清晰过渡。

R：400～120 cm，泥质岩。

汪家畈系代表性单个土体物理性质

土层	深度/cm	砾石（>2mm，体积分数）/%	细土颗粒组成（粒径：mm）/（g/kg）			质地	容重/（g/cm³）
			砂粒 2～0.05	粉粒 0.05～0.002	黏粒 <0.002		
Ah1	0～20	2	665	222	113	砂质壤土	1.41
Ah2	20～40	5	689	211	100	砂质壤土	—

汪家畈系代表性单个土体化学性质

深度/cm	pH		有机质/（g/kg）	全氮（N）/（g/kg）	全磷（P）/（g/kg）	全钾（K）/（g/kg）	阳离子交换量/（cmol/kg）	游离氧化铁/（g/kg）
	H_2O	KCl						
0～20	7.4	—	16.3	0.72	0.05	23.4	19.5	24.9
20～40	7.4	—	10.3	0.61	0.03	20.4	18.5	20.9

8.4.3 沙河系（Shahe Series）

土 族：壤质硅质混合型石灰性热性-石质湿润正常新成土

拟定者：王天巍，廖晓炜

分布与环境条件 主要分布在襄阳、十堰、宜昌等地。地处低山丘陵顶部及坡地。成土母质为泥质页岩残积物。马尾松林地，少量已垦为旱地。年均气温 15.0～16.0 ℃，年均降水量 810～960 mm，无霜期 236～251 d。

沙河系典型景观

土系特征与变幅 诊断层包括淡薄表层；诊断特性包括热性土壤温度、湿润土壤水分状况、准石质接触面。淡薄表层厚度不足 30 cm，之下为泥质岩准石质接触面，砂质壤土，pH 为 6.3～7.0。

对比土系 魏家畈系，同一亚类，不同土族，地形部位和景观类型相同，但颗粒大小级别为砂质，无石灰性。位于同一乡镇的关庙集系，成土母质和地形部位一致，但土体较厚，发育较强，不同土纲，为湿润雏形土。

利用性能综述 水土流失较为严重，土体浅薄，质地轻，结构性差，尚处于幼年阶段，磷含量偏低。应封山育林，保护自然植被，提高植被盖度，设置水平拦截沟等，防止水土流失。

参比土种 薄黄细砂泥土。

代表性单个土体 位于湖北省襄阳市南漳县城关镇沙河村，31°47'20.4"N，111°52'53.2"E，海拔 126 m，低丘坡脚，成土母质为泥质页岩风化残积物，马尾松林地。50 cm 深度土温 16.1 ℃。野外调查时间为 2012 年 5 月 16 日，编号 42-187。

沙河系代表性单个土体剖面

Ah：0～15 cm，灰棕色（5YR 4/2，干），浊红棕色（5YR 5/4，润），砂质壤土，粒状结构，疏松，5%～15%灌草根系，5～15 个动物孔穴，中度石灰反应，pH 为 6.5，向下层不规则清晰过渡。

R：15～140 cm，泥质页岩。

沙河系代表性单个土体物理性质

土层	深度/cm	砾石（>2mm，体积分数）/%	细土颗粒组成（粒径：mm）/（g/kg）			质地	容重/（g/cm^3）
			砂粒 2～0.05	粉粒 0.05～0.002	黏粒 <0.002		
Ah	0～15	0	318	565	117	砂质壤土	1.51

沙河系代表性单个土体化学性质

深度/cm	pH		有机质/（g/kg）	全氮（N）/（g/kg）	全磷（P）/（g/kg）	全钾（K）/（g/kg）	阳离子交换量/（cmol/kg）	游离氧化铁/（g/kg）
	H_2O	KCl						
0～15	6.5	—	23.9	1.74	0.21	24.5	16.3	25.5

8.4.4 椴树系（Duanshu Series）

土 族：壤质硅质混合型非酸性热性-石质湿润正常新成土
拟定者：王天巍，廖晓炜

分布与环境条件 集中分布在襄阳、十堰、宜昌等地，中山坡地。成土母质为泥质页岩风化残积物。灌木林地，主要为马尾松、杉树等。年均气温 10.4～16.0 ℃，降水量 810～970 mm，无霜期 185～260 d。

椴树系典型景观

土系特征与变幅 诊断层包括淡薄表层；诊断特性包括热性土壤温度、湿润土壤水分状况、准石质接触面。淡薄表层厚度不足 30 cm，之下为泥质页岩准石质接触面，壤土，pH 为 6.0～7.0，土体中有 10%～60%主要岩石碎屑。

对比土系 魏家畈系、汪家畈系和沙河西，成土母质一致，但海拔低，同一亚类，不同土族，前两者颗粒大小级别为砂质，后者有石灰性。

利用性能综述 所处部位较高，易水土流失，土体中岩石碎屑多，磷钾含量偏低。应封山育林，提高植被高度，减少水土流失。

参比土种 黄细骨土。

代表性单个土体 位于湖北省襄阳市保康县黄堡镇椴树村，31°50'23.6"N，111°23'56.9"E，海拔 1170 m，中山坡地，成土母质为泥质页岩风化残积物，灌木林地，主要为马尾松、杉树等。50 cm 深度土温 16.2 ℃。野外调查时间为 2012 年 5 月 16 日，编号 42-195。

椴树系代表性单个土体剖面

Ah：0～20 cm，灰棕色（7.5YR 6/2，干），黑棕色（7.5YR 3/2，润），壤土，粒状结构，疏松，15%～40%灌木根系，10%左右岩石碎屑，pH 为 6.2，向下层平滑渐变过渡。

R：20～120 cm，泥质页岩。

椴树系代表性单个土体物理性质

土层	深度/cm	砾石（>2mm，体积分数）/%	细土颗粒组成（粒径：mm）/（g/kg）			质地	容重/（g/cm³）
			砂粒 2～0.05	粉粒 0.05～0.002	黏粒 <0.002		
Ah	0～20	10	394	450	136	壤土	1.42

椴树系代表性单个土体化学性质

深度/cm	pH		有机质/（g/kg）	全氮（N）/（g/kg）	全磷（P）/（g/kg）	全钾（K）/（g/kg）	阳离子交换量/（cmol/kg）	游离氧化铁/（g/kg）
	H_2O	KCl						
0～20	6.2	—	22.4	0.89	0.15	5.3	21.2	21.7

8.4.5 小漳河系（Xiaozhanghe Series）

土 族：壤质混合型非酸性热性-石质湿润正常新成土

拟定者：王天巍，陈 芳

分布与环境条件 主要分布在襄阳、宜昌、孝感、荆州等地低山丘陵岗地的坡度较陡地段，少部分分布在山丘坡地下部或槽谷。成土母质为紫色砂岩风化残积物。稀疏林地，主要为次生马尾松、栎类、油茶、杉等。年均气温 15.0～16.0 ℃，年均降水量 820～970 mm，无霜期 231～256 d。

小漳河系典型景观

土系特征与变幅 诊断层包括淡薄表层；诊断特性包括热性土壤温度、湿润土壤水分状况、准石质接触面。淡薄表层厚度不足 30 cm，之下为紫色砂岩准石质接触面，壤土，pH 为 6.1～6.8，土体中有 10%～40%砾石碎屑。

对比土系 黄家寨系，同一土族，成土母质与地形部位一致，淡薄表层厚度介于 40～50 cm，岩石碎屑<2%。位于同一乡镇的凤山系，成土母质为石灰性红砂岩风化残积物，同一亚纲不同土类，为红色正常新成土。

利用性能综述 坡陡，植被盖度偏低，水土流失较为严重，土体浅薄，岩石碎屑多，质地较粗，保土保水能力差，有机质、氮磷钾普遍缺乏。应封山育林，提高植被盖度，设置水平拦截沟等，防止水土流失。

参比土种 紫渣土。

代表性单个土体 位于湖北省襄阳市南漳县巡检镇小漳河村，31°24'25.1"N，111°44'26.8"E，海拔 298 m，丘陵陡坡，成土母质为紫色砂岩风化的残积物，马尾松和栎类为主的针、阔叶混交林地。50 cm 深度土温 16.1 ℃。野外调查时间为 2012 年 5 月 17 日，编号 42-196。

小漳河系代表性单个土体剖面

Ah1：0～20 cm，浊红棕色（5YR 4/4，干），暗红棕色（5YR 3/4，润），壤土，粒状结构，疏松，30%～40%灌草根系，5%左右紫色砂岩碎屑，2～3 条蚯蚓，pH 为 6.3，向下层波状渐变过渡。

Ah2：20～38 cm，浊红棕色（5YR 4/4，干），暗红棕色（5YR 3/4，润），壤土，粒状结构，疏松，15%～30%灌草根系，10%左右紫色砂岩碎屑，1～2 条蚯蚓，pH 为 6.3，向下层波状渐变过渡。

R：38～140 cm，紫色砂岩。

小漳河系代表性单个土体物理性质

土层	深度/cm	砾石（>2mm，体积分数）/%	细土颗粒组成（粒径：mm）/（g/kg）			质地	容重/（g/cm^3）
			砂粒 2～0.05	粉粒 0.05～0.002	黏粒 <0.002		
Ah1	0～20	5	473	363	164	壤土	1.36
Ah2	20～38	10	469	364	167	壤土	1.36

小漳河系代表性单个土体化学性质

深度/cm	pH		有机质/（g/kg）	全氮（N）/（g/kg）	全磷（P）/（g/kg）	全钾（K）/（g/kg）	阳离子交换量/（cmol/kg）	游离氧化铁/（g/kg）
	H_2O	KCl						
0～20	6.3	—	10.7	0.39	0.12	11.9	21.5	22.5
20～38	—	—	—	—	—	—	—	—

8.4.6 黄家寨系（Huangjiazhai Series）

土 族：壤质混合型非酸性热性-石质湿润正常新成土
拟定者：王天巍，廖晓炜

分布与环境条件 主要分布在宜昌、襄阳等地。多地处坡中或低丘冲垄，海拔多在400 m以下。成土母质为紫色砂页岩风化物残积-坡积物。旱地，主要种植金银花、小麦、玉米等。年均气温15.0～16.0 ℃，年均降水量820～970 mm，无霜期237～256 d。

黄家寨系典型景观

土系特征与变幅 诊断层包括淡薄表层；诊断特性包括热性土壤温度、湿润土壤水分状况、准石质接触面。淡薄表层厚约50 cm，之下为紫色砂页岩准石质接触面，壤土，pH为6.1～6.9。

对比土系 小漳河系，同一土族，成土母质与地形部位一致，但淡薄表层薄，厚度介于20～30 cm。位于同一乡镇的刘家河系，地形部位一致，成土母质为石灰岩风化坡积物，土体深厚，发育强，不同土纲，为淋溶土。

利用性能综述 发育熟化程度相对较好，土体较厚，壤质，水热状况适中，耕性好，但有机质、氮、磷、钾含量偏低。应注意合理轮作，增施有机肥和专用复合肥，保持良好土壤结构，实行秸秆还田。

参比土种 紫砂泥土。

代表性单个土体 位于湖北省襄阳市南漳县武安镇黄家寨村，31°34'6.6"N，111°57'49.4"E，海拔161 m，丘陵中坡，成土母质为紫色砂页岩风化残积-坡积物，金银花种植园。50 cm深度土温16.2 ℃。野外调查时间为2012年5月15日，编号42-191。

黄家寨系代表性单个土体剖面

Ah：0～50 cm，棕灰色（5YR 4/1，干），暗红棕色（5YR 3/4，润），壤土，粒状结构，疏松，2%左右岩石碎屑，pH 为 6.6，向下层平滑渐变过渡。

R：50～100 cm，紫色砂页岩。

黄家寨系代表性单个土体物理性质

土层	深度 /cm	砾石 (>2mm，体积分数）/%	细土颗粒组成（粒径：mm）/（g/kg）			质地	容重 /（g/cm³）
			砂粒 2～0.05	粉粒 0.05～0.002	黏粒 <0.002		
Ah	0～50	2	351	468	181	壤土	1.23

黄家寨系代表性单个土体化学性质

深度/cm	pH		有机质 /（g/kg）	全氮（N） /（g/kg）	全磷（P） /（g/kg）	全钾（K） /（g/kg）	阳离子交换量 /（cmol/kg）	游离氧化铁 /（g/kg）
	H_2O	KCl						
0～50	6.6	—	19.7	1.13	0.16	19.0	19.6	22. 7

参 考 文 献

蔡崇法. 1987. 湖北中晚更新世沉积物母质上土壤某些特性的比较. 华中农业大学学报, 6(4): 328-335.

蔡崇法, 胡泳海, 王庆云. 2001, 武汉市典型地区土系的研究. 土壤通报, 32(2): 49-52.

曹升赓. 1996. 关于中国土壤系统分类(修订方案)诊断层和诊断特性的说明. 土壤, (5): 225-231.

陈鸿昭. 1993. 中国土壤系统分类在三峡地区土壤制图中的应用//中国土壤系统分类研究丛书编委会. 中国土壤系统分类进展. 北京: 科学出版社: 380-394.

杜国华, 张甘霖, 龚子同. 2001. 论特征土层与土系划分. 土壤, 33(1): 1-6.

杜国华, 张甘霖, 龚子同. 2004. 土种与土系参比的初步探讨——以海南岛土壤为例. 土壤, 36(3): 298-302.

高崇辉. 2004. 土壤分类参比数据库的建立和应用. 武汉: 华中农业大学.

龚子同. 1983. 华中亚热带土壤. 长沙: 湖南科学技术出版社.

龚子同. 1993. 中国土壤系统分类: 理论 • 方法 • 实践. 北京: 科学出版社.

龚子同, 张甘霖, 陈志诚, 等. 2007. 土壤发生与系统分类. 北京: 科学出版社.

龚子同, 赵其国, 曾昭顺, 等. 1978. 中国土壤分类暂行草案. 土壤, (5): 168-169.

何电源. 1994. 中国南方土壤肥力与栽培植物施肥. 北京: 科学出版社.

湖北省地质矿产局. 1990. 湖北省区域地质志. 北京: 地质出版社.

湖北省林业厅. 2011. 湖北省林业资源连续调查第六次复查（一类调查）报告.

湖北省统计局, 国家统计局湖北调查总队. 2012. 2012 湖北统计年鉴. 北京: 中国统计出版社.

湖北省土壤肥料工作站, 湖北省土壤普查办公室. 2015. 湖北省土种志. 武汉: 湖北科学技术出版社.

湖北省土壤肥料工作站, 湖北省土壤普查办公室. 2015. 湖北土壤. 武汉: 湖北科学技术出版社.

李庆逵, 张效年. 1957. 中国红壤的化学性质. 土壤学报, (1): 78-95.

李学垣. 1987. 武汉市三种土壤的性质及其分类归属. 华中农业大学学报, 6(4): 309-317.

王庆云, 徐能海. 1997. 湖北省土系概要. 武汉: 湖北科学技术出版社.

吴克宁, 曲晨晓, 吕巧灵. 1998. 耕淀铁质湿润淋溶土的诊断层和诊断特性. 土壤通报, 29(4): 145-147.

徐凤琳, 王庆云. 1985. 湖北省红壤黄棕壤的基本属性及分类指标的初步研究. 土壤通报, (1): 16-20.

徐建忠, 唐时嘉, 张建辉, 等. 1996. 紫色水耕人为土系统分类. 山地学报, 14(s1): 20-24.

徐礼煜. 1994. 试谈我国红壤丘陵区土种的划分//龚子同. 中国土壤系统分类新论. 北京: 科学出版社, 444-449.

杨补勤. 1959. 湖北省土壤分类. 土壤通报, (5): 40-45.

杨学明. 1989. 土壤水热状况与土壤系统分类. 土壤, 21(2): 110-112.

张凤荣. 2002. 土壤地理学. 北京: 中国农业出版社.

张甘霖. 2001. 土系研究与制图表达. 合肥: 中国科学技术大学出版社.

张甘霖, 龚子同. 2012. 土壤调查实验室分析方法. 北京: 科学出版社.

张甘霖, 王秋兵, 张凤荣, 等. 2013. 中国土壤系统分类土族和土系划分标准. 土壤学报, 50(4): 826-834.

张慧智. 2008. 中国土壤温度空间预测与表征研究. 南京: 中国科学院南京土壤研究所.
张学雷，张甘霖，龚子同. 1999. 土壤基层分类样区土系数据库的建立与应用研究. 土壤通报, 12(30): 29-31.
张之一, 翟瑞常, 辛刚. 1994. 潜育土系统分类的初步探讨//中国土壤系统分类研究丛书编委会. 中国土壤系统分类新论. 北京: 科学出版社: 348-357.
中国科学院南京土壤研究所. 2013. 土壤调查典型单个土体定点方法(试行) .
中国科学院南京土壤研究所. 2013. 土系数据库建立标准(试行).
中国科学院南京土壤研究所. 2013. 中国土系志编撰标准(试行).
中国科学院南京土壤研究所. 2014. 野外土壤描述与采样规范.
中国科学院南京土壤研究所土壤系统分类课题组, 中国土壤系统分类课题研究协作组. 2001. 中国土壤系统分类检索. 3 版. 合肥: 中国科学技术大学出版社.
周勇, 蔡崇法, 王庆云. 1997. 湖北省土壤系统分类命名及其类比. 土壤, (3): 130-136.
周勇, 王庆云, 李学垣, 等. 1996. 湖北省土壤系统分类数据库系统的建立. 华中农业大学学报, 15(6): 540-544.
朱克贵. 1996. 土壤调查与制图. 2 版. 北京: 中国农业出版社.
庄云, 武小净, 李德成, 等. 2015. 鄂西典型烟区代表性烟田土壤系统分类研究. 土壤, 47(1): 183-187.

附录　湖北省土系与土种参比表

土系	参比土种	土系	参比土种	土系	参比土种
白果树系	黄细泥土	高洪系	灰潮砂土	林湾系	灰潮砂泥土
白螺坳系	红细泥土	高铁岭系	红细砂泥土	刘家隔系	潮砂泥田
白庙系	面黄泥田	关刀系	潮沙泥田	刘家河系	黄岩泥土
白羊山系	砾质黑石灰泥土	关庙集系	黄细砂泥土	刘坪系	黄细渣土
白羊系	红细砂泥土	郭屋吕系	红细砂泥土	刘台系	灰潮砂土
百霓系	红石灰渣土	郭庄系	潮沙泥土	流塘系	灰潮砂泥田
柏墩系	红砂泥土	豪洲系	潮土田	龙甲系	浅潮土田
柏树巷系	黄泥沙田	黑桥系	红细泥田	楼子台系	灰潮砂泥田
滨东系	青隔灰潮沙泥田	后溪系	红石灰砂泥土	罗集系	夹砂灰潮砂土
曹家口系	灰潮砂泥土	胡洲系	底砂灰潮砂泥田	骆店系	面黄泥田
茶庵岭系	面红泥田	花山系	潮砂泥田	马家寨系	灰潮沙土
柴湖系	灰潮土田	花园系	青隔灰潮土泥田	马湾系	石灰渣土
长湖系	青泥田	皇装垸系	潮沙泥土	麦市系	白砂土
长林系	赤砂泥田	黄家台系	灰青泥田	民山系	夹砂灰潮砂泥土
菖蒲系	黑石灰泥土	黄家营系	黄细泥土	南咀系	灰潮砂泥田
车坝系	岩泥田	黄家寨系	紫砂泥土	南门山系	细砂泥田
车路系	青底灰沙泥田	黄龙系	红赤泥土	潘家湾系	灰潮泥田
陈塅系	白砂土	金家坮系	夹砂灰潮砂泥土	盘石岭系	面黄土
船叽系	麻泥沙田	金塘系	红细泥土	盘石系	潮砂泥田
大田畈系	红细砂泥土	井堂系	麻泥砂田	跑马岭系	潮砂泥田
大堰系	黄细砂泥土	九毫堤系	潮泥土	桥洼系	死黄土
汈汊湖系	潮砂泥土	隽水系	白砂泥土	青安系	灰潮砂泥土
陡堰系	灰潮泥田	腊里山系	青底潮泥田	青山系	卵石潮砂泥田
渡普系	潮沙泥土	琅桥系	浅细泥田	曲阳岗系	薄层石灰泥土
椴树系	黄细骨土	雷骆系	红泥沙田	三含系	底泥灰潮砂泥土
樊庙系	铁子黄泥田	犁平系	黄泥田	沙岗系	灰潮砂田
畈湖系	灰潮砂泥土	李塅系	白砂土	沙河系	薄黄细砂泥土
分水系	灰潮砂土	李公垸系	灰潮泥田	沙湖岭系	灰潮砂泥土
冯兴窑系	潮砂泥土	李湾系	石灰骨土	申畈系	面黄土
凤山系	林灰紫渣土	连通湖系	烂泥田	石泉系	岩泥田
港背系	红砂泥土	良岭系	青隔灰潮泥田	寿庙系	黄泥田
高冲系	红细砂泥土	梁桥系	灰潮砂泥土	蜀港系	红泥田

续表

土系	参比土种	土系	参比土种	土系	参比土种
双桥系	面黄泥田	西冲系	夹砂麻泥田	一社系	灰潮沙土
双泉系	黄岩泥土	下坝系	黄岩砂泥土	义礼系	灰潮土田
四河系	灰青泥田	下津系	潮土田	益家堤系	潮泥土
孙庙系	黄土	下阔系	青隔红泥沙田	殷家系	薄层石灰泥土
太平口系	潮砂泥土	香隆山系	黄硅泥土	永丰系	灰潮砂泥田
滩桥系	夹砂灰潮砂土	湘东系	潮砂泥田	游湖系	灰潮砂泥土
塘口系	红细泥土	向阳湖系	黏土型灰潮土	余沟系	死黄土
天新场系	灰潮砂泥	向阳系	潮泥土	原种二场系	青隔灰潮泥田
天新系	灰潮砂泥田	肖堰系	黄赤砂泥土	院子湾系	黄细泥田
天岳系	黄白砂土	小惠庄系	黄土	月堤系	灰潮泥土
推垄系	白砂土	小漳河系	紫渣土	皂角湾系	红石灰渣土
庹家系	紫泥土	辛家渡系	灰潮泥土	张集系	浅黄土田
瓦瓷系	面黄泥田	锌山系	酸性新积土	张家窑系	灰潮砂泥土
万电系	灰冷浸潮泥田	新观系	潮砂土	中堡系	底砂灰潮砂泥土
汪家畈系	黄细砂土	邢川系	黄麻砂泥土	中咀上系	面红泥田
汪李系	黄泥田	沿湖系	青泥田	中林系	青底潮泥田
魏家畈系	薄黄细渣土	阳明系	河滩浅色草甸土	朱家湾系	石灰渣土
吴门系	灰潮土泥田	杨司系	面红土	走马岭系	灰潮砂泥土
五保山系	黄细泥土	杨湾系	岗面黄土		
五三系	灰潮砂泥土	耀新系	夹砂灰潮砂泥土		

(P-3388.01)
ISBN 978-7-03-054504-6

定价：198.00 元